STRUKTUR DER MATERIE
IN EINZELDARSTELLUNGEN
HERAUSGEGEBEN VON
M. BORN-GÖTTINGEN UND J. FRANCK-GÖTTINGEN
VIII

LICHTELEKTRISCHE ERSCHEINUNGEN

VON

BERNHARD GUDDEN
O. PROFESSOR DER EXPERIMENTALPHYSIK
AN DER UNIVERSITÄT ERLANGEN

MIT 127 ABBILDUNGEN

BERLIN
VERLAG VON JULIUS SPRINGER
1928

ISBN-13:978-3-642-88888-5 e-ISBN-13:978-3-642-90743-2
DOI: 10.1007/978-3-642-90743-2

MEINEM VEREHRTEN LEHRER UND FREUND

ROBERT POHL

GEWIDMET

Vorwort.

In diesem Buche habe ich den Versuch gemacht, unser derzeitiges Wissen und Nichtwissen über die Elektronenabspaltung infolge von Lichtabsorption übersichtlich darzulegen.

Der Nachdruck liegt dabei durchaus auf den Beobachtungstatsachen, ihrer mutmaßlichen Zuverlässigkeit und ihren Lücken; theoretische Gesichtspunkte, von den Grundannahmen der Quantentheorie abgesehen, habe ich bewußt zurückgestellt; nur wenn mir die zugrunde gelegten Annahmen experimentell fraglich oder unzutreffend erschienen, habe ich zu theoretischen Arbeiten kurz Stellung genommen. Zu dieser Zurückhaltung bewogen mich zwei Gründe:

Erstlich sind die älteren Ansätze für die Vorgänge der quantenhaften Lichtabsorption und den Elektronendurchgang durch Materie erwiesenermaßen unzulänglich, und bezüglich der eingeschlagenen neuen Wege traue ich mir keine Sachkenntnis zu. Man mag bedauern, daß die Verfahren der experimentellen und theoretischen Physik immer seltener von ein und demselben Kopf gemeistert werden, aber es scheint mir das eine notwendige Entwicklung zu sein, weil sich das Handwerkszeug beider Arten immer weiter vermehrt und verfeinert; schließlich ist eine immer weiter getriebene Arbeitsteilung doch auch die Grundlage allen menschlichen Fortschrittes.

Zum anderen erschien mir der Verzicht im vorliegenden Fall um so leichter, als nur in 2 Fällen, nämlich bei der lichtelektrischen Wirkung in Gasen und derjenigen hoher Frequenzen, die experimentellen Grundlagen für erfolgreiche theoretische Behandlung schon gegeben zu sein scheinen, während beim Hauptteil der besprochenen Vorgänge die Verhältnisse noch viel zu verwickelt sind.

Ich hoffe aber, daß trotz der stiefmütterlichen Behandlung theoretischer Arbeiten auch der rechnende Physiker Nutzen und Anregung aus der Vermittlung des Beobachtungsschatzes gewinnen kann.

Bei der gebotenen Beschränkung im Umfang konnten nicht alle Teile gleichmäßig behandelt werden; es blieb rein persönlicher Auffassung überlassen, was breit und was nur kurz zu besprechen war. Überall ist jedoch versucht, statt Aufzählung und trockener Berichterstattung eine Einordnung in größeren Rahmen und eine Wertung zu bringen. Ich habe mich nicht gescheut, vielfach persönliche Ansichten zu vertreten, auf die Gefahr hin, widerlegt zu werden; mir scheint aber, daß die Darstellung auf diese Weise wirkungsvoller wird und eher zum Nachdenken anregt. Wenn aus Widerspruch zu meinen Stellungnahmen Untersuchungen zustande kommen, die die betreffenden Fragen eindeutig klären, so will ich das als Gewinn buchen, auch dort, wo ich widerlegt werde.

Das Buch ist selbstverständlich nicht planmäßig wie ein Lehrbuch aufgebaut, sondern Vorgreifen und Wiederholen ist unbedenklich angewandt, wo es dem Verständnis förderlich erschien.

Meßverfahren sind nur soweit angegeben, als ich mir ein besseres Verständnis und bessere Einschätzung der Ergebnisse davon versprach; das gilt besonders für zweifelhafte Ergebnisse.

Abschnitte wie der über die Wirkung hoher Frequenzen, über Selenzellen, Becquereleffekt, Photochemie u. a. sind nicht für auf diesen Gebieten arbeitende Fachleute geschrieben, sondern dienen ausschließlich der notwendigen Abrundung des Gesamtbildes.

Die Fertigstellung des Buches hat sich durch die Übernahme des Erlanger Institutes erheblich verzögert; den Herausgebern und dem Verleger bin ich für ihre verständnisvolle Geduld zu lebhaftem Dank verpflichtet, dem Verlage für sein großes Entgegenkommen bezüglich Abbildungen und Anlage des Buches.

Herrn J. Franck danke ich ferner herzlich für manchen wertvollen Rat und Hinweis, den Herren R. Fleischmann und G. Mönch für freundliche Hilfe bei der Durchsicht.

Erlangen, im August 1928. **B. Gudden.**

Inhaltsverzeichnis.

Druckfehlerberichtigung.

Seite 5, Zeile 25 von oben: aufgewandten statt aufgewandter.

„ 9, 2. Absatz, Zeile 3: Forderung statt Forderungen.

„ 16, Mitte: Joffé statt Joffe.

„ 40 ist hinzuzufügen bei Bi: 280—289 [27] □
und unten: [27] Parmley [600].

„ 70 letzte Zeile ist hinzuzufügen: vgl. auch [303].

I. Einleitung.

1. Begriffsbestimmung und Einteilung. Als „lichtelektrische Erscheinungen" werden alle Energieumwandlungen zusammengefaßt, in denen Strahlungsenergie ganz oder teilweise in kinetische Energie freier Elektronen übergeht, die also zur Abspaltung von Elektronen aus dem Atomverband führen. Ausgeschlossen sind dagegen die Umwandlungen von Strahlungsenergie in Anregungsenergie (einschließlich Dissoziationsenergie) der Atome oder Moleküle ohne Elektronenabspaltung und ferner in ungeordnete Wärmeenergie auf unmittelbarem Wege. Eine derartige Abgrenzung ist freilich willkürlich und läßt sich nicht in allen Fällen bzw. nicht mit Sicherheit durchführen; so kann beispielsweise Anregungsenergie ganz oder teilweise als Strahlungsenergie wieder ausgesandt oder in Stößen 2. Art übertragen werden und in beiden Fällen mittelbar doch zu Ionisation führen.

Lichtelektrische Erscheinungen finden sich bei allen Frequenzen vom Ultrarot bis zur γ- und Ultra-γ-Strahlung, d. h. im ganzen Bereich, in dem die Beschreibung der Wechselwirkung von Strahlung und Materie vom PLANCKschen Wirkungsquantum h Gebrauch machen muß. Von einer theoretischen Beherrschung der lichtelektrischen Erscheinungen kann heute trotz erfolgreicher Ansätze im Gebiete der hohen Frequenzen und für die lichtelektrische Ionisierung von Gasen noch nicht gesprochen werden. Es bleibt zu hoffen, daß der neuen durch die Worte Quanten- oder Wellenmechanik gekennzeichneten Richtung der theoretischen Physik mehr Erfolg beschieden sein wird. Allerdings werden sich viele lichtelektrische Erscheinungen wegen ihrer Abhängigkeit von unbestimmbaren oder wenigstens schlecht faßbaren Oberflächenbeschaffenheiten oder Kristallgitterstörungen noch lange zahlenmäßiger theoretischer Behandlung entziehen. Leider kann auch experimentell trotz zahlloser Arbeiten noch keineswegs volle Klarheit über die Erscheinungstatsachen behauptet werden. So muß durchaus in unserer Darstellung die experimentelle Forschung im Vordergrund stehen. An Stelle knapper Formeln wie in theoretisch geklärten Gebieten der Physik müssen Kurvendarstellungen und Beschreibungen treten. Die folgende Stoffeinteilung ist nach den Bedürfnissen des Experiments und der Verschiedenheit der Beobachtungsverfahren und -möglichkeiten erfolgt, während rein theoretische Gesichtspunkte vielfach andere Zusammenfassungen hätten bevorzugen lassen. Die Zeit für eine rein systematische Darstellung erscheint noch nicht gekommen.

Als derartige größere Einteilungsgesichtspunkte bieten sich vom Standpunkt des Experimentalphysikers folgende:

1. Äußere lichtelektrische Wirkung an festen und flüssigen Körpern.

2. Innere lichtelektrische Wirkung in festen und flüssigen Körpern.

3. (Innere) lichtelektrische Wirkung in Gasen.

Alle 3 Fälle im Gebiet niedriger Frequenzen ($\nu < 2 \cdot 10^{15}\,\mathrm{sec}^{-1}$)

4. Lichtelektrische Wirkung hoher Frequenzen.

Dabei ist unter „äußerer" lichtelektrischer Wirkung verstanden, daß im Innern fester und flüssiger Körper ausgelöste Elektronen außerhalb dieser (im Vakuum oder Gasraum, unter Umständen auch in einer Flüssigkeit) zur Beobachtung oder zum Nachweis gelangen.

Mit „innerer" lichtelektrischer Wirkung dagegen ist gemeint, daß auf die Elektronenabspaltung im Innern fester oder flüssiger Körper aus Beobachtungen von Erscheinungen geschlossen wird, die sich ebenfalls im Innern dieser Körper abspielen.

In Gasen schließlich kommt nur „innere" Wirkung in Frage.

Für hohe Frequenzen tritt der Einfluß des Aggregatzustandes erheblich zurück und es ist auch eine Unterscheidung „innerer" und „äußerer" Wirkung experimentell ohne Belang.

Von theoretischem Standpunkt aus hat eine derartige von der Praxis geforderte Unterteilung natürlich weniger Berechtigung.

In allen Fällen ist es Aufgabe der lichtelektrischen Forschung, nachzuweisen, daß wirklich primäre Elektronenabspaltung bei der Umwandlung von Strahlungsenergie vorliegt, den Grundvorgang möglichst klar aus den beobachteten Erscheinungen herauszuschälen und die notwendigen Vorbedingungen für das Auftreten lichtelektrischer Wirkung zu ermitteln. Im besonderen gilt es,

Zahl, Geschwindigkeit und Richtung der ausgelösten Elektronen in Abhängigkeit von sämtlichen einwirkenden Umständen zu bestimmen, die Beziehungen zu anderen physikalischen Erscheinungen aufzuklären und schließlich die der lichtelektrischen Wirkung sich vielfach anschließenden Folgeerscheinungen zu untersuchen. Von diesen Zielen ist die Forschung in vieler Hinsicht noch weit entfernt.

Neben der unmittelbaren Bedeutung lichtelektrischer Forschung für den optischen Absorptionsvorgang, und damit eine der Grundfragen der Quantenphysik, ergeben sich zahlreiche Beziehungen zu anderen physikalischen Vorgängen. Angeführt seien die Elektrizitätsleitung in Metallen und isolierenden Kristallen, die glühelektrische Emission, Kontaktpotentiale, Phosphoreszenz, Photochemie, chemische Bindung usw. Neben der Bedeutung für die physikalische Erkenntnis darf jedoch keineswegs die praktische Bedeutung der Anwendungen übersehen werden. Sowohl wissenschaftlich wie technisch finden lichtelektrische Wirkungen vielfältige und dauernd steigende Verwendung.

2. Geschichtliche Entwicklung. Ausgangspunkt lichtelektrischer Forschung wurde die Beobachtung von W. HALLWACHS 1888, daß Metalle unter Einwirkung ultravioletten Lichtes negative Ladungen abgeben (Hallwachseffekt).

Es folgt ein erster Forschungsabschnitt bis 1898. Hauptuntersuchungsgegenstand ist die „äußere" lichtelektrische Wirkung fester und flüssiger Körper in Gasen verschiedenen Druckes. Praktisch genommen zeigen alle festen Körper Hallwachseffekt (G. C. SCHMIDT). Die Wirkung ist der Intensität proportional und nimmt von einer für jeden Stoff verschiedenen langwelligen Grenze nach kürzeren Wellen hin zu (STOLETOW, ELSTER und GEITEL), die Wirkung folgt der Lichtabsorption trägheitslos (STOLETOW). Der Grundvorgang ist in dieser Zeit nicht bekannt. Viele Untersuchungen behandeln die Abhängigkeit der beobachteten Ströme von Art und Druck des umgebenden Gases und wirken dadurch befruchtend auf die Erforschung der Elektrizitätsleitung in Gasen.

Als zweiter Forschungsabschnitt ist der Zeitraum von 1899 bis 1905 abzugrenzen; er ist so gut wie ausschließlich durch den Namen LENARD gekennzeichnet; behandelt wird die äußere lichtelektrische Wirkung im Vakuum. LENARD bringt den Nachweis, daß die lichtelektrische Wirkung auch im besten damals erreichbaren Vakuum erhalten bleibt und in der Abgabe von Elektronen aus der belichteten Oberfläche besteht. Die lichtelektrischen Ströme erreichen bei beschleunigenden Feldstärken von einigen Volt/cm einen Grenzwert, der der Lichtintensität genau proportional ist. Die austretenden Elektronen besitzen eine Anfangsenergie bis zu einigen Volt[1], und diese Anfangsenergie ist unabhängig von der Intensität, dagegen abhängig von der Frequenz des Lichtes. Diese Ergebnisse LENARDS haben grundlegende Bedeutung weit über lichtelektrische Forschung hinaus erlangt.

Als dritter Abschnitt bietet sich der Zeitraum 1905 bis etwa 1917, beherrscht vor allem durch den Kampf um die Quantenbeziehungen. Auf LENARDS Ergebnis fußend, gibt EINSTEIN 1905 seine berühmte Beziehung:

$$\tfrac{1}{2} m v^2 = e \cdot V = h\nu - P.$$

Hier bedeutet m und e Masse und Ladung eines Elektrons, v Geschwindigkeit, V Spannung, h PLANCKsches Wirkungsquantum, ν Lichtfrequenz, P die sogenannte Austrittsarbeit (vgl. III, 4, 5).

Nach rund 10 Jahren lebhafter experimenteller Prüfung ist ihre Geltung, die schon vorher für andere Zweige der Optik und Atomphysik zur Anerkennung gelangt war, auch auf lichtelektrischem Gebiete durch MILLIKAN und seine Mitarbeiter gesichert.

In diesen dritten Abschnitt fallen vor allem auch die wichtigen Bestimmungen spektraler Verteilungen der äußeren lichtelektrischen Wirkung (F. LADENBURG, POHL und PRINGSHEIM, WERNER), die Erkenntnis von der Bedeutung angelagerter und gelöster Gase (HALLWACHS, POHL und PRINGSHEIM) und die Entwicklung der lichtelektrischen Photometrie (ELSTER und GEITEL). Schließlich ist zu erwähnen, daß in Übergreifen auf längst bekannte Erscheinungen lichtelektrische Deutungsversuche von

[1] Es ist üblich und übersichtlich, die Energie von Elektronen nicht in Erg oder Wattsekunden, und ihre Geschwindigkeit nicht in cm/sec anzugeben, sondern in Volt. Die Energie 1 Volt besitzt ein Elektron, wenn es ursprünglich ruhend eine Potentialdifferenz von 1 Volt durchfallen hat; es hat dann die kinetische Energie $1{,}59 \cdot 10^{-12}$ Erg oder $1{,}59 \cdot 10^{-19}$ Wattsekunden. Die Geschwindigkeit 1 Volt entspricht dann $5{,}7 \cdot 10^7$ cm/sec; für kleine Spannungen ist $v = 5{,}7 \cdot 10^7 \cdot \sqrt{V}$. Man vgl. auch die Umrechnungstabelle am Schluß des Buches.

Fluoreszenz, Phosphoreszenz, Photochemie, Lichtempfindlichkeit des Selens gemacht werden, die sich allerdings nur zum Teil haben aufrechterhalten lassen.

Ab 1918 kann man bis zur Gegenwart einen letzten Abschnitt rechnen, der nun schon ganz unter dem Zeichen der EINSTEINschen Beziehung und der Entwicklung der Atomphysik steht. Neben Weiterarbeit auf dem Gebiet äußerer lichtelektrischer Wirkung, mit dem Ziel den Gaseinfluß aufzuklären und durch Untersuchung dünnster Schichten dem Auslösungsvorgang näherzukommen (DEMBER, IVES, SUHRMANN, LUKIRSKY), finden wir kräftige Entwicklung in dreierlei Richtungen, für die bisher nur schwache Ansätze bestanden. Die lichtelektrische Wirkung hoher Frequenzen (Röntgenlicht) wird einer der bestgeklärten Zweige lichtelektrischer Forschung (DE BROGLIE, AUGER, ELLIS, MEITNER, BOTHE, COMPTON, BUBB, KIRCHNER, um nur einige aus der Fülle erfolgreicher Forscher zu nennen). Die innere lichtelektrische Wirkung wird weitgehend untersucht, geklärt und auf zuverlässigere Grundlage gestellt (COBLENTZ, GUDDEN und POHL). Die lichtelektrische Wirkung in Gasen erfährt eine durch die Ergebnisse atomphysikalischer Forschung geleitete Neubearbeitung (FOOTE und MOHLER).

Viel scheint gerade in den letzten Jahren auf lichtelektrischem Gebiet erreicht zu sein, und doch darf man kaum behaupten, daß die Fülle ungelöster Fragen geringer geworden sei. Unbefriedigend ist vor allem trotz aller aufgewandter Mühe immer noch unsere Kenntnis über den Ausgangspunkt: die Elektronenauslösung aus Metallen durch ultraviolettes Licht; unbefriedigend unser Wissen über die lichtelektrischen Grundlagen des nun seit 1839 erforschten Becquereleffektes und manches andere.

Es ist vielleicht anregend, in einer graphischen Darstellung (Abb. 1) die Entwicklung lichtelektrischer Forschung innerhalb von 40 Jahren im Spiegel der Veröffentlichungen über diesen Gegenstand zu betrachten.

Wenn auch naturgemäß diese Darstellung nicht von Willkür frei ist, vor allem wegen der Stoffabgrenzung, so wird sie doch jedem, der Sinn für den geschichtlichen Werdegang einer Wissenschaft hat, Stoff zum Nachdenken geben.

Als Beitrag für die wissenschaftliche Wichtigkeit englischer Sprachkenntnisse sei auch in folgender Übersicht die Herkunft der einzelnen Arbeiten angedeutet; das Anschwellen der amerikanischen Beiträge zeigt nachdrücklich, in welchem Umfange dort neuerdings Wissenschaftspflege getrieben wird.

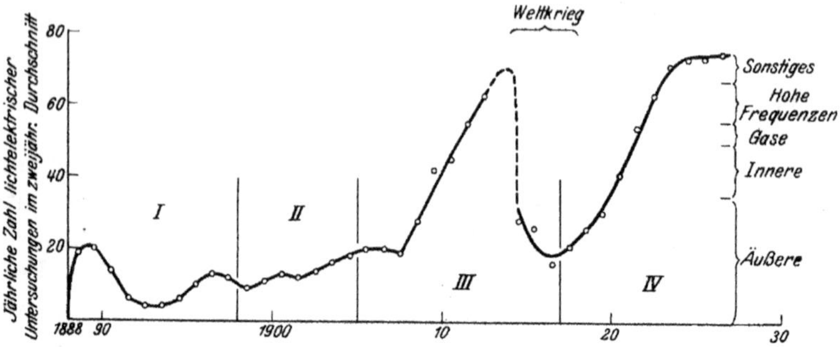

Abb. 1. Lichtelektrische Arbeiten 1888—1927.
Rechts ist ersichtlich gemacht, wie sich gegenwärtig die Arbeiten auf die einzelnen Fragestellungen verteilen.

Verhältnismäßiger Anteil der einzelnen Sprachen[1].

Zeitraum	Deutsch %	Englisch %	Französisch %	Sonstige Sprachen %
1888—1897	50	8 (1)	22	20
1897—1905	57	19 (5)	15	9
1905—1913	60	30 (13)	6	4
1924—1927	45	40 (25)	12	3

Unter „Englisch“ ist in Klammer beigefügt, welcher Anteil davon allein auf amerikanische Zeitschriften entfällt.

II. Äußere lichtelektrische Wirkung.

1. Übersicht, Einteilung und Fragestellungen. Sämtliche festen Oberflächen geben bei Belichtung mit hinreichend kurzwelligem Licht Elektronen ab, deren Zahl proportional der einfallenden Lichtenergie ist. Die Elektronennatur der ausgesandten Elektrizitätsträger ist durch Messung ihrer spezifischen Ladung $\left(\frac{e}{m} = 1{,}77 \cdot 10^8 \text{ Amp sec/g}\right)$ erwiesen (LENARD 1899). Angaben,

[1] Dabei ist zu berücksichtigen, daß die meisten nordischen, russischen, japanischen usw. Forscher ihre Ergebnisse auch in einer der drei wissenschaftlichen Weltsprachen veröffentlichen, so daß aus dieser Tabelle kein Rückschluß auf den Anteil der Völker gezogen werden kann.

wonach auch positive Träger ausgesandt werden, sind bisher nicht gesichert (vgl. IX, 2). Notwendige, aber keineswegs hinreichende Bedingung für die Elektronenabspaltung ist Absorption des Lichtes.

Proportionalität von Elektronenzahl und Lichtenergie wird nur dann beobachtet, wenn durch die Elektronenabgabe keine Veränderungen eintreten, die die weitere Abgabe beeinträchtigen (beispielsweise positive Aufladung von Nichtleitern).

Mit steigender Frequenz des absorbierten Lichtes wächst die kinetische Energie der austretenden Elektronen. Die Zahl der Elektronen pro Einheit absorbierter Lichtenergie hängt ebenfalls stark von der Frequenz, vom Material und seiner zufälligen Oberflächenbeschaffenheit ab.

Grundsätzliche Unterschiede in all dieser Hinsicht scheinen zwischen Metallen, Elektrolyten und homöopolaren Verbindungen nicht zu bestehen; über nichtmetallische Flüssigkeiten ist überaus wenig bekannt. Ungeachtet dieser Übereinstimmung empfiehlt sich eine getrennte Darstellung, weil je nach der Beschaffenheit der Stoffe verschiedene Schwierigkeiten und Fragen im Vordergrund stehen und die Versuchstechnik verschieden ist. In diesem Abschn. II werden die verschiedenen experimentellen Verfahren behandelt. Abschn. III bis V bringen die Beobachtungstatsachen für die sog. „normale" lichtelektrische Wirkung an metallischen Oberflächen, Abschn. VI behandelt die „selektive" Wirkung, Abschn. VII die sonstigen Fälle äußerer lichtelektrischer Wirkung an nichtmetallischen Oberflächen; Abschn. VIII die Anwendungen und IX zweifelhafte Fälle.

Die Fragestellungen sind übereinstimmend zunächst die folgenden: Wie hängt die Elektronenzahl von der absorbierten Lichtenergie für verschiedene Stoffe und Wellenlängen ab? Wovon hängen die Geschwindigkeiten der austretenden Elektronen ab? Welche äußeren Umstände haben Einfluß auf Elektronenzahl und -energie? Welche Schlüsse können aus der Elektronenabgabe auf den Grundvorgang der Absorption gezogen werden? Völlig verschwunden sollte die in früheren Arbeiten oft behandelte Frage nach der „lichtelektrischen Empfindlichkeit" sein (vgl. III, 6).

2. Allgemeines zur Versuchstechnik. Reine Versuchsbedingungen liegen nur vor bei Arbeiten im guten Vakuum mit genau bestimmter Oberflächenbeschaffenheit und bei Verwendung monochromatischen Lichtes. Erwünscht ist für viele Fragen Kenntnis der einfallenden Lichtintensität in absolutem Maße (cal/sec · cm² oder Watt/cm²).

Verhältnismäßig leicht zu erfüllen ist die Forderung nach monochromatischem Licht hinreichender Intensität, sofern es sich um Wellenlängen oberhalb 250 mμ handelt. Als Lichtquelle dient für das sichtbare und ultrarote Gebiet meist der Nernststift oder die Wolframspiraldrahtlampe, für das ultraviolette und sichtbare die Quarzquecksilberhochdrucklampe. Für das kurzwellige Ultraviolett ist man trotz der geringen Konstanz und der vielfach unterschätzten großen Schwierigkeit sich vor Verfälschung der Messungen durch Schwingungspotentiale zu schützen, auf Funkenentladungen angewiesen. Zur Zerlegung des Lichtes werden lichtstarke Quarzmonochromatoren mit Filtern oder besser doppelter Zerlegung[1] verwendet. Es kommt bei allen derartigen Arbeiten nicht auf völlige Monochromasie (kleines $\delta\lambda$), sondern weit mehr auf das Fehlen kürzerwelligen Streulichtes[2] an, da die spektralen Verteilungen keine auf wenige mμ beschränkten Selektivitäten zeigen. Normale Spektrographen sind wegen Streulicht und unzureichender Lichtstärke zur Lichtzerlegung ungeeignet. Abgesehen von den Wellenlängen zwischen 200 und 185 mμ, die von vielen Quarzvorkommen schon recht störend absorbiert werden, macht absolute Energiemessung mit empfindlichen Thermosäulen keine Schwierigkeit. Intensitäten bis herab zu 10^{-6} cal/sec · cm² sind hinreichend genau meßbar und reichen für die meisten lichtelektrischen Fragestellungen aus. Noch kleinere Intensitäten werden mit lichtelektrischen Zellen gemessen und über diese an Thermosäulen angeschlossen. Unterhalb 185 mμ sind lichtelektrische Messungen wegen der Notwendigkeit Vakuummonochromatoren zu benutzen, so gut wie gar nicht durchgeführt.

Ebenfalls ohne grundsätzliche Schwierigkeit ist die Erfüllung der Bedingung eines guten Vakuums, sofern nicht Flüssigkeiten mit merklichem Dampfdruck untersucht werden müssen. Für manche Fragestellungen und mit Vorteil für viele Anwendungen

---

[1] Zuerst angegeben von H. Lehmann: Ann. Phys. (4) Bd. 5, S. 633. 1901.

[2] Ein Beispiel für Fehlbestimmungen durch „falsches" Licht einfacher Monochromatoren geben die lichtelektrischen Messungen der Lichtabsorption von Nitratlösungen (Halban) [566].

äußerer lichtelektrischer Wirkungen können auch Messungen bei verschiedenen Gasdrucken ausgeführt werden. Es kommen dann nicht die Elektronen, sondern die durch ihre Anlagerung an Gasmoleküle gebildeten negativen Ionen sowie bei Eintreten von Stoßionisation Gasionen beider Vorzeichen zur Beobachtung. Bei Verwendung von Spitzenzähler oder Schwebekondensator scheidet Vakuummessung selbstredend ganz aus.

Der wunde Punkt aller Untersuchungen äußerer lichtelektrischer Wirkung ist und bleibt die Erfüllung der dritten oben erhobenen Forderungen: genau bestimmte Oberflächenbeschaffenheit. Man hat ihr in verschiedener Weise zu genügen versucht: Schaben im Vakuum, Glühen im Vakuum, Umgießen flüssiger Metalle, Kathodenzerstäubung, Verdampfung im Vakuum, Elektrolyse usw. oder umgekehrt in beabsichtigter Beschränkung durch Verwendung an der Luft gealterter Oberflächen. Die großen Unstimmigkeiten der Beobachtungsergebnisse zeigen, daß von einer befriedigenden Lösung dieser Schwierigkeiten noch keine Rede ist. Bei Würdigung der einzelnen Messungen ist die Frage der Oberflächenbeschaffenheit daher stets im Auge zu behalten (vgl. ähnliche Schwierigkeiten bei der inneren lichtelektrischen Wirkung bezüglich Reinheit und Gitterbau [Abschn. X]).

3. Bestimmung der Elektronenzahl im Vakuum. Gemessen wird entweder der von einer belichteten Platte oder Kugel (Sender) zu einem Auffänger fließende Sättigungsstrom in Ampere oder die Ladungsänderung eines mit Sender oder Auffänger verbundenen Elektrometers in Coulomb (Sättigungsspannung natürlich auch hier vorausgesetzt). Die lichtelektrischen Ausbeuten werden meist in Coul/cal angegeben. In vielen Fällen ist dabei nicht die absorbierte, sondern nur die auffallende, unter Umständen auch die einfallende Energie bekannt.

Die für Sättigung benötigte Spannung hängt sehr von der räumlichen Anordnung ab. Sie ist am niedrigsten bei Verwendung einer Hohlkugel als Auffänger, in deren Mitte die Kathode sitzt (radiales Feld). Eine Stromspannungskurve in derartiger Anordnung zeigt Abb. 46a, S. 124.

Ist umgekehrt die Kathode als Hohlkugel ausgebildet mit dem Empfänger im Mittelpunkt, so erfordert die Sättigung wesentlich höhere Spannungen (vgl. Abb. 45a, S. 124). In dieser zweiten Anordnung ist es dafür im Gegensatz zur ersten leichter möglich, die Messungen auf absorbierte Energie zu beziehen, da die Kugel als „schwarzer Körper“ wirkt und Reflexionsverluste entfallen.

Im „homogenen“ Feld zwischen zwei parallelen Platten, einer ebenfalls oft benutzten Anordnung, hat die Stromspannungskurve einen ähnlichen Verlauf wie in Abb. 46a.

Die lichtelektrischen Sättigungsströme gehen in den üblichen Anordnungen auch bei sehr intensiver Belichtung kaum über 10^{-7} Amp. hinaus. In spektral zerlegtem Licht sind sie von der Größenordnung 10^{-10} Amp., werden aber mit Aufladungsmessungen bis zu 10^{-15} Amp. herab verfolgt.

4. Lichtelektrische Ströme in Gasen verschiedenen Druckes. Lichtelektrische Untersuchungen an Flüssigkeitsoberflächen, gelegentlich auch vorläufige Messungen werden bei Atmosphärendruck ausgeführt. Je nach Gasart lagern sich die austretenden Elektronen verschieden rasch, aber meist nach kurzer Wegstrecke an Gasmoleküle unter Bildung negativer Ionen an. Die Beobachtungen hängen demnach nicht mehr von den lichtelektrischen Vorgängen allein ab, sondern werden entscheidend bestimmt durch die Gesetze der Elektrizitätsleitung in Gasen. (Eine ausführliche Darstellung findet sich im Handbuch der Physik XIV.) Wir unterscheiden 3 Fälle: 1. Fehlen äußerer elektrischer Felder, 2. Spannungen unterhalb Stoßionisation, 3. Spannungen oberhalb Stoßionisation.

Im 1. Fall (keine Spannung) wird bei Belichtung keinerlei positive Aufladung beobachtet, da die ausgelösten Elektronen ihre Eigengeschwindigkeit in unmittelbarer Nähe vom Ausgangsort infolge Anlagerung an ein Molekül verlieren und sich von der Auslösungsstelle nicht merklich entfernen. Es gelingt jedoch durch eine kräftige Luftströmung diese Ionen mitzunehmen und eine Aufladung des belichteten Körpers auf Spannungen von der Größenordnung 100 Volt zu erzielen. Die Höhe der Spannung hängt von der Strömungsgeschwindigkeit des Gases, das durch innere Reibung die Ionen fortführt, in Wettbewerb mit der wirksamen Feldstärke in der Körpernähe ab, vermöge derer die Ionen zum Körper zurückgezogen werden (Hallwachs [171]).

Im 2. Fall gilt nach Townsend theoretisch folgende Gleichung für die Abhängigkeit von Strom i und Feldstärke $\mathfrak{E}$

$$i = \frac{\varepsilon \cdot N_0 \sqrt{6\pi} \cdot u \cdot \mathfrak{E}}{\bar{c} + \sqrt{6\pi} \cdot u \cdot \mathfrak{E}}. \qquad (\alpha)$$

Hier bedeuten N_0 die Zahl der in der Zeiteinheit von der Querschnittseinheit ausgehenden Elektronen. ε die Elementarladung. u die Ionenbeweglichkeit, $\bar{c}$ die mittlere Molekulargeschwindigkeit.

Für kleine Feldstärken ist die Geschwindigkeit der Ionen im Felde $u\mathfrak{E}$ gegenüber $\bar{c}$ zu vernachlässigen und daher

$$i = \varepsilon N_0 \cdot \sqrt{6\pi} \cdot \frac{u \cdot \mathfrak{E}}{\bar{c}}, \tag{β}$$

d. h. es besteht Proportionalität des Stromes zur Spannung.

Für hohe Feldstärken ($u\mathfrak{E} \gg \bar{c}$) wird $i = N_0 \cdot \varepsilon$ (Sättigungsstrom). $\bar{c}$ ist annähernd umgekehrt proportional dem Gasdruck.

Im 3. Fall liefert Townsends Theorie für ein homogenes Feld die Beziehung

$$i = i_0 e^{p d n e^{-\frac{n V p d}{P}}} \tag{γ}$$

bzw. in einer Erweiterung von Partzsch, 1912

$$i = i_0 e^{d\left(1 - \frac{V}{P}\right) p n e^{-n V p \frac{d}{P}}}; \tag{δ}$$

hier bedeutet i_0 den Elektronenstrom im Vakuum, p den Gasdruck, d den Abstand der Kondensatorplatten, P die angelegte Spannung (also $\mathfrak{E} = P/d$), n und V Größen, die ursprünglich als Anzahl der Zusammenstöße eines Ions auf dem Weg 1 cm in einem Gase vom Druck 1 mm Hg-Säule bzw. als Spannung, die ein Ion durchfallen muß, um durch Stoß zu ionisieren, gedeutet worden waren. (Die Stromspannungskurven sehen aus wie in Abb. 45b, S. 124).

Ersichtlich kann der so beobachtete Strom ein beliebiges Vielfaches des reinen Elektronenstromes werden; das ist der Grund, warum sowohl in den Anwendungen lichtelektrischer Wirkung wie auch gelegentlich zum Nachweis sehr kleiner Emissionen von der Verstärkung durch Ionenstoß Gebrauch gemacht wird. Die Formel sagt aus, daß genaue Proportionalität zwischen Ionen und Elektronenstrom besteht, dies gilt in der Praxis nur näherungsweise und in inhomogenen Feldern treten sogar erhebliche Abweichungen auf. Daher wird man bei allen Messungen, bei denen es auf genaue Proportionalität zur Intensität ankommt, die Verstärkung durch Stoßionisation besser vermeiden.

Die Vervielfachung der lichtelektrischen Ströme hat bei einem bestimmten Gasdruck einen ausgesprochenen Höchstwert. Für diesen Druck p_m gilt die Beziehung

$$\frac{P}{p_m \cdot d} = n V .$$

In Tabelle 1 sind die Werte für n, V und nV für verschiedene Gase angegeben; Abb. 2 gibt Messungen von PARTZSCH für Luft.

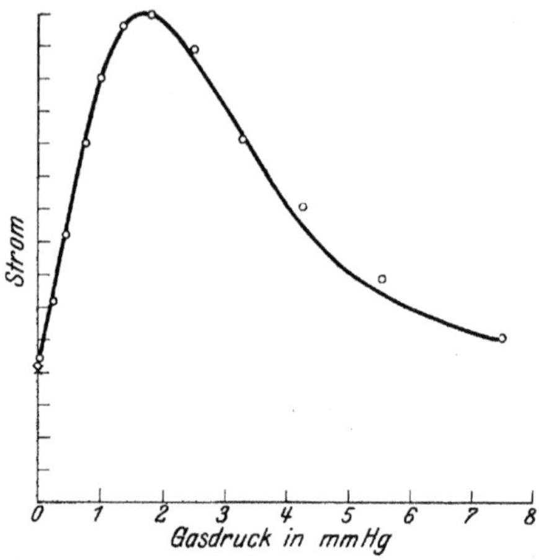

Abb. 2. Abhängigkeit des Stromes in einer lichtelektrischen Zelle vom Gasdruck (nach PARTZSCH). Füllgas Luft, Elektrodenabstand 2 mm, Spannung 120 Volt, ausgezogene Kurve nach Gleichung (δ) berechnet.

Tabelle 1.

	V	n	nV
Luft . .	27,1	12,6	340
N_2 . . .	27,9	12,4	346
O_2 . . .	23,9	11,2	268
H_2 . .	27,8	5,5	153
CO_2 . .	23,5	16,2	380

Im einzelnen sei auf die einschlägigen Arbeiten von HERRMANN [18], IVES [21, 22, 82], PARTZSCH [31] u. a. verwiesen.

5. Messung von Elektronengeschwindigkeiten. Es handelt sich um Elektronenenergien, die beschleunigenden Spannungen von 0 bis rund 5 Volt entsprechen, d. h. Spannungen von der Größenordnung der überall wirksamen und daher leicht fälschenden Kontaktspannungen. Auch magnetische Streufelder können bei derartig langsamen Elektronen erhebliche Störungen bedingen. Angewandt werden dreierlei verschiedene Meßverfahren:

1. Aufladungsmessungen,
2. Gegenfeldmessungen,
3. Magnetische Ablenkung.

Das erste ist das älteste Verfahren. Es liefert nur die größte in merklicher Häufigkeit vorkommende Energie. Man bestimmt den Grenzwert der Aufladung in Volt bei Belichtung; dieser Wert unter Berücksichtigung der stets bestehenden Kontaktspannung gibt die Höchstenergie der austretenden Elektronen. Abgesehen davon, daß meist nicht nur die Höchstenergie bestimmt werden soll, setzt das Verfahren eine vorzügliche Isolation der aussendenden Platte voraus und Vermeidung von Streulicht auf die Gegenelektrode; anderenfalls kann der Gegenstrom (Rückstrom von Elektronen) die Aussendung überwiegen und die positive Aufladung wird heruntergedrückt. Dieser Gegenstrom ist verständlicherweise um so größer, je höher die positive Aufladung ist, d. h. je kürzer die Wellenlänge (III, 5).

Wird zur Elektronenauslösung Funkenlicht verwendet, so ist es bei derartigen Versuchen unerläßlich, Lichtquelle samt Kapazität und Transformator einerseits, lichtelektrische Zelle samt Elektrometer und Zubehör andererseits völlig in metallische Hüllen einzuschließen; anderenfalls werden die Messungen durch Schwingungspotentiale mehr oder weniger verfälscht.

In der einfachen Form wird das Aufladungsverfahren heute kaum mehr angewandt, sondern in Vereinigung mit dem an zweiter Stelle genannten. Dieses Gegenfeldverfahren (LENARD, 1900) besteht in der Aufnahme einer Stromspannungskurve mit besonderer Berücksichtigung kleiner verzögernder Spannungen; am vorteilhaftesten arbeitet man im radialen Feld mit mittlerer Sendeplatte oder Kugel. Die Anforderungen an Isolation können geringer sein als beim ersten Verfahren, da das Einlaufen der Stromkurve in die Abszisse extrapoliert werden kann (man vgl. Abb. 14a, III, 5). Vor allem aber kann die Größe eines Gegenstromes gemessen und hinreichend berücksichtigt werden. Arbeitet man in genau radialem oder im homogenen Feld, so liefert die Differentiation der Stromspannungskurve die Verteilung der austretenden Elektronen auf die verschiedenen Energien; im homogenen Feld werden natürlich nur die Normalkomponenten der Geschwindigkeiten erfaßt. Bei dieser Ermittlung der Energieverteilung ist allerdings nicht zu leugnen, daß die graphische Differentiation eine gewisse Unsicherheit mitbringt.

Zur Ermittlung der Höchstenergie muß stets noch die Kontaktspannung zwischen Sender und Auffänger bekannt sein. Diese kann in einer der üblichen Weisen gemessen werden, wobei jedoch genau darauf zu achten ist, daß sich an den Versuchsbedingungen nichts ändert, vorteilhafter ist jedoch, sie unmittelbar aus der lichtelektrischen Stromspannungskurve selbst abzulesen. Das ist im genau radialen Felde möglich, wenn der Sender gegenüber dem Auffänger genügend angenähert als Punkt behandelt werden kann. Es ist nämlich beim Fehlen eines Feldes der lichtelektrische Strom vom Sender gesättigt (kein austretendes Elektron kehrt zu ihm zurück) und es fließt kein Gegenstrom (die Wahrscheinlichkeit, daß der kleine Sender von Elektronen getroffen wird, die von der Auffangekugel ausgehen, ist zu vernachlässigen). Beobachtet man also diejenige Spannung, bei der ein vom Auffänger ausgehender Elektronenstrom verschwindet

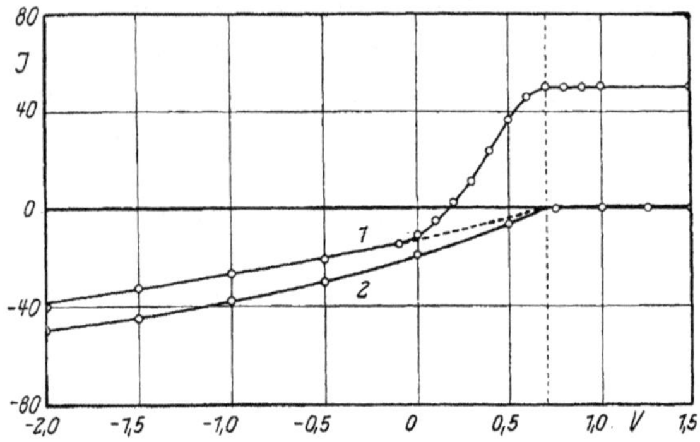

Abb. 3. Strom-Spannungskurve im genau radialen Feld (nach Lukirsky). *1* bei Bestrahlung einer inneren Bleikugel mit der Wellenlänge 254 mμ; *2* bei ausschließlicher Bestrahlung der versilberten Auffangekugel mit der gleichen Wellenlänge. Beträgt die an den Auffänger angelegte Spannung +0,7 Volt gegenüber der Sendekugel, so ist der lichtelektrische Strom vom Sender gesättigt und der Gegenstrom Null. Der Kontaktpotentialunterschied zwischen Silber und Blei ist also in diesem Fall 0,7 Volt.

und der vom Sender ausgehende gesättigt ist, so gibt diese übereinstimmende Spannung den Kontaktpotentialunterschied zwischen Sender und Auffänger (Lukirsky [629]), Abb. 3; vgl. dazu die spätere Sättigung im nicht genau radialen Feld, Abb. 13, S. 35.

Zur Ermittlung der Geschwindigkeitsverteilung eignet sich vornehmlich das dritte Verfahren (Ramsauer [34, 35]). Hier werden die Elektronenbahnen durch ein senkrecht zu ihrer ursprünglichen Bahnrichtung wirkendes Magnetfeld auf Kreisbahnen gezwungen, mittels Blenden wird eine bestimmte Kreisbahn vom Halbmesser R ausgesondert und die Anzahl der sich in ihr bewegenden Elektronen in Abhängigkeit von der magnetischen Feldstärke $\mathfrak{H}$ bestimmt. Bei den in Frage kommenden Geschwindigkeiten v entsprechend wenigen Volt genügen Magnetfelder von wenigen Amperewindungen/cm [1] um Kreisbahnen von einigen Zentimetern Durchmesser zu erhalten.

Es ist

$$\mathfrak{H} \cdot R = \frac{m}{e} \cdot v \, *, \qquad \frac{e}{m} \text{ ist die spezifische Ladung des Elektrons.}$$

Gegenüber der Ermittlung der Geschwindigkeitsverteilung nach dem Gegenfeldverfahren besteht der Vorteil darin, daß die Geschwindigkeiten unmittelbar, nicht erst durch graphische Differentiation erhalten werden, sowie darin, daß die Verteilung für eine bestimmte Austrittsrichtung gilt, nicht für die Gesamtheit aller wie im radialen, und für die Normalkomponenten wie im homogenen Feld. Nachteilig ist, daß die Elektronenausnutzung sehr ungünstig ist und daher die seltenen größten und kleinsten Geschwindigkeiten gar nicht oder doch nur sehr ungenau bestimmt werden. Zur Festlegung von Höchstgeschwindigkeiten ist das Verfahren ungeeignet.

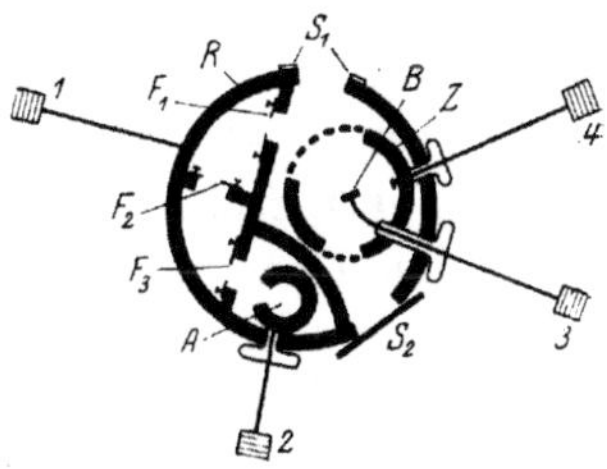

Abb. 4. Anordnung zur Ermittelung der Geschwindigkeitsverteilung in natürlicher Größe (nach KLEMPERER).

Abb. 4 zeigt die von KLEMPERER [307] benutzte Anordnung in natürlicher Größe. Sie erlaubt gleichzeitig nach allen drei Verfahren zu arbeiten. *R* ist ein 16 mm langes Rohr, oben und unten verschlossen. Das Innere ist durch feste Scheidewände in vier Teile geteilt. Im größten befindet sich isoliert ein Zylinder *Z* (15 mm lang) und in seiner Mitte gegen ihn isoliert das belichtete Blättchen *B* (1 × 8 mm). Lichtelektrisch an *B* ausgelöste Elektronen werden durch ein senkrecht zur Zeichenebene gerichtetes Magnetfeld auf Kreisbahnen gebogen. Diejenigen, die auf einer Kreisbahn von 0,5 cm Halbmesser laufen, wie sie durch die Blenden F_1, F_2, F_3 vorgezeichnet ist, gelangen in den isolierten und durch Zuleitung *2* mit einem Elektrometer verbundenen Auffangzylinder *A*. Gegenfeldmessungen können zwischen dem Plättchen *B* und dem Zylinder *Z* ausgeführt werden; allerdings liegt

---

[1] 1 Gauß = 0,795 Amp.Wdg./cm.

* Wird $\mathfrak{H}$ in Amp.Wdg./cm, *R* in cm, *V* in Volt, *v* in cm/sec gemessen, so ist $R \cdot \mathfrak{H} = 0{,}45 \cdot 10^{-7}\, v = 2{,}56 \cdot \sqrt{V}$.

kein streng radiales Feld vor. Schließlich kann auch unmittelbar das Aufladepotential des Plättchens B gegenüber Z bestimmt werden.

6. Schwebekondensator. Ein Elektrometer größter Ladungsempfindlichkeit ist der Schwebekondensator nach Ehrenhaft und Millikan. Ladungsänderungen kleiner fester oder flüssiger Teilchen um einzelne Elementarladungen können messend verfolgt werden. Teilchen von 10^{-4} bis 10^{-5} cm Durchmesser werden dazu bekanntlich in einem senkrechten homogenen elektrischen Felde entgegen dem Schwerefeld zum Schweben gebracht. Es gilt dann die Beziehung

$$mg = q \cdot \mathfrak{E} \cdot 10^7,$$

wenn q die Ladung in Coulomb, $\mathfrak{E}$ die Feldstärke in Volt/cm, m die Masse in g und g die Schwerebeschleunigung in cm/sek² ist. Der naheliegende Gedanke, diese höchstempfindliche Anordnung zu lichtelektrischen Untersuchungen zu benutzen und mittels ihrer den Grundvorgang des Entweichens einzelner Elektronen zu beobachten, ist gleichzeitig und unabhängig von A. Joffe und E. Meyer und W. Gerlach 1913 verwirklicht worden.

Es gelingt in der Tat ohne weiteres bei Bestrahlung beliebiger Teilchen mit ultraviolettem Licht hinreichend kurzer Wellenlänge eine Verminderung negativer bzw. Vergrößerung positiver Ladung der Teilchen festzustellen. Dabei entfällt eine Reihe der Schwierigkeiten, die von der Bestimmung der Elementarladung und dem Streit um Subelektronen her bekannt sind: es ist für die meisten Fragen unnötig, die Masse zu kennen und damit die umstrittenen Ergänzungen zum Stokesschen Gesetz sowie die Größe und Dichte des Teilchens. Es genügt Feststellung der Tatsache, daß das Schwebegleichgewicht bei Belichtung gestört wird. Andererseits kommt aber bei weitem nicht jede lichtelektrische Elektronenauslösung in einer Ladungsänderung zur Beobachtung und anfängliche Hoffnungen, im Schwebekondensator Aufklärung über lichtelektrische Grundvorgänge zu gewinnen, wurden alsbald als trügerisch nachgewiesen. Eine Theorie der lichtelektrischen Beobachtungen im Schwebekondensator, die mit allen bisherigen Erfahrungen im Einklang zu sein scheint, ist von Gerlach und Meyer [25, 26, 472, 481] gegeben worden. Sie ist kurz gefaßt folgendermaßen: Die Feldverteilung im Kondensator mit einem darin befindlichen positiv geladenen Teilchen wird in einem senkrechten Schnitt durch das Teilchen in Abb. 5 schematisch wiedergegeben. Die Feldverteilung entsteht durch Überlagerung des homogenen Kondensatorfeldes durch das radialsymmetrische Teilchenfeld. Die durch P verlaufende punktierte Linie teilt das Feld in 2 Teile; die innerhalb dieser Linie verlaufenden Feldlinien gehen alle von der negativen Kondensatorplatte zum Teilchen und nur die außerhalb liegenden zur positiven Platte. Vom Teilchen stammende negative Ionen oder Elektronen kommen daher nur dann aus dem Anziehungsbereich des Teilchens heraus und zur positiven Platte, wenn sie irgendwie jene punktierte Grenzfläche infolge Eigengeschwindigkeit oder Diffusion dauernd überschreiten; andernfalls kehren sie immer wieder zum Teilchen zurück, und dessen Ladung bleibt ungeändert. Die Beobachtung einer Teilchenaufladung sagt daher nichts über die unmittelbare lichtelektrische Wirkung aus, sondern stellt nur das Überschreiten jener Grenzfläche durch eine vom Teilchen stammende Ladung fest. Ob ein solches Überschreiten zustande kommt, hängt vom Zusammenwirken von Anfangsgeschwindigkeit und -richtung, von freier Weglänge und Art der Zusammenstöße in verwickelter Weise ab und kann in gewissen Grenzen als zufällig betrachtet werden. Die kleinste Arbeit, die ein lichtelektrisch abgespaltenes Elektron leisten muß, um die Grenzfläche zu erreichen, ist aufzuwenden, um den Punkt P zu erreichen. Der Abstand des Punktes P von der Teilchenoberfläche sei a; er läßt sich leicht aus der Be-

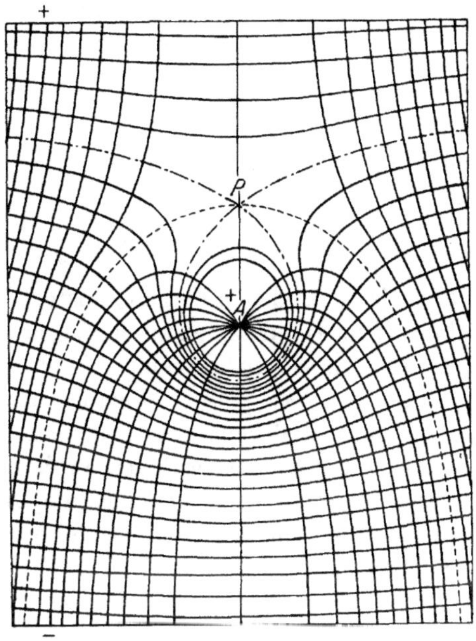

Abb. 5. Feldverteilung in einem Schwebekondensator mit positiv geladenem Schwebeteilchen (MAXWELL).

dingung berechnen, daß die im Punkt P vom Teilchen hervorgerufene Feldstärke der konstanten des Plattenkondensators entgegengesetzt gleich ist

$$\frac{V}{d} = \frac{q \cdot 0{,}884 \cdot 10^{-13}}{(a + r)^2 \cdot 4\pi}, \tag{α}$$

wo V die Spannung am Kondensator in Volt, d der Plattenabstand, q die Teilchenladung in Coulomb, r der Teilchenradius ist.

Die Arbeit E, die ein Elektron (Ladung e) zur Überwindung der Strecke a gegen das elektrische Feld leisten muß, ist

$$E = eq\left(\frac{1}{r} - \frac{1}{r + a}\right) \tag{β}$$

oder unter Benutzung von (α)

$$E = eq\left(\frac{1}{\sqrt{r}} - \sqrt{\frac{V \cdot r}{d \cdot q}}\right)^2. \tag{γ}$$

Dabei ist von allen Energieverlusten durch Zusammenstöße usw. abgesehen. Die lichtelektrisch ausgelösten Elektronen haben nach der EINSTEINschen Beziehung (vgl. unten III, 5) eine Höchstenergie $E_m = h(\nu - \nu_0)$. Folglich kann eine Ladungsänderung des Schwebeteilchens nur beobachtet werden, wenn $E_m > E$. Sie wird unter sonst gleichen Verhältnissen um so häufiger eintreten, je größer ν im Vergleich zu ν_0 und je kleiner q und größer a. Die höchste lichtelektrisch erreichbare positive Aufladung eines Teilchens wird

$$q_m = r\left(\sqrt{\frac{K}{e}} + \sqrt{\frac{V \cdot r}{d}}\right)^2, \tag{δ}$$

Hier ist

$$K = e q_m \left(\frac{1}{\sqrt{r}} - \sqrt{\frac{V \cdot r}{d q_m}}\right).$$

Diese Endaufladung wird naturgemäß nur asymptotisch erreicht, da nur für einen verschwindenden Bruchteil der Elektronen alle günstigen Bedingungen zusammentreffen; es können durch unelastische Zusammenstöße Energieverluste eintreten, und in Gasen mit Elektronenaffinität werden die meisten Elektronen vor Überschreiten der Grenzlinie durch Anlagerung ihre Beweglichkeit einbüßen. Aus letzterem Grunde ist es günstig, bei möglichst tiefem Gasdruck und in Edelgasen zu arbeiten. Es liegt also ein verwickelter Zwischenmechanismus zwischen dem Elektronenaustritt und der beobachteten Ladungsänderung.

Zwar spricht eine Ladungsänderung entschieden für äußere lichtelektrische Wirkung, aber das Fehlen einer Ladungsänderung (wenigstens für positive Teilchen) beweist keineswegs auch das Fehlen äußerer lichtelektrischer Wirkung. Die früh beobachteten Verzögerungszeiten zwischen Einsatz der Belichtung und Ladungsänderung, ferner die großen Schwankungen der Pausen zwischen den einzelnen Ladungsänderungen haben nichts mit der Elektronenauslösung, geschweige denn mit dem Absorptionsvorgang oder gar mit der Lichtausbreitung selbst zu tun—, sie waren anfangs als Anhäufungszeiten der zur Elektronenabspaltung erforderlichen Energien angesehen worden — sondern sind auf die Zufälligkeiten des geschilderten Zwischenmechanismus zu beziehen. Im Einklang mit den Vorstellungen von MEYER und GERLACH lassen sich die Verzögerungszeiten nicht nur durch Herabsetzung des Gasdruckes, sondern auch durch Überlagerung des Kondensatorfeldes mit einem Wechselfeld vermindern [481].

GERLACH und MEYER glaubten aus ihren Beobachtungsreihen schließen zu dürfen, daß gleichzeitige Abgabe von 2 Ladungen verhältnismäßig häufig vorkommt; auch diese Erscheinung kann im Sinne der MEYER-GERLACH-Theorie dadurch gedeutet werden, daß das Feld durch die ausgelösten Ladungen selbst wieder so verändert wird, daß die Überschreitung der erwähnten Grenzfläche für andere Ladungen erleichtert wird. Inzwischen ist es aber fraglich geworden, ob wirkliche Doppel- und Mehrfachaustritte vorkommen. DERIEUX findet bei sehr geringen Lichtintensitäten an Hg-Tröpfchen stets nur Ladungsabgaben von je 1 Elektron [123].

Zur Bestimmung spektraler Verteilungen und absoluter Ausbeuten eignet sich der Schwebekondensator nicht, da die Anzahl der etwa in gleichen Zeiten beobachteten Ladungsänderungen keinen eindeutigen Rückschluß auf die gleichzeitigen Elektronenabspaltungen zuläßt. So wird die Angabe WASSERS, die lichtelektrische „Empfindlichkeit“ von Hg sei in CO_2 kleiner als in N_2, wohl keine andere Ursache haben, als daß Anlagerung freier Elektronen an Moleküle in N_2 seltener ist als in CO_2. Die mehrfach erwähnte Beobachtung, daß die lichtelektrische „Empfindlichkeit“ mit abnehmender Teilchengröße sinkt, dürfte wohl ausschließlich als Folge der schlechteren Lichtausnützung (geringere Absorption) und in geringerem Maße auch der Gleichung (δ)

aufzufassen und daher ebenfalls ohne lichtelektrische Bedeutung sein [392].

Langwellige Grenzen lassen sich dagegen sowohl durch Eingabelung (vgl. IV, 4a) wie auf Grund der Gleichung (δ) ermitteln. Nachteilig ist die Unmöglichkeit, im Vakuum zu beobachten, vorteilhaft bei dem letztgenannten Verfahren, daß Kontaktpotentiale bedeutungslos sind.

Eine genaue Messung der langwelligen Grenze von Hg in Argon ist durch Ermittlung der positiven Höchstaufladung im Licht der 3 Wellenlängen 232, 257, 280 mμ unter Benutzung der Gleichung (δ) durch S. Taubes durchgeführt worden. Das Ergebnis war $\lambda_0 = 304{,}3 \pm 2$ mμ und der aus den Beobachtungen folgende Wert für die Plancksche Konstante $h = 6{,}36 \cdot 10^{-27}$ statt $6{,}55 \cdot 10^{-27}$ Ergsec zeigt die grundsätzliche Brauchbarkeit des Verfahrens [472].

Immerhin muß betont werden, daß die hohe Ladungsempfindlichkeit des Schwebekondensatorelektrometers lichtelektrisch nicht entfernt zur Geltung kommt; bezüglich der Nachweisbarkeit lichtelektrischer Wirkung steht sogar der Schwebekondensator merklich hinter den gewöhnlichen Meßverfahren mit Elektrometern zurück. Das liegt daran, daß das Licht außerordentlich schlecht ausgenutzt wird, und von den ausgelösten Elektronen wiederum gegenüber der gewöhnlichen lichtelektrischen Zelle nur ein sehr viel kleinerer Bruchteil zur Messung gelangt. Die absorbierende Fläche eines Schwebeteilchens ist nur von der Größenordnung 10^{-8} cm^2, der Querschnitt des verfügbaren Lichtbündels läßt sich ohne entsprechende Intensitätseinbuße kaum unter 10^{-1} cm^2 herabdrücken; es wird also bei der lichtelektrischen Zelle rund 10^7mal mehr Licht ausgenutzt als beim Schwebeteilchen; ferner wird, vor allem in der Nähe der Grenzwellenlänge, nur ein kleiner Bruchteil der ausgelösten Elektronen das Teilchen wirklich dauernd verlassen; er ist mit 1% sicher nicht unterschätzt. Das heißt, um gleiche Empfindlichkeit zu erzielen, müßte beim Schwebekondensator die Ladungsempfindlichkeit etwa 10^9-mal größer sein; davon ist aber keine Rede: Sehr günstig gerechnet mag beim Schwebekondensator die Abgabe eines Elektrons in 1000 Sekunden als zuverlässig meßbar angesehen werden, elektrometrisch in einer gut isolierenden Zelle dagegen 10^4 Elektronen pro Sekunde (Strom der Größenordnung 10^{-15} Amp.), dann ist immer noch die Zelle dem Schwebekondensator 100mal überlegen! Für Wellenlängen in größerem Abstand von der Grenzwellenlänge mag der Unterschied etwas geringer sein.

Die Bedeutung der lichtelektrischen Messungen im Schwebekondensator liegt dagegen zweifellos in der Möglichkeit, Messungen an Isolatoren auszuführen, ohne durch die mangelnde Leitfähigkeit gestört zu werden; hier dürfte kein anderes Verfahren gleichwertig sein. Allerdings bestehen auch hier Bedenken; vor allem ist schwer festzustellen, ob die beobachteten Schwebeteilchen wirklich aus dem beabsichtigten Material bestehen. So ist es verhältnismäßig unwahrscheinlich, daß die von LUKIRSKY angegebenen lichtelektrischen Aufladungen an Alkalihalogeniden im Licht von Wellen um 200 mμ den betreffenden reinen Alkalihalogeniden wirklich zuzuschreiben sind, da diese Stoffe als größere Kristalle die angegebenen Wellenlängen so gut wie gar nicht absorbieren [519] (vgl. S. 114 f).

Merkwürdige und nicht ganz einwandfrei aufgeklärte Beobachtungen von negativen Aufladungen sind als Abgabe positiver Ladungen bei Belichtung gedeutet worden (vgl. IX, 2).

Auch zur Feststellung von lichtelektrischer Ionisierung in Gasen ist der Schwebekondensator herangezogen. Treten bei Belichtung positive und negative Ladungsänderungen ein — das Kondensatorfeld wird während der Belichtung abgeschaltet —, so wird daraus auf Ionenbildung im Gas geschlossen. Auch hier scheinen allerlei Fehlerquellen vorzuliegen, da Befunde, wie lichtelektrische Ionisierung von CO_2 (HAKE) durch Hg-Quarzlampenlicht höchst unwahrscheinlich sind [297].

Zusammenfassend wird man sagen können, daß lichtelektrische Beobachtungen im Schwebekondensator zwar unter gewissen Umständen wertvoll sein können, zumal bei Untersuchung von guten Isolatoren, daß ihre Deutung aber eine außerordentlich große Kritik erfordert und manche Erscheinungen noch nicht befriedigend aufgeklärt sind.

7. Spitzenzähler und verwandte Anordnungen. Zum Nachweis einzelner lichtelektrischer Auslösungsvorgänge kann neben dem Schwebekondensator und vielleicht mit größerer Ausbeute der bekannte GEIGERsche Spitzenzähler dienen. Es löst hier ein einziges Elektron durch Stoßionisation unter günstigen Umständen einen unmittelbar elektrometrisch meßbaren Ladungsübergang aus. Mit dem Schwebekondensator gemeinsam ist der Nachteil, a) nicht im Vakuum arbeiten zu können, b) vielleicht nur einen kleinen unbekannten Bruchteil der Elektronenaustritte zu beobachten.

Der Nachteil des Schwebekondensators, daß die Beobachtungen von Ladung und Größe der Teilchen abhängig sind, entfällt hier; auch kann das einfallende Lichtbündel besser ausgenützt werden; es kann ebensowohl die Kammerwand wie die kleine Spitze als Kathode verwendet werden. Laufende Aufzeichnung, wie auch Vorführung in größerem Kreise sind möglich. Nachteilig gegenüber dem Schwebekondensator ist die schlechte Anwendbarkeit für Isolatoren.

Die erste Beobachtung ruckweiser Entladung einer nahe dem Entladungspotential gehaltenen Spitze bei Belichtung mit ultraviolettem Licht wurde 1907 von PRINGSHEIM gegeben, aber erst 1913 auf Grund der Erfolge des GEIGERschen α-Strahlzählers richtig gedeutet. Zum Unterschied gegenüber der Zählung von α und β-Teilchen spricht die Spitze keineswegs auf jedes langsame Elektron an. MEYER und GERLACH zeigten im gleichen Jahr, daß die „Verzögerungszeit“, wie im Schwebekondensator, von Gasart und Gasdruck abhängt, es also offenbar darauf ankommt, daß durch das Zusammenwirken günstiger Umstände ein Elektron Gelegenheit zur Stoßionisation in dem starken Feld in der Nähe der Spitze erhält. Ist die Spitze positiv, so ist es wesentlich, durch Stickstoff oder noch besser Argon-Füllung unter niedrigem Druck die Wahrscheinlichkeit für die an der Kammerwand ausgelösten Elektronen, in das starke Feld an der Spitzennähe zu gelangen, zu vergrößern.

Die beobachteten Schwankungen der Pausen zwischen den einzelnen Entladungsstößen sind durch das Zusammenwirken der verschiedenen für die Stoßionisation erforderlichen Umstände bedingt und sagen, wie beim Schwebekondensator, nichts über den lichtelektrischen Grundvorgang aus.

Die mittlere Zahl der Entladungsstöße ist der wirksamen Lichtintensität proportional, doch wächst vermutlich die Ausnützung wie im Schwebekondensator mit dem Abstand der benutzten Wellenlänge von der Grenzwellenlänge. Das Ausnutzungsverhältnis scheint jedoch nie bestimmt worden zu sein und wird von Zähler zu Zähler in weitem Bereich wechseln.

III. „Normale“ äußere lichtelektrische Wirkung an metallischen Oberflächen.

1. Elektronenzahl und Lichtintensität. Der lichtelektrische Strom bei Atmosphärendruck sowie in Zellen mit niedrigem Gasdruck war schon in den ältesten Arbeiten befriedigend proportional zur auffallenden Lichtintensität gefunden.

LENARD zeigte 1902, daß diese Proportionalität auch für die Zahl der in der Zeiteinheit austretenden Elektronen gilt; seine Messungen mit Funken- und Kohlenbogenlampe hatten allerdings keine große Genauigkeit. An sich war natürlich diese Proportionalität zwischen Elektronenstrom und Lichtintensität auf Grund der Beobachtungen im gashaltigen Raum zu erwarten gewesen.

Die Elektronenzahl ist ferner proportional der auffallenden Lichtenergie, d. h. der Zeitsumme der Intensität ($\int i\,dt$). Es ist also gleichgültig, ob, wie im Funken sehr hohe Augenblicksintensitäten mit Dunkelpausen wechseln oder ob Licht gleichmäßiger Intensität einwirkt.

Verständlicherweise wurde nach Abweichungen von der Proportionalität bei besonderen Versuchsbedingungen gesucht, doch sind bisher keine gefunden worden. Daß bei sehr hohen Elektronendichten infolge der Raumladung höhere Sättigungsspannungen erforderlich sind, mutet im Zeitalter der Elektronenröhre als selbstverständlich an. Man wird daher in derartig bedingten Abweichungen von der Proportionalität des Elektronenstromes zur Lichtintensität keine lichtelektrische Erscheinung erblicken. Bis zu den erreichten Stromdichten von rd. $3 \cdot 10^{-7}$ Amp./cm² ist jedenfalls eine echte Abweichung nicht beobachtet worden, und eine solche ist auch bei der in Metallen augenblicklich erfolgenden Elektronennachlieferung selbst bei Stromdichten, die um viele Zehnerpotenzen größer sind, nicht zu erwarten. Man denke etwa daran, daß glühelektrisch Stromdichten von 1 Amp./cm² leicht erreicht werden.

In Richtung kleiner Intensitäten ist ebenfalls keine Abweichung von der Proportionalität gefunden. ELSTER und GEITEL gelangten 1912 bis 10^{-9} Erg/cm² sec für blaues Licht; das entspricht nur noch etwa 200 Lichtquanten auf den Quadratzentimeter in der Sekunde. Beim Herabgehen zu noch kleineren Lichtintensitäten werden dagegen Schwankungserscheinungen beobachtbar. Ihre Untersuchung stellt höchste Anforderungen an die Empfindlichkeit der Meßanordnung. ELSTER und GEITEL benutzten gasgefüllte Alkalizellen mit Spannungen unmittelbar an der Grenze der selbständigen Entladung. Es fließt in solchen Zellen bei diesen sehr kleinen Lichtintensitäten kein dauernder Strom, sondern es treten von Zeit zu Zeit kurzdauernde Entladungsstöße auf. Ihre Häufigkeit, etwa die Anzahl/Minute ist auch dann noch genau proportional der Lichtintensität. Die Anordnung mißt, wie der Spitzenzähler, den Austritt einzelner Elektronen. Es gelang, diese „statistische“ Proportionalität zur Lichtintensität bis zu etwa 10^{-11} Erg/sec cm^2 herab zu verfolgen, also nur noch etwa zwei Lichtquanten in der Sekunde auf einen Quadratzentimeter [77]! Es braucht kaum betont zu werden, daß aus der unregelmäßigen Folge der Stöße nicht auf den Charakter der Lichtausbreitung geschlossen werden darf, sondern daß *diese* Schwankungen wohl ausschließlich auf den zufälligen Bedingungen des Elektronenaustritts aus der Oberfläche und des Zustandekommens von Stoßionisation beruhen. Mit Hilfe des höchstempfindlichen HOFFMANNschen Elektrometers hat neuerdings STEINKE ebenfalls die Schwankungen lichtelektrischer Ströme verfolgt. Er glaubt, daß seine Anordnung zuverlässiger die Schwankungen des Elektronenaustrittes selbst messen läßt als die Spitzenzähler, d. h. keine weiteren Schwankungen hineinbringt. Seine Rechnungen entsprechen der erwarteten Unabhängigkeit der einzelnen Elektronenaustritte voneinander [536].

Rein wissenschaftliche Messungen, die die genaue Proportionalität von Elektronenstrom und Lichtintensität über den ganzen zugänglichen Intensitätsbereich erhärten, liegen merkwürdigerweise nicht vor. Auch eine viel herangezogene Meßreihe von ELSTER und GEITEL zwischen 30000 und $6 \cdot 10^{-4}$ Lux kann diese Lücke nicht ausfüllen, da der ganze Bereich in zahlreichen Stufen untersucht und jeweils nur eine Intensitätsänderung von 1:4 vorgenommen wurde. Trotzdem zweifelt niemand an der genauen Gültigkeit des Gesetzes.

Nach Versuchen von LAWRENCE und BEAMS soll die Proportionalität der Elektronenabspaltung zur Lichtsumme auch noch bei Verwendung von Lichtblitzen von nur 10^{-10} Sekunden Dauer bestehen [586]!

Wie energetisch selbstverständlich ist, kommt für die lichtelektrische Wirkung nur *absorbiertes* Licht in Betracht. Proportionalität zur auffallenden Lichtintensität kann daher nur bestehen, wenn jeweils derselbe Bruchteil des auffallenden Lichtes auch eindringt und unter gleichen Verhältnissen absorbiert wird.

Elster und Geitel und vor allem dann R. W. Pohl haben die Abhängigkeit der Elektronenemission vom Einfallswinkel bei konstanter Lichtintensität gemessen und sie mit dem Gang der aus den optischen Konstanten der Metalloberfläche berechneten Absorption verglichen. Abb. 6 zeigt Pohls Messungen an Cu. Auch Gross konnte neuerdings diesen Zusammenhang weiterhin bestätigen. Er findet beispielsweise an Cu-Spiegeln für die Wellenlänge 254 mμ der Elektronenströme für Einfallswinkel 0° und 60° ein Verhältnis 1 : 1,26, wenn der elektrische Lichtvektor parallel ($\mathfrak{E}\,||$) und 1 : 0,71, wenn der elektrische Vektor senkrecht ($\mathfrak{E}\perp$) zur Einfallsebene liegt, während die nach den Drudeschen Formeln berechneten Werte 1 : 1,254 bzw. 1 : 0,69 betragen [199, 429]. Streng genommen ist zu erwarten, daß es nicht nur auf die Absorption als solche, sondern auch auf ihren Ort ankommt. Sofern etwa die Absorption bei schrägem Einfall im Mittel näher der Oberfläche stattfindet als bei senkrechtem, könnte bei schrägem Lichteinfall eine größere Elektronenausbeute beobachtet werden als der absorbierten Energie entspricht. Die in dieser Hinsicht wichtigen Verhältnisse an dünnen Schichten sind in V behandelt. Um die oft schwer meßbaren Reflexionsverluste (besonders bei diffuser Reflexion) zu vermeiden, wird dem bestrahlten Körper die Form eines „schwarzen" Körpers gegeben (Werner [44]). In dieser Form wird wirklich alles auffallende Licht

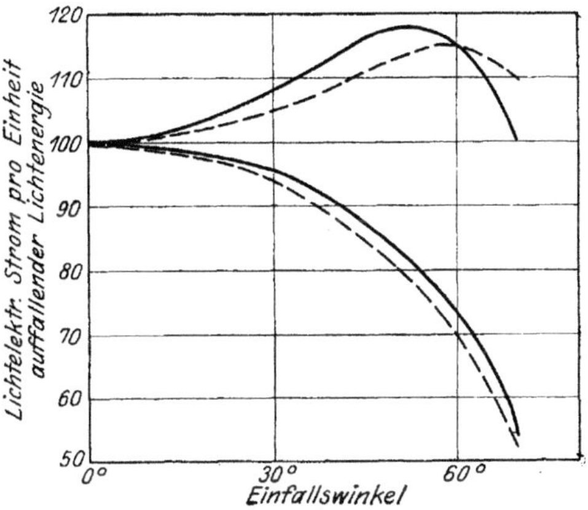

Abb. 6. Abhängigkeit der lichtelektrischen Wirkung an einem Cu-Spiegel von Polarisationsrichtung und Einfallswinkel des Lichtes (nach Pohl 1909).
—— Gemessen im unzerlegten Licht einer Hg-Quarzlampe.
- - - Berechnet aus den von Minor gemessenen optischen Konstanten des Cu für $\lambda = 231$ mμ, unter der Voraussetzung der Proportionalität von lichtelektrischem Strom und absorbierter Lichtintensität.
Cu-Spiegel durch Kathodenzerstäubung hergestellt.
Obere Kurven für $\mathfrak{E}\,||$; untere für $\mathfrak{E}\perp$.

auch absorbiert, und es ist möglich, Elektronenausbeuten, bezogen auf absorbierte Energie, anzugeben. Allzuviel ist jedoch auch durch die Verwendung des „schwarzen Körpers" nicht gewonnen, da für die im Außenraum beobachteten Elektronenzahlen offenbar sehr wesentlich noch die Eindringungstiefe des Lichtes ist. Über diese Abhängigkeiten können ebenfalls nur Messungen an dünnen Schichten Aufschluß geben (vgl. IV). Die auf absorbierte Lichtenergie bezogenen Ausbeuten überschreiten in allen bisherigen Messungen nur selten den Wert $5 \cdot 10^{-4}$ Coulomb/cal, und zwar für Wellenlängen um 230 mμ (wegen der Bedeutung dieser Zahl vgl. Ziff. 5 und folgende Abb. 7).

2. Allgemeiner Verlauf der „spektralen Verteilung". Unter „spektraler Verteilung" $F(\lambda)$ oder $\Phi(\nu)$ verstehen wir die Abhän-

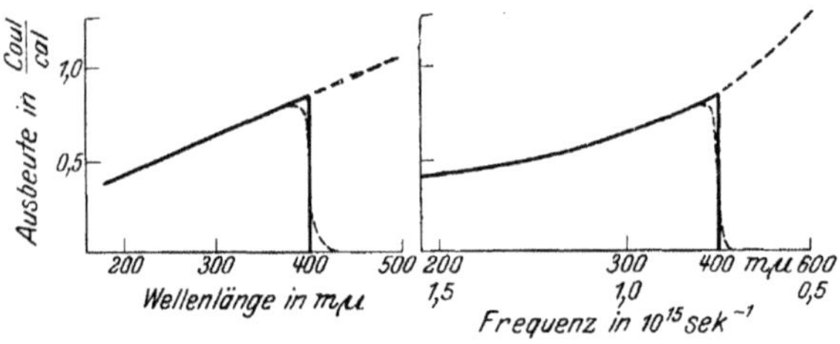

Abb. 7. Spektrale Verteilung der lichtelektrischen Ausbeute für absorbierte Energie, wie sie bei Gültigkeit des Quantenäquivalent erwartet werden könnte.

gigkeit der von der Einheit absorbierter, einfallender oder auch auffallender monochromatischer Lichtenergie aus einer Oberfläche ausgelösten Elektronen von der Wellenlänge (oder Frequenz) des Lichtes. Gewöhnlich gemessen wird die spektrale Verteilung für „auffallende" Energie $F_a(\lambda)$; $\Phi_a(\nu)$; Berücksichtigung der Reflexionsverluste läßt daraus die Verteilung für „einfallende" Energie berechnen $F_e(\lambda)$, $\Phi_e(\nu)$; falls alles einfallende Licht auch absorbiert wird, stimmt diese mit der auf „absorbierte" Energie bezogene Verteilung $F_{\text{abs}}(\lambda)$; $\Phi_{\text{abs}}(\nu)$ überein. Auch diese ist noch nicht das eigentliche Ziel; man möchte letzten Endes die Zahl der von der Einheit absorbierter Lichtenergie ursprünglich ausgelösten, nicht nur der die Metalloberfläche verlassenden Elektronen wissen. Für diese letztere könnte man nach Ziff. 5 den in Abb. 7 angegebenen Verlauf vermuten. Irgendwelche experimentellen Anhaltspunkte dafür fehlen jedoch.

Wenn wie bei den meisten Metallen das Reflexions- und Absorptionsvermögen im Ultraviolett nicht stark mit λ veränderlich ist, unterscheidet sich der Verlauf von $F_a(\lambda)$, $F_e(\lambda)$ und $F_{\text{abs}}(\lambda)$ nicht wesentlich voneinander. Wir finden dann folgenden allgemein gültigen Verlauf: Bei einer bestimmten Wellenlänge (der sogenannten langwelligen Grenze oder Grenzwellenlänge λ_0) wird erstmals eine lichtelektrische Wirkung nachweisbar; sie nimmt dann beim Fortschreiten zu kürzeren Wellen dauernd und beschleunigt zu, so daß F eine zur Wellenlängenachse konvexe Kurve darstellt. Eine Änderung der Krümmung in eine zur Wellenlängenachse konkave ist jedenfalls bis etwa 180 mμ bisher nicht festgestellt (vgl. S. 28). Es empfiehlt sich übrigens, die spektralen Verteilungen statt als Funktion der Wellenlänge $F(\lambda)$ lieber als Funktion der Frequenz $\Phi(\nu)$ darzustellen, da dann die Abszissen unmittelbar die Energien der Elektronen abzulesen gestatten, da ferner, anstatt der besonders bei langen Wellen sehr allmählich auslaufenden Kurven, eine Zusammendrängung stattfindet und überdies der Anstieg zu höheren Frequenzen nahezu geradlinig verläuft. Abb. 8 zeigt den Vorteil der Darstellung Φ_a gegenüber F_a am Fall einer Hg-Fläche mit 2% K-Zusatz. Abb. 9 bringt eine größere Reihe gewöhnlicher spektraler Verteilungen an verschiedenen Metallen. Die Unterschiede sind nicht größer, als die an ein und demselben Metall unter verschiedenen Oberflächenbedingungen gemessenen. Man findet hier sowohl Parallelverschiebungen der Kurven wie auch ausgesprochene Neigungsänderungen (vgl. Abb. 15, S. 56).

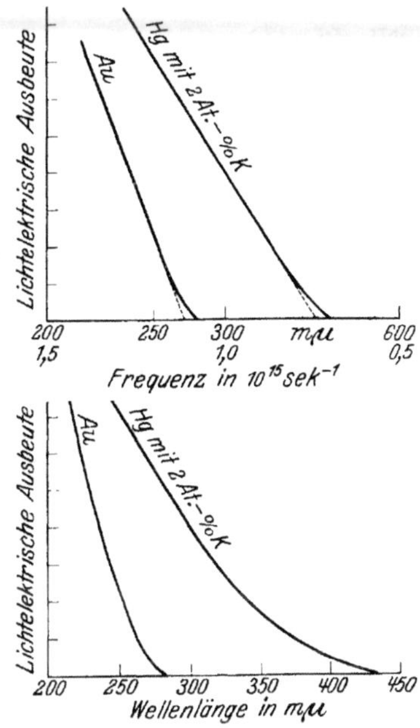

Abb. 8. Beobachtete spektrale Verteilungen der Ausbeute in Abhängigkeit von Frequenz und von Wellenlänge dargestellt. Kaliumamalgam bezogen auf auffallende Energie, 1 Ordinatenteil = $1 \cdot 10^{-4}$ Coul/cal (nach POHL und PRINGSHEIM, 1913), Gold, bezogen auf absorbierte Energie, 1 Ordinatenteil = $3 \cdot 10^{-5}$ Coul/cal (nach WERNER, [44]).

Die ersten Bestimmungen von $F_a(\lambda)$ wurden 1907 von MOHLIN an Ag, Cd, Cu, Ni, Pt, Zn und von LADENBURG an Cu, Pt, Zn ausgeführt. Weitere Messungen folgten von POHL und PRINGSHEIM an Bi, Cd, Ce, Hg, Pb, Sn, Tl und erste Messungen von $F_{abs}(\lambda)$, und zwar an Schichten, die durch Kathodenzerstäubung in H_2 und N_2 hergestellt waren, von WERNER (1913) an Au, Ag, Cu, Pt, Ni, Bi [44].

Als besonders einwandfrei können SUHRMANNS Messungen von $\Phi_a(\nu)$ an Pt, Au und Ag bei verschiedenen Oberflächenbedingungen

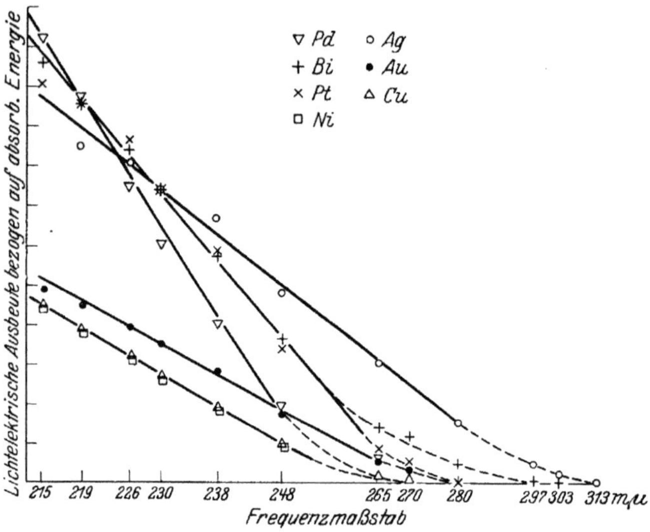

Abb. 9. Spektrale Verteilung lichtelektrischer Ausbeuten für verschiedene Metalle, bezogen auf absorbierte Energie (nach WERNER [44]). Ein Ordinatenteil = $5 \cdot 10^{-5}$ Coul/cal.

gelten. Φ_{abs} wurde dabei durch Rechnung bestimmt [471]. Ebenso zuverlässig erscheinen nach der meßtechnischen Seite FARWIGS Messungen an K und Rb (vgl. Abb. 28, S. 90 [348]).

Bei aller Übereinstimmung im großen ergibt sich dabei, daß von einer wohl bestimmten spektralen Verteilung für ein bestimmtes Metall nicht geredet werden kann.

Einige Beobachter glaubten, eine Abnahme von $F(\lambda)$ im kurzwelligen Ultraviolett (unterhalb 250 mμ) festgestellt zu haben; das wird mit großer Wahrscheinlichkeit auf ungenaue Energiebestimmung jener sehr schwachen Linien des meist verwendeten Hg-Bogenspektrums zurückzuführen sein (beispielsweise bei K. T.

COMPTON und O. W. RICHARDSON, 1913; vermutlich auch bei POHL und PRINGSHEIM (1912) im Fall des Al und Mg, wenn dort nicht chemische Veränderungen die Ursache waren; auch bei WERNER sind Anzeichen für solche Fehler vorhanden, worauf er selber hinweist). Erst neuerdings ist anerkannt, daß die früher gewöhnlich benutzten einfachen Monochromatoren in Spektralgebieten kleiner lichtelektrischer Wirkung oder kleiner Lichtenergie keine genügende Zuverlässigkeit besitzen. Auch spektrale Verteilungen, die im kontinuierlichen Spektrum unter Zugrundelegung des Strahlungsgesetzes aus Temperatur der Lichtquelle und Dispersion des Monochromators durch Rechnung gewonnen sind, können nicht als zuverlässig gelten.

Für den gewöhnlichen Verlauf der Funktion $F(\lambda)$ bzw. $\Phi(\nu)$ liegen mehrere analytische Ausdrücke vor.

Der älteste, von RICHARDSON (1912) angegebene, ist statistisch-thermodynamisch abgeleitet

$$\Phi(\nu) = \text{const}\,\frac{h}{k^2\nu^2}\left(1 - \frac{k_0}{h\nu}\right) \qquad k_0 < h\nu < \infty\,,$$

wobei h die PLANKsche und k die BOLTZMANNsche Konstante bedeutet. Er kann aber nicht zutreffen, da er ein Maximum von $\Phi(\nu)$ im leicht zugänglichen Ultraviolett (bei $3/2\,\nu_0$) fordert; ein solches glaubte RICHARDSON zwar an Al und Na gefunden zu haben, doch kann auf Grund genauerer neuerer Messungen mit großer Sicherheit sein Bestehen abgelehnt werden. Einen ziemlich ähnlichen Ausdruck leitete in jüngster Zeit auch LAWRENCE ab. Dabei geht er aus vom Strahlungsgesetz in der WIENschen Näherung, von der experimentell ermittelten Geschwindigkeitsverteilung der Glühelektronen, der Temperaturunabhängigkeit der lichtelektrischen Wirkung und dem EINSTEINschen Ansatz

$$\tfrac{1}{2} m v^2 = h(\nu - \nu_0)\,.$$

Er erhält

$$\Phi(\nu) = \frac{\text{const}\cdot h\cdot c^3}{4\pi m^2}\cdot\frac{\nu - \nu_0}{\nu^3}\,. \qquad [517]$$

Da das Ergebnis unseres Erachtens der Erfahrung widerspricht, lohnt es nicht, auf die Ableitung und die vom Verfasser gezogenen Schlußfolgerungen einzugehen. Immerhin muß bemerkt werden, daß auch heute noch eine Reihe von Forschern eine Funktion dieser Art für zutreffend halten (IVES [365], ROY [530]).

Kürzlich hat USPENSKI folgende Funktion abgeleitet:

$$\Phi(\nu) = \frac{\text{const}}{\nu}\left(\sqrt{\frac{\nu}{\nu_0}} + \sqrt{\frac{\nu_0}{\nu}} - 2\right). \qquad [538]$$

Seine Voraussetzungen sind dabei folgende: Jedes absorbierte Quant $h\nu$ löst ein Elektron aus und erteilt ihm die kinetische Energie $\frac{1}{2}mv^2$; alle Auslösungsrichtungen sind gleich wahrscheinlich; die weiteren Schicksale eines Elektrons auf dem Weg zur Oberfläche werden ohne Beachtung von Ablenkungen durch eine reibungsähnliche Kraft berücksichtigt, und schließlich soll senkrecht[1] zur Oberfläche das verzögernde Feld der Kontaktspannung wirken. Die Lichtabsorption wird unabhängig von Wellenlänge, die Reibungskraft unabhängig von der Geschwindigkeit angenommen.

Auch diese Kurve zeigt ein Maximum, aber erst bei $10\nu_0$, so daß sie nicht im unmittelbaren Widerspruch mit der Erfahrung steht.

Ohne theoretische Begründung sind zwei weitere Funktionen angegeben. WERNER konnte seine Beobachtungen durch die Beziehung

$$F(\lambda) = \text{const}\left(1 - \frac{\lambda}{\lambda_0}\right)^2 \qquad [44]$$

wiedergeben, und A. BECKER stellte dazu noch die ähnliche Formel

$$F(\lambda) = \text{const}\left(1 - \frac{\lambda}{\lambda_0}\right)^3. \qquad [407]$$

Nach BECKER soll, je nach dem Oberflächenzustand eines Metalles, entweder die eine oder die andere Potenz (2 oder 3) zutreffen.

Es ist jedenfalls bemerkenswert, aber doch wohl Zufall, daß die meisten gemessenen Verteilungen sich der quadratischen oder der kubischen Beziehung anschließen und nur sehr wenige einen Exponenten *zwischen* 2 und 3 erfordern. Allerdings bleibt eine gewisse Willkür in der Wahl des λ_0, und der Spektralbereich der Prüfbarkeit selbst ist nur eng begrenzt.

Da keine theoretische Deutung dieser Beziehungen gegeben ist und beispielsweise beim Ag die quadratische Formel für das gasbeladene Metall, die kubische für das entgaste, beim Pt

---

[1] Diese Annahme steht im Widerspruch zu RAMSAUERS Messungen, vgl. Z. 3. Es müßte dann nämlich entgegen der Erfahrung die Geschwindigkeitsverteilung stark von der Austrittsrichtung abhängen.

aber das Umgekehrte gelten soll, fällt es schwer, in beiden Ausdrücken mehr als gelegentlich brauchbare Interpolationsformeln zu sehen.

Zur Kennzeichnung des lichtelektrischen Verhaltens einer Oberfläche bleibt nach wie vor die graphische Darstellung von $F(\lambda)$ bzw. $\Phi(\nu)$ das gegebene Verfahren.

Ein bemerkenswerter Versuch von SUHRMANN, entsprechend zu den Bestimmungsstücken der Glühemission A und b in der bekannten RICHARDSONschen Gleichung

$$i = A \cdot T^{\beta} \cdot e^{-\frac{b}{T}}$$

auch für die lichtelektrische Wirkung neben ν_0 eine der Größe A entsprechende Größe einzuführen, unterliegt nicht nur grundsätzlichen Einwänden, sondern erscheint auch versuchstechnisch zu unübersichtlich [471].

Die bisher besprochenen spektralen Verteilungen lassen darauf schließen, daß das Absorptionsvermögen der Metalle nicht stark mit der Wellenlänge veränderlich ist. Einerlei, welchen Mechanismus der lichtelektrischen Wirkung an Metallen man zugrunde legen will, man wird vermuten dürfen, daß Spektralgebiete geringerer Lichtabsorption und daher größerer Eindringungstiefe des Lichtes bezüglich der Elektronenausbeute benachteiligt sind.

Einen solchen Fall haben anscheinend POHL und PRINGSHEIM 1913 am Ca beobachtet. $\Phi_{\text{abs}}(\nu)$ weist in einem Spektralgebiet geringen Reflexionsvermögens ein deutliches Minimum auf (vgl. Abb. 33, S. 95).

Selbstverständlich können sich Gebiete hohen und niedrigen Reflexionsvermögens auch schon in Unterschieden zwischen Φ_a und Φ_{abs} widerspiegeln. So können Abweichungen von der gewöhnlichen spektralen Verteilung entstehen, die nur meßtechnisch bedingt, ohne grundsätzliche Bedeutung für die lichtelektrische Wirkung sind. Unsere Kenntnis der optischen Konstanten der Metalle im Ultraviolett und ihrer Veränderlichkeit mit der Oberflächenbeschaffenheit ist leider noch unzureichend, so daß über die Beziehung der beobachteten spektralen Verteilungen zu den optischen Konstanten nur wenig ausgesagt werden kann. Immerhin scheint soviel sicher, daß die große Veränderlichkeit von $\Phi(\nu)$ nur zum kleinsten Teil auf Veränderungen der optischen Absorption zurückgeführt werden kann (vgl. aber Abb. 41a, S. 107).

Abhängigkeiten von $\Phi_{\mathrm{abs}}(\nu)$ vom Einfallswinkel, sowie der Lage des elektrischen Lichtvektors scheinen im allgemeinen nicht zu bestehen, die für verschiedene Fälle ermittelten $\Phi_a(\nu)$ lassen sich bei Kenntnis der optischen Konstanten n und k, auf $\Phi_{\mathrm{abs}}(\nu)$ befriedigend umrechnen (Abb. 6, S. 25). Über andere Verhältnisse beim sogenannten selektiven Effekt vgl. VI.

Besonders wichtig wären Messungen der spektralen Verteilung an durchsichtigen Metallschichten, da trotz mannigfaltiger Versuche keine Sicherheit über die Schicksale der Elektronen zwischen ihrer Auslösung aus dem Atom und dem Austritt aus der Oberfläche besteht. Die Versuche mit dünnen Schichten sind in V besprochen. Noch keine solche Messung ist jedoch für unsere Frage verwendbar.

3. Die Elektronengeschwindigkeiten. Bei der Belichtung von Metalloberflächen im Vakuum verlassen Elektronen das Metall mit von Null verschiedener Anfangsgeschwindigkeit. Dementsprechend lädt sich das isolierte Metall unter der Belichtung auf ein so hohes positives Potential auf, daß die Energie der schnellsten ausgelösten Elektronen nicht mehr genügt, die Anziehung der positiv geladenen Oberfläche zu überwinden. Es war die grundlegende Entdeckung LENARDS, daß dieses Aufladepotential und damit also auch die Höchstenergie der lichtelektrischen Elektronen unabhängig von der Lichtintensität ist, dagegen mit wachsender Frequenz des einfallenden Lichtes steigt. Schon die ersten derartigen Beobachtungen zeigten, daß nur ein sehr kleiner Bruchteil der austretenden Elektronen die Höchstenergie besitzt. Genauere Messungen in der Folgezeit, sowohl nach dem Gegenfeldverfahren wie nach dem Verfahren der magnetischen Zerlegung zeigten, daß auch bei monochromatischer Belichtung stets eine stetige Geschwindigkeitsverteilung um eine häufigste Geschwindigkeit vorhanden ist. Über den allgemeinen Verlauf dieser Verteilung bestehen keine Meinungsverschiedenheiten, dagegen ist es bisher nicht gelungen, nach beiden Meßverfahren, selbst bei Verwendung derselben Meßanordnung, völlig übereinstimmende Werte zu erhalten (vgl. Abb. 10 [307]). Wie in II, 5 auseinandergesetzt ist, verdienen bezüglich größter und kleinster Geschwindigkeiten die mit Gegenspannung bei Radialfeld gewonnenen Werte, in der Umgebung der häufigsten Geschwindigkeiten dagegen wohl die mit magnetischer Zerlegung erhaltenen das größere Vertrauen.

Allgemein gilt, daß die Verteilungskurven um so breiter sind, je größer der Frequenzunterschied zwischen eingestrahlter und

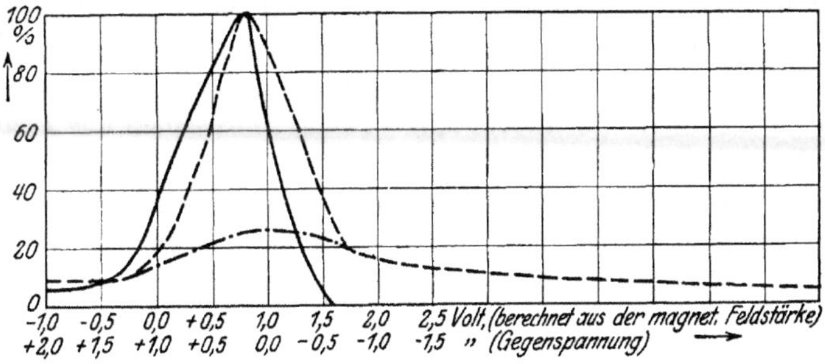

Abb. 10. Energieverteilung in der gleichen Anordnung nach Gegenfeldverfahren und mit magnetischer Zerlegung ermittelt. (nach KLEMPERER).

----- nach der magnetischen Methode gewonnene Kurve. —— differenzierte Gegenspannungskurve.

Die häufigsten Energiewerte sind zur Deckung gebracht worden, doch dürfte von der magnetisch ermittelten Kurve schätzungsweise nur der zwischen strichpunktierter und gestrichelter Kurve liegende Teil berücksichtigt werden, während der „Fuß" durch reflektierte Elektronen verursacht sein wird.

Grenzwellenlänge ist. Dagegen besteht schon keine Sicherheit, ob die häufigste Geschwindigkeit stets ein bestimmter Bruchteil der Höchstgeschwindigkeit ist oder in einem anderen einfachen oder verwickelten Zusammenhang mit ihr steht.

Die Verteilungskurve soll nach RAMSAUER die gleiche Gestalt für verschiedene Metalle und für verschiedene Wellenlängen behalten (vgl. Abb. 11). Daraus würde folgen, daß die häufigste Geschwindigkeit wirklich ein bestimmter Bruchteil der Höchst-

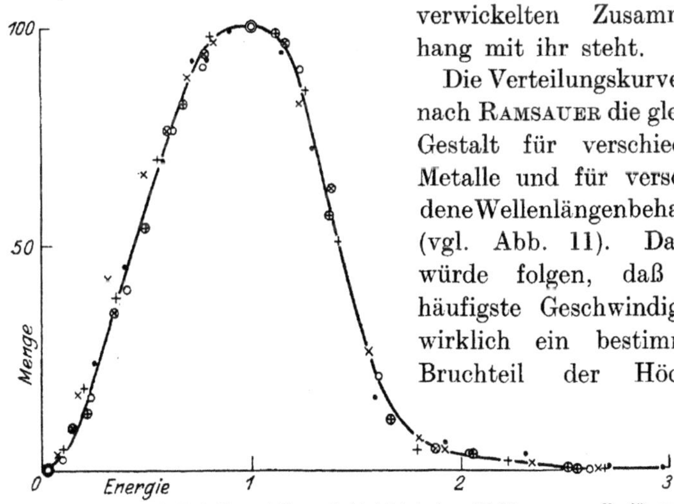

Abb. 11. Geschwindigkeitsverteilung lichtelektrischer Elektronen an Zn für verschiedene Lichtfrequenzen nach RAMSAUER. Die Maxima für die einzelnen Wellenlängen sind zur Deckung gebracht worden. Der Abszissenmaßstab ist für die einzelnen Wellenlängen verschieden.

● 186 mμ; × 202 mμ; + 214 mμ; ○ 224 mμ; ⊗ 256 mμ; ⊖ 285 mμ; ◎ Mittelwert.

geschwindigkeit ist; dagegen fand WOLF mit demselben RAMSAUERschen Verfahren das widersprechende Ergebnis, daß die häufigste Geschwindigkeit bei einer K-Na-Legierung um einen konstanten Betrag kleiner ist als die Höchstgeschwindigkeit [34, 35, 625].

Wichtig ist ferner, daß nach RAMSAUER die Geschwindigkeitsverteilung nicht nur unabhängig vom Einfallswinkel des Lichtes, sondern auch von der Austrittsrichtung der Elektronen ist (wenigstens im Bereich 0 bis 45°). Daraus zieht nämlich Ramsauer den berechtigten Schluß, daß man das verzögernde Potential an der

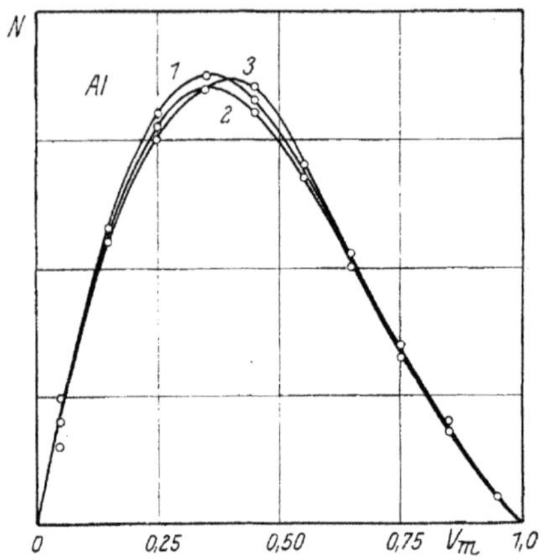

Abb. 12a.

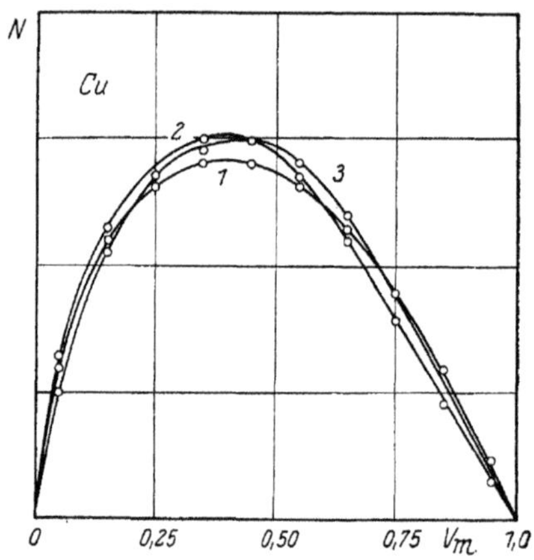

Abb. 12b.

Abb. 12a u. b. Energieverteilungskurven nach dem Verfahren des radialen Gegenfeldes für verschiedene Wellenlängen und Metalle (nach LUKIRSKY und PRILEŽAEV).
a: *1* 230 mμ, *2* 254 mμ, *3* 313 mμ, b: *1* 240 mμ, *2* 254 mμ, *3* 265 mμ.
Ordinate: Anzahl der Elektronen. Abszisse: Bruchteil der Höchstenergie.

Oberfläche nicht im Sinne eines homogenen Feldes (ideale Doppelschicht) auffassen darf, sondern durchaus die atomare Struktur berücksichtigen muß.

Die Unabhängigkeit der Verteilungskurve von Substanz und Wellenlänge gilt, wie neuere Untersuchungen zeigen, nicht allgemein. Gasanlagerung und -aufnahme hat beträchtlichen Einfluß (vgl. IV, 2 und 3). Dagegen wird die Geschwindigkeitsverteilung von beschleunigenden Spannungen nicht beeinflußt. KLEMPERERS Untersuchung ging allerdings nur bis zu beschleunigenden Spannungen von 20 Volt [307].

Lukirsky und Priležaev finden im Gegenfeldverfahren mit genau radialem Feld an der gleichen Oberfläche für verschiedene Wellenlängen Verschiedenheiten der Verteilungskurven, die nach ihrer Ansicht die Fehlergrenzen überschreiten (Abb. 12). Ebenso lassen sich die Kurven für verschiedene Metalle abweichend von Ramsauers Annahme nicht zur Deckung bringen (Abb. 12a und b). Beim Vergleich der Verteilungskurven nach Ramsauer und nach Lukirsky ist aber zu beachten, daß im einen Fall die häufigsten, im anderen die Höchstgeschwindigkeiten zur Deckung gebracht sind [629]. Weitere Verteilungskurven vgl. Abb. 16, S. 57.

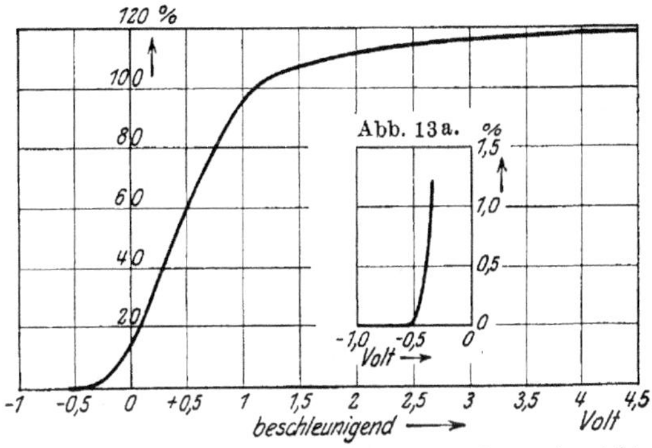

Abb. 13. Lichtelektrische Stromspannungskurve in nicht genau radialem Feld (nach Klemperer)

Abb. 13a. Die Einmündung der Kurve in die Abszisse in 40fach vergrößertem Ordinatenmaßstab.

Sender aus Zink, Messingauffänger, Wellenlänge 254 mμ.

Von besonderer Wichtigkeit ist die Frage nach dem Bestehen einer genau bestimmten Höchstenergie. Aus Ramsauers Messungen läßt sich eine derartige Höchstenergie nicht entnehmen, andererseits scheint sie aus Aufladungs- und Gegenspannungsmessungen zu folgen. Während Ramsauer ein asymptotisches Einlaufen der Verteilungskurve in die Energieachse für möglich hielt, Millikan [89, 90] die Auffassung eines Schnittes unter endlichem Winkel vertrat, d. h. die Höchstenergie einer endlichen Anzahl von Elektronen zusprach, kommt Klemperer zu dem wahrscheinlicheren Ergebnis, daß der Schnitt zwar in einem bestimmten Punkt, jedoch mit der Tangente Null erfolgt (vgl. Abb. 13 [307]). Danach ist also die Höchstenergie nur als Grenzwert aufzufassen, der strenggenommen von keinem Elektron erreicht wird. Immerhin soll dieser Grenzwert auf 0,01 Volt genau bestimmbar sein.

In eingehenden Untersuchungen hat A. Becker die Geschwindigkeitsverteilung bei der äußeren lichtelektrischen Wirkung mit derjenigen der Glühelektronen und der δ-Strahlen verglichen und die Zusammenhänge herausgearbeitet [132, 133].

Für die Erkenntnis lichtelektrischer Vorgänge wäre es wichtig, zu wissen, wie die Geschwindigkeitsverteilung beim Auslösungsvorgang ist, also im Innern des Metalles; es fragt sich, welche Schlüsse man aus der beobachteten Verteilung der äußeren Geschwindigkeiten auf die der inneren ziehen kann. Schon 1902 hat LENARD auf die Bedeutung dieser Unterscheidung hingewiesen. RAMSAUER kommt 1914 bei der Auswertung seiner Verteilungskurven zum Schluß, daß die Verteilungskurven für die inneren Geschwindigkeiten vermutlich ähnlich aussehen werden [34, 35]. In der Tat spricht manches dafür, daß die lichtelektrisch aus Metallen ausgelösten Elektronen nicht „freie“ Elektronen sind, sondern gebundene. Der Grenzwert

$$\tfrac{1}{2} m v_{\max}^2 = h(\nu - \nu_0)$$

entspricht dann dem äußerst seltenen Fall, daß ein nahezu freies Elektron quantenmäßig absorbiert, während in der Regel noch Bindungsenergien von der Größenordnung 1 Volt überwunden werden müssen. RAMSAUER denkt allerdings nur an völlige Absorption oder elastische Reflexion ohne nennenswerte Energieabgabe, während der neuendeckte Ramaneffekt die Möglichkeit zeigt, daß im festen Körper sehr viele kleine Quantensprünge angeregt werden. Man kann aber hinzufügen, daß auch deshalb Bedenken gegen die Aufnahme von $h\nu$-Beträgen durch ungebundene Elektronen bestehen, weil der Erhaltung des Impulses nur bei irgendeiner Bindung genügt werden kann, und daß ferner die Geschwindigkeitsverteilung der lichtelektrisch aus Ionenleitern oder Halbleitern, obwohl „freie“ Elektronen fehlen oder nur spärlich vorhanden sind, austretenden Elektronen auch nicht anders auszusehen scheint. Auch A. BECKER kommt bei seinem Vergleich der verschiedenen zum Austritt langsamer Elektronen führenden Vorgänge zur Auffassung, daß es sich dabei um gebundene Elektronen handelt [132, 133].

Über die Richtung der austretenden Elektronen ist so gut wie nichts bekannt. Nur ein einziger Versuch dieser Art scheint nach RAMSAUER (S. 34) gemacht zu sein. GARDNER bestimmte 1916 im Zentralfeld den lichtelektrischen Strom, der einen an der Oberfläche der äußeren Kondensatorbegrenzung beweglichen Auffänger erreichte. Die Versuchsbedingungen können nicht als einwandfrei gelten (Stoßionisation!!, unzerlegtes Licht, keineswegs streng radiales Feld). Er versuchte, seine Meßergebnisse mit einer im Metallinnern erfolgenden exponentiellen Elektronenabsorption in Übereinstimmung zu bringen [79].

4. Die langwellige Grenze. Als wichtigstes Bestimmungsstück der lichtelektrischen Wirkung an Metallen wird vielfach die langwellige Grenze λ_0 betrachtet. Wie oben erwähnt, ist sie dadurch bestimmt, daß für längere Wellen keine lichtelektrische Wirkung feststellbar sein soll; für $\lambda = \lambda_0$ soll $F(\lambda) = 0$ sein. Es besteht in der Forschung keine volle Einmütigkeit darüber, ob es wirklich ein bestimmtes λ_0 bzw. ν_0 gibt, oder ob es lediglich Frage der Lichtintensität und Meßgenauigkeit ist, an welcher Stelle λ_0 beobachtet wird. Anders ausgedrückt: Es ist eine offene Frage, ob $F(\lambda)$ mit endlicher Tangente, mit der Tangente Null oder gar asymptotisch die Wellenlängenachse erreicht.

Wir besprechen zunächst die verschiedenen Möglichkeiten ihrer Bestimmung und dann anschließend die Ergebnisse der Experimente.

a) Bestimmung durch Eingabelung. Es wird diejenige kürzeste Wellenlänge gesucht, die noch keine lichtelektrische Wirkung aufweist, und diejenige längste, bei der sicher keine lichtelektrische Wirkung mehr nachweisbar ist. Zwischen beiden liegt λ_0. Vorteil des Verfahrens ist, daß eine Energiebestimmung der betreffenden Wellenlängen unnötig ist. Eine Voraussetzung, die oft schwer erfüllbar ist, betrifft das unbedingte Fehlen von kurzwelligem Streulicht.

b) Bestimmung aus der spektralen Verteilung. Es wird die Ausbeute für eine Reihe von Wellenlängen in der Nähe der Grenze gemessen und auf verschwindende Ausbeute extrapoliert. Daß λ_0 um so schwieriger zu bestimmen ist, je größer es ist, beruht auf der unzweckmäßigen Wahl der Wellenlänge anstatt der allein maßgebenden Frequenz. Im Frequenzmaßstab, der der Elektronenenergie entspricht, scheint die Bestimmungsgenauigkeit der langwelligen Grenze unabhängig von der Wellenlänge zu sein. Vielen, besonders älteren Messungen mit unsicherer Grenze konnte man entgegenhalten, daß beigemengtes Licht kürzerer Wellen eine Wirksamkeit langer Wellen vortäuschte, die nicht vorhanden war. Die meßtechnisch einwandfreien Messungen SUHRMANNS beispielsweise zeigen aber, daß mindestens in manchen Fällen ein ganz allmähliches Auslaufen der spektralen Verteilung der Wirklichkeit entspricht. SUHRMANN setzt daher willkürlich als Grenzwellenlänge diejenige fest, bei der die Ausbeute auf einen bestimmten Bruchteil — etwa $^1/_{1000}$ — des beobachteten (an sich völlig frei wählbaren) Höchstwertes gesunken ist [264, 320, 471]. Wenn man diesem einseitigen Standpunkt auch nicht beipflichten muß, so bleibt doch sicher, daß ein Schnitt der spektralen Verteilung unter endlicher Tangente mit der Wellenlängenachse (wie er meist gezeichnet wird) nicht in Frage kommt und daher die Angaben von λ_0 in Å-Einheiten eine unbegründete Genauigkeit vortäuschen. Von mehreren Forschern (beispielsweise MILLIKAN) wird auf die geringfügigen langwelligen Ausläufer der spektralen Verteilung kein Gewicht gelegt. Eine mögliche Deutung für sie vgl. unten S. 47.

c) Bestimmung aus den Höchstgeschwindigkeiten. Nach den Messungen von MILLIKAN, HENNINGS und KADESCH [80, 83, 89 90] ist an der genauen Gültigkeit der EINSTEINschen Beziehung

$$eV = \tfrac{1}{2} m v^2 = h(\nu - \nu_0)$$

nicht mehr zu zweifeln. Trägt man daher die Höchstenergien in Abhängigkeit von der Frequenz auf, so liegen die Werte auf einer Geraden und diese schneidet die Frequenzachse gerade bei ν_0, d. h. an der langwelligen Grenze. Dabei ist aber vorausgesetzt, daß V das wirksame, nicht nur das gemessene Potential darstellt. Nun besteht im allgemeinen zwischen zwei Elektroden ein Kontaktpotential K, das besonders bestimmt werden muß. Grundsätzlich genügt die Kenntnis des Kontaktpotentials und der Bremsspannung (Höchstenergie) für eine einzige Frequenz, um ν_0 zu berechnen.

Der Vorteil gegenüber b) ist die größere Bestimmtheit; V und K sind an sich genauer zu messen als das Einlaufen der spektralen Verteilung in die Abszisse; mißlich ist aber die experimentelle Bestimmung von K insofern, als sie im unmittelbaren Anschluß an V und unter den gleichen Versuchsbedingungen gemessen werden muß. MILLIKAN und seine Mitarbeiter haben hierzu eine verwickelte Anordnung geschaffen (vgl. Abb. 2 im Handbuch der Physik Bd. XIII, Kap. 3). Umgangen wird diese Schwierigkeit in dem von LUKIRSKY benutzten Meßverfahren, bei dem allerdings eine Erneuerung der Oberfläche im Vakuum nicht möglich ist (S. 14). Intensitätskenntnis für die einzelne Wellenlänge ist nicht erforderlich, notwendig dagegen auch hier das Fehlen von kürzerwelligem Streulicht.

d) ROY und SUHRMANN haben unabhängig voneinander ein Verfahren zur Bestimmung angegeben, das auf der lichtelektrischen Gesamtwirkung schwarzer (oder grauer) Strahlung beruht. Der lichtelektrische Strom von einer Metalloberfläche, die von einem glühenden Körper belichtet wird, wächst, wie S. 50 angegeben wird, exponentiell mit der Glühtemperatur des beleuchtenden Strahlers, weil der Teilbetrag seiner Strahlung, der auf das Spektralgebiet von ν bis ν_0 entfällt, mit steigender Temperatur dem WIENschen Gesetz entsprechend ansteigt. Dieser Anstieg ist ein Maß für die Lage von ν_0. Die beispielsweise auf diese Weise von SUHRMANN berechneten ν_0-Werte liegen leicht verständlicherweise bei etwas kürzeren Wellen, als die nach b) von ihm unmittelbar gemessen [471].

e) Über Verwendung des Schwebekondensators siehe oben S. 18.

Ergebnisse der ν_0-Bestimmungen. Die ν_0-Werte der Metalle sind zunächst keine Materialkonstanten, sondern im weiten Umfange von Oberflächenbedingungen abhängig. Jedoch ist seit langem bekannt, daß ν_0 bei um so längeren Wellen liegt, je elektropositiver die Metalle sind. Bei Alkali- und Erdalkali-Metallen und Al kann ν_0 bis ins Ultrarot rücken. Bei den Edelmetallen wird 300 mμ kaum überschritten. Je nach Vorbehandlung wird beispielsweise für Pt λ_0 zwischen 186 und 313 mμ, für K zwischen 400 und 1000 mμ angegeben. Wie oben gezeigt, entspricht in vielen, wenn auch keineswegs in allen Fällen einer Verschiebung der langwelligen Grenze eine Parallelverschiebung der ganzen spektralen Verteilung. Mit Rücksicht darauf ist die Grenzwellenlänge das praktisch wichtigste Bestimmungsstück des lichtelektrischen Verhaltens einer metallischen Oberfläche.

Tabelle 2 gibt eine Zusammenstellung der λ_0-Bestimmungen an Metalloberflächen mit Angabe des Bestimmungsverfahrens. Man beachte den großen Schwankungsbereich für jedes Metall. Die Tabelle enthält außerdem die aus glühelektrischen Messungen berechneten Austrittsarbeiten φ_0, vgl. S. 43.

WELCH gibt eine graphische Darstellung aller bisher bekannt gewordenen langwelligen Grenzen in Abhängigkeit von der Atomnummer. Es entsteht trotz aller Streuung der Einzelwerte eine

Tabelle 2. Langwellige Grenzen und Austrittsarbeiten der wichtigsten Metalle.

Metall	Langwellige Grenze in mμ	Bereich der beobachteten Austrittsarbeiten in Volt	
		lichtelektrisch	glühelektrisch
Li	520[11] □ 526[10] △	2,34 bis 2,38	—
C	256,5[15] ○ 261,5[5] □	4,72 „ 4,81	4.3
Na	583[12] △ 598 bis 633[14] □ 685[10] △	1,80 „ 2,12	1,8
Mg	330[6] △ 382[12] △ >700[11] □	1,77 „ 3,74	3,0
Al	346[15] ○ 359[5] □ 360[12] △ 413[9] △ 477[12] △ >700[11] □	1,77 „ 3,56	3,95
Si	—	—	4,80
K	612 bis 720[24] □ 650 □ 700[12] △ 1000[13] □	1,2 bis 2,02	0,46 bis 1,55
Ca	370[6] △ 400[5] □ >700[11] □	1,7 „ 3,34	2,24 „ 2,5
Cr	—	—	—
Mn	—	—	—
Fe	287[5] □ 294[15] ○ 315[21] □	3,92 bis 4,30	4,04
Co	315[21] □	3,92	4,28
Ni	270[22] □ 299,5[15] ○ 304,5[21] □ 305[5] □ 336[9] △	3,68 bis 4,57	4,4
Cu	266,5[5] 275[22] □ 303[9] △	4,07 „ 4,63	3,85 bis 4,00
Zn	302[6] △ 342[5] □ 356[15] ○ 376[12] △ 401[9] △	3,08 „ 4,10	3,02
Ge	255[21] □	4,85	—
As	236[6] △	5,23	—
Se	220[6] △ 267[5] □	4,62 bis 5,61	—
Rb	>1000 □	1,2	1,45
Sr	~ 600[3] □	2,0	1,79 bis 2,15
Mo	285,5[15] ○	4,33	4,3
Pd	280[22] □	4,31	—
Ag	262 bis 289 (313)[18] ○□ 315[22] □ 321[15] ○ 325[16] 336[9] △ 339[5] □	3,63 bis 4,71	3,09 bis 4,1
Cd	305[11] □ 313[5] □ 314[6] △ 330[9] △	3,75 „ 4,05	2,60
Sn	307,5[6] △ 318[5] □ 341[9] △ 350[11] □ 362[12] △	3,41 „ 4,01	—
Sb	307[6] △	4,02	—
Cs	>1000 □	1,2	0,7 bis 1,36
Ba	540[11] □ >700[11] □	1,77 bis 2,29	1,59 „ 1,85
Ce	600[11] □	2,06	—
Ta	315[15] ○	4,92	4,12 „ 4,3
W	230[4] 257,5[26] 261,5[5] □ 270[25] 273,5[15] ○	4,52 bis 5,36	4,31 „ 4,53
Pt	185[20] △ 190[23] 196[1] □ 254[2] 257[8] 260 bis 300 (340)[17] □ 278[5] □ 280[12] △ 281[15] ○ 284[16] 285[22] □ 302[9] △	3,63 „ 6,5	5,0 „ 6,0
Au	260 bis 273 (302)[18] ○□ 262,5[15] ○ 285[22] □	4,33 „ 4,75	—
Hg	260[11] □ 273,5[7] △ 304[19] △	4,05 „ 4,75	—
Tl	360[11] □	3,43	—
Pb	298[5] □ 311[9] △ 311,5[6] △ 355[11] □	3,48 bis 4,14	—
Bi	298[5] □ 305[22] □ 323[6] △ 330[12] △	3,74 „ 4,15	—
Th	346[5] □ 370[11] □	3,34 „ 3,57	2,69 „ 3,15

[1] Du Bridge [489]. — [2] Chien Cha [413]. — [3] Döpel [419]. — [4] Hagenow [142]. — [5] Hamer [358]. — [6] Hughes [Phil. Trans. 1912]. — [7] Kazda [450]. — [8] Koppius [211]. — [9] Lukirsky und Prilezaev [629]. — [10] Millikan [89]. — [11] Pohl und Pringsheim [Verh. D. Phys. Ges. 1911—14]. — [12] Richardson und Compton [Phil. Mag. 1912]. — [13] Richardson und Young [464]. — [14] Richtmyer [Phys. Rev. 1910]. — [15] Roy [530]. — [16] Stuhlmann [181]. — [17] Suhrmann [264]. — [18] Suhrmann [471]. — [19] Taubes [472] — [20] Tucker [322]. — [21] Welch [633] [622 f. Ge.]. — [22] Werner [44]. — [23] Woodruff [480]. — [24] Young [332]. — [25] Harrison [506]. — [26] Warner [620].

Bestimmungsverfahren: □ aus spektraler Verteilung, △ aus Höchstenergien, ○ aus Wirksamkeit schwarzer Strahlung.

ähnliche Kurve wie die bekannte für die Atomvolumina. Das kann bei dem offenbaren, wenn auch oft durch ungeklärte Nebenumstände verschleierten Zusammenhang zwischen Austrittsarbeit und chemischem Verhalten (periodisches System) nicht wundernehmen [622].

Langwellige Grenze als Austrittsarbeit. Im EINSTEINschen Ansatz $\frac{1}{2}mv^2 = h\nu - P$ bedeutet P die Mindestenergie, die einem Elektron vom Licht übertragen werden muß, um es zum Verlassen der Metalloberfläche mit der Geschwindigkeit Null zu befähigen. Diese aufzuwendende Arbeit wird zum Teil Ablösearbeit vom Mutteratom (P_i), zum andern Austrittsarbeit beim Verlassen der Oberfläche (P_a) sein. Wenn die lichtelektrischen Elektronen ursprünglich freie Elektronen wären, so wäre $P_i = O$; diese Annahme scheint aber im Widerspruch zum Satz von der Erhaltung des Impulses zu stehen. Energie- und Impulssatz können bei der Absorption eines $h\nu$ gleichzeitig nur dann befriedigt werden, wenn ein Atomkern oder das Kontinuum Impuls aufnimmt, d. h. wenn das abfliegende Elektron irgendwie mit einer größeren Masse gekoppelt ist. Über die Größe von P_i ist damit nichts ausgesagt; sie braucht nur kleinen Bruchteilen von Volt zu entsprechen. Die Austrittsarbeit aus der Oberfläche (P_a) ist besser bekannt; sie tritt auch bei anderen physikalischen Vorgängen auf: So bei der glühelektrischen Emission und bei den Erscheinungen des Kontaktpotentials. Wir betrachten zunächst letzteren Fall.

Bekanntlich zeigen voneinander verschiedene Metalle oder gleiche Metalle verschiedener Oberflächenbeschaffenheit bei leitender Verbindung untereinander zwischen den freien Oberflächen einen Potentialunterschied, die sogenannte „Kontaktpotentialdifferenz“[1]).

Schon 1907 hatte EINSTEIN seine grundlegende Energiegleichung auf Grund der damals bekannten ungefähren Feststellungen, daß die lichtelektrische Grenzwellenlänge bei um so längeren Wellen liegt, je elektropositiver das Metall ist, durch die

[1]) Bezüglich der neuen großen Erfolge in der Theorie der metallischen Leitung (SOMMERFELD und Mitarbeiter) ist zu bemerken, daß die theoretisch berechenbaren Kontaktpotentiale als Atomgitterkonstanten mit den bei lichtelektrischen Messungen auftretenden sehr veränderlichen Kontaktpotentialen vermutlich nur in lockerem Zusammenhang stehen.

Vermutung ergänzt, daß die der Beobachtung zugängliche Kontaktspannungsdifferenz K_{12} zwischen zwei Metallen (1) und (2) gleich der Differenz der Austrittsarbeiten $P_1 - P_2$ ist, also gegeben durch den mit h/e multiplizierten Unterschied der Grenzfrequenzen $h/e(\nu_{0_1} - \nu_{0_2})$.

Die große Bedeutung dieses Ansatzes für die Auswertung lichtelektrischer Messungen haben wohl zuerst K. T. COMPTON und RICHARDSON 1912/13 erkannt und betont. Sie berechneten aus rein lichtelektrischen Messungen Kontaktspannungsdifferenzen, die den anderweit bekannten befriedigend entsprachen; ebenso fand HENNINGS in der lichtelektrischen Gesamtwirkung unzerlegten Hg-Lichtes an im Vakuum erneuerten Oberflächen in der Ausbeute die Reihenfolge Mg, Al, Zn, Sn, Fe, Ag, Cu, wie sie der von ihm in der gleichen Apparatur ermittelten Kontaktpotentialdifferenz dieser Metalle gegenüber Messing entsprach [17].

Es kann heute, zumal seit MILLIKAN seine abweichenden Befunde von 1916 auf eine Fehlerquelle hat zurückführen können, auch diese zweite EINSTEINsche Gleichung als gesichert gelten.

Eine Folge dieser Gleichung ist, daß die beobachtete Höchstaufladung V' der verschiedensten Metalle gegenüber ein und demselben Auffänger a bei Belichtung mit einer bestimmten Frequenz ν ein und denselben Wert hat!

Betrachten wir nämlich zwei Metalle *1* und *2*, so sind ihre Höchstaufladungen gegeben durch:

$$V_1 = \frac{h}{e}(\nu - \nu_{0_1}) \quad \text{und} \quad V_2 = \frac{h}{e}(\nu - \nu_{0_2}),$$

also ist der Unterschied beider:

$$V_1 - V_2 = \frac{h}{e}(\nu_{0_2} - \nu_{0_1}).$$

Beobachtet wird aber nicht die wahre Höchstaufladung, sondern die Summe von dieser und der Kontaktspannung gegenüber dem Auffänger:

$$V_1' = V_1 + K_{a1} \quad \text{und} \quad V_2' = V_2 + K_{a2};$$

da nun

$$K_{a1} - K_{a2} = K_{21}$$

ist, wird der Unterschied der beobachteten Höchstaufladungen:

$$V_1' - V_2' = V_1 - V_2 - K_{21} = \frac{h}{e}(\nu_{0_2} - \nu_{0_1}) - \frac{h}{e}(\nu_{0_2} - \nu_{0_1}),$$

d. h. identisch Null.

Wie in IV eingehend behandelt wird, ändert sich die Grenzfrequenz durch die verschiedensten äußeren Beeinflussungen; stets ändert sich aber die Kontaktspannung in genau entsprechendem Betrag.

In diesem Zusammenhang mag erwähnt werden, daß SANDER und NITSCHE die Grenzfrequenz für Ammoniumamalgam höher als die für Natriumamalgam fanden, ganz entsprechend dem Wert der Voltaspannung (Kontaktpotential), während nach den meisten anderen physikalischen Eigenschaften das Alkalimetallähnliche Radikal NH_4 zwischen K und Rb gesetzt wird [631].

Der andere oben genannte Zusammenhang besteht zwischen lichtelektrischer Grenzfrequenz und glühelektrischer Austrittsarbeit φ_0. Dieses φ_0 ist im wesentlichen $b \cdot k/e$, wo b die in der Gleichung von RICHARDSON auftretende Größe im Exponenten, e die Elementarladung und k die BOLTZMANNsche Konstante ist (vgl. etwa Handbuch der Physik Bd. XIV, 2).

Im großen und ganzen entsprechen die Beobachtungen der Behauptung, daß

$$h\nu_0 = \varphi_0 \cdot e$$

ist. Die Schwierigkeiten in der Bestätigung bestehen darin, daß die Austrittsarbeiten stark veränderlich sind und licht- und glühelektrische Messungen nur in einem sehr kleinen Temperaturbereich gleichzeitig angestellt werden können. Bei höheren Temperaturen überwiegen die glühelektrischen Ströme derart, daß lichtelektrische daneben nicht mehr gemessen werden können.

So einwandfreie Messungen, wie bei glühelektrischen Bestimmungen der Austrittsarbeit (Vermeidung jeder Kittung, Ausheizung der Wände und aller Metallteile) lassen sich für lichtelektrische Messungen erst seit kurzem durchführen, nachdem es möglich wird, plane Quarzglasfenster an Glasgefäße anzuschmelzen.

Je mehr es gelingt wirklich übereinstimmende Oberflächenbeschaffenheit bei glüh- und lichtelektrischer Messung zu erhalten, desto besser stimmen auch die ermittelten Austrittsarbeiten überein.

Immerhin fand beispielsweise schon SUHRMANN völlige Übereinstimmung an entgastem Platin: 4,57 Volt [320] und WARNER, der mit besonderen Vorsichtsmaßregeln an Wolfram arbeitete, gibt für Wolfram 4,79 Volt (258 mμ) lichtelektrisch und 4,72 Volt glühelektrisch an [620].

Die lichtelektrische Deutung der Glühelektronen ist S. 50/51 erwähnt.

5. Quantenbeziehungen. Wenngleich in den vorhergehenden Abschnitten schon wiederholt von den Ansätzen der Quantentheorie Gebrauch gemacht wurde, mag doch im folgenden zusammengefaßt werden, was behauptet und was in dieser Richtung bewiesen ist. Die auf EINSTEIN zurückgehende Quantentheorie der lichtelektrischen Erscheinungen besagt im wesentlichen zweierlei:

1. Die Energie der ausgelösten Elektronen $\frac{1}{2}mv^2$ oder eV ist gegeben durch die Gleichung $\frac{1}{2}mv^2 = eV = h\nu - P$, wo P die sogenannte Austrittsarbeit ist.

2. Die Zahl N der durch die absorbierte Lichtenergie Q der Frequenz ν ausgelösten Elektronen ist gegeben durch die Beziehung

$$\frac{Q}{h\nu} = N\,.$$

Die erste Gleichung gibt eine Deutung der zuerst 1902 von LENARD gemachten, damals sehr merkwürdig erscheinenden Feststellung, daß die Höchstgeschwindigkeit der Elektronen unabhängig von der Intensität des Lichtes, sich nur von seiner Wellenlänge abhängig erweist. Es hat jedoch rund 10 Jahre gedauert, bis die kühne Voraussage EINSTEINS experimentell solche Bestätigung gefunden hat, daß ihre Richtigkeit allgemein anerkannt wurde.

Die erste Untersuchung über die Abhängigkeit der Höchstenergien von der Frequenz des Lichtes stammt von E. LADENBURG 1907; er untersuchte Pt, Cu und Zn im Licht von 11 Wellenlängen zwischen 200 und 260 mμ und glaubte aus seinen Messungen eine lineare Beziehung zwischen der Quadratwurzel aus der Frequenz und der Höchstenergie folgern zu sollen. Es sollte also die Geschwindigkeit linear mit der Frequenz wachsen. JOFFÉ wies jedoch darauf hin, daß die Zahlen ebensogut zu EINSTEINS Voraussage stimmten.

1912 glaubten HUGHES und ebenso RICHARDSON und COMPTON durch Messungen an Na, Al, Mg, Zn, Sn, Bi im Bereich von fast einer Oktave die lineare Beziehung zwischen Höchstenergie und Frequenz stützen zu können; doch auch ihre Meßgenauigkeit reichte nicht aus. POHL und PRINGSHEIM wiesen darauf hin, daß die Meßpunkte ebensogut mit einer linearen Abhängigkeit der Energie von ν^2 bzw. von jeder anderen langsam mit ν wachsenden Funktion verträglich waren. Besonders unbefriedigend war auch bei diesen Messungen, daß der Proportionalitätsfaktor bei Annahme linearer Abhängigkeit von ν zwar der Größenordnung nach den theoretischen Wert h/e hatte, aber doch für alle untersuchten Metalle um viele Prozent zu niedrig war.

Erst in den Jahren 1915 und 1916 gelang es MILLIKAN und seinen Mitarbeitern in einer hinreichend sicheren Weise, nicht nur

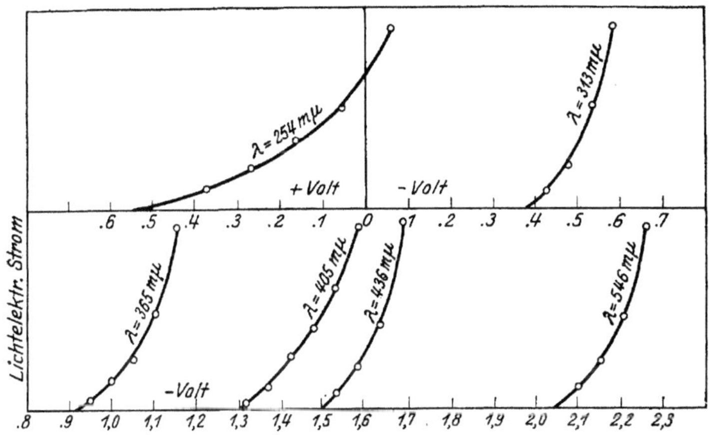

Abb. 14a. Abhängigkeit des elektrischen Stromes vom angelegten beschleunigenden oder verzögernden Potential für verschiedene Lichtwellenlängen an Na-Oberflächen (nach MILLIKAN).
Die Schnittpunkte mit der Abszisse geben bis auf das Kontaktpotential die jeweils vertretenen Höchstenergien an.

die streng lineare Beziehung zwischen Höchstenergie und Frequenz nachzuweisen, sondern auch den Proportionalitätsfaktor h/e in vorzüglicher Übereinstimmung mit den genauen, auf anderen Wegen erhaltenen Werten zu bestimmen. Die Höchstgeschwindigkeiten wurden im Gegenfeldverfahren extrapolatorisch ermittelt und dadurch Fehler vermieden, die sich bei den bisher üblich gewesenen Meßverfahren einstellten. Es wurde für jede Wellenlänge eine Kurve aufgenommen, die den Strom in Abhängigkeit von einer die Elektronen verzögernden Spannung darstellte; diese Kurve wurde bis zum Schnitt mit der Abszisse extrapoliert und darauf verzichtet, die betreffende Grenzspannung durch das Experiment selbst festzulegen (vgl. Abb. 14a). Untersucht wurden vor allem Na, Li, Mg, Al in einem Frequenzbereich von rund einer Oktave. Einen derartigen großen Bereich hatten bis dahin nur die S. 33 erwähnten Messungen RAMSAUERS überdeckt. Die so graphisch ermittelten Höchstenergien liegen als Funktion der Frequenz aufgetragen mit aller Genauigkeit auf Geraden (vgl. Abb. 14 b) und die Neigung der Geraden entspricht bis auf 1 bis 2% dem theoretischen Wert. Auch diese Werte liegen aber alle noch unter dem theoretischen, wenn auch bei weitem nicht mehr so viel wie diejenigen in den älteren Messungen [83. 89, 90].

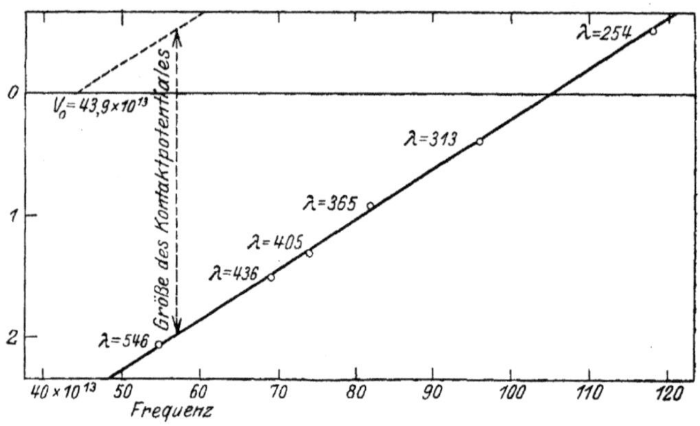

Abb. 14 b. Die nach Abb. 14 a ermittelten Höchstenergien als Funktion der Frequenz des benutzten monochromatischen Lichtes.

Die Werte liegen streng auf einer Geraden. Ihre Neigung gibt mit der Elementarladung multipliziert das Wirkungsquantum h. Eine im Abstand des ermittelten Kontaktpotentials gezogene Parallele liefert durch ihren Schnitt mit der Abszisse $V = 0$ die Frequenz der langwelligen Grenze (Höchstenergie = 0).

Die hier vorliegende Fehlerquelle ist im wesentlichen der Gegenstrom von Elektronen, die am Auffänger durch Streulicht ausgelöst werden und in um so höherem Betrage den Sender erreichen, je höher dessen positive Aufladung ist. So ergibt sich ein Gleichgewichtszustand zwischen Abgabe und Aufnahme von Elektronen durch den Sender. Für diesen Gleichgewichtswert gilt dann zwar eine lineare Abhängigkeit von der Frequenz, aber die Zunahme der Höchstaufladung ist geringer als der richtige Betrag von 0,411 Volt für je 10^{14} $\sec^{-1}$ Frequenzzunahme. So ergibt sich dann ein anscheinend zu kleiner Wert für die PLANCKsche Konstante h. Hinzu mag gelegentlich noch ein anderer Umstand kommen. So vertritt SUHRMANN die Anschauung, daß keine scharfe Grenze vorhanden sei [471].

Wenn es aber diese nicht gibt, so gibt es auch keine genau bestimmte Höchstenergie. Wie aber auch auf S. 89 betont wird, deutet manches darauf hin, daß nicht alle Oberflächenelemente einer Metallfläche die gleiche Austrittsarbeit besitzen, vielmehr mögen seltene und kleine Bezirke kleinere Austrittsarbeit haben und daher größere Grenzwellenlängen aufweisen. Je längere Wellen also zur Messung benutzt werden, desto größer wird der verhältnismäßige Einfluß dieser kleinen Bezirke und so verschiebt sich die maßgebliche Grenzwellenlänge zu größeren Werten.

So ist auf Pt-Schichten, die durch Verdampfung im Vakuum hergestellt waren, durch CHIEN CHA für $\lambda = 214$, 215 und 186 mμ eine lineare Frequenzabhängigkeit der Höchstgeschwindigkeiten festgestellt worden, aber die Steigung lieferte einen zu niedrigen h-Wert

$$h = 6{,}41 \cdot 10^{-27} \text{ erg} \cdot \text{sec.} \qquad [413]$$

Unter genauer Berücksichtigung des Gegenstromes finden dagegen LUKIRSKY und PRILEZAEV an Al, Zn, Sn, Ni, Cd, Cu und Pt nicht nur die genaue lineare Abhängigkeit von Höchstenergie und Frequenz, sondern glauben sogar mit der erstaunlichen Genauigkeit von 0,1—0,2% den Wert $6{,}543 \cdot 10^{-27}$ für h angeben zu können [629].

Nur zwei Versuche scheinen gemacht zu sein, die Gültigkeit der EINSTEINschen Gleichung auch für das Schumann-Gebiet zu erweisen. HULL stellte 1909 derartige tastende Versuche an und SABINE bestimmte [119] die Höchstenergien für 125 mμ (Grenze der Durchlässigkeit des benutzten Flußspatfensters) an Zn, Cd und Cu zu rund 6,65 Volt und verglich diese Werte mit den von HUGHES bzw. RICHARDSON und COMPTON früher an diesen Metallen im langwelligen Ultraviolett erhaltenen. Die Werte sind mit der EINSTEINschen Beziehung vereinbar, können aber naturgemäß nicht entfernt als Beweis für sie angesehen werden. Die großen technischen Schwierigkeiten einer Untersuchung in monochromatischem Licht unterhalb 186 mμ konnten nicht überwunden werden. Nur zur Prüfung der linearen Beziehung zwischen Frequenz und Höchstenergie wären derartige Messungen völlig unnötig, da sie heute über einen viel größeren Frequenzbereich hin durch die Messungen im Röntgengebiet erwiesen ist.

Eine Quantenbeziehung, für die heute noch keine rechte Deutung vorliegt, fand RAMSAUER 1914. Mit seinem oben angegebenen

Verfahren der magnetischen Zerlegung, das ihm zwar nicht die Höchstgeschwindigkeiten, wohl aber mit großer Genauigkeit die häufigsten Geschwindigkeiten zu bestimmen gestattete, fand er eine lineare Beziehung der häufigsten Energien zur Frequenz, jedoch war der Proportionalitätsfaktor wie bei den älteren, unzutreffenden Messungen der Höchstenergien wesentlich kleiner als h/e [34]. Für die K-Na-Legierung konnte dagegen nach dem gleichen Verfahren Wolf in jüngster Zeit auch für die häufigsten Energien den richtigen h/e-Wert feststellen [625]. Will man jene älteren Messungen Ramsauers auch bezüglich der absoluten Energiewerte für zutreffend halten, so müßte man demnach einen grundsätzlichen Unterschied zwischen Alkali- und anderen Metallen machen. Nach der jüngsten Arbeit von Lukirsky und Priležaew wird man aber der Lage der häufigsten Energie in der Verteilungskurve überhaupt keine grundsätzliche Bedeutung mehr zubilligen können [629].

Wesentlich ungünstiger als mit der Bestätigung der ersten Einsteinschen Gleichung steht es mit der der zweiten. Weder die von der Gleichung $N = \frac{Q}{h\nu}$ geforderte Zunahme der Ausbeute mit zunehmender Wellenlänge noch die Größenordnung der Ausbeute entspricht der Erfahrung; trotzdem wird man darin noch keinen Beweis dafür sehen können, daß etwa die Gleichung den Sachverhalt nicht richtig wiedergibt; beziehen kann sie sich naturgemäß nur auf die lichtelektrische Wirkung im Innern des Metalles, beobachtet werden nur die aus der Oberfläche austretenden Elektronen; wie klein der Bruchteil der letzteren von der Gesamtheit ist, läßt sich vorerst nicht einmal schätzen. Man kann vielmehr schon in der Tatsache, daß die beobachteten Ausbeuten alle kleiner als die theoretischen sind, wie bei Annahme von Verlusten zu erwarten ist, einen Hinweis auf das Zutreffen der Gleichung sehen. Notwendig ist der Schluß freilich nicht. Bei der inneren lichtelektrischen Wirkung in Kristallen (siehe X, 4) ist unter gewissen Bedingungen die Gültigkeit des „Quantenäquivalentgesetzes“ gezeigt worden, unter anderen scheint es jedoch auch dort nicht zu gelten.

Im Fall der äußeren lichtelektrischen Wirkung an metallischen Flächen sind nicht viele Bestimmungen absoluter Ausbeute vorgenommen. In Betracht kommen eine Arbeit von Werner an

Schichten, die durch Kathodenzerstäubung gewonnen sind, eine Reihe von Arbeiten von Pohl und Pringsheim an einheitlichen, sowie an „kolloidalen“ Alkalimetallschichten, sowie die nachträgliche Auswertung älterer Messungen von Richardson und Compton. Sie und neuere Arbeiten von Suhrmann haben übereinstimmend das Ergebnis, daß für die kürzesten untersuchten Wellenlängen (um 230 mμ herum), die Ausbeute etwa 10^{-3} der theoretischen beträgt; und zwar gilt das für alle möglichen Metalle und Herstellungsarten der Oberflächen (Ag, Au, Bi, Ca, Cu, K, Li, Na, Ni, Pd, Pt). Nur für die Gebiete der „selektiven“ Wirkung (siehe VI) konnten Pohl und Pringsheim unter Umständen Ausbeuten von einigen Prozenten des theoretischen Wertes erhalten; da in diesen Fällen, wie unten ausgeführt, die wirksame Absorption in einer ganz dünnen Oberflächenschicht zu erfolgen scheint, also ein großer Teil des einfallenden Lichtes für diese „selektive“ Absorption vermutlich ausscheidet, ist es möglich, daß an sehr dünnen, den selektiven Effekt zeigenden Alkalimetallhäuten die theoretische Größenordnung gefunden wird. Solche Messungen fehlen aber.

6. Die sogenannte „Empfindlichkeit“. In älteren Arbeiten ist vielfach die Rede von lichtelektrischer „Empfindlichkeit“; es werden Empfindlichkeitsreihen aufgestellt und Empfindlichkeitsänderungen durch allerlei äußere Faktoren untersucht. Diese Ausdrucksweise war in den Anfängen lichtelektrischer Forschung gerechtfertigt, da über die Bedingungen der Elektronenemission noch so gut wie nichts bekannt war. Beobachtungen im unzerlegten Licht ließen nicht erkennen, ob die Höhe der Elektronenemission durch eine besonders langwellige Grenze, eine besonders günstige spektrale Zusammensetzung der benutzten Lichtquelle, einen steilen Anstieg der spektralen Verteilung oder eine absolut genommen, hohe Ausbeute verursacht wurde. Lichtelektrische „Empfindlichkeits“-angaben bei Benutzung unzerlegten Lichtes haben heute nicht mehr Bedeutung und Berechtigung, als die Schilderung von Farberscheinungen für die Aufklärung elektrischer Leitungsvorgänge in Gasen. Bei bestimmter Fragestellung und genauer Kenntnis der Vorgänge lassen sich natürlich brauchbare Schlüsse auch mit unzerlegtem Licht gewinnen; im allgemeinen aber sind Empfindlichkeitsangaben als überholt zu betrachten und durch bestimmte Aussagen über Grenzwellenlänge, Anstieg nach kürzeren Wellen und absolute Ausbeute zu ersetzen. Es ist eine irrige Meinung, man könne die gelegentlich veröffentlichten Empfindlichkeitsreihen wenigstens als Reihenfolge der Grenzwellenlängen betrachten. Das trifft nicht einmal bei lichtelektrischer Wirkung von Temperaturstrahlung zu, geschweige denn bei Funkenlicht oder dem Licht der viel verwendeten Quarzquecksilberlampe.

Tabelle 3 gibt eine solche Warnungstafel, die auf Grund der Messungen von WERNER berechnet worden ist [44].

Tabelle 3. „Empfindlichkeit“ der in Abb. 9 angeführten Metalloberflächen bei Belichtung mit unzerlegtem Licht der Quarzquecksilberlampe.

Metall:	Lichtelektr. Strom in willkürl. Maß („Empfindlichkeit“)	Langwellige Grenze in $m\mu$	Steilheit des Anstieges der spektr. Verteilung in willkürl. Maß	Mutmaßliche Empfindlichkeitsreihenfolge im Licht des Zink- oder Aluminiumfunkens
Ag	800	315	37	4
Bi	520	305	58	2
Pt	330	285	58	3
Pd	300	285	75	1
Au	230	285	26	5
Ni	130	285	27	6
Cu	130	275	27	7

7. Die lichtelektrische Wirkung schwarzer Strahlung. Im Jahre 1912 behandelte O. W. RICHARDSON die wichtige Frage, inwiefern die glühelektrische Emission als lichtelektrische Wirkung der eigenen Strahlung aufgefaßt werden könne. Auf Grund seiner Messungen der spektralen Verteilung äußerer lichtelektrischer Wirkung leitete er für den lichtelektrischen Sättigungsstrom i_L unter der Wirkung schwarzer Strahlung der Temperatur T eine Beziehung $i_L = A \cdot T^\beta \cdot e^{-\frac{b}{T}}$ ab, also formal völlig seiner glühelektrischen Gleichung entsprechend. A, β, b sind Konstanten; β von der Größenordnung 1 ist für die numerische Berechnung belanglos wegen des Übergewichts der e-Funktion; ebenso ist übrigens auch die Form der spektralen Verteilung $\Phi(\nu)$ ohne Bedeutung (vgl. S. 51). b ist ein Maß für die Austrittsarbeit und ihrem Sinn nach, überdies im Einklang mit den experimentellen Ergebnissen, für licht- und glühelektrische Elektronenemission unter gleichen Oberflächenbedingungen identisch. Über A ist zunächst der Größenordnung nach nichts zu sagen. 1916 schließt nun RICHARDSON weiter auf Grund eigener absoluter Ausbeutebestimmungen an Platin und unter Umrechnung von äußerer Einstrahlung auf innere Strahlung, daß der lichtelektrische Sättigungsstrom für Platin bei 2000° unter seiner eigenen Strahlung $2 \cdot 10^{-11}$ Amp./cm² betrage. Da die Rechnung mit viel unerwiesenen Annahmen behaftet ist, schätzt RICHARDSON die Zehnerpotenz nicht als sicher ein, immerhin aber den Wert eher zu groß als zu klein. Demgegenüber ist der glühelektrische Wert nach LANGMUIR $6 \cdot 10^{-4}$ Amp./cm² und nach WILSON immerhin 10^{-7}. Unter allen Umständen ist nach dieser Rechnung der lichtelektrische Anteil an der glühelektrischen Emission verschwindend und diese daher nicht lichtelektrischer Natur [94].

Die Frage nach der genauen Abhängigkeit des lichtelektrischen Stromes von der Temperatur der Strahlungsquelle ist seit dieser Zeit mehrfach theoretisch und experimentell behandelt worden, wenn auch nicht mehr als Erklärungsversuch für die glühelektrische Emission. W. WILSON untersuchte den Verlauf an einer K-Na-Legierung [121]. A. BECKER kam theoretisch auf anderem Wege als RICHARDSON zum gleichen Ergebnis, daß nämlich der Zusammenhang zwischen der aus einem Metall glühelektrisch ausgelösten Elektronenzahl und dessen Temperatur derselbe sein solle wie derjenige zwischen lichtelektrischem Strom und Temperatur des belichteten Körpers [133]. H. BERGWITZ zeigte, daß der lichtelektrisch durch die Strahlung glühenden Platins an Kalium ausgelöste Strom i_L dieser Forderung insofern entspricht, als $(\log i_L - 1/\beta \log T)$ linear abhängig von $1/T$ gefunden wird (RICHARDSONsche Gerade [228]). Dazu muß bemerkt werden, daß eine derartige Abhängigkeit innerhalb des beschränkten Veränderlichkeitsbereiches von T stets zu erwarten ist, wenn die lichtelektrische Wirkung bei einer bestimmten Wellenlänge einsetzt und die Wirkung eines Spektralbereiches sich additiv aus der Wirkung der ihn bildenden Wellenlängen zusammensetzt. Die erste Voraussetzung ist gegeben, an der zweiten zu zweifeln besteht weder experimenteller noch theoretischer Anlaß.

In jüngster Zeit beschäftigen sich noch einmal zwei umfangreiche Arbeiten mit dieser Fragestellung. S. C. ROY gibt [530] Messungen an 11 Metallen bei Belichtung mit glühendem Wolfram der Temperatur 1900 bis 2600° abs. Seine Messungen sind im Einklang mit einem Gesetz der Form $i_L \sim T^2 \cdot e^{-\frac{h\nu_0}{kT}}$ und die daraus berechneten ν_0-Werte stimmen befriedigend mit auf anderem Wege erhaltenen. Auf die Größe 2 als Exponent von T darf jedoch auf Grund seiner Messungen kein Gewicht gelegt werden; innerhalb der erreichbaren Meßgenauigkeit kann zwischen 1 und 3 oder 4 nicht unterschieden werden. A. BECKER arbeitete mit Al unter Belichtung mit glühendem Wolfram [407]. Er setzt sich auch mit dem Einfluß des Absorptionsvermögens bzw. Emissionsvermögens des bestrahlten bzw. strahlenden Körpers auseinander und glaubt seine Messungen im Sinne eines Exponenten 3 oder 4 für T deuten zu dürfen, betont allerdings, daß zur Entscheidung über die Größe des Exponenten selbst ein Temperaturbereich von 1000 bis 4000° abs. nicht ausreicht.

Es erscheint uns fraglich, ob die viele, auf diese Fragestellung verwandte Arbeit den möglichen Gewinn lohnt.

8. Metallverbindungen mit Elektronenleitung. Eine Reihe von Metallverbindungen, beispielsweise die meisten Sulfide der Schwermetalle, auch eine Reihe von Oxyden haben metallische Leitung und unterscheiden sich elektrisch eigentlich nur durch ihre wesentlich geringere Leitfähigkeit und vielleicht andersartige Temperaturabhängigkeit des Widerstandes von den reinen Metallen. Optisch bestehen allerdings in Einzelfällen erhebliche Abweichungen. Es wird von großem Wert sein, festzustellen, ob sie ein lichtelektrisch mit den Metallen übereinstimmendes Verhalten zeigen. Qualitativ ist seit langem für die meisten derartigen Verbindungen äußere lichtelektrische Wirkung nachgewiesen (G. C. SCHMIDT, O. KNOBLAUCH, HERRMANN, ROHDE, RAMSAY und SPENCER). Leider sind keine spektralen Verteilungen bestimmt worden; es scheint jedoch, daß die langwelligen Grenzen zwar bei kürzeren Wellen liegen, aber der Ausbeuteanstieg sodann vielfach rascher erfolgt als bei den reinen Metallen. So soll im Licht eines Zinkfunkens (also wohl im wesentlichen unter Wirkung der Wellenlängen 203 bis 220 mμ) die lichtelektrische Wirkung an PbS (mineralisch) 1,5mal so groß sein wie an reinem Zn und 4mal so groß wie an Al, während hinter Uviolglas im Gegensatz zu Zn und Al an PbS keine Wirkung mehr feststellbar war. Es mußte also $\lambda_0 < 300$ mμ sein; vermutlich ist übrigens λ_0 für die Metallsulfide und -oxyde mit Elektronenleitung noch wesentlich kleiner. Die „Empfindlichkeiten" waren in erheblichem Betrag von der Oberflächenbeschaffenheit abhängig; gepreßte Pulver waren weniger „empfindlich" als einheitliche Kristalle; ob λ_0 verschieden bzw. welche Ursache dafür besteht, ist nicht untersucht. Es ist bemerkenswert, daß die von den oben angeführten Forschern angegebenen Empfindlichkeitsreihenfolgen gar keinen Unterschied zwischen metallischen und elektrolytischen oder gemischten Leitern erkennen lassen. So gibt ROHDE die Reihenfolge:

PbS	Cu_2S	MnS	Ag_2S	SnS	FeS	CrS	Bi_2S_3	NiS	Sb_2S_3	ZnS	CdS	CoS	MoS_2
m,	m, e	?	m, e	?	m	?	m	m?	m	i	i	m?	m

Hier sind die metallischen Leiter mit *m*, die gemischten Leiter mit *m, e*, die elektrolytischen Leiter mit *e* bezeichnet, ? bedeutet, daß die Natur der Leitung unsicher ist. *i* bedeutet Isolator mit fraglicher Leitungsart.

Da ROHDE Mineralien untersuchte, bleibt unsicher, ob die beobachteten Wirkungen auch den chemisch reinen Verbindungen zukommen.

In einigen Fällen merklich von ROHDE abweichend findet AULENKAMP folgende „Empfindlichkeiten" im Licht einer Quarzquecksilberlampe [273]

Ag_2S	PbS	CoS	Cu_2S	SnS	CuO	Bi_2S_3	FeS	CdO	PbO_2
2000	1000	800	450	330	280	100	80	25	10

Diese gutleitenden Verbindungen sind mit Ausnahme des gemischtleitenden Ag_2S und Cu_2S vermutlich alle Elektronenleiter; sie sind im Gegensatz zu ROHDES Mineralien künstlich hergestellt, jedoch wird man auch bei ihnen, mindestens für Ag_2S, PbS und Cu_2S die Anwesenheit freien Metalles für möglich halten.

Ein besonderes Verhalten zeigen Erdalkalioxyde, wie sie seit WEHNELT viel für Glühkathoden verwendet werden.

Während CaO, SrO und BaO bei Zimmertemperatur erst im Ultraviolett — nicht näher bestimmt — äußere lichtelektrische Wirkung aufweisen, beobachtete CASE, daß dicht unterhalb Rotglut der lichtelektrische Strom infolge einer Verlagerung der Grenzwellenlänge ins grüne, ja rote Spektralgebiet außerordentlich anwuchs, und zwar ist diese Temperaturabhängigkeit durchaus umkehrbar. Der gleichzeitige Glühelektronenstrom ist dabei noch zu vernachlässigen (vgl. IV, 5). [190, 191.]

IV. Äußere Beeinflussung des Elektronenaustrittes.

1. Allgemeiner Einfluß der Gase. Eine nachgerade unübersehbare Fülle von Arbeiten beschäftigt sich seit etwa 20 Jahren mit der Frage nach dem Einfluß von Gasen auf die lichtelektrische Wirkung. Eine Übereinstimmung ist auch heute nicht erzielt, wenngleich die Vertreter völlig entgegengesetzter Anschauungen weniger zahlreich geworden sind.

Die eine Richtung geht soweit, zu sagen, daß die lichtelektrische Wirkung ultravioletten Lichtes gar nicht am Metall vor sich gehe, sondern an den vom Metall aufgenommenen Gasatomen (im besonderen Wasserstoff) angreife; gasfreie Metalle zeigen nach dieser Auffassung im zugänglichen, ja vielleicht auch im Schumannultraviolett keinerlei Elektronenemission; ja sogar die ganze lichtelektrische Wirkung wird von einzelnen Forschern als halbchemische angesehen und nur bestimmte Gase, vor allem H, werden verantwortlich gemacht. Diese Richtung lehnt auch das Bestehen von Kontaktpotentialen für gasfreie Metalle entschieden ab.

Die andere Richtung leugnet jede grundsätzliche Bedeutung der Gase außer der hemmenden elektronenabfangenden Einwirkung von Gasanlagerungsschichten und steht auf dem in neuester Zeit wieder zulässig erscheinenden Standpunkt, daß auch zwischen gasfreien Metalloberflächen Kontaktpotentiale bestehen.

Die mangelnde Übereinstimmung beider Auffassungen entspricht nicht so sehr der Verschiedenheit der Beobachtungen als der Verschiedenheit ihrer Deutungen auf Grund vorher gebildeter Anschauungen. Eine gewisse Klärung ist erst erzielt worden, seitdem an Stelle von Beobachtungen der Empfindlichkeitsänderungen im unzerlegten Licht zuverlässige Messungen der spektralen Verteilungen getreten sind. Im Licht dieser Messungsergebnisse lassen sich nachträglich auch noch manche jener anderen Beobachtungen verwerten.

Man wird unterscheiden müssen zwischen dem Einfluß der Anlagerungsschichten und des aufgenommenen Gases, und zwar getrennt jeweils auf Grenzwellenlänge und auf den weiteren Anstieg der Ausbeute.

Jedenfalls dürfte heute darüber Einigkeit bestehen, daß eine Hauptursache für die mangelnde Bestimmtheit der lichtelektrischen Werte am gleichen Stoff die Gase der Oberfläche sind.

2. Anlagerungsschichten. Die meisten Metalle, deren Oberflächen längere Zeit mit Luft oder anderen Gasen in Berührung gestanden haben, zeigen erst im kurzwelligen Spektralgebiet unterhalb 250 mμ lichtelektrische Wirkung. Soweit es sich um unedle Metalle wie Zn, Mg, Al usw. handelt, liegt die Erklärung zweifelsohne in der auch von der Chemie angenommenen Bildung von Oxydhäuten. So ist es verständlich, daß eine Erneuerung der Oberfläche durch Schabung, Abschmirgeln usw. alsbald eine starke Verschiebung der Grenzwellenlänge mit sich bringt: es tritt eben das Metall an Stelle seines Oxydes. Die Verschiebung geht unter Umständen bei Al und Zn von 250 bis 500 mμ, das ist eine volle Oktave. An so erneuerten Metallflächen bleibt in gutem Vakuum bzw. in Wasserstoff oder Edelgasen die Grenzwellenlänge lange Zeit erhalten; ein allmähliches geringfügiges Zurückweichen mag auf immer noch vorhandene Reste reaktionsfähiger Gase zu schieben sein, oder es kommt hier zur Bildung einer wirklichen Gasanlagerungsschicht wie bei den folgenden Stoffen.

Bei edleren Metallen, wie Pt, Au, Ta, ist die Annahme einer chemischen Verbindung unwahrscheinlich, aber auch sie zeigen nach Erneuerung der Oberfläche eine wesentlich längerwellige Grenze; in diesen Fällen genügt im Gegensatz etwa zu Al kurzes Glühen im Vakuum, um eine ausgesprochene Steigerung der lichtelektrischen Wirkung im unzerlegten Licht zu erzielen. Dabei wandert λ_0, und es erhöht sich der Anstieg. In diesem Fall dürfte Einmütigkeit darüber bestehen, daß das Verschwinden einer Gasanlagerungsschicht die Ursache ist. Abb. 15 zeigt Messungen von SUHRMANN. Die Verschiebung von Kurve *I* zu Kurve *II* wird mit dem Verschwinden einer Gashaut in Verbindung gebracht [264]. Diese Messungen stehen im Einklang mit solchen von TUCKER u. a. [322].

Eine mehr chemische Auffassung wird man bei der Wirkung von Oxydationsmitteln bzw. Passivierung bevorzugen. Metallflächen, die mit konzentrierter Salpetersäure behandelt sind, oder an denen anodisch Sauerstoff abgeschieden wurde, allgemein „passivierte" Oberflächen zeigen eine geringe lichtelektrische Wirkung, zweifellos hauptsächlich bedingt durch Verkleinerung der Grenzwellenlänge. Reduktionsmittel, insbesondere kathodische Wasserstoffentwicklung, wirken entgegengesetzt; chemisch aktive Oberflächen haben anscheinend größere Grenzwellenlänge; leider sind keinerlei spektrale Verteilungen bestimmt worden [1, 197].

In diesem Zusammenhang muß auch auf LANGMUIRS glühelektrische Beobachtungen hingewiesen werden, ihnen zufolge sollen elektronegative Gase, wenn sie auch nur in verschwindenden Spuren anwesend sind, auf Wolframdrähten einmolekulare Schichten bilden, die die Austrittsarbeit wesentlich erhöhen; auf diesen Schichten können dann wieder elektropositive Atome beispielsweise Cs fest angelagert werden und das Endergebnis ist eine außerordentliche Erniedrigung der Austrittsarbeit.

Daß Gasanlagerungsschichten nicht optisch wirken, indem sie das ultraviolette Licht absorbieren, ist für die meisten in Frage kommenden Gase (Luft) gesichert. Bei NH_3-Anlagerungsschichten macht sich jedoch das Absorptionsgebiet des Ammoniaks unterhalb 230 mμ im Gang der Ausbeute deutlich bemerkbar [589]. Möglich ist beispielsweise in einzelnen Fällen eine fördernde Mitwirkung bei dem im unzerlegten Licht bei Atmosphärendruck gemachten Befund von PAECH, daß in NH_3 der lichtelektrische Strom 5mal so groß war wie in Luft. Will man hier nicht Fehlerquellen durch die in verschiedenen Gasen verschiedene Elektronenanlagerung annehmen, so könnte man an photochemische Wasserstoffbildung[1] denken mit ihrer die Grenze nach längeren Wellen verschiebenden Wirkung.

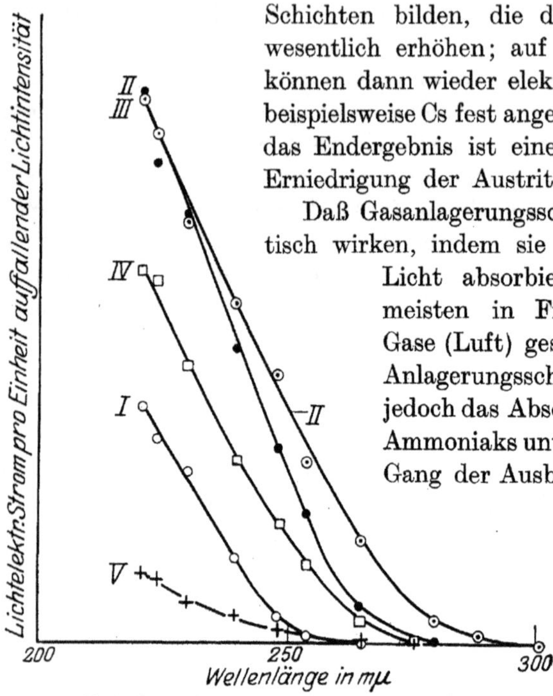

Abb. 15. Einfluß von Ausglühen im Hochvakuum auf die äußere lichtelektrische Wirkung an Pt (nach SUHRMANN).
I vor dem Glühen, *II* nach 10″ Rotglut, *III* nach weiteren 60″ Rotglut, *IV* nach weiteren 4000″ heller Rotglut, *V* nach weiteren 8000″ Weißglut, davon 2000″ helle Weißglut.

[1] NH_3 wird nach WARBURG durch Wellenlängen < 219 mμ zersetzt; man vergleiche auch das von PREDWODITELEW und LANDSBERG lichtelektrisch vermessene Absorptionsspektrum des NH_3 (ZS. f. Phys. 31, 1925).

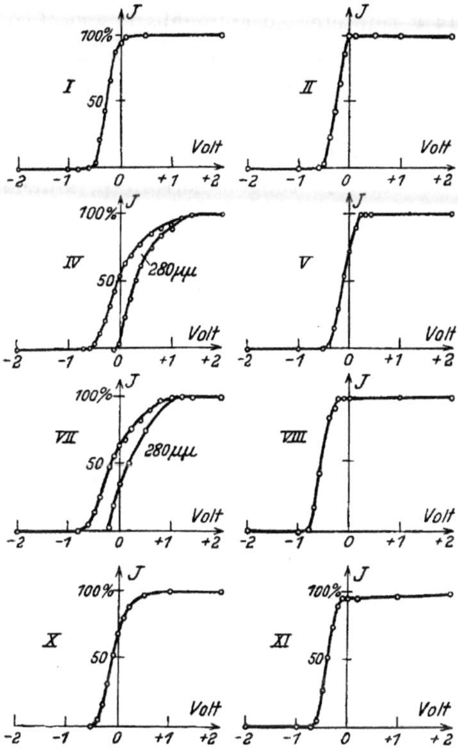

Abb. 16a.

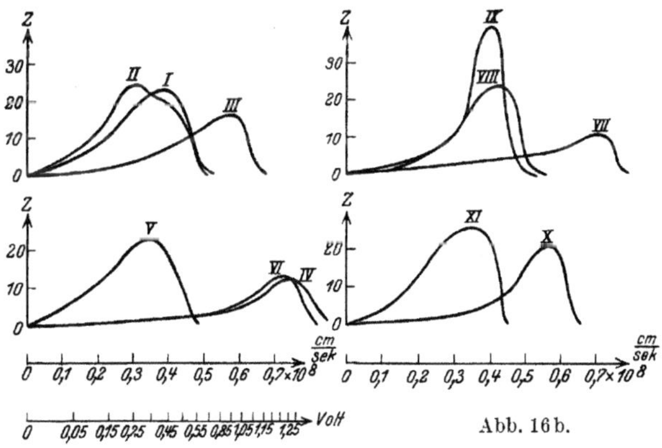

Abb. 16b.

Abb. 16. Einfluß von Entgasung auf Energieverteilung.

a Stromspannungskurven im radialen Feld;

b durch graphische Differentiation aus a erhaltene Energieverteilungskurven (nach BENNEWITZ).

Platinfolie 30 × 2 × 0,01 mm; Wellenlänge 254 mμ; Auffangkugel versilbert. *I* Unmittelbar nach einmaliger Rotglut für 2 Sekunden. *II* 20 Minuten nach 4 Sekunden Gelbglut; Hochvakuum. *III* 20 Minuten nach 2maliger 2-Sekunden-Rotglut. *IV* Zwei Stunden nach 2 Stunden heller Rotglut. *V* Nach 15stündigem Stehen in Sauerstoff bei 60 mm/Hg-Säule. *VI* Unmittelbar nach 1 Sekunde Rotglut. *VII* Nach 10stündigem Erhitzen auf helle Rotglut (mit Unterbrechung). *VIII* Vier Stunden nach 10stündigem Erhitzen auf Weißglut (mit Unterbrechung). *IX* Zwei Stunden in Sauerstoff von 60 mm/Hg-Säule mit Unterbrechung geglüht, nach 1 Stunde Hochvakuum gemessen. *X* Nach 2 Sekunden Weißglut. *XI* Eine Stunde Weißglut, Folie durchgebrannt, dann gemessen.

Ein von PAECH 1914 vermuteter Zusammenhang zwischen Dielektrizitätskonstante angelagerte Gase und Beeinflussung der lichtelektrischen Wirkung hat in der Folgezeit keine weitere Stütze gefunden [30].

Im besonderen wird man Anlagerung von organischen Dämpfen, wie sie von Schliffen und Kittungen herrühren, annehmen können. Diese werden dann unter Umständen bei Belichtung mit geeigneten Wellenlängen zersetzt, so daß sich die Austrittsarbeit weiterhin ändert. So mögen sich Beobachtungen erklären, daß „Ermüdung" durch Belichtung beschleunigt wird.

Keineswegs klar ist die Bedeutung der Anlagerungsschicht für den Elektronenaustritt. Es scheint sowohl eine Beeinflussung des Kontaktpotentials, anders gesagt der Austrittsarbeit, vorzuliegen, als auch eine davon unabhängige elektronenhemmende und abfangende Wirkung. Wie verwickelt der Einfluß von Entgasung und Gasbeladung durch Glühen auf die Austrittsarbeiten und Verteilung der Elektronenenergien ist, zeigt sehr eindringlich Abb. 16. Von einer befriedigenden Begründung all dieser Veränderungen kann noch keine Rede sein [549].

Im HALLWACHSschen Institut wurde durch Kontaktpotentialmessungen gezeigt, daß die Beseitigung der Anlagerungsschichten durch kurzes Erhitzen die Metalle Al, Au, Cu, Ni, Pt um einige Zehntel Volt positiver macht; dies entspricht etwa einer Verlagerung der Grenzwellenlänge von 250 bis 270 mμ (Vieweg).

Unter all diesen Umständen wird man vorerst kaum wagen dürfen, irgendwelche Angaben für wirklich freie Metalloberflächen zu machen.

3. Die Wirkung von Gasaufnahme. Noch wesentlich weniger geklärt als der Einfluß von Gasanlagerungsschichten ist der von „gelösten" Gasen. Chemische Untersuchungen haben gezeigt (SIEVERTS und Mitarbeiter), daß die verschiedenen Metalle eine sehr verschiedene und von der Art der Gase und Metalle in hohem Maße abhängige Löslichkeit für Gase haben [1]); sie scheint in allen Fällen mit steigender Temperatur abzunehmen und grundsätzlich

[1]) Die Löslichkeit für Gase wird meist unterschätzt. Bei Palladium ist sie allgemein bekannt, aber auch bei den Alkalimetallen ist sie erstaunlich hoch; Na kann mehr als das 200-fache, K mehr als das hundertfache seines Volumens an H_2 von Atmosphärendruck aufnehmen; Ag das 20-fache an O_2.

müßte es demgemäß möglich sein, durch fortgesetztes Erhitzen in bestem Vakuum jede Gasspur aus dem Metall auszutreiben. Bei der Messung wird man jedoch nur zu einem je nach der Güte des erreichbaren Vakuums mehr oder minder tiefliegenden Gleichgewichtswert zwischen Gasabgabe und Gasaufnahme gelangen. Inwieweit überdies wirklich mit Gasnachlieferung durch innere Diffusion aus den Elektroden gerechnet werden muß, wie sie HALLWACHS annimmt, bleibt zunächst offene Frage [172].

Es besteht Übereinstimmung darin, daß bei fortgesetztem Glühen beispielsweise von Pt im besten Vakuum die Grenzwellenlänge sich wieder nach kürzeren Wellen verlagert, weniger darüber, daß der Anstieg der spektralen Verteilung nach kürzeren Wellen hin dabei flacher wird (vgl. Abb. 15). Während aber beispielsweise SUHRMANN hierin eine Stütze dafür sieht, daß gelöstes Gas — in erster Linie der Träger der lichtelektrischen Wirkung sei, ziehen andere Forscher, die die Grenze durch die Glühbehandlung noch wesentlich weiter herabdrücken konnten, nur den Schluß, daß die gelösten Gase allenfalls von erheblichem Einfluß auf die Größe der Austrittsarbeit sind oder sein können. So gibt DU BRIDGE an, daß er in einem Vakuum, das dauernd kleiner als $5 \cdot 10^{-8}$ mm Hg-Säule gewesen sei, an Pt durch 100stündiges Glühen in der Nähe des Schmelzpunktes einen unveränderlichen Wert für λ_0 bei 194 mμ erhalten habe [553]. Daß das Vakuum wirklich merklich besser als bei früheren Arbeiten, auch denen von SUHRMANN, war, geht daraus hervor, daß langes Erhitzen bei 1300° C zum gleichen Ergebnis führte wie kürzeres auf die Temperatur des Schmelzpunktes (1762° C), während die HALLWACHSsche Schule nicht in der Lage war, die Wirkung höchster Temperaturen durch entsprechend längere Einwirkung tieferer auszugleichen. Bei WOODRUFFS Versuchen, die schon bei 10^{-6} mm Hg-Säule und sehr niedriger Entgasungstemperatur (1300° abs.) ein λ_0 unterhalb 185 mμ lieferten, möchte man eher die Bildung einer veränderten Oberflächenschicht annehmen, als eine wirkliche derartig starke Verschiebung von λ_0 für reines Pt [480].

Daß reines Pt eine Austrittsarbeit von etwa 6,5 Volt entsprechend 190 mμ besitzt, ist nicht in unbedingtem Widerspruch mit glühelektrischen Messungen; daß Gasaufnahme eine Verminderung auf etwa 4,5 Volt bewirkt, ist möglich.

Bei Au ist die Verkleinerung der Grenzwellenlänge beim weiteren Glühen nur gering, beim Ag fehlt sie. SUHRMANN sieht die Ursache dieser Verschiedenheit darin, daß Pt und in geringem Maße auch Au Wasserstoff, Ag hingegen Sauerstoff aufnehme [471].

Nur in einem Falle ist versucht worden, die Natur der abgegebenen Gase zu bestimmen. WELO untersuchte die Spektren der beim Glühen abgegebenen Gase. Seine bei ziemlich hohen Drucken erhaltenen Ergebnisse betreffen natürlich ebenso die Anlagerungsschichten und können für die Frage, welche Bedeutung gelöste Gase haben nicht viel besagen [131].

Mit allen Sicherheitsmaßnahmen, die ein einwandfreies Hochvakuum verbürgen, hat WARNER [620] die langwellige Grenze von Wolfram zu 258 mμ bestimmt. Das ist ein bemerkenswert geringer Unterschied gegenüber dem von HAMER an nur geschmirgeltem Wolfram in mäßigem Vakuum gefundenen Wert 261 mμ. Man könnte daraus schließen, daß bei gelegentlich gefundenen wesentlich größeren Austrittsarbeiten (HAGENOW [142]) die Glühbehandlung weniger die beabsichtigte Reinigung als eine unbestimmte Veränderung der Oberfläche verursacht hat.

Zu beachten ist nämlich, daß auch Änderungen des Oberflächenbaues beim Ausglühen vor sich gehen, die vielleicht ebenfalls die lichtelektrische Wirkung beeinflussen, und ferner muß daran gedacht werden, daß beim Glühen spurenweise Beimengungen an die Oberfläche wandern oder von dieser verdampfen, wie im Fall des Th in Wolframglühdrähten, einer bekanntlich für Elektronenröhren sehr wichtigen Erscheinung; so könnte die Austrittsarbeit vergrößert oder verkleinert werden.

Schichten, die durch Kathodenzerstäubung in H_2 hergestellt sind, zeichnen sich allgemein durch besonders hohe Werte von λ_0 und der Ausbeute aus. Man vergleiche etwa WERNERS Ergebnisse mit den an Metallstücken erhaltenen. CHIEN CHA (421] fand an Pt, das im Hochvakuum verdampft war, ein λ_0 bei 254 mμ, während WERNER an seinen in H_2 zerstäubten Schichten λ_0 bei 285 mμ erhielt [44].

Zerstäubungsschichten mit gewöhnlich hohem Anfangswert von λ_0 zeigen meist eine zeitliche Verschiebung zu kleineren Werten (Ermüdung). Umgekehrt wächst an entgasten oder durch Hochvakuumdestillation gewonnenen Schichten λ_0 meist im Lauf der Zeit.

Ein besonders ausgeprägter Fall einer zeitlichen Zunahme von λ_0 ist von Pohl und Pringsheim an einem flüssigen Ca-Amalgam beobachtet (Abb. 17). Zu ihrer Deutung wird man jedoch nicht die Wirkung von Gasaufnahme heranziehen dürfen, vielmehr wird hier die gleiche Erscheinung vorliegen wie bei der Herabsetzung der Austrittsarbeit an Wolfram durch an die Ober-

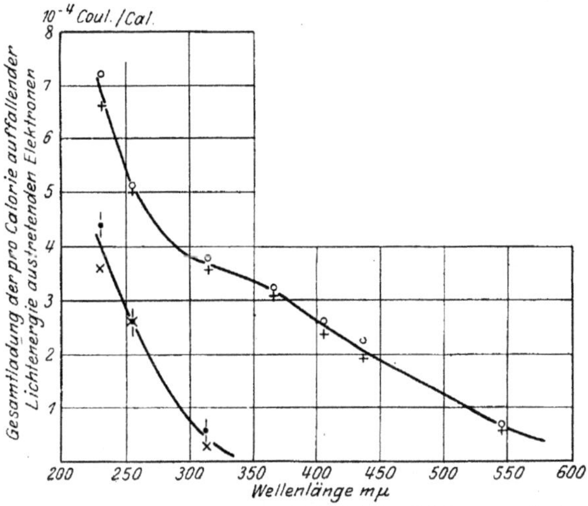

Abb. 17. Zeitliche Veränderung der lichtelektrischen Wirkung an Ca-Amalgamflächen (nach Pohl u. Pringsheim).

× frisch hergestellt, + 110′ später ┆ durch Umgießen erneuert. ○ 100′ später.

fläche wanderndes Thorium: es wird sich offenbar im Lauf der Zeit eine Ca-reichere Oberfläche bilden.

Als wichtigste Beweise für die grundlegende Bedeutung der Gase beim Zustandekommen lichtelektrischer Wirkung werden gewöhnlich die Versuche von Küstner an Zn und Wiedmann an K angesehen, da es sich hierbei um Erscheinungen im sichtbaren Gebiet bzw. langwelligen Ultraviolett handelt. Nun fand zwar Küstner, daß lichtelektrische Wirkung an Zn, das im Vakuum geschabt war, im unzerlegten Licht der Hg-Lampe hinter Quarzfenster fehlte; dies war aber nur dann der Fall, wenn durch die Zelle Entladungen geschickt wurden, um etwaige reaktionsfähige Gase an eingebrachtes Kalium zu binden. Hier liegt der Gedanke nahe, daß die Wirkung dieser Entladungen nicht so sehr in der Entfernung der angeblich zum Zustandekommen lichtelektrischer Wirkung notwendigen Gase bestand, als vielmehr in der Erzeugung von Wandladungen, die den lichtelektrischen Strom von der Kathode zur Anode durch Abschirmung des Feldes unterdrückten. KÜSTNERS Gegengründe erscheinen demgegenüber nicht durchschlagend. Nicht ausgeschlossen wäre auch eine unmittelbare chemische Veränderung der Zn-Oberfläche durch die Entladung. Leider wurde weder im spektral zerlegten Licht gearbeitet, noch festgestellt, inwieweit etwa bei fortschreitendem Sinken des lichtelektrischen Stromes eine Änderung der Sättigungskurve auftrat [59]. Es wäre sehr erwünscht, daß derartige Versuche an Zink mit unseren heutigen Hilfsmitteln wiederholt würden.

WIEDMANNS Versuche an K [71] andererseits zeigen unseres Erachtens nur, daß die selektive Wirkung an K durch geeignete Behandlung der Oberfläche unterdrückt werden kann. Es kann sich hierbei wirklich um Beseitigung von Gasen handeln. Es gelingt ihm, durch mehrfache Vakuumdestillation die lichtelektrische Wirkung bei 436 mμ auf $^1/_{125}$ des Ausgangswertes herabzudrücken; das mag allein von der Unterdrückung der selektiven Wirkung, die dort ihren Höchstwert hat, herrühren, allenfalls ist noch eine geringfügige Verkleinerung der Grenzwellenlänge hinzuzunehmen.

Wie wenig eindeutig die Wirkung von Gasen ist, geht beispielsweise aus Beobachtungen von KOLLER [583] hervor. Er ließ Sauerstoff in kleinen Mengen von je etwa 10^{-4} g auf eine evakuierte Kaliumzelle einwirken. Die ersten Zusätze änderten gar nichts; weitere ließen den lichtelektrischen Strom (im unzerlegten Licht) auf das Dreifache anwachsen und erst größere Sauerstoffmengen setzten den Strom mehr und mehr herab.

Wir können solche Versuche jedenfalls nicht als hinreichende Stützen für die Auffassung ansehen, daß die lichtelektrische Wirkung ultravioletten Lichtes an die Gegenwart von Gasen geknüpft ist.

Noch weniger beweiskräftig sind andere mit unzerlegtem Quarz-Quecksilberlicht ausgeführte Versuche, da geringfügige Verlagerungen von λ_0 gegenüber den kräftigen einzelnen Linien des Hg-Spektrums völlig ausreichen, um die verschiedenen gemessenen „Empfindlichkeiten" verstehen zu lassen.

KRÜGER und EHMER untersuchten die lichtelektrische „Empfindlichkeit" der durch ihr außerordentlich großes Absorptionsvermögen für H ausgezeichneten Pd-Ag-Legierungen [308]. Die „Empfindlichkeit“ wies einen Höchstwert für die Zusammensetzung auf, die auch den höchsten Wasserstoffgehalt hat (vgl. Abb. 18). Man kann die Kurve ohne weiteres als Verschiebung von λ_0 lesen und die Unregelmäßigkeiten bei 30 und 50% Ag dadurch erklären, daß zwischen 30 und 50% Ag λ_0 über eine sehr intensive Hg-Linie (etwa 313 mμ) hinwegrückt.

Für unlegiertes Pd hatte schon STUMPF Abhängigkeit der „Empfindlichkeit“ vom H-Gehalt festgestellt, ohne daß jedoch diese Abhängigkeit beträchtlich größer gewesen wäre als bei dem viel weniger H enthaltenden Pt [43].

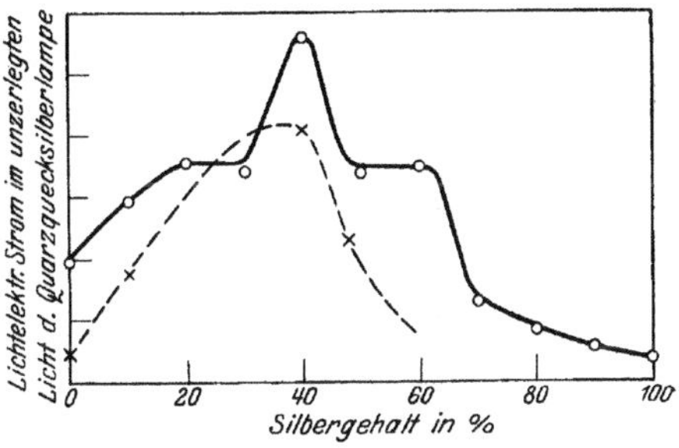

Abb. 18. Lichtelektrische Wirkung an Palladium-Silber-Legierungen verschiedener Zusammensetzung, die mit Wasserstoff gesättigt sind. (nach KRÜGER und EHMER).
---- Absorptionsvermögen für Wasserstoff (nach SIEVERTS).

Vergleicht man den riesigen H-Gehalt solcher Legierungen mit dem verschwindenden H-Gehalt anderer Metalle und vergleicht damit die offenbar geringen Unterschiede in der absoluten Ausbeute, so wird man nicht geneigt sein, dem absorbierten H eine andere Bedeutung zuzuschreiben als allenfalls den einer Erniedrigung der Austrittsarbeit um einige Zehntel Volt. Für eine Steigerung des Anstiegs der Ausbeute unterhalb λ_0 durch H-Belastung scheint kein Beweis erbracht zu sein.

Nicht anders steht es mit Messungen, die bei G. C. SCHMIDT ausgeführt sind [76, 109, 347]. Die lichtelektrische „Empfindlichkeit“ von Pt- oder Pd-Folien von 30 bis 50 μ Dicke zeigt ausgesprochene Änderungen bzw. Zunahmen, wenn auf der Rückseite elektrolytisch H oder O an ihr entwickelt wird. Etwa 1 bis 2 Minuten nach Beginn der Gasentwicklung setzt die Zunahme ein (Diffusionsdauer?) und ist nach Unterbrechung der Entwicklung innerhalb von etwa 30 Minuten wieder verschwunden. Abb. 19 zeigt eine derartige Versuchsreihe. Ein oberer Grenzwert der Zunahme wurde nicht beobachtet, je mehr Gas entwickelt wurde, desto größer war die Zunahme. Verschlechterung des Vakuums und auftretende Stoßionisation als Ursache anzunehmen, kommt nicht in Frage, da die Erscheinung auch bei Spannungen von 8 Volt in gleicher Weise vorlag und überdies dauernd gepumpt wurde. Man mag immerhin an die Möglichkeit denken, daß eine den Elektronenaustritt hemmende Gasanlagerungsschicht von den durchdiffundierenden Gasen abgehoben wird, sie könnte sich trotz dauernd arbeitender Pumpe aus den durchtretenden Gasen immer wieder neu bilden. DÜMPELMANN und HEIN glauben zwar diese Deutung ablehnen zu müssen, weil die Wirkung der Gasentwicklung auch

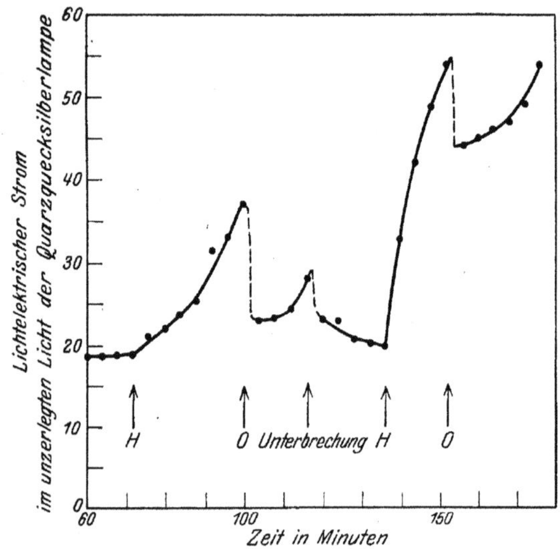

Abb. 19. Beeinflussung der lichtelektrischen Wirkung an einem Palladiumblech, auf dessen Rückseite elektrolytisch Sauerstoff oder Wasserstoff entwickelt wird (nach DÜMPELMANN und HEIN).

bei Schaben der Oberfläche eintrat, doch halten wir das Schaben nicht für einen sicheren Weg, einwandfreie reine Oberflächen zu erzielen. Nahe liegt in jedem Fall die Annahme einer Änderung von λ_0. Sehr merkwürdig ist nur das völlig gleichartige Verhalten von O und H, während durchweg bei unmittelbarer Einwirkung auf die Oberfläche nur dem H eine fördernde, dem O dagegen eine hemmende Wirkung zugeschrieben wird (vgl. auch folg. S.: WELO). So beobachtete HERRMANN an einer Pt-Folie, deren λ_0 durch vorheriges vielstündiges Glühen im Vakuum bei 1700° C auf unter 250 mμ herabgedrückt war, daß Erhitzen in O_2 von 30 mm Druck wirkungslos war, während dasselbe Verfahren in

H_2 eine starke „Empfindlichkeitssteigerung" hervorrief. An einem Unterschied zwischen entstehendem O und molekularem O_2 kann es nach anderen Versuchen nicht liegen [444].

Bei Au-Folien wurde die Beeinflussung der Empfindlichkeit durch Gasentwicklung auf der Rückseite nicht beobachtet.

Die Ansichten der HALLWACHSschen Schule über die grundlegende Wichtigkeit der aufgenommenen Gase werden von WELO auf Grund mehrerer Arbeiten über die Rolle der gelösten Gase entschieden abgelehnt [328, 539]. Die Verringerung der „Empfindlichkeit" von Pt nach Glühen im Vakuum verschwindet nach seinen Versuchen nicht, wenn nachträglich in verschiedenen Gasen Luft, O_2, H_2 von einigen mm Druck Erhitzung stattfindet; ja in O_2 wird das Pt sogar für das Quarzquecksilberlicht völlig unempfindlich. Er hält es für durchaus möglich, daß beim Glühvorgang Spuren von Beimengungen an die Oberfläche treten, die die Austrittsarbeit erhöhen, wie andere sie erniedrigen und diese möge vielleicht mit O_2 reagierend dann durch Oxydbildung noch eine weitere Erhöhung der Austrittsarbeit bedingen; mit anderen Gasen hingegen reagierend, werden sie vielleicht beseitigt und wir beobachten eine Erniedrigung. WELO stützt die Annahme neugebildeter Oberflächenhäute am „unempfindlich" gewordenen Pt durch Schabeversuche, doch sind sie nicht beweisend, weil sie bei Atmosphärendruck vorgenommen sind.

SUHRMANN hatte bei seinen Parallelmessungen lichtelektrischer und glühelektrischer Ströme in Abhängigkeit vom Glühen im Vakuum, also seiner Auffassung nach vom „Entgasungszustand" gefunden, daß außer einer Vergrößerung der Austrittsarbeit bei Pt und Ta (Konstante *b*) auch eine Verkleinerung der Größe *A* in der RICHARDSONschen Gleichung (vgl. S. 50) auftritt. Er deutet dies im Sinne jener Gleichung als eine Abnahme an freien Elektronen und glaubt sie in Zusammenhang mit Widerstandsvergrößerungen bringen zu sollen [320]. Ebenso wie HERRMANN [444], findet er in genaueren Messungen beim Glühen von Pt im Vakuum bei 1600° C zusammen mit einer dauernden Abnahme der lichtelektrischen Wirkung (im unzerlegten Hg-Licht) erst eine Widerstandszunahme um 12%, anschließend eine Abnahme um 2,5%; dabei nimmt das Strahlungsvermögen erst zu, dann wieder ab. SUHRMANN deutet diese Zusammenhänge durch Öffnung von Fugen im Kristallit (Annäherung an einen „schwarzen" Körper und Verkleinerung des Querschnittes, später beim Gasaustritt Schließung derselben). Auch HERRMANN hatte die Strukturänderungen beobachtet; es wurde eine „porös kristalline Struktur“ angenommen. Da aber der Widerstand beim Glühen in H_2 wieder abnimmt, so hält SUHRMANN sie nur für eine Nebenerscheinung. Seiner Meinung nach vergrößert Gasgehalt die Zahl „freier“ Elektronen im Metallinnern und erhöht dadurch gleichzeitig lichtelektrische und glühelektrische Emission und elektrische Leitfähigkeit.

Ganz abgesehen davon, daß nach sonstigen gut begründeten Anschauungen jede Beimengung, also vermutlich auch diejenige von Gasen, die metallische Leitfähigkeit herabsetzt, sind SUHRMANNs Messungen nicht ohne Widerspruch geblieben; nach sorgfältigen Versuchen von H. KLEINE (1925) nimmt die Leitfähigkeit von Pt, auch von Fe, mit fortschreitender Entgasung zu und die von SUHRMANN beobachtete Widerstandszunahme mag wohl ausschließlich auf die von ihm herangezogenen Struktur-, letzten Endes also Querschnittsänderungen beim Glühvorgang zurückzuführen sein. Wir werden daher einen Zusammenhang mit der Zahl „freier Elektronen“ ablehnen dürfen und ziehen es vor, die gelegentlich beobachtete Verflachung (vgl. Abb. 15) der spektralen Verteilung dadurch zu deuten, daß verschiedene Oberflächenbezirke verschiedene Austrittsarbeiten aufweisen.

4. Die sogenannte Ermüdung. Eine größere Zahl älterer Arbeiten beschäftigt sich mit der sog. „Ermüdung“. Man faßt mit dieser Bezeichnung alle Beobachtungen zusammen, bei denen die lichtelektrischen Ströme zeitlich abnehmen, obwohl die äußeren Versuchsbedingungen unverändert gehalten werden. Die Ursachen sind vermutlich mannigfacher Art. Grundsätzliche Bedeutung hat die Erscheinung zweifellos nicht, sie muß nur bei Meßreihen beachtet werden. Sie tritt vor allem auf, wenn Oberflächen künstlich verändert bzw. frisch hergestellt worden sind und bedeutet dann meist eine Veränderung in Richtung der ursprünglichen Beschaffenheit. Es kann sich dabei um chemische Einwirkung von Restgasen oder um Bildung von Anlagerungsschichten aus diesen handeln. An frisch destillierten oder durch Kathodenzerstäubung erhaltenen Schichten liegt überdies meist langsame Kornvergrößerung vor. Sofern die Ermüdung vor allem im Licht statthat und im Dunkeln sogar wieder zurückgeht, dürfte einerseits die Anlagerung positiver Ionen auf der Kathode die Ursache sein, sei es, daß sie nur das wirksame Feld herabsetzen, sei es, daß sie als Elektronenfänger wirken, zum andern mag sie sich photochemisch erklären, wie oben erwähnt (S. 56, 58).

Eine ziemlich erschöpfende Behandlung gerade der durch positive Ionen erzeugten „Ermüdungserscheinungen" an edelgasgefüllten Alkalizellen gibt ROSENBERG [222]. Sicher ist jedenfalls, daß sie auch an frisch hergestellten Oberflächen um so geringer ist, je besser das Vakuum ist.

G. C. SCHMIDT hält einen Zusammenhang der lichtelektrischen „Ermüdung" mit der von ihm neuerdings festgestellten zeitlichen Abnahme der Ionenabgabe erhitzter Salze für möglich und denkt in beiden Fällen, ebenso wie bei Passivität und Nachlassen der Glühemission an die Abgabe aufgenommener Gase. Experimentelle Beweise für diese Annahme müssen aber noch erbracht werden (Ann. 82, S. 680; 1927).

Verwickelte Formeln über den zeitlichen Verlauf der Ermüdung unter ganz besonderen theoretischen Vorstellungen leitet PRETWODITELEW ab und vergleicht sie mit der Abnahme der lichtelektrischen Ströme an frisch geschmirgeltem Zn und Sb im unzerlegten Licht der Hg-Lampe [526]. Die Abnahme geht etwa entsprechend einer e-Funktion vor sich. Unseres Erachtens haben derartige Berechnungen wenig Zweck. Allenfalls hätte es Sinn, die zeitliche Veränderung von $\Phi(\nu)$ als Ganzem zu verfolgen.

5. Temperatureinfluß. Von einer Beeinflussung der lichtelektrischen Erscheinungen durch die Temperatur soll nur dann gesprochen werden, wenn streng umkehrbare Abhängigkeiten bestehen, die nicht durch Änderungen der Struktur (Modifikation oder Aggregatszustand) oder von Gashäuten oder vom Gasgehalt bedingt sind.

Derartige Abhängigkeiten könnten für Grenzwellenlänge, Form der spektralen Verteilung und absolute Ausbeute sowie die Geschwindigkeitsverteilung bestehen.

Schon im ersten Jahrzehnt dieses Jahrhunderts galt es als ausgemacht, daß die gesamte lichtelektrische Wirkung an Metalloberflächen von der Temperatur unabhängig ist, und daß etwaige Änderungen der lichtelektrischen Ströme bei Temperaturänderung den oben angeführten Störungen zugeschrieben werden müssen. In erster Näherung hat sich diese Anschauung auch voll bewährt, immerhin sind manche Beobachtungen gemacht worden, die sehr kleine Veränderungen wahrscheinlich machen. Wenn diese Änderungen auch praktisch belanglos sind, so wären sie doch, falls erwiesen, für das Verständnis der lichtelektrischen Erscheinungen von grundsätzlicher Bedeutung. Erhebliche Temperaturabhängigkeiten werden immer einmal wieder beobachtet, aber von anderen Seiten durch Fehlerquellen zu erklären gesucht.

Von Koppius und von du Bridge wird behauptet, daß Pt zwar zwischen Zimmertemperatur und 500 ° C völlige Konstanz der lichtelektrischen Wirkung zeige, aber oberhalb 500 ° C vergrößere sich der lichtelektrische Strom in völlig umkehrbarer Weise. Da immerhin bei 500 ° C die Glühemission mit empfindlichen Instrumenten schon meßbar wird, kann der reine lichtelektrische Strom nur durch Differenzbildung erhalten werden. Koppius glaubt auf eine reversible Verlagerung der Grenzwellenlänge um etwa 5 mμ nach längeren Wellen im Temperaturbereich 500 bis 700 ° C schließen zu können [211]. Sein Pt war vorher durch Glühen bei 900 ° C von seiner Gashaut befreit worden. Oberhalb 700 ° C störte die Glühemission zu sehr, als daß noch einwandfreie Messung möglich gewesen wäre. Dies frühe Einsetzen starker Glühemission spricht jedoch gegen das Vorliegen reinen Platins. du Bridge beobachtete an Pt, das durch vielstündige Erhitzung im besten Vakuum eine konstante geringe lichtelektrische „Empfindlichkeit" erhalten hatte, leider ohne spektrale Zerlegung.

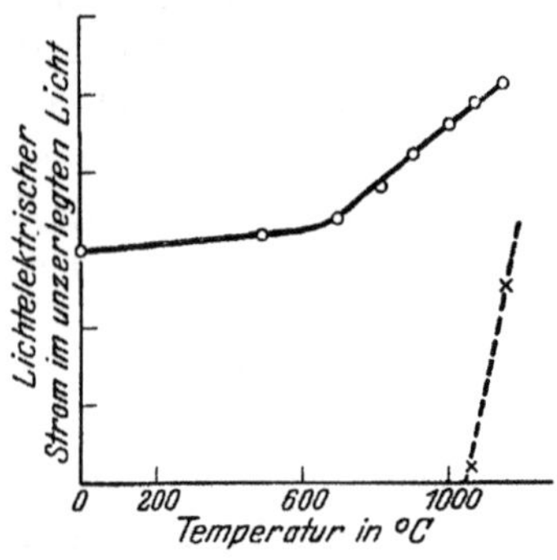

Abb. 20. Einfluß der Temperatur auf den lichtelektrischen Strom an Platin (nach du Bridge).
- - - - Glühelektronenstrom im gleichen Maßstab.

Abb. 20 zeigt seine Meßergebnisse [553]. Man mag die Zunahme auch hier durch eine vielleicht sehr geringfügige Verschiebung von λ_0 in der Gegend der kräftigen Hg-Linie 254 mμ erblicken. Ohne Bestimmung der spektralen Verteilung lassen derartige Messungen keine weitergehenden Schlüsse zu.

Suhrmann hält die von ihm beispielsweise an Pt, Au und Ag beobachtete Unschärfe der langwelligen Grenze für eine Temperaturwirkung, ohne allerdings diese Auffassung durch Messungen bei verschiedenen Temperaturen zu stützen [471]. Seiner Meinung nach betrage überdies die mittlere Verschiebung der Grenzfrequenz zwischen dem absoluten Nullpunkt und Zimmertemperatur etwa $\Delta\nu = 6 \cdot 10^{13}$; das entspricht $\sim 4 \cdot 10^{-6}$ Volt oder bei 270 mμ etwa 10^{-4} mμ; das wäre unmeßbar. Es wäre sehr erwünscht, wenn auch andere Metalle nochmals auf diese Frage hin untersucht würden.

Die Tatsache der Umkehrbarkeit allein genügt natürlich nicht, um die Annahme von Nebenwirkungen auszuschließen; auch Gasanlagerung wie Gasaufnahme kann in umkehrbar eindeutiger Weise von der Temperatur abhängen.

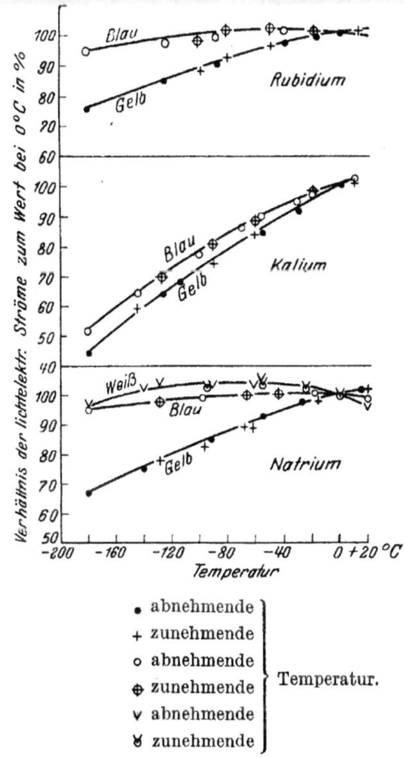

Abb. 21. Umkehrbarer Einfluß der Temperatur auf die lichtelektrischen Ströme an Alkalimetallen (nach Ives und Johnsrud).

Die zweite Erscheinungsgruppe liegt bei den Alkalimetallen vor. Hier vertritt vor allem Ives, unterstützt durch eine unabhängige Arbeit von Hornbeck [359], das Vorliegen eines echten Temperatureinflusses, und zwar im besonderen eine Verkleinerung der Grenzwellenlänge bei Temperaturerniedrigung. An spiegelnden Flächen werden von Ives und Johnsrud die in Abb. 21 wiedergegebenen Kurven erhalten [448]. An Stelle spektral zerlegten Lichtes werden in unvollkommenerer Weise Filter benutzt. Eine merkliche Abhängigkeit liegt nur in der Nähe der Grenzwellenlänge vor; dies macht verständlich, daß Burt [412] im unzerlegten Licht an Na innerhalb 1% Fehlergrenzen keine

Veränderung des Stromes bei Abkühlung von Zimmertemperatur auf —180° C gefunden hatte.

Burt glaubt die völlige Freiheit von Gasen dadurch gewährleistet zu haben, daß er sein Na in die Zelle nach dem alten Warburgschen Verfahren hineinelektrolysiert hatte, während Ives den Kunstgriff benutzt hatte, die umgebende Elektrode von viel größerer Fläche ebenfalls mit Belag von Alkalimetall zu versehen und von vornherein auf —180° C zu kühlen, wodurch etwaige Gas- oder Metalldampfkondensationen an dieser erfolgen mußten; ohne diesen Kunstgriff bildet sich durch Kondensation des in der Gasphase vorhandenen Kaliums oder dgl. auf der gekühlten Kathode eine lichtelektrisch sehr wirksame Schicht; von dieser ist jedoch nicht bekannt, ob größeres λ_0 oder größere Ausbeute die Ursache ihrer besonders hohen Wirksamkeit ist. Letzteres ist wahrscheinlicher wegen der Oberflächenvergrößerung. Warum Burt eine solche Steigerung nur bei ungenügendem Vakuum erhielt, ist nicht zu sagen.

Die von Ives und Johnsrud angegebene genaue Umkehrbarkeit der Stromabhängigkeit spricht für einen wirklichen Temperatureinfluß, und zwar besteht er dann in einer Verschiebung der Grenzwellenlänge, entsprechend einer Abnahme der Austrittsarbeit um etwa 0,2 Volt für eine Temperatursteigerung von —180° auf Zimmertemperatur. Keinesfalls können Burts Befunde als Widerlegung der Ivesschen angesehen werden.

Im einzelnen bestehende Abweichungen von Hornbecks Ergebnissen glaubt Ives auf ungenaue Temperaturbestimmung bei Hornbeck schieben zu dürfen. Unerklärt bleibt bei ihm, daß nur spiegelnde, nicht dagegen rauhe Flächen die Abhängigkeit so ausgesprochen zeigen wie bei den Messungen der Abb. 21. Vielleicht liegt es hier ähnlich wie bei der optischen Absorption fester Körper, bei der auch die Temperaturabhängigkeit um so größer ist, je weniger Störungen vorhanden sind. Rauhe Flächen hätten in diesem Sinn schon bei tiefer Temperatur kleinere Austrittsarbeiten als unter sonst gleichen Umständen, spiegelnde. Weniger zuverlässige Messungen als am K haben Ives und Johnsrud auch an Na und Rb erhalten; sie finden bei der Abkühlung an Rb einen Stromrückgang auf 95% im blauen, auf 76% im gelben Licht; bei Na sind die betreffenden Zahlen 95 und 68%.

Einen anderen von Ives beobachteten Einfluß der Temperatur auf die lichtelektrische Wirkung an Alkalien wird man, der Ansicht des Entdeckers beipflichtend, nicht als eigentliche Temperaturabhängigkeit deuten, trotz weitgehender Umkehrbarkeit. Er ist in V, 4 besprochen (Abb. 27, S. 88).

Temperaturunabhängigkeit der Elektronengeschwindigkeiten ist von Lienhop an Ruß und Pt-Mohr zwischen $-180°$ und $15°$ C (1906), von E. Ladenburg an Pt, Au, Ir im Bereich von 15 bis $860°$ C angegeben worden; nach Dember besteht sie auch für K und Na im Bereich 15 bis 62,5 bzw. $97°$ C; hier sollten immerhin nach den Versuchen von Ives Zunahmen von einigen hundertstel Volt, die aber innerhalb der Fehlergrenzen liegen, vorhanden sein.

Bezüglich der absoluten Ausbeute liegen keine Messungen vor. Man muß zweifellos mit geringfügiger Temperaturabhängigkeit der optischen Konstanten rechnen.

Eine theoretische Berechnung der Temperaturabhängigkeit von λ_0 ist von Nielsen gegeben worden. Sie geht von thermodynamischen Betrachtungen aus und kommt zum Ergebnis, daß die Temperaturverschiebung der Grenzfrequenz proportional dem Thomsonkoeffizienten sein solle. Bei den meisten Metallen liegt die so berechnete Verschiebung innerhalb der Meßgenauigkeit; bei den Alkalimetallen sind leider die Thomsonkoeffizienten nicht bekannt [460].

6. Einwirkung von Kathodenstrahlen. Zur Klärung der Frage nach der „Bindung" der lichtelektrisch ausgelösten Elektronen machte Dember 1925 den Versuch, diese Bindung durch gleichzeitige Beschießung des belichteten Metalles mit Kathodenstrahlen zu lockern. Er geht dabei von der Erwägung aus, daß eine weitgehende Übereinstimmung der lichtelektrischen Emission und der Elektronensekundärstrahlung (Geschwindigkeitsverteilung und Temperaturunabhängigkeit) besteht und daher vielleicht bei einem Zusammenwirken beider Ursachen Elektronen die Oberfläche zu verlassen vermögen, deren von den Kathodenstrahlen übernommene Energie allein hierzu nicht ausreicht. Gegen die geäußerten Vorstellungen lassen sich Einwände erheben, doch beziehen sich diese naturgemäß nicht gegen die Berechtigung des Versuches. Dembers Anordnung zeigt Abb. 22. Eine Al-Platte Al kann sowohl von den Elektronen des Glühdrahtes G wie vom Licht der Quarzquecksilberlampe L getroffen werden. In 3 mm Abstand von der Al-Platte befand sich ein feindrähtiges Platinnetz; dieses wie die Innenwand der hochevakuierten Glaskugel war geerdet. Die (galvanometrischen) Messungen hatten das Ergebnis, daß bei gleichzeitiger Belichtung und Beschießung mit (100 Volt) Elektronen die Al-Platte mehr Elektronen abgab, als der Summe beider Einzelwirkungen entsprach, und zwar wachsend mit der Stärke der Elektronenbeschießung [418]. Die folgende Tabelle gibt einige Zahlen Dembers:

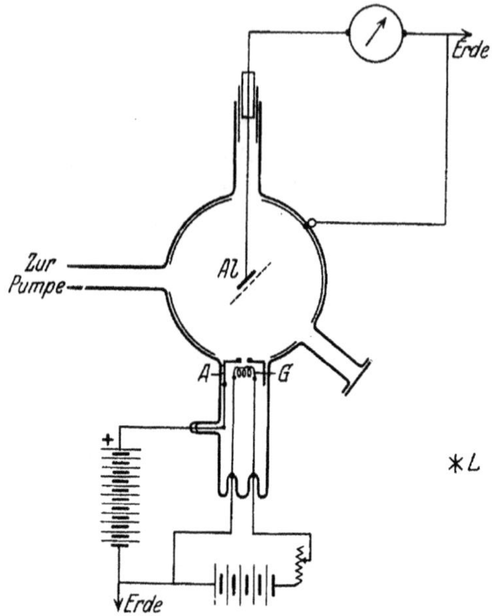

Abb. 22. Dembers Anordnung zur Untersuchung des Einflusses von Kathodenstrahlen auf die lichtelektrische Wirkung.

1. Reiner lichtelektr. Strom	2. Reiner Sekundärelektronenstrom	3. Gesamtstrom	3 (1+2) Zusatzstrom
40	3	55	12
40	60	206	97
40	1628	3982	2314
40	17170	23028	5818
40	197000	201000	3960

Sämtliche Zahlen in der Einheit $2,24 \cdot 10^{-10}$ Ampere.

Für einen gegebenen Sekundärelektronenstrom wächst der Zusatzstrom mit steigender Lichtintensität, jedoch nicht dieser proportional, sondern er strebt einem Grenzwert zu. Der von Dember an einer Al-Platte von 24 mm Durchmesser beobachtete höchste Wert des Zusatzstromes betrug $1,3 \cdot 10^{-6}$ Amp. und war rund 150mal so groß als der reine Lichtstrom ohne gleichzeitige Elektronenbeschießung.

Dember zieht aus den Versuchen den Schluß, daß eine bestimmte Lichtintensität auch nur eine bestimmte Anzahl von Elektronen auslösen kann und daß durch die Glühelektronen nur eine beschränkte, wenn auch sehr große Zahl von Elektronen für den Zusatzstrom „bereitgestellt" wird.

Vielleicht ist aber eine andere Ausdrucksweise vorzuziehen. Sie wird durch die Angaben Dembers nahegelegt, daß der Zusatzstrom im Gegensatz zum reinen Lichtstrom auch durch Glas, ja gerade meßbar noch durch rotes Glas, feststellbar ist, also die langwellige Grenze von etwa 334 mμ bis über 600 mμ hinausgerückt ist. In diesem Falle sind die hohen lichtelektrischen Ströme nichts Merkwürdiges. Lichtelektrische Ströme von $1{,}3 \cdot 10^{-6}$ Amp/4,5 cm^2, also rund $2 \cdot 10^{-7}$ Amp./cm^2 erfordern eine einfallende Intensität von rund 10^{-4} cal/sec cm^2, wie sie bei Dembers Versuchen mit unzerlegtem Licht ohne weiteres angenommen werden kann.

Wir werden daher zunächst schließen dürfen, daß bei kräftiger Elektronenbeschießung durch Oberflächenänderung die Kontaktspannung eines Metalles, zum mindesten hier des Aluminiums um etwa 1 Volt positiver wird, ohne deshalb ein Zusammenwirken durch Elektronenstoß übertragener Energie mit solcher annehmen zu müssen, die durch Strahlungsabsorption zugeführt wird. Leider gibt Dember nicht an, ob eine zeitliche Nachwirkung beobachtet werden konnte, d. h. ob der lichtelektrische Strom nach Abschaltung der Elektronenbeschießung kurze Zeit hindurch größer war als der stationäre Wert. In letzterem Fall könnte man vielleicht doch an Mitwirkung von Restgasen denken; so haben schon Pohl und Pringsheim gelegentlich eine Verschiebung der langwelligen Grenze an Al bis ins Rot beobachten können.

Fortführung der bemerkenswerten Versuche unter möglichst veränderten Versuchsbedingungen, vor allem mit der Möglichkeit, Sättigungsströme zu messen, scheint bedeutsame Aufschlüsse für das dunkle Kapitel des Kontaktpotentials zu versprechen.

7. Abhängigkeit von magnetischen und elektrischen Feldern. Versuche einer Beeinflussung lichtelektrischer Elektronenabspaltung durch Magnetisierung werden verschiedentlich unternommen sein. Ein gelungener Versuch, der nicht ganz sicher auf Fehlerquellen zurückzuführen ist, scheint jedoch nur von Dember [160] berichtet worden zu sein. Die große experimentelle Schwierigkeit besteht darin, die Wirkung des Magnetfeldes auf die Elektronen im Außenraum zu vermeiden oder wenigstens quantitativ zu berücksichtigen. DEMBERS Versuchsanordnung ist in Abb. 23 gegeben. Bestrahlt wird eine Wismutplatte W von 6 mm ⌀, von einem Schutzring K umgeben; als Auffänger dient ein Messingdrahtnetz D in 3 mm Abstand, das zum Schutz gegen elektrostatische Störungen den Teil eines Faradaykäfigs bildet. Das magnetische Feld steht im allgemeinen ⊥ auf der Wismutplatte und daher parallel zur Hauptbewegungsrichtung der Elektronen; es ist jedoch wegen der erforderlichen Bohrung für den Lichteinfall nicht ganz gleichmäßig und überdies sind die Elektronenbahnen infolge ihrer Austrittsgeschwindigkeiten mehr oder weniger gegen die Plattennormale geneigt. Das Vakuum wird zu 10^{-5} mm Hg-Säule angegeben. Die Beobachtungen DEMBERS sind folgende: Bei sehr kleiner Spannungsdifferenz zwischen Wismut und Faradaykäfig (DEMBER nennt 0,67 Volt/cm Feldstärke, also rund 0,2 [!] Volt, und da über die Kontaktpotentialdifferenz nichts gesagt wird, könnte die wirksame Spannung sogar verzögernd gewesen sein!) nimmt der lichtelektrische Strom i bei Vergrößerung des Magnetfeldes $\mathfrak{H}$ ab, und zwar unabhängig von der Feldrichtung:

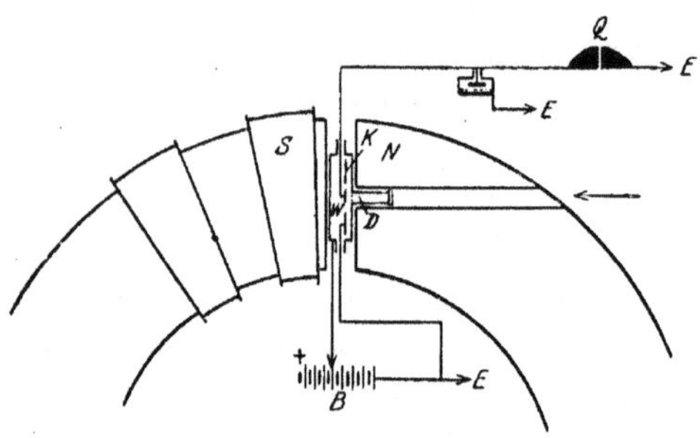

Abb. 23. DEMBERS Anordnung zum Nachweis einer magnetischen Beeinflussung der lichtelektrischen Wirkung.

$\mathfrak{H}$	0	477	1590	3220	4400	5400	Amp. Wdg./cm [1]
i	206	175	166	160	153	151	$\cdot 6{,}1 \cdot 10^{-16}$ Amp.

Die verhältnismäßige Abnahme (a) der Stromstärke bei 3900 Amp. Wdg./cm verringert sich erheblich mit steigender elektrischer Feldstärke, gemessen durch die Spannung P zwischen Wismutplatte und Käfig. DEMBER findet folgende Abhängigkeit:

V in Volt:	0,07	0,13	0,66	2,3	4,3	8,4	87	270
a in %:	38,6	29,6	24,3	17,1	5,3	3,2	2,1	1,8

[1] 1 Gauß = 0,795 Amp. Wdg./cm.

Soweit sprechen diese Zahlen genau wie bei alten Messungen von HULL 1912 für eine gewöhnliche Einwirkung des Magnetfeldes auf die Elektronen im Außenraum. Sie werden durch das Magnetfeld abgebogen teils auf die Wismutplatte zurückkehren, teils auf den Schutzring gelangen. Jedenfalls ist es schwer, an ein Eingreifen des elektrischen Feldes in das Metall oder eine Beeinflussung seiner Oberflächenschicht zu denken.

Schwierigkeiten machen dieser naheliegenden Deutung jedoch ergänzende Versuche DEMBERs bei niedriger Temperatur. Nach seiner Angabe ist bei einem Magnetfeld von 5950 Amp.Wdg./cm und nicht genannter elektrischer Feldstärke die Abnahme der Stromstärke bei — 79° C doppelt so groß wie bei 25° C (von 312 auf 153 statt von 330 auf 259 · 6,1 · 10^{-16} Amp.). DEMBER sieht hier einen Zusammenhang mit der starken Temperaturabhängigkeit anderer Wismuteigenschaften bzw. des elektrischen Widerstandes. Angesichts unserer Unkenntnis des Wesens metallischer Leitung und ihres möglichen Zusammenhanges mit lichtelektrischen Vorgängen, ist aus dieser Ähnlichkeit nicht viel zu entnehmen. Im Gegenteil wird es vorerst näherliegen, zur Erklärung der Beobachtungen an unerkannte Fehlerquellen zu denken. Eine solche könnte beispielsweise darin liegen, daß bei tiefer Temperatur die geometrische Anordnung von Wismutplatte und Schutzring etwas verändert war bzw. sich bei Abkühlung regelmäßig veränderte. DEMBER erwähnt übrigens bei Sb und Pd ähnliche Wirkungen des Magnetfeldes wie bei Wismut, ohne jedoch Zahlen zu geben.

Erst wenn eine sorgfältige Nachprüfung der Versuche entgegen der Erwartung bestätigen sollte, daß die Änderung des Elektronenstromes nicht lediglich durch Beeinflussung der Elektronen im Außenraum vorliegt, erhebt sich die weitere Frage, ob die Elektronen bei ihrem Durchgang durch die Metalloberflächenschichten beeinflußt werden oder ob eine magnetische Einwirkung auf den Auslösungsvorgang selbst angenommen werden müßte.

In einer sehr sorgsamen Untersuchung an Eisen konnte POLVANI 1922 selbst bei einer Kraftflußdichte von 1,35 · 10^{-4} Voltsek./cm²[1] keine Änderung des lichtelektrischen Stromes innerhalb seiner

---

[1] Eine c. g. s. Einheit der Induktion ist 10^{-8} Voltsek./cm².

Meßgenauigkeit von 2% feststellen. POLVANI benutzte eine empfindliche Differentialschaltung, benutzte keinen Schutzring, sondern ein mehr radiales, statt des DEMBERschen homogenen Feldes und ging absichtlich nicht bis zu so kleinen beschleunigenden Spannungen herab, wie sie DEMBER benutzt hatte. Eine Widerlegung von DEMBERS Versuchen an diamagnetischen Stoffen bedeuten POLVANIS am ferromagnetischen Eisen naturgemäß noch nicht [253].

Beeinflussung der äußeren lichtelektrischen Wirkung durch elektrische Felder scheint noch nicht untersucht worden zu sein. Zu erwarten ist, daß sehr hohe elektrische Felder die Austrittsarbeit herabsetzen, so daß eine Verlagerung der Grenzwellenlänge in Richtung längerer Wellen eintritt. Entsprechende Erscheinungen sind bei der glühelektrischen Wirkung mehrfach untersucht (vgl. beispielsweise J. A. BECKER und D. W. MÜLLER, Physic. Rev. *31* (1928)].

8. Einfluß elektrischer Ströme. SHENSTONE fand [224] beim Durchgang stärkerer Ströme (Größenordnung 1 Ampere) durch dünne Wismutplatten im Vakuum beträchtliches Anwachsen des lichtelektrischen Stromes im unzerlegten Licht der Quarzquecksilberlampe. An anderen Metallen waren die Wirkungen ähnlich, wenngleich geringer. Von verschiedenen Seiten wurde die Wahrscheinlichkeit hervorgehoben, daß die Ursache der Erscheinung einfach darin besteht, daß Erwärmung des Metalls Abgabe oberflächlich angelagerten Gases zur Folge hat (PRINGSHEIM, HORTON) [206]). Insbesondere zeigten Versuche von DÜMPELMANN und HEIN [347] an, daß an Eisen und Kupferblechen ähnliche Erscheinungen fehlen, wenn die Temperatur sorgfältig konstant gehalten wird, sofort aber auftreten, wenn infolge Temperatursteigerung um einige Grad Änderungen der Gasbeladung eintreten. Mit diesen Einwänden setzte sich SHENSTONE [318] auseinander und veröffentlichte eine Reihe neuer Versuche zur Stützung seiner früheren und Widerlegung der gegenteiligen Angaben. Auffallend ist jedoch, daß die Erscheinungen bei unterbrochenem Strom festgestellt werden können! Das ist verständlich, wenn Änderung im Gasgehalt vorliegt, ist aber mit unseren Auffassungen über Elektrizitätsleitung schwer zusammenzureimen. Eine restlose Aufklärung der SHENSTONEschen Versuche, sei es in bejahendem, sei es in verneinendem Sinne scheint noch nicht gegeben zu sein.

V. Dünne Schichten.

1. Grundsätzliche Bedeutung dünner Schichten. Eine besondere Beachtung haben seit zwei Jahrzehnten die lichtelektrischen Beobachtungen an dünnen Schichten gefunden. „Dünne“ Schichten sollen solche sein, die weder das einfallende Licht noch die etwa in der Schichtmitte ausgelösten Elektronen vollständig absorbieren. Auf Grund unserer Kenntnis der optischen Konstanten wäre die obere Grenze für eine „dünne“ Schicht je nach Metall und Wellenlänge etwa 50 mμ bis 1 μ; bezüglich der Elektronenabsorption kann nur der lichtelektrische Versuch selber entscheiden, da der Durchgang derartig langsamer Elektronen durch Metalle noch zu wenig aufgeklärt ist.

Die Fragestellungen sind mannigfacher Art: Neben einem Beitrag zur Bewegung langsamer Elektronen in Metallen kann man Aufschluß erhoffen über die wahre absolute Ausbeute an Elektronen bei der Lichtabsorption sowie die innere Geschwindigkeitsverteilung und die Auslösungsrichtung der Elektronen in bezug auf Lichtrichtung und Lage des elektrischen Lichtvektors.

Die zugrunde liegenden Überlegungen sind etwa folgende: Setzt man voraus, daß jedes absorbierte Lichtquant einem Elektron die Energie $\frac{1}{2} m v^2 = h\nu - P_i$ erteilt, wobei $P_i =$ konst. und jede Anfangsrichtung gleich wahrscheinlich ist und folglich die Geschwindigkeitsverteilung erst dadurch zustande kommt, daß die Elektronen auf ihrem Weg zur und durch die Oberfläche verschiedenartige Energieverluste erleiden, so wäre beim Übergang zu dünnen und dünneren Schichten zu erwarten, daß die Geschwindigkeiten einheitlicher werden und sich der Höchstgeschwindigkeit annähern, ferner sollte die absolute Ausbeute bezogen auf absorbierte Energie, sich dem theoretischen Werte (Größenordnung $Q/h\nu$) nähern.

Entsteht dagegen, wofür gewichtige Gründe bestehen, die Geschwindigkeitsverteilung schon bei der Absorption selbst, d. h. ist P_i nicht konstant, so könnte sie unabhängig von der Schichtdicke sein und sollte sich in ihrer Breite nur in dem Maße ändern, als etwa das Kontaktpotential, d. h. ν_0 von der Schichtdicke abhängig wäre. In dieser Auffassung beruhen Elektronenverluste vom Auslösungsort zur Oberfläche nicht so sehr auf allmählicher

Energieabgabe, als vielmehr völligem Festhalten bei geeigneten Zusammenstößen. Auch hier sollte aber die Ausbeute mit abnehmender Schichtdicke sich der theoretischen nähern.

Schließlich könnte es auch sein, daß keineswegs jeder Absorptionsvorgang zur lichtelektrischen Elektronenabspaltung führt, sondern wie es in isolierenden Kristallen in Gebieten metallischer Absorption der Fall zu sein scheint, Voraussetzung dafür eine „Störungsstelle" ist, etwa ein Gasmolekül, wie die HALLWACHSsche Schule annimmt.

Die experimentellen Schwierigkeiten sind mannigfaltig. Bei Schichtdicken unterhalb einiger μ ist die Einheitlichkeit sehr fragwürdig und kaum feststellbar; die Herstellung der Schichten auf allerlei Unterlagen bringt schwer übersehbare Verwicklungen; ob die neuerdings beschriebene Erzeugung dünnster frei schwebender Metallschichten zu lichtelektrisch wichtigen Ergebnissen führen wird, bleibt abzuwarten. Ferner ist sehr zu beachten, und oft nicht berücksichtigt, daß bei Schichten, die merklich kleiner als eine Lichtwelle sind, die Lichtabsorption, Reflexion usw. nicht nach den für dicke Schichten geltenden Formeln berechnet werden kann. Auch ist nicht gesichert, daß die optischen Konstanten denselben Wert behalten (vgl. S. 82).

2. Die lichtelektrisch wirksame Schichtdicke. Um festzustellen, aus welcher Schichtdicke noch lichtelektrisch ausgelöste Elektronen die Oberfläche zu durchdringen vermögen, sind zwei Wege eingeschlagen worden. Erstens, man belichtet eine auf durchsichtiger Unterlage hergestellte Schicht einmal von der Unterlagenseite her und einmal von der Schichtseite und vergleicht die Zahl der in beiden Fällen auf der Schichtseite austretenden Elektronen unter Berücksichtigung des in beiden Fällen reflektierten bzw. austretenden Lichtes. Zweitens, man vergleicht bei beliebiger Unterlage die lichtelektrische Wirkung auf der Schichtseite bei veränderter Schichtdicke und bestimmt diejenige Schichtdicke, oberhalb derer die Wirkung von der Schichtdicke unabhängig ist. Bei diesem zweiten Verfahren ist nur dann ein brauchbares Ergebnis zu erwarten, wenn die von den Elektronen zurückgelegten Wege klein gegenüber der mittleren Eindringungstiefe des Lichtes sind.

RUBENS und LADENBURG glaubten 1907 aus Beobachtungen an Goldfolien von etwa 0,1 μ Dicke schließen zu dürfen, daß die

Bahnen der ausgelösten Elektronen von der Größenordnung 0,1 μ sein können. Sie schlossen das aus dem Umstand, daß der lichtelektrische Strom auf der Austrittsseite 1% desjenigen auf der Eintrittsseite, das austretende Licht dagegen nur 1‰ des eintretenden war. Die Versuche haben jedoch deswegen keine große Beweiskraft, weil infolge ihrer Durchführung mit unzerlegtem Licht möglicherweise die Lichtschwächung für andere Wellenlängen als die wirklich lichtelektrisch wirksamen bestimmt wurde.

Partzsch und Hallwachs hatten 1913 unter der Annahme, daß die Intensität des in eine Metallschicht eindringenden Lichtes mit dem Abstand von der Oberfläche nach einer Exponentialfunktion abnimmt, und ebenso auch die Zahl derjenigen ausgelösten Elektronen, die die Fähigkeit zum Austritt aus der Oberfläche behalten, exponentiell mit dem Abstand von der Oberfläche sinkt, folgende Abhängigkeit des lichtelektrischen Stromes i von der Schichtdicke d abgeleitet:

1. bei Beobachtung auf der Einfallsseite des Lichtes

$$i = C \cdot J \cdot \frac{1 - e^{-d(\alpha + \beta)}}{\alpha + \beta},$$

2. bei Beobachtung auf der Ausfallsseite des Lichtes

$$i = C \cdot J \cdot \frac{e^{-\beta d} - e^{\alpha d}}{\alpha - \beta}.$$

Hier bedeutet J die in das Metall eindringende Lichtintensität, C eine von Metall, Wellenlänge usw. abhängige, im übrigen aber konstante Größe. β die Absorptionskonstante für die betreffende Lichtwellenlänge, α die Absorptionskonstante für die Elektronen.

Danach wäre also mit wachsender Schichtdicke auf der Lichteinfallsseite ein Anstieg des Stromes zu einem Höchstwert, auf der Lichtausfallsseite ein Anstieg zu einem Höchstwert mit folgendem exponentiellem Absinken zu Null zu erwarten. Letzterer Verlauf ist folgendermaßen zu verstehen: Ohne Verlust von ausgelösten Elektronen muß der lichtelektrische Strom der Austrittsseite proportional der absorbierten Energie sein, also zunächst mit zunehmender Schichtdicke linear anwachsen. Der Anstieg verlangsamt sich, wenn das einfallende Licht bei weiter wachsender Dicke zum beträchtlichen Teil absorbiert wird, und geht für noch größere Dicken in eine Abnahme über, wenn die in der Nähe der Eintrittsseite ausgelösten Elektronen die Austrittsseite nicht mehr erreichen. So soll der erste Anstieg ein Maß für die optische Absorptionskonstante β, der exponentielle Abfall ein Maß für die Absorptionskonstante der Elektronen α sein; das Maximum selbst bei der Schichtdicke d_m liegen, für die

$$d_m = \frac{1}{\alpha - \beta} \ln \frac{\alpha - \frac{1}{J} \cdot \frac{\partial J}{\partial d}}{\beta - \frac{1}{J} \cdot \frac{\partial J}{\partial d}}.$$

Dieses d_m stellt gleichzeitig die größte Schichtdicke dar, die von den energiereichsten ausgelösten Elektronen gerade noch durchdrungen wird. Der reziproke Wert wird als Bremsvermögen bezeichnet.

Die Versuchsergebnisse sind nun für Einfalls- wie Ausfallsseite wesentlich verwickelter als die Theorie von PARTZSCH und HALLWACHS, oder auch eine Verfeinerung durch COMPTON und ROSS [139] erwarten läßt.

Von neueren Arbeiten seien erwähnt die von ROBINSON [95], STUHLMANN [151, 263], K. T. COMPTON und ROSS [139] sowie GOLDSCHMIDT und DEMBER [497]. Gegenüber älteren Arbeiten brachten die von STUHLMANN folgende experimentelle Fortschritte: Die große Schwierigkeit, vergleichbare Schichten verschiedener Dicke herzustellen, wurde dadurch umgangen, daß die betreffende Schicht in Keilform hergestellt wurde, so daß alle gewünschten Schichtdicken gleichzeitig unter denselben Bedingungen entstanden und einen zuverlässigen Vergleich gestatteten. STUHLMANN ersetzte ferner die Kathodenzerstäubung mit ihrer unvermeidlichen Anwesenheit von Gasen durch Verdampfung im Vakuum. Die hergestellten Keile von Pt und Ag auf Quarz hatten auf etwa 25 mm Länge Schichtdicken von 3 bis 100 bzw. 10 bis 150 mμ; die Dicken wurden bestimmt, bei Pt aus dem elektrischen Widerstand, bei Ag aus Interferenzen nach Umwandlung in AgJ. Monochromatisches Licht wurde in einer Breite von 0,23 mm parallel der Keilkante verschoben und die lichtelektrischen Ströme, bezogen auf gleiche von der Quarzseite einfallende Energie gemessen. Für jede Wellenlänge wurde ein neuer Keil verwendet, da die Ströme trotz des Vakuums zeitlich abnahmen. STUHLMANN gibt als Betrag der Reproduzierbarkeit den guten Wert von 5% an. Kennzeichnend für beide Metalle und alle Wellenlängen ist bei Beobachtung auf der Lichteinfallsseite für kleinste Schichtdicken ein Anstieg, wie er nach der einfachen Theorie zu erwarten ist — um so steiler, je größer die optische Absorptionskonstante β ist —, dann aber ein ganz unverständliches Minimum, ehe sich der Anstieg zum Grenzwert fortsetzt (vgl. Abb. 24). Aus Messungen an der Ausfallsseite berechnet STUHLMANN als Absorptionskonstante der lichtelektrischen Elektronen (Energie 4,7 Volt) $\alpha = 0{,}0795\ \mathrm{m}\mu^{-1}$ für Pt und $0{,}0390\ \mathrm{m}\mu^{-1}$ für Ag. Division durch die Dichte ϱ liefert für beide Metalle $\alpha/\varrho = 37000\ \mathrm{cm^2\,g^{-1}}$.

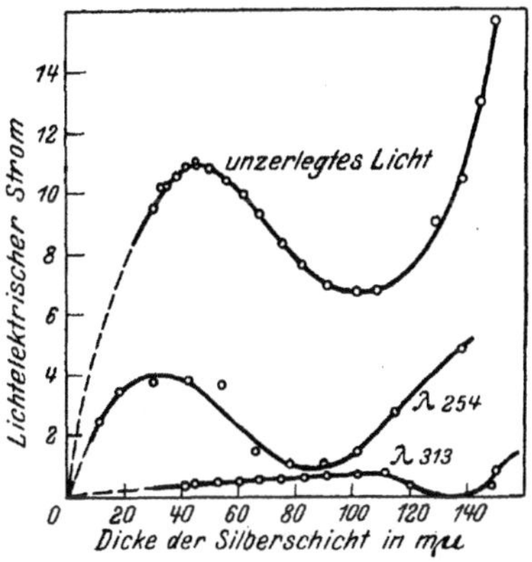

Abb. 24. Abhängigkeit des lichtelektrischen Stromes von der Schichtdicke auf der Lichteinfallsseite für verschiedene Wellenlängen (nach STUHLMANN JR.). Silberkeil auf Quarz, durch Verdampfung im Vakuum erhalten.

Zu ähnlichen Folgerungen waren gleichzeitig mit STUHLMANN K. T. COMPTON und ROSS gelangt. Sie arbeiteten allerdings mit Kathodenzerstäubungsschichten, die nacheinander hergestellt, nicht streng vergleichbar waren. Die experimentellen Ergebnisse erscheinen in dieser Beziehung daher unsicherer als die von STUHLMANN. Andererseits berücksichtigten sie die Abhängigkeit der Reflexion von der Schichtdicke und bestimmten sie auch experimentell wie seinerzeit HALLWACHS und PARTZSCH, an deren Untersuchung sie bewußt anschließen. Experimentell fanden sie an Pt ein doppeltes Maximum, von denen jedoch eines bei 8 bis 9 mμ Schichtdicke instabil ist und vermutlich mit den Besonderheiten der Kathodenzerstäubung zusammenhängt [139].

Sie kommen zum Schluß, daß die ausgelösten Elektronen ihre Energie infolge einiger weniger Zusammenstöße und nicht etwa allmählich einbüßen. Als mittlere freie Weglänge berechnen sie in Pt $2{,}67 \cdot 10^{-7}$ cm, in Ag $5{,}0 \cdot 10^{-7}$ cm und zwar unabhängig von der Wellenlänge des auslösenden Lichtes, also der Geschwindigkeit der Elektronen.

Noch geringere Schichtdicken sehen DEMBER und GOLDSCHMIDT als Träger der lichtelektrischen Wirkung an. Auch sie arbeiten an Kathodenzerstäubungsschichten von Pt und finden wie COMPTON und ROSS zwei Maxima (vgl. Abb. 25); sie schließen sich diesen auch in der Deutung vollkommen an — ob der Unterschied der in den beiden Untersuchungen gefundenen günstigsten Schichtdicken 2 bis 3 und 7 bzw. 3 bis 4 und 8 bis 9 mμ auf der Unsicherheit der Dickenbestimmung oder Verschiedenheiten des Zerstäubungsvorganges beruht, mag dahingestellt bleiben — und berechnen nach den Formeln von COMPTON und ROSS, die unter vereinfachenden Annahmen in die von PARTZSCH und HALLWACHS gegebenen übergehen, die Absorptionskonstanten der Elektronen. Der außerordentliche Fortschritt gegenüber COMPTON und ROSS und ebenso auch STUHLMANN besteht darin, daß DEMBER und GOLDSCHMIDT an denselben Schichten gleichzeitig auch die optischen Konstanten ermitteln, während die früheren Untersuchungen diese teils aus den lichtelektrischen Messungen selbst zu berechnen versucht bzw. sie aus anderen Arbeiten entnommen hatten [497].

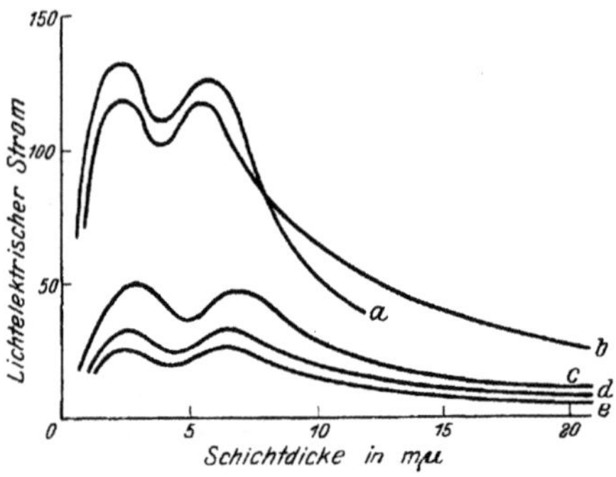

Abb. 25. Abhängigkeit des lichtelektrischen Stromes von der Schichtdicke auf der Lichtausfallsseite, für verschiedene Lichtwellenlängen (nach GOLDSCHMIDT und DEMBER).
Kathodenzerstäubungsschichten von Platin auf Quarz. 248, 254, 238, 265, 226 mμ.

Es wird hier tatsächlich das durchgelassene und das beiderseits reflektierte Licht für jede Schichtdicke und jede Wellenlänge gemessen und dadurch die große Unsicherheit der früheren Berechnungen umgangen. DEMBER und GOLDSCHMIDT finden dabei, daß die optischen Absorptionskonstanten, nach den für dicke Schichten geltenden Formeln berechnet, mit abnehmender Schichtdicke (< 10 mμ) stark anwachsen; die berechnete Absorptionskonstante der lichtelektrischen Elektronen dagegen ergibt sich unabhängig von Schichtdicke und Wellenlänge wie bei COMPTON und ROSS, aber etwa dreimal größer als bei diesen. Die freie Weglänge soll nur noch $1{,}08 \cdot 10^{-7}$ cm betragen. Danach würde sich die lichtelektrische Wirkung an Pt nur in einer Oberflächenschicht von kaum 10 Atomlagen abspielen.

Gegen die Schlüssigkeit derartiger Untersuchungen sind in jüngster Zeit von AKULOV Einwände erhoben worden. Er weist darauf hin, daß für die benutzten Schichtdicken, die kleiner als die Wellenlänge sind, der Ansatz $J = J_0 e^{-\beta d}$ nicht mehr zulässig sei, vielmehr das Auftreten stehender Wellen berücksichtigt werden müsse. Das beobachtete Maximum soll nach seiner Auffassung dadurch zustande kommen, daß bei bestimmter Schichtdicke Ebenen maximaler Absorption nahe der Oberfläche liegen. Bezüglich der verwickelten Rechnung mag auf die Arbeit selbst verwiesen werden. Nicht recht ersichtlich scheint, warum in dieser Auffassung die günstige Schichtdicke so weitgehend unabhängig von der Wellenlänge erhalten wird. Es müßte denn gerade infolge der veränderlichen Brechungskoeffizienten die Wellenlänge im Metall von der Vakuumwellenlänge im untersuchten Bereich ziemlich unabhängig sein [543].

Berechnungen HLUČKAS über periodische Abhängigkeit der Absorption von der Schichtdicke können für die Messungen von GOLDSCHMIDT und DEMBER nicht herangezogen werden, da einer derartigen Abhängigkeit experimentell Rechnung getragen ist [508].

3. Geschwindigkeitsverteilung und Austrittsrichtung. STARK hatte darauf hingewiesen, daß der Befund von RUBENS und LADENBURG auch so gedeutet werden könne, daß die lichtelektrisch ausgelösten Elektronen bevorzugt in der Richtung des Lichtes fortfliegen. Eine Reihe weiterer Arbeiten schien diese Auffassung zunächst zu stützen. So fand beispielsweise STUHLMANN 1910 und 1911 an Kathodenzerstäubungsschichten von Fe und Pt, daß die Ströme um 2 bzw. 17% größer waren, wenn das Licht durch die Quarzunterlage einfiel, als im umgekehrten Fall; KLEEMANN fand gleichzeitig dasselbe ebenfalls an Pt-Schichten und ROBINSON 1912 fand sogar einen Überschuß von 22% auf der Ausfallsseite gegenüber Eintrittsseite an hinreichend dünnen Pt-Schichten. Die Unsymmetrie verschwand bei Schichtdicken von 10^{-6} cm an aufwärts.

Wie HALLWACHS und PARTZSCH [1912] durch Rechnung und Messung zeigen konnten, ist die Ursache dieser Verschiedenheit optisch zu deuten: Die Reflexionsverluste sind kleiner, wenn das Licht von der Quarzseite aus einfällt, als im anderen Fall.

Neben einer Unsymmetrie der Zahl war aber auch eine solche der Geschwindigkeiten beobachtet worden. So glaubte ROBINSON auf der Austrittsseite auch höhere Geschwindigkeiten festgestellt zu haben als bei Elektronen, die auf der Lichteinfallsseite austreten [95].

STUHLMANN wollte sogar auf der Ausfallsseite um 40% größere Höchstgeschwindigkeiten gefunden haben [41]. Derartige Unstimmigkeiten können naturgemäß nicht wie die Verschiedenheit der Zahl nach HALLWACHS und PARTZSCH erklärt werden, finden aber vielleicht teilweise eine Erklärung darin, daß nicht mit spektral zerlegtem Licht gearbeitet wurde und daher Licht kürzerer Wellen die Schicht besser durchdringend auf der Ausfallsseite überwog, während die entsprechenden schnellen Elektronen auf der Einfallsseite neben zahlreichen langsameren übersehen sind.

PIERSOL [379] wies andererseits darauf hin, daß bei einer Ermittlung der Höchstgeschwindigkeit durch Extrapolation nach MILLIKANS Vorgang auch aus STUHLMANNS und ROBINSONS Messungen Übereinstimmung der Höchstgeschwindigkeit folge, und demgemäß die Abweichung nur durch die üblichen Fehlerquellen bei unmittelbarer Bestimmung der positiven Endaufladung (Streulicht, Elektronenreflexion) vorgetäuscht werde.

Jedenfalls wird man bis auf weiteres die beobachtete Unsymmetrie nur für vorgetäuscht halten, da die Höchstgeschwindigkeiten der Lichteinfallsseite bei den genauen Messungen von MILLIKAN sowie HENNINGS und KADESCH 1916 der Gleichung

$$\tfrac{1}{2} m v^2 = h(\nu - \nu_0)$$

genügt haben, während um 40% höhere Geschwindigkeiten damit unvereinbar wären.

Schließlich fand CHIEN CHA [413] an sehr durchsichtigen Pt-Schichten von etwa 10 mμ Dicke — es wurden nur wenige Prozent des einfallenden Lichtes absorbiert — im monochromatischen Licht die positive Höchstaufladung übereinstimmend für Eintrittsseite und Austrittsseite, wenn die Schichten durch Verdampfung im Vakuum hergestellt waren, dagegen ergab sich die übliche Verschiedenheit an Schichten, die durch Kathodenzerstäubung hergestellt waren. An den Vakuumschichten war die Aufladung, wie es sein soll, linear abhängig von der Frequenz ($h = 6{,}41 \cdot 10^{-27}$ ergsec, also wie bei fast allen lichtelektrischen Bestimmungen etwas zu niedrig) an den gashaltigen Schichten dagegen nicht. Eine befriedigende Aufklärung dieser Fehlerquellen gelang nicht.

Als Gesamtergebnis aller Untersuchungen über die Höchstgeschwindigkeiten auf Eintrittsseite und Austrittsseite kann man feststellen, daß beobachtete Unterschiede offenbar auf teilweise noch nicht aufgeklärten Fehlerquellen beruhen und bei einwandfreien Messungen und Schichten fehlen. Damit entfällt auch jeder Anhalt für eine Vorzugsrichtung der Elektronen bei ihrer Auslösung.

Die Geschichte dieser Versuche ist insofern lehrreich, als der feste Glaube an die Richtigkeit einer theoretischen Vorstellung (EINSTEINsche Gleichung) auch hier entgegen allen anfänglichen gegenteiligen experimentellen Befunden dazu geführt hat, Fehlerquelle um Fehlerquelle zu ermitteln. Ohne den theoretischen Leitgedanken wäre kein Anlaß gewesen, an der Wirklichkeit der beobachteten Verschiedenheit zu zweifeln.

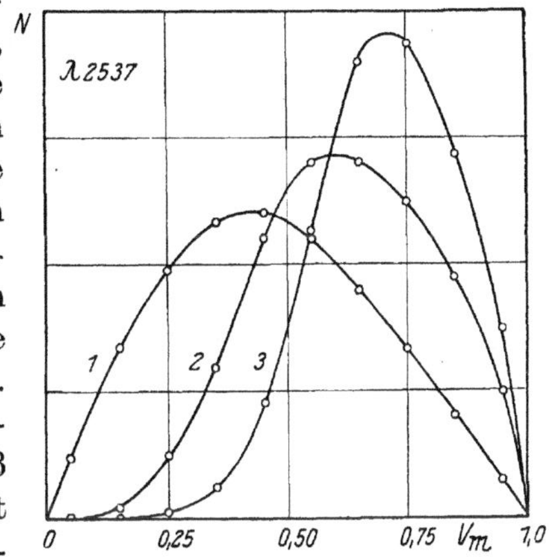

Abb. 26. Abhängigkeit der Energieverteilung von der Schichtdicke (nach LUKIRSKY und PRILEŽAEV).
Silberschichten: 1. dicke Schicht; 2. Schichtdicke rund $3 \cdot 10^{-6}$ cm; 3. Schichtdicke rund 10^{-6} cm; Wellenlänge 254 mμ.

Die gesamte Geschwindigkeitsverteilung der lichtelektrisch ausgelösten Elektronen in Abhängigkeit von der Schichtdicke ist in jüngster Zeit von LUKIRSKY und PRILEŽAEV gemessen worden. Wie Abb. 26 zeigt, nähert sich die häufigste Energie mit abnehmender Schichtdicke mehr und mehr der Höchstenergie, während die sehr kleinen Energien zurücktreten. Man wird also annehmen können, daß beim Durchgang der Elektronen durch Schichten von einigen 10^{-6} cm Dicke Energieverluste eintreten. Daß dagegen bei der Auslösung selbst alle Elektronen übereinstimmend die gleiche kinetische Energie erhalten, kann aus diesen Messungen noch nicht gefolgert werden. Nicht recht verständlich ist bei diesen Versuchen, daß die Austrittsarbeit bei all den verschiedenen Schichten dieselbe gewesen sein soll; hier liegt ein unaufgeklärter Widerspruch zu ziemlich allen sonstigen Beobachtungen vor [629].

4. Alkalimetallhäute. Eine besondere Bedeutung haben dünnste, vielleicht vielfach einatomige Schichten von Alkalimetallen gewonnen. Sie bilden sich im Vakuum schon bei Zimmertemperatur auf allen Flächen bei Gegenwart von Na, K, Rb, Cs. Auf sorgsam von Gas- oder Feuchtigkeitsschichten befreiten Unterlagen im Hochvakuum scheinen die Schichten völlig zusammenhängend und leitend zu sein, während unter anderen Verhältnissen der Beschlag unzusammenhängend ist und trotz spiegelnden Aussehens sogar isolieren kann. Jedenfalls ist es kaum möglich, bei Anwesenheit von Alkalimetall die Wandungen einer Versuchsanordnung, außer durch Heizen, vor der Bildung eines Beschlages zu schützen, der durch Elektronenabgabe, unter Umständen auch durch hohe positive Aufladung mangels genügender Leitfähigkeit zu allerlei unliebsamen Störungen Anlaß gibt. Die Häute selbst sind vielfach unsichtbar und verraten sich nur durch lichtelektrische Wirksamkeit und gegebenenfalls Leitfähigkeit.

Die Erscheinung ist von Elster und Geitel entdeckt; sie beobachteten, daß ein Anodendraht ihrer lichtelektrischen Alkalizellen nach Erhitzen lichtelektrisch unwirksam war, aber im Fall von K-Zellen schon nach wenigen Minuten wieder Elektronen bei Belichtung abgab [242]. Planmäßig untersucht sind diese Erscheinungen von Ives [363, 510]. Er ging aus von der ähnlichen Beobachtung, daß ein Wolframdraht in einem K-haltigen evakuierten Gefäß schon bei Zimmertemperatur bei Belichtung Elektronen abgibt, diese Eigenschaft beim Glühen zwar verliert, aber nach wenigen Minuten schon wieder erlangt hat. Er untersuchte die Hautbildung im Hochvakuum auf polierten Unterlagen von Ag, Au, C, Cu, Ni, Ta, W, die durch Elektronenbeschießung von Gasschichten befreit waren. Nur auf Au macht sich die K-Haut durch eine schwache Trübung bemerkbar.

Die Hautbildung erfordert dem verschiedenen Dampfdruck entsprechend für die verschiedenen Alkalimetalle verschieden lange Zeiten, bei Na Stunden, bei K Minuten. Die lichtelektrischen Ströme nehmen zunächst mit der Zeit von Null zu einem Höchstwert zu, dann wieder etwas ab; dies ist im wesentlichen durch eine entsprechende Verschiebung der Grenzwellenlänge bedingt. Ives will dieses Verhalten dadurch deuten, daß zunächst die mit K usw. bedeckten Flächen wachsen, eine kleinste Austrittsarbeit erreicht wird, wenn etwa eine zusammenhängende Schicht bestimmter Dicke vorliegt, und bei dickeren Schichten die Grenzwellenlänge abnehmen soll. Ein einleuchtender Grund für dieses zweite Verhalten kann jedoch vorerst nicht gegeben werden.

Da über die Schichtdicke keine Angaben gemacht werden können, läßt sich auch nichts sagen, ob diese günstigste Schichtdicke derjenigen entspricht, die an Pt und Ag von STUHLMANN, COMPTON und ROSS und anderen gefunden ist; letztere ist jedoch sicher nicht einatomig, sondern scheint von der Größenordnung 10 Atomlagen zu sein.

Daß die zeitliche Veränderung wirklich als Veränderung der Schichtenausdehnung und Schichtendicke aufgefaßt werden muß, geht aus zwei Umständen hervor. Einmal beobachtet IVES bei der Vertreibung der Schicht durch Erwärmung genau den umgekehrten Verlauf und zum andern nimmt (auf nicht leitender Unterlage gemessen) die Leitfähigkeit der Haut in der entsprechenden Zeit von Null zu einem Endwert zu.

Hierher gehört auch die Beobachtung einer scheinbaren Temperaturabhängigkeit lichtelektrischer Ströme.

Wie durch die Arbeiten von LANGMUIR und Mitarbeitern bekannt ist, bilden sich im Vakuum bei Gegenwart von Cs auf beispielsweise Pt- oder W-Drähten Cs-Schichten, die erst bei Temperaturen von mehreren hundert Grad verdampfen. IVES fand die lichtelektrische Wirkung an solchen Cs-Häuten auf Pt zwischen Zimmertemperatur und etwa 250° einigermaßen konstant, dann nahmen mit weiterer Temperatursteigerung die lichtelektrischen Ströme stark zu — spektrale Verteilung ist leider nicht ermittelt —, erreichten bei 425° C einen Höchstwert und wurden bei etwa 700° C unmeßbar. Glühelektronen wurden von etwa 310° C ab meßbar, erreichten bei 475° C einen Höchstwert und verschwanden ebenfalls bei 700° C (vgl. Abb. 27). Die von IVES gegebene Deutung ist die, daß von 250°C aufwärts die Dicke der Cs-Schicht abnimmt und daher die von ihm angenommene günstigste Schichtdicke erreicht wird; die lichtelektrischen Ströme werden schon wieder kleiner, bevor eine einmolekulare Haut erreicht ist und verschwinden mit den letzten haftenden Cs-Atomen. Die Glühemission wächst mit steigender Temperatur und erreicht erst bei höheren Temperaturen ihren Höchstwert, dann nämlich, wenn die mit der Bildung von Lücken in der

Cs-Haut rasch anwachsende Austrittsarbeit bzw. Verkleinerung der aussendenden Flächen dem raschen Zuwachs der Emission mit steigender Temperatur die Wage hält [510].

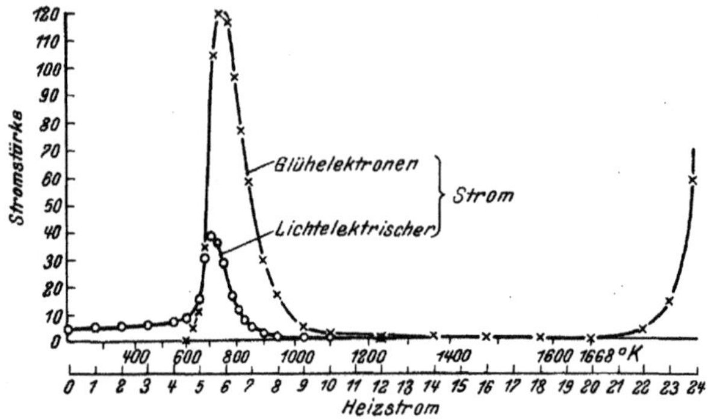

Abb. 27. Licht- und glühelektrische Ströme an Wolframdraht in Gegenwart von Caesium (nach Ives). Abszisse gibt die absolute Temperatur. Ordinatenmaßstab für beide Ströme gleich.

Die lichtelektrischen Ströme hängen in ihrer Größe sehr von der Unterlage ab; es ist ungeklärt, inwieweit das rein optisch begründet ist, und inwieweit die Eigenschaften der Schichten voneinander abweichen.

Ausbeuten bezogen auf auffallende Lichtenergie sind nicht bestimmt, so besteht kein Anhalt, ob die ausgelösten Elektronen ausschließlich der unsichtbaren Alkalihaut entstammen, oder ob diese aus der Unterlage herauskommen und die Haut nur die Austrittsarbeit herabsetzt, wie man es bei Amalgamen mit winzigem Alkali- oder Erdalkaligehalt oder bei der Glühemission thorierter oder Cs-bedeckter Wolframdrähte anzunehmen geneigt ist.

Lukirsky und Priležaev haben leider nur den umgekehrten Versuch gemacht, nämlich eine dünne Platinschicht auf Aluminiumunterlage untersucht; hierbei ist die größere Austrittsarbeit beim Platin [629].

Gegen die Auffassung, daß die Elektronen überwiegend aus der Unterlage kommen, kann zweierlei geltend gemacht werden:

1. daß die lichtelektrischen Ströme derartiger Schichten eine ausgesprochene Abhängigkeit von der Vektorlage des einfallenden Lichtes zeigen. Eine solche Abhängigkeit kann man zwar für die Lichtabsorption in einer gerichteten Oberflächenschicht, aber

kaum für den Elektronendurchgang aus tieferen Schichten verstehen; und

2. daß auch fast unsichtbare K-Häute auf Glas oder Quarzunterlage lichtelektrische Ströme anscheinend gleicher Größenordnung wie dickere oder Häute auf leitender Metallunterlage liefern.

Jedenfalls müßte man in solchen Fällen im Hinblick auf die verschwindend geringe Absorption nahezu das Quantenäquivalent für die lichtelektrische Ausbeute erwarten und entsprechende Messungen sind in hohem Maße erwünscht.

Sehr bemerkenswert und wohl im Zusammenhang mit glühelektrischen Messungen RICHARDSONS stehend, ist die schlechte Sättigung bei den Versuchen von IVES. Trotz des vorzüglichen Vakuums waren 50 bis 100 Volt Spannung erforderlich, und zwar war die Sättigung um so schwieriger, je unentwickelter die Schicht war, d. h. in ihren ersten Bildungszuständen bzw. den letzten Zuständen ihres Verschwindens beim Erwärmen. Man wird wohl nicht fehlgehen in der Auffassung, daß sich hierbei Flächenelemente verschiedenen Kontaktpotentials bemerkbar machen; zwischen Oberflächenelementen mit verschiedenartigem Alkalimetallbelag bestehen Spannungen und fließen daher lichtelektrische „Lokalströme", die erst bei hohen Spannungen zwischen Kathode und Anode unterdrückt werden[1].

VI. „Selektive" äußere lichtelektrische Wirkung.

1. Beschreibung und Begriffsbestimmung. In einer ganzen Reihe von Fällen werden spektrale Verteilungen beobachtet, die sich von der „normalen" (vgl. S. 27, 28; Abb. 8 u. 9) dadurch unterscheiden, daß die Ausbeute $\Phi(\nu)$ in einem bestimmten Spektralgebiet ein mitunter sehr beträchtliches Maximum erreicht. Abb. 28 gibt ein Bild der spektralen Verteilung für die vier Alkalimetalle Li, Na, K, Rb. Im Fall des schwersten Alkalimetalles Cs ist das Vorhandensein einer derartigen Selektivität noch umstritten. Der allgemeine Kurvenverlauf — ähnlich einer Resonanzkurve — kehrt zwar in allen Messungen wieder, im einzelnen aber und besonders in der spektralen Lage der Höchst-

[1] Eine etwas andere Deutung schlägt SUHRMANN vor, (vgl. Naturw. 16, S. 616, 1928).

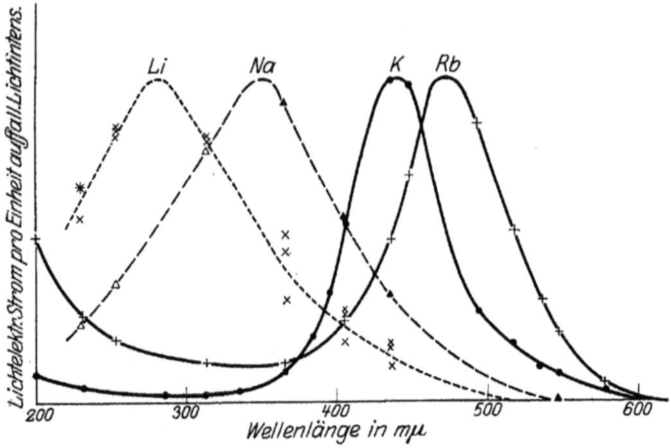

Abb. 28. Selektive lichtelektrische Wirkung in Alkalimetallen. Ordinatenmaßstab für die 4 Kurven nicht derselbe. Li und Na nach POHL und PRINGSHEIM; K und Rb nach FARWIG.

werte und ihrem Betrage besteht eine außerordentliche Veränderlichkeit, von der Abb. 29 für K ein Beispiel gibt.

An einer spiegelnden Oberfläche der bei Zimmertemperatur flüssigen K-Na-Legierung war von POHL festgestellt worden, daß die schon von ELSTER und GEITEL beobachtete Abhängigkeit der lichtelektrischen Ströme bei schiefem Lichteinfall von der Lage des elektrischen Lichtvektors im kurzwelligen Ultraviolett fehlt, also im wesentlichen auf das Spektralgebiet erhöhter Ausbeute beschränkt ist, und zusammen mit PRINGSHEIM wurde das überraschende Ergebnis erhalten, daß bei einem Einfallswinkel von 60° ein völlig „normaler“ Anstieg der Ausbeute erhalten wird, wenn der elektrische Lichtvektor senkrecht ($\mathfrak{E} \perp$) zur Einfallsebene liegt, während bei etwa

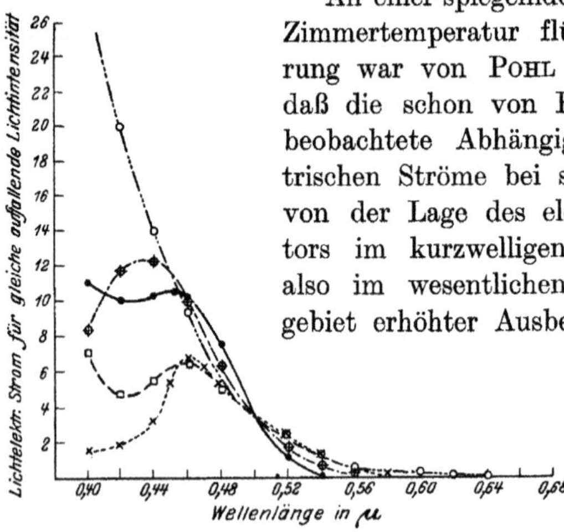

Abb. 29. Spektrale Verteilung verschiedener Kaliumzellen mit rauher und durch leuchtende Entladung sensibilisierter Oberfläche (nach IVES).

Es gelingt nicht, die eine oder andere Abhängigkeit mit Sicherheit willkürlich hervorzurufen.

400 mμ das bekannte Maximum der Ausbeute erhalten wurde, wenn der elektrische Lichtvektor in der Einfallsebene liegt ($\mathfrak{E}\|$) (vgl. Abb. 30).

Diese Kopplung von spektraler Selektivität und Vektoreinfluß erschien POHL und PRINGSHEIM von grundsätzlicher Bedeutung und führte sie zu einer Begriffsbestimmung des „selektiven Photoeffektes". Er soll dann vorliegen, wenn die Ausbeute in einem be-

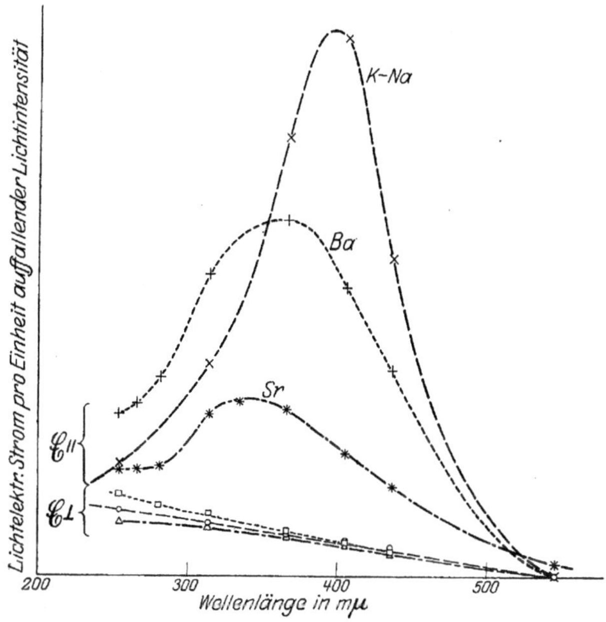

Abb. 30. Einfluß der Lichtvektorstellung auf die lichtelektrische Wirkung an spiegelnden Metalloberflächen mit selektivem Effekt- Einfallswinkel rd. 60°.
K—Na nach POHL und PRINGSHEIM, Ba nach POHL, Sr nach DOEPEL.

stimmten Spektralbereich eine resonanzkurvenartige Steigerung zeigt, sofern der elektrische Vektor des einfallenden Lichtes eine senkrecht zur Oberfläche wirkende Komponente besitzt.

2. Selektiver Effekt in der Alkali- und Erdalkaligruppe. In dieser vollständigen Form einer auf ein Wellenlängengebiet von etwa 100 mμ beschränkten über den normalen Anstieg hinaus gesteigerten Ausbeute, sofern der elektrische Vektor des einfallenden Lichtes eine Komponente senkrecht zur Oberfläche besitzt, ist der „selektive Effekt" nur in wenigen Fällen einwandfrei nachgewiesen. Abb. 30 zeigt die Fälle von K-Na, Sr, Ba.

Außerdem ist der quantitative Nachweis an einem flüssigen K-Spiegel durch FARWIG [348] erbracht, und qualitative Anzeichen liegen an erstarrten Na- und Rb-Flächen vor. Auch die Messungen von IVES an flüssigen Spiegeln von Rb sowie den Legierungen Cs-Rb, Cs-K und Rb-K wird man im Sinne eines Zusammenfallens einer spektral selektiv gesteigerten Ausbeute für die Vektorlage parallel zur Einfallsebene deuten, wenngleich der Verfasser selbst diese Messungen nicht für beweisend hält.

IVES lehnt das Bestehen der Vektorabhängigkeit an einheitlichen Alkalimetallen auf Grund seiner Beobachtungen zusammen mit JOHNSRUD und mit STILLWELL [365, 576] ab und nimmt an, daß ein höheres Verhältnis für $\mathfrak{E}_{\|}/\mathfrak{E}_{\perp}$ als 3 auf die Beimengung eines anderen Alkalimetalles zurückzuführen sei; er geht so weit, gerade ein kleines Verhältnis als sichersten Beweis für die Reinheit des Ausgangsmetalles anzusehen. Gewiß ist zuzugeben, daß käufliche „reine“ Alkalimetalle stets noch Spuren der anderen enthalten — so verdampft aus „Na“ stets zunächst K heraus —, aber daß diese Spuren das Auftreten der Vektorabhängigkeit bedingen sollen, scheint zunächst unerwiesen. Auf Grund der anschließend erwähnten Messungen von IVES und STILLWELL müßte das von FARWIG [348] benutzte Kalium nicht weniger als 10 Atomprozent Natrium als Beimengung gehabt haben, und das ist selbst für käufliches Kalium unglaubhaft.

IVES und STILLWELL finden nämlich durch Messung an etwa 40 K-Na-Zellen mit verschiedener verhältnismäßiger Zusammensetzung ausgesprochene Höchstwerte der Vektorabhängigkeit bei 18, 50 und vor allem 90 Atomprozent Natrium mit Verhältniswerten für $\mathfrak{E}_{\|}/\mathfrak{E}_{\perp}$ von 14, 16 und 30, während die reinen Metalle sowie Legierungen mit etwa 30 und 65 Atomprozent Na nur Werte für $\mathfrak{E}_{\|}/\mathfrak{E}_{\perp}$ von 2—3 aufweisen, wie sie den verschiedenen Reflexionsbruchteilen an isotropen Metallflächen entsprechen. Da die Größe des beobachteten Verhältnisses für $\mathfrak{E}_{\|}/\mathfrak{E}_{\perp}$ bei einigen Zellen gleicher Zusammensetzung, aber verschiedenen Gasgehaltes dieselbe war, glaubt IVES die Mitwirkung von Gas bei der selektiven Wirkung ablehnen zu sollen. Unseres Erachtens braucht aber die von uns angenommene Anlagerungsschicht vom Gasdruck der Zelle nicht wesentlich abhängig zu sein.

Die drei Höchstwerte für $\mathfrak{E}_{\|}/\mathfrak{E}_{\perp}$ ließen sich auch an einer einzigen Zelle, in der zu Na wachsende Mengen von K zugefügt wurden, einigermaßen wiederfinden, nur war das Maximum für 50% doppelt so hoch und das bei 90% wesentlich weniger hoch als bei den vorerwähnten Reihenversuchen.

Mit diesen Ergebnissen könnte man sich zunächst abfinden; sehr merkwürdig ist aber, wie die Maxima zustande kommen. Keineswegs zeigt der Strom für $\mathfrak{E}\|$ bei gewissen Zusammensetzungen Höchstwerte, wie man hätte erwarten können, während der Strom für $\mathfrak{E}\perp$ bei allen Zusammensetzungen der gleiche bleibt, sondern die Maxima kommen in höchst verwickelter Weise dadurch zustande, daß die Ströme für beide Vektorlagen mit der Zusammensetzung der Legierung in ganz unübersichtlicher Weise wechseln. Man wird gespannt sein, ob die angekündigte Ausdehnung der Versuche auf spektral zerlegtes Licht übersichtlichere Verhältnisse an den Tag bringen wird.

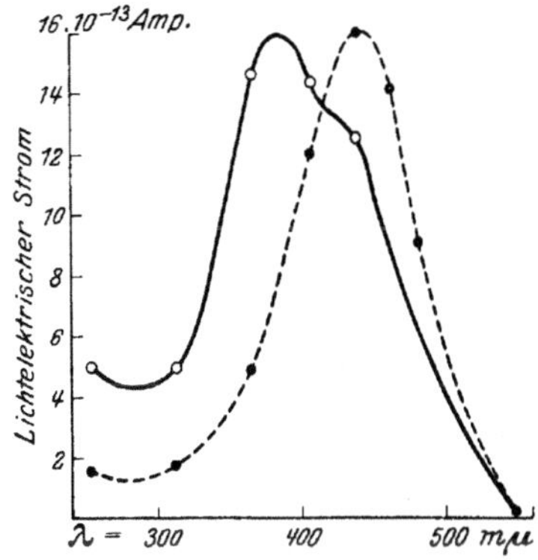

Abb. 31. Selektive lichtelektrische Wirkung an Kaliumamalgam (nach POHL und PRINGSHEIM).
30 Gew.-% K; gestrichelte Kurve gilt für reines Kalium.

Im allgemeinen ist nur die spektrale Selektivität der Ausbeute ermittelt worden, und zwar bei mehr oder minder senkrechtem Lichteinfall. Die Abweichungen geschnittener oder durch Erstarrung von Schmelzen erhaltener Oberflächen von einem optischen Spiegel — im ultravioletten Spektralgebiet kommen wegen der kürzeren Wellenlänge schon wesentlich geringere Rauhigkeiten in Betracht — genügen völlig, um auch beim Einfallswinkel 0° die nach POHL und PRINGSHEIM erforderlichen Komponenten des elektrischen Lichtvektors senkrecht zur Oberfläche zu liefern. Besonders ausgesprochen zeigt sich in der Tat die spektrale Selektivität der Ausbeute an matten Oberflächen, wie sie durch Kondensation der Metalldämpfe oder besonders bei Einwirkung leuchtender Entladungen erhalten werden können. In dieser Weise sind die selektiven Maxima beispielsweise für Li, Na festgelegt worden. Auch in hochprozentigen K-Amalgamen werden in dieser Weise spektrale Selektivitäten beobachtet (vgl. Abb. 31); sinkt der K-Gehalt unter 17 Atom-% K, so zeigt die spektrale Verteilung ein „normales“ Verhalten (Abb. 8, S. 27) Wenn Pohl und Pringsheim bei K-Konzentrationen von 17 bis 20 Atomprozent besondere, etwa bestimmten K-Hg-Verbindungen zuzuordnende, Selektivitäten annehmen zu sollen glaubten, so wird man das im Hinblick auf die wenigen Meßpunkte und die große Veränderlichkeit der spektralen Verteilungen heute als fraglich bezeichnen müssen.

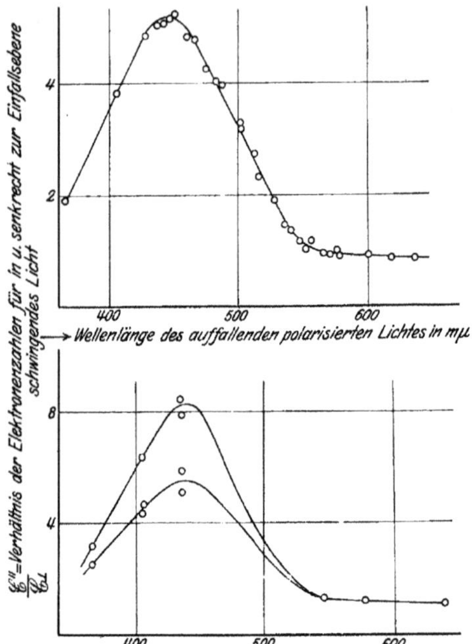

Abb. 32. Beschränkung der Vektorabhängigkeit auf das Spektralgebiet gesteigerter Ausbeute an mehreren flüssigen Kaliumspiegeln (nach Farwig [348]).

Zum Teil sind solche Maxima auch bezogen auf absorbierte Energie gemessen worden. Sie sind dann keineswegs schwächer ausgeprägt.

Daß sich das selektive Gebiet einem „normalen“ Anstieg der Ausbeute einfach überlagert und von diesem weitgehend unabhängig ist, geht ziemlich eindeutig aus neueren Messungen von Farwig hervor. An flüssigen Spiegeln von K und KNa zeigte sich die Sonderstellung des elektrischen Vektors durchaus auf das Gebiet hoher Ausbeute beschränkt; nicht nur, wie schon von Pohl beobachtet, fehlt sie auf der kurzwelligen Seite des Maximums, sondern, und das ist das Wichtige, auch im Gebiete des Ausläufers nach langen Wellen nimmt das Verhältnis der Ströme für $\mathfrak{E}_{\|}$ und $\mathfrak{E}_{\perp}$ wieder seinen normalen Wert an. Abb. 32 zeigt dies Verhalten für einen K-Spiegel; die bekannte Konstanz auf der kurzwelligen Seite wurde bei diesem Versuch wegen Verwendung einer Glaszelle nicht noch einmal gemessen.

3. Der Sonderfall des Ca. Eine merkwürdige nicht aufgeklärte Abweichung einer spektralen Verteilung vom „normalen“

Fall haben POHL und PRINGSHEIM 1913 am Ca beobachtet (Abb. 33). Ca zeigt häufig, wenn auch nicht immer, ein deutliches Maximum der Ausbeute bei etwa 350 mμ, in seinem Aussehen durchaus den selektiven Verteilungen an Ba oder Sr gleichend. Daß es auch bei der Vektorlage $\mathfrak{E}\perp$ angedeutet ist, könnte zur Not auf Abweichungen der Oberfläche von einem wirklichen optischen Spiegel zurückgeführt werden; auch auf absorbierte Energie bezogen ist das Maximum ausgesprochen erhalten. Trotzdem glauben POHL und PRINGSHEIM dies Maximum als ein solches eigener Art betrachten zu müssen, ohne Zusammenhang mit den an Ba, Sr und den Alkalimetallen auftretenden. Ihr Hauptbeweisgrund besteht darin, daß die Erscheinung gerade bei senkrechtem Lichteinfall am ausgeprägtesten ist und für $\varphi = 70°$ schon ein „normaler" Anstieg von $F(\lambda)$ beobachtet wird. POHL und PRINGSHEIM geben die Deutung, daß das für Ca festgestellte, mit abnehmender Wellenlänge sinkende Reflexionsvermögen auf sinkende Absorptionskoeffizienten schließen lasse, und folglich durchschnittlich erst in tieferen Schichten ausgelösten Elektronen in höherem Maße auf dem Weg zur Oberfläche für die äußere lichtelektrische Wirkung verloren gehen. Diese Deutung kann so lange nicht voll befriedigen, als über Herkunft und Schicksale der lichtelektrischen Elektronen von der Auslösung bis zum Austritt aus der Oberfläche so wenig bekannt ist wie bisher.

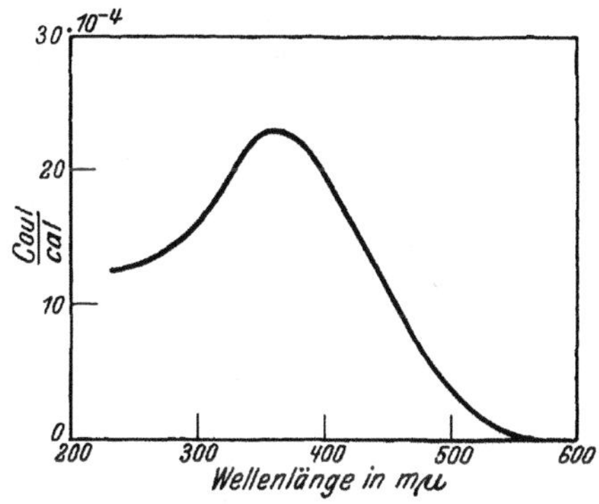

Abb. 33. Lichtelektrische Ausbeute bezogen auf absorbierte Energie an Calcium (nach POHL und PRINGSHEIM).

Gegen die Anreihung des Ca-Maximums an die des Sr und Ba mag schließlich noch die spektrale Lage geltend gemacht werden; man möchte entsprechend der Lage von Ba und Sr eher ein Maximum unterhalb 300 mμ erwarten (s. Abb. 42, S. 109).

4. Selektive Effekte außerhalb der Alkali- und Erdalkaligruppe. Außerhalb der Gruppe der Alkalien und Erdalkalien ist selektive Wirkung an Metalloberflächen bisher nicht erwiesen; Beobachtungen von Höchstwerten in der spektralen Verteilung, etwa bei 250 mμ an Mg und Al durch POHL und PRINGSHEIM 1912 oder ganz ähnlich durch COMPTON und RICHARDSON wird man bis auf weiteres auf die damals noch nicht genügend entwickelte Meßtechnik für die schwachen kurzwelligen Linien der benutzten Lichtquelle zurückführen dürfen. FARWIGS sorgfältige Messungen an Rb und K bis 186 mμ herunter mit dicht liegenden Meßpunkten geben jedenfalls nicht den mindesten Anhalt für das Bestehen der von RICHARDSON und COMPTON angegebenen zweiten Maxima der Alkalimetalle oberhalb 200 mμ [348].

Einen etwaigen Einfluß der Lage des elektrischen Lichtvektors als Anzeichen benutzend, suchte GROSS nach selektiven Wirkungen außerhalb der Alkali- und Erdalkaligruppe. Er untersuchte im monochromatischen Licht der Wellenlänge 254 mμ die lichtelektrische Wirkung an Metallspiegeln für senkrechten ($\varphi = 0$) und schrägen ($\varphi = 60°$) Lichteinfall für beide Vektorhauptlagen und verglich das Verhältnis dieser Ströme mit dem Verhältnis der berechneten absorbierten Energien ($J_\perp / J_{\parallel}$). Die Spiegel waren durch Kathodenzerstäubung oder Verdampfung im Vakuum hergestellt. Die Berechnung erfolgte nach den Näherungsformeln von DRUDE

$$\frac{J_\perp}{J_{\parallel}} = \frac{n^2(1+\varkappa^2)\cos^2\varphi + 2n\cos\varphi + 1}{n^2(1+\varkappa^2) + 2n\cos\varphi + \cos^2\varphi}$$

unter Benutzung von optischen Konstanten $n, \varkappa$, die von anderen Forschern bei möglicherweise abweichenden Oberflächenbeschaffenheiten bestimmt waren. Hierin liegt eine wesentliche Unsicherheit für die GROSS'schen Schlußfolgerungen. Im Fall gewisser Cu- und Au-Spiegel auf Glas entsprach für $\mathfrak{E} \perp$ Einfallsebene die Abhängigkeit der Ströme vom Einfallswinkel der Berechnung, während für $\mathfrak{E} \parallel$ der Strom beim Einfallswinkel 60° das anderthalbfache bis Doppelte des berechneten Wertes erreichte. Demgegenüber beobachtet man an K-Na-Spiegeln leicht das 10- und mehrfache, bei K immerhin das 4- bis 8fache. Versuche von GROSS mit Au bei verschiedenen Wellenlängen zeigten die Abweichung um so stärker, je kürzer die Wellenlänge war (vgl. die Tabelle auf S. 97). [199, 291, 429.]

GROSS glaubt aus diesen Versuchen auf selektive Wirkung an Cu und Au im kurzwelligen Ultraviolett, entsprechend der bei längeren Wellen an Alkalimetallen usw. beobachteten, schließen zu dürfen. In seinem Ergebnis, daß gewisse durch Verdampfung

Einfallswinkel φ	$\lambda = 241\ m\mu$ (Alter der Schicht 180 Min.) Θ	$\lambda = 254\ m\mu$ (Alter der Schicht 30 Min.) Θ	$\lambda = 265\ m\mu$ (Alter der Schicht 210 Min.) Θ
0°	1,00	1,00	1,00
60°	1,7	1,7	1,54
70°	2,05	1,9	1,77

Au — Schicht; Dicke $40{,}3 \cdot 10^{-7}$ cm; $\mathfrak{E} \parallel$ Einfallsebene.

Θ ist das Verhältnis der lichtelektrischen Ströme zur absorbierten Lichtintensität, bezogen auf $\varphi = 0°$ als Einheit.

Für $\mathfrak{E} \perp$ Einfallebene betrug im Gegensatz zu den vorstehenden Zahlen die größte Abweichung von der Einheit 8%.

in gutem Vakuum hergestellte Cu-Schichten keine Abweichung von der Berechnung zeigen, wird man keinen Einwand erblicken, da es auch bei Alkali- und Erdalkalimetallen gelingt, Schichten ohne selektive Wirkung zu erhalten. Bedenklicher stimmt es, daß an Ag- und Bi-Schichten auch für $\mathfrak{E} \perp$ keine Übereinstimmung mit der Rechnung erzielt wurde, was offenbar daran lag, daß die benutzten optischen Konstanten nicht für die betreffende Oberfläche zutrafen.

5. Vektoreinfluß ohne spektrale Selektivität. Ives ermittelte die Eigenschaften der sich schon bei Zimmertemperatur im Vakuum auf reinen Wandungen und Flächen bildenden Häute von Na, K, Rb und Cs. Sie sind vorher schon an Kalium von Geitel beschrieben, aber ihre besonderen lichtelektrischen Eigenschaften nicht genauer untersucht worden [242]. Ives fand, daß in einem gewissen Stadium dieser Hautbildung eine ausgesprochene Abhängigkeit der lichtelektrischen Wirkung von der Vektorstellung eintritt, die in keiner Weise hinter der an flüssigen K-Na-Spiegeln bekannten zurücksteht (vgl. Abb. 34); zum Unterschied von dieser konnte in den allerdings nur herab bis 380 mμ aus-

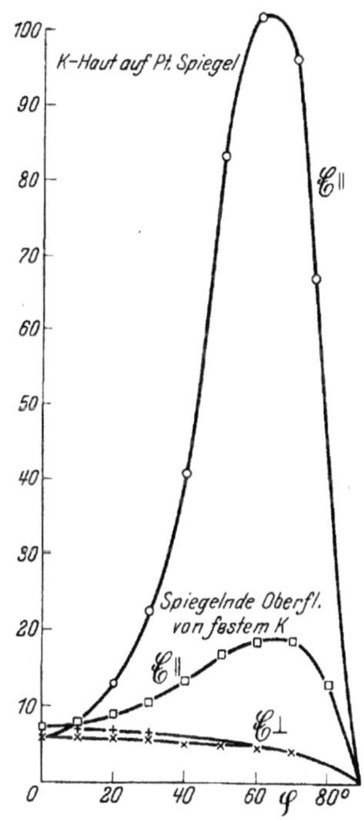

Abb. 34. Abhängigkeit der lichtelektrischen Ströme von Einfallswinkel φ und Vektorstellung an einer dünnen Kaliumhaut (nach Ives).

gedehnten Messungen eine Beschränkung der Erscheinung auf ein bestimmtes Spektralgebiet **nicht** festgestellt werden (Abb. 35).

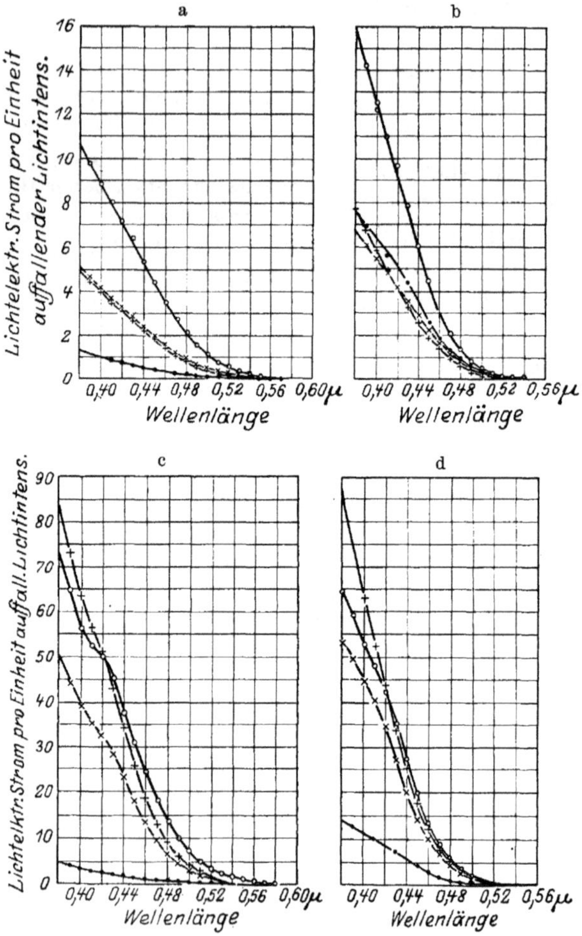

Abb. 35 a—d. Spektrale Verteilung der lichtelektrischen Wirkung an dünnsten Kaliumhäuten auf Metallspiegeln im linear polarisierten Licht für beide Vektorstellungen (nach IVES). Einfallswinkel 60°
a, b: 𝔈 ⊥, c, d: 𝔈 ‖ Einfallsebene.
a, c: ○ Ni. × W, + Ta- ● C
b, d: ○ Ag, × Cu, + Pt, ● Au } Spiegel als Unterlage.
Die Absolutwerte der Ordinaten für die verschiedenen Unterlagen sind nicht vergleichbar.

Es muß weiterer Beobachtung überlassen bleiben, ob nicht der ersichtlich auch bei diesen Schichten von der Wellenlänge abhängige Vektoreinfluß in einem gewissen Spektralgebiet einen Höchstwert erreicht und bei kürzeren Wellenlängen wieder verschwindet. Das Verhältnis der Ströme für $\mathfrak{E}\,\|$ und $\mathfrak{E}\perp$ ist in den ersten Zuständen der Hautbildung — die Unterlage wurde durch Glühen zunächst von jedem Beschlag befreit — nahezu 1, erreicht nach einiger Zeit einen Höchstwert, der ein Vielfaches des aus den optischen Konstanten der einheitlichen Metalle berechenbaren Grenzwertes betragen kann, und nimmt dann langsam wieder ab. Die erreichten Verhältnisse hängen stark von der Beschaffenheit der Unterlage ab [363].

Ives benutzte hochglanzpolierte Spiegel von Au, Ag, Cu, C, Ni, W, Pt, Ta. Besonders ausgesprochen waren die Unterschiede beider Vektorlagen an Pt, Ta, Ag, Ni; inwiefern hier die chemische Natur und inwiefern nur die besondere Behandlung (Politur?) des betreffenden Spiegels maßgebend ist, bleibt zu untersuchen. Abb. 35 zeigt einige Beobachtungsergebnisse von Ives. Die Ausbeuten, auf auffallende Lichtenergie bezogen, sind sehr verschieden, ohne daß ein Zusammenhang mit der Bevorzugung der einen Vektorlage ersichtlich würde. Das Reflexionsvermögen der Unterlagen wird naturgemäß von Einfluß sein. Die Schichtdicken der Alkalimetalle wurden nicht ermittelt; die Häute waren mit dem Auge nicht oder im Fall der Au-Unterlage kaum bemerkbar.

Die vier Alkalimetalle unterscheiden sich bei Ives' Versuchen nur im zeitlichen Ablauf der Vorgänge, entsprechend dem verschiedenen Dampfdruck. Während die Schichtbildung beim Na Stunden, beim K Minuten erfordert, läuft sie beim Cs innerhalb von Sekunden ab. Das allgemeine Verhalten ist folgendermaßen:

Unmittelbar nach dem Erhitzen des Spiegels fehlt für sichtbares Licht lichtelektrische Wirkung. Nach einiger Zeit wird ein lichtelektrischer Strom meßbar, und zwar ist er bei großem Lichteinfallswinkel für $\mathfrak{E}\,\|$ etwa 2- bis 3mal größer als für $\mathfrak{E}\perp$, wie es der Verschiedenheit der Absorption entspricht. Die Ausbeute steigt dabei im Bereich bis 380 mμ monoton nach Art einer „normalen" Verteilung. Wartet man weiter — wächst also vermutlich die Schichtdicke —, so wandert die Grenze um einige mμ zu längeren Wellen. Die Ausbeute steigt, behält aber ihre normale Abhängigkeit von der Wellenlänge. Wartet man noch länger — die Schichtdicke vergrößert sich vermutlich weiter —, so rückt die Grenze wieder zu kürzeren Wellen, die Ausbeute sinkt für $\mathfrak{E}\perp$, während sie für $\mathfrak{E}\parallel$, mindestens in einiger Entfernung von λ_0, erhalten bleibt. So kann ein Wert für $\mathfrak{E}\parallel$ erreicht werden, der etwa 25mal so groß ist als für $\mathfrak{E}\perp$ und mit den an dicken Metallschichten bestimmten optischen Konstanten völlig unvereinbar ist. Immer noch zeigt aber die Ausbeute kein Maximum in dem untersuchten Spektralgebiet, wenngleich IVES es für möglich hält, daß ein solches im langwelligen Ultraviolett vorliegt. Nach noch längerer Zeit ändert sich die Schichtdicke nicht mehr, aber die Grenze verschiebt sich noch weiter nach kurzen Wellen, die Ausbeute sinkt auch für $\mathfrak{E}\parallel$, und an manchen älteren Schichten, beispielsweise an undurchsichtigen auf Glas, fehlt die Bevorzugung einer Vektorlage wieder ganz. Es muß bemerkt werden, daß diese Versuche in Zellen ausgeführt sind, die mit allen Hilfsmitteln heutiger Technik von Feuchtigkeits- und Gasspuren befreit sind und, abgesehen vom Dampfdruck des Alkalimetalles selbst, als gasfrei bezeichnet werden können. Über die Bedeutung dieses Umstandes vgl. unten Ziffer 6.

Das Fehlen einer in gewissem Spektralgebiet selektiv gesteigerten Ausbeute wird für dünnste K-Häute auf Glas auch von TYKOCINSKI-TYKOZINER und KUNZ bzw. ALBERS anläßlich andersartiger Untersuchungen angegeben [323, 391, 393, 394].

6. Gaseinfluß. Es besteht jedenfalls kein Zweifel darüber, daß das Auftreten selektiver Maxima an eine bestimmte Oberflächenbeschaffenheit geknüpft ist und keineswegs eine unveränderliche Eigenschaft der betreffenden Metalle darstellt. In vielen Fällen handelt es sich offenbar um unbeständige Zustände, die, ohne daß man Reaktionen mit Restgasen anzunehmen brauchte, verschwinden oder auftreten.

So gelang es DÖPEL bei den Messungen an Sr die selektive Wirkung höchstens eine Stunde lang an jeder neu hergestellten Schicht zu beobachten [419]; FLEISCHER und DEMBER fanden ein ausgesprochenes Maximum der Selektivität für einen gewissen Oberflächenzustand [494], vgl. S. 107; in den Arbeiten von POHL und PRINGSHEIM findet man manches derartige Beispiel, und auch die vorerwähnten Beobachtungen von IVES könnte man in diesem Sinne denken, statt nur eine sich ändernde Schichtdicke als Ursache anzunehmen. Selektive Wirkung fehlt an Li-Oberflächen, die durch Schneiden im Vakuum hergestellt sind, bildet

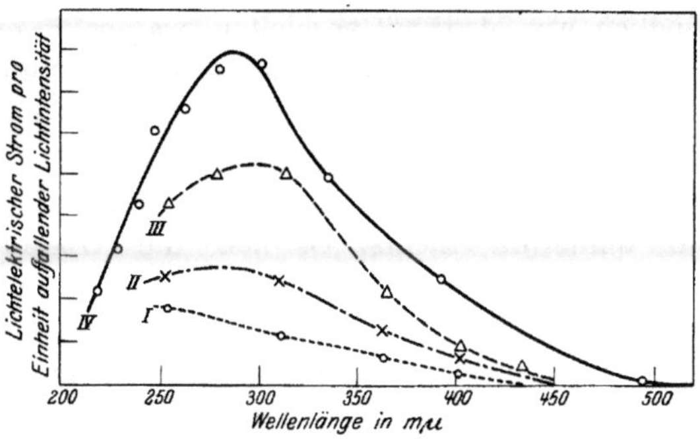

Abb. 36. Zeitliche Veränderung der spektralen Verteilung an einer geschnittenen Lithiumoberfläche im Vakuum (nach MILLIKAN und SOUDER).
I 4 Minuten nach Herstellung der Oberfläche; *II* nach 14 Stunden; *III* nach 43 Tagen; *IV* nach 134 Tagen.

sich aber im Laufe von Tagen aus (Abb. 36 nach MILLIKAN und SOUDER); auch bei Na fehlt sie zunächst, stellt sich aber schon nach Minuten ein. Die Verfasser nehmen die Einwirkung der restlichen Gase als Ursache an [91].

Daß eine entstehende Schicht, die keineswegs als optischer Spiegel angesehen werden kann, auch bei senkrechtem Lichteinfall selektives Verhalten zeigt, kann selbstredend nicht als Beweis gegen die Vektorabhängigkeit angesehen werden.

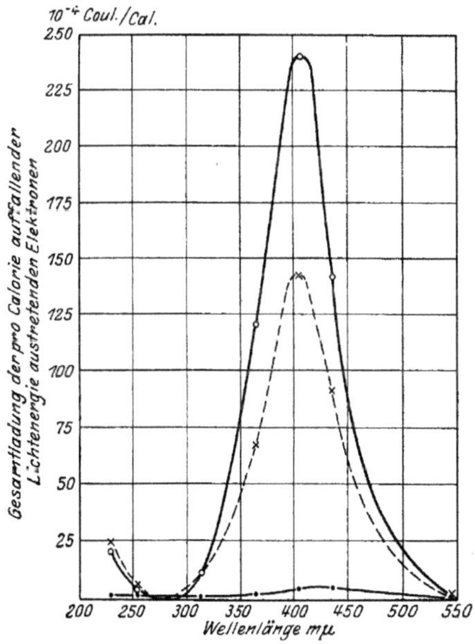

Abb. 37. Einfluß von Sauerstoff auf spektrale Lage und Größe der selektiven lichtelektrischen Wirkung an K-Oberflächen (nach POHL und PRINGSHEIM). • reines Kalium; ×, ○ mit dünner Oxydschicht.

Rb, K und Na zeigen fast unter allen Bedingungen selektive Wirkung, und es bedarf besonderer Kunstgriffe, sie zu unterdrücken. Während POHL und PRINGSHEIM 1913 nur die starke Veränderlichkeit in der Lage und Größe der Maxima bei Einwirkung verschiedener Gase (vor allem H_2, H_2O und O_2) betont hatten (vgl. Abb. 37), dürfte aus WIEDMANNS Messungen wirklich folgen, daß auch, bei gleichzeitig erheblich verminderter Ausbeute, Schichten mit fast völlig normalem Anstieg erhalten werden können; während sich die Ströme für 436, 405 und 365 mμ

ursprünglich wie 74:45:30 verhielten, waren die entsprechenden Zahlen nach mehrfacher Destillation im Vakuum auf 0,0532: 0,0504:0,095 gesunken. Ob wirklich äußerste Entgasung, die bei Alkalimetallen nur sehr schwer zu erreichen ist, die Ursache ist, erscheint sehr möglich, aber nicht erwiesen. A- und N_2-Zusatz änderte immerhin nichts, O_2 ließ die Oberfläche schwarz anlaufen ohne die Verhältnisse zu ändern (dazu vgl. KOLLERS Beobachtung S. 62). H_2O- oder H_2-Spuren dagegen stellten die Ausgangsverhältnisse nahezu wieder her und steigerten die Ströme auf das Vielfache [583]. Daß solche Veränderungen durch die sicher hinzukommende Verlagerung von λ_0 zu erklären sind, ist unwahrscheinlich, ja wird sogar eigentlich durch die S. 107 angegebene Abb. 41 nach FLEISCHER und DEMBER widerlegt. Völlige Übereinstimmung in der Angabe der beobachteten Maxima besteht ebensowenig wie in der Deutung des Gaseinflusses und Zuordnung bestimmter Gase. So glaubt WIEDMANN, ein Maximum an K bei 313 mμ an Stelle des gewöhnlich bei 436 mμ bestehenden auf Sauerstoff, das gewöhnliche bei 436 mμ auf Wasserstoff-Einwirkung zurückführen zu können, während POHL und PRINGSHEIM nach Sauerstoffeinwirkung auf K ein Maximum bei 405 mμ feststellten (Abb. 37). In diesem Zusammenhang ist nochmals auf Abb. 41 zu verweisen, in der eine kontinuierliche Verlagerung eines spektralen Maximums an K mit der Zeit von rund 313 mμ bis zur gewohnten Stelle bei 436 mμ verfolgt wird, ohne daß bestimmte Gase verantwortlich gemacht werden können, vgl. auch [32].

7. Temperatureinfluß. Sieht man von Änderungen etwaiger Gasanlagerungsschichten oder des Gasgehaltes bei Temperaturänderungen ab, so bleibt in erster Näherung die Temperaturunabhängigkeit der normalen lichtelektrischen Wirkung auch hier bei der selektiven erhalten. Vor allem ist beispielsweise an K selbst bei -180° keine Verschmälerung des Maximums und keine Andeutung von Struktur beobachtet worden. IVES gibt an, eine geringfügige Verlagerung des Maximums bei -180° gegenüber Zimmertemperatur um einige mμ nach kürzeren Wellen beobachtet zu haben [364, 448]. Versuche von GUDDEN und POHL bei -253° führten zunächst nicht zu einer Entscheidung, da sie nicht umkehrbar waren. Bleibt somit die Frage nach einer echten Temperaturabhängigkeit der spektralen Verteilung noch ganz offen, so scheint für die ergänzende Fragestellung nach dem Temperatureinfluß auf die Vektorstellung etwas mehr gesagt werden zu können. IVES fand bei schrägem Lichteinfall an der flüssigen K-Na-Legierung eine mit steigender Temperatur wachsende Ausbeute für die an sich ziemlich unwirksame Vektorstellung $\mathfrak{E} \perp$ Einfallsebene; das stimmt zu nicht veröffentlichten Messungen von QUARDER und spricht durchaus dafür, daß eine orientierte Oberflächenschicht durch die Wärmebewegung mehr und mehr in ihrer Ausrichtung gestört wird [365]. Der naheliegende Gedanke, die beispielsweise an Pt-Unterlage bis etwa 1000° haftenden Alkalihäute bei mehreren hundert Grad auf den Vektoreinfluß zu untersuchen, ließ sich bisher nicht verwirklichen, da die Unterlagen beim Glühen keine optischen Spiegel mehr darstellten.

8. Grenzschichten. Die hier beschriebene Erscheinung ist, streng genommen, keine äußere lichtelektrische Wirkung, wird aber des Zusammenhanges wegen doch hier besprochen. Destilliert man im Vakuum auf eine ultraviolett durchlässige Platte eines Isolators (Quarz, Uviolglas, Steinsalz) eine undurchsichtige Schicht eines Alkalimetalles und legt zwischen dieser Metallschicht und etwa einer Flüssigkeitselektrode auf der anderen Seite des Isolators (Abb. 38a) eine Spannung von etwa 1000 Volt an, so beobachtet man bei Belichtung kurzdauernde Elektrizitätsverschiebungen beispielsweise in einem in Reihe geschalteten Stoßgalvanometer. Für kleine Lichtintensitäten und Belichtungszeiten sind diese Elektrizitätsbewegungen der Lichtsumme proportional und erlauben demgemäß die Ermittlung spektraler Verteilung; für größere Lichtsummen wird ein Sättigungswert erreicht (Abb. 38b)

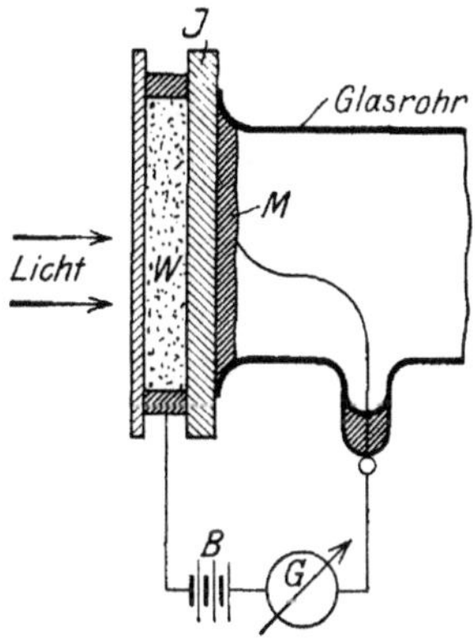

Abb. 38a. Versuchsanordnung zur Beobachtung der lichtelektrischen Wirkung in Grenzschichten (nach GUDDEN und POHL). *M* Alkalimetall, *W* Wasser.

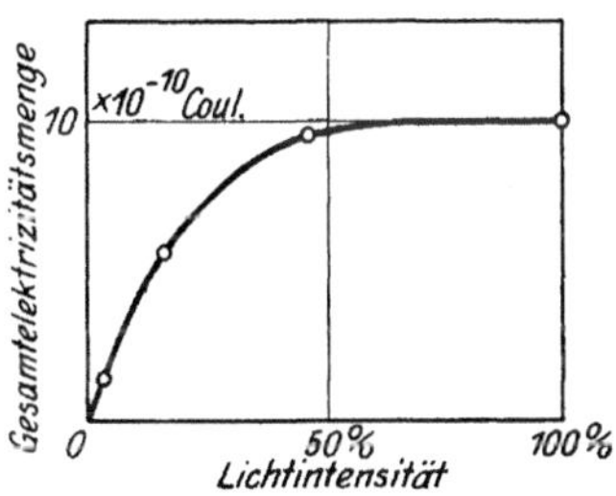

Abb. 38b. Kalium auf Steinsalz: Dicke 8 mm: angelegte Spannung 2000 Volt. Kalium: Kathode. Abszisse bedeutet auffallende Lichtenergie (nicht Intensität) der Wellenlänge 436 $m\mu$; 100 Proz. $\sim 3 \cdot 10^{-6}$ cal.

der noch von der Spannung abhängt. Die spektrale Verteilung entspricht nun so genau derjenigen der selektiven Oberflächenwirkung an dem betreffenden Alkalimetall (vgl. Abb. 39), daß an der Gleichartigkeit beider Erscheinungen kaum gezweifelt werden kann [433]. Drei experimentelle Feststellungen erscheinen nun im Hinblick auf das Verständnis besonders wichtig:

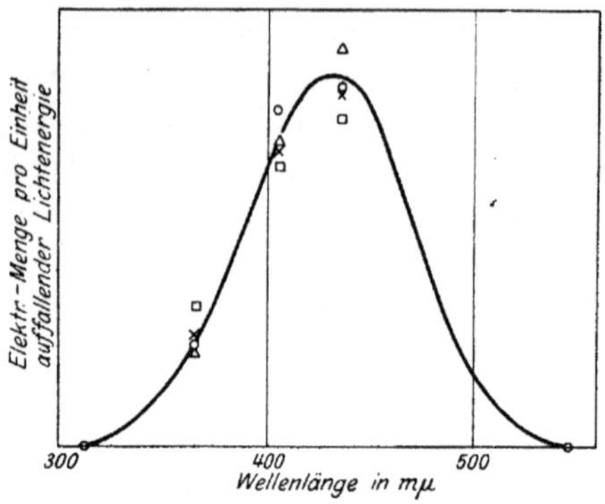

Abb. 39. Spektrale Verteilung der lichtelektrischen Wirkung an Kalium-Grenzschichten (nach GUDDEN und POHL).
Kalium auf polierter Quarzplatte || opt. Achse geschnitten. 1 mm dick. Angelegte Spannung 2000 Volt.
×, ○, △ } Kalium: Anode
□ Kalium: Kathode
Zwischen ×, ○ und △, □ lagen fünf Tage.

1. Die Elektrizitätsbewegung ist unabhängig von der Richtung des Feldes (bald größer, wenn Metall Anode, bald, wenn es Kathode ist).

2. Auch an einwandfrei spiegelnden Schichten ist die Lage des Lichtvektors ohne Einfluß.

3. Die Erscheinung fehlt, wenn die Isolatorplatte vor der Aufdestillierung des Metalles mit besonderer Sorgfalt von Oberflächenschichten gereinigt ist.

GUDDEN und POHL ziehen aus diesen Tatsachen den Schluß, daß die Erscheinung in einer dünnen (Gas?) Schicht zwischen Metall und Isolator zustande kommt, etwa derart, daß fein verteiltes Alkalimetall in solcher Zwischenschicht eingebettet, lichtelektrischer Wirkung unterliegt und die ausgelösten Elektronen je nach der Feldrichtung sich um winzige Strecken in Richtung auf das Metall oder den Isolator zu bewegen. Ganz entsprechende Verhältnisse stellen sich GUDDEN und POHL auch an den die selektive Wirkung zeigenden Oberflächen vor, nur soll hier die auch von IVES angenommene gerichtet Anordnung der vorgelagerten Atome oder Atomgruppen hinzukommen. Dies Bild würde auch der unzweifelhaften Bedeutung der Gase gerecht werden können.

9. Austrittsgeschwindigkeiten. Eine ernste Schwierigkeit hat sich aber unerwartet gegenüber dieser Anschauung neuerdings erhoben. Wenn wirklich die Elektronen des selektiven Effektes einer dünnen, vielleicht atomaren Oberflächenschicht eigener Art entstammen, so war zu erwarten, daß sie sich in ihrer Geschwindigkeitsverteilung wie ihren Absolutgeschwindigkeiten von denen dem einheitlichen Metall entstammenden unterscheiden. Man konnte etwa annehmen, daß bei ihrer Auslösung aus vorgelagerten Atomen merkliche Auslösearbeiten zu leisten sind entsprechend der nur durch die Felder der Umgebung herabgesetzten Ionisierungsarbeit, so daß selbst beim Fortfall einer Arbeitsleistung an einer Grenzfläche die Geschwindigkeiten zum mindesten auf der langwelligen Seite des Maximums nahe Null sind. Steht man andererseits auf dem Standpunkt, daß die Geschwindigkeitsverteilung der „normalen“ Elektronen aus einem ursprünglich einheitlichen Wert durch allerlei Energieverluste auf dem Weg zur Oberfläche entsteht, so konnte für die „selektiven“ Elektronen, deren Auslösung unbestreitbar eine ausschließliche Oberflächenerscheinung ist, im Gegensatz zur vorherigen Überlegung eine verhältnismäßig einheitliche höhere Geschwindigkeit erwartet werden. Beide Vermutungen widersprechen jedoch der Messung. Hatten schon frühzeitig ELSTER und GEITEL keinen Unterschied in den Geschwindigkeiten „selektiver“ und „normaler“ Elektronen gefunden, so konnte in jüngster Zeit WOLF an KNa mittels des RAMSAUERschen genauen magnetischen Verfahrens für monochromatisches Licht der Wellenlängen 436, 405, 365 mμ zeigen, daß die Verteilungskurve für beide Vektorlagen dieselbe und daß die häufigsten Geschwindigkeiten auf einige hundertstel Volt übereinstimmen (vgl. Abb. 40). Dabei ging aus dem Verhältnis der Ströme für beide Vektorlagen mit Sicherheit hervor, daß im ganzen untersuchten Bereich über 90% der

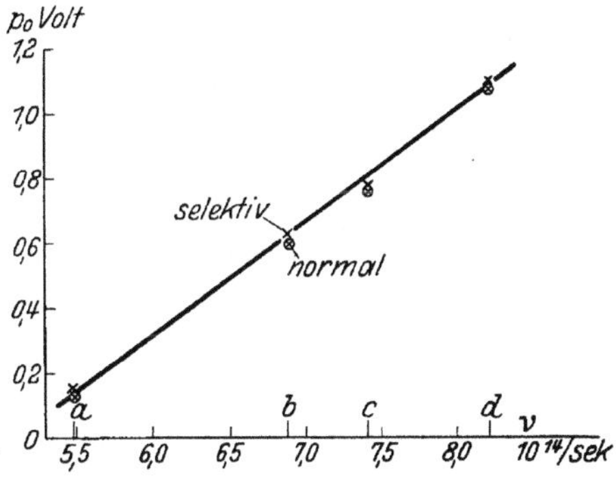

Abb. 40. Abhängigkeit der häufigsten Elektronenenergien von der Lichtfrequenz für normale und selektive lichtelektrische Wirkung an K-Na-Legierung (nach WOLF).
a 546, *b* 436, *c* 405, *d* 366 mμ.

ausgesandten Elektronen der „selektiven“ Wirkung angehörten [625.]

Über die Höchstgeschwindigkeiten wie über die kleinsten läßt das Meßverfahren keine Aussage zu, doch folgt für die Höchstgeschwindigkeiten aus MILLIKANS Bestimmungen an Na, daß die „selektiven“ Elektronen jedenfalls keine höheren Geschwindigkeiten als die normalen besitzen.

Dies Ergebnis stimmt mit Messungen von IVES nach dem Gegenfeldverfahren völlig überein. Bei diesen wurde an dünnsten K-Häuten auf Pt gearbeitet [302].

10. Die optischen Eigenschaften. Sieht man vom Vektoreinfluß ab, so können spektrale Maxima in der Ausbeute, bezogen auf auffallende Lichtenergie, dadurch bedingt sein, daß in diesen Gebieten das Reflexionsvermögen gering ist. Soweit die optischen Konstanten bekannt sind — und das ist bei den hier wichtigen Metallen nur unzureichend der Fall —, kann die Verteilung für absorbierte Energie berechnet werden; zuverlässiger ist der experimentelle Weg, entweder die reflektierte Energie ebenfalls zu messen oder durch Ausbildung des betreffenden Metalles als schwarzer Körper dafür zu sorgen, daß alles auffallende Licht auch absorbiert wird. Diesen zweiten Weg gingen POHL und PRINGSHEIM beispielsweise bei K und Ba mit dem Erfolg, daß das selektive Maximum noch ausgeprägter erhalten wurde. Das heißt aber, daß die selektiven Gebiete solche hohen Reflexionsvermögens R, also mutmaßlich Gebiete starker Absorption, sind. Bei senkrechtem Lichteinfall gilt bekanntlich

$$R = \frac{n^2(1+\varkappa^2)+1-2n}{n^2(1+\varkappa^2)+1+2n},$$

es muß also der Absorptionsindex $\varkappa$ groß gegen den Brechungsexponent n sein, um hohes Reflexionsvermögen zu erhalten.

Das andere Verfahren, nämlich die reflektierte Energie zu messen, schlugen FLEISCHER und DEMBER ein [494]. Sie erhielten an einem festen K-Spiegel das höchst bemerkenswerte Ergebnis (Abb. 41), daß beim Altern der Schicht unter Zutritt von Gasspuren[1] ein auf auffallende Lichtenergie bezogenes Ausbeutemaximum sich innerhalb eines Monats von etwa 313 bis 436 mμ

---

[1] IVES zieht vor, an Stelle einer Änderung des Gasgehaltes Umlagerungen im kristallinen Aufbau der Oberfläche anzunehmen [576].

a) b) c)

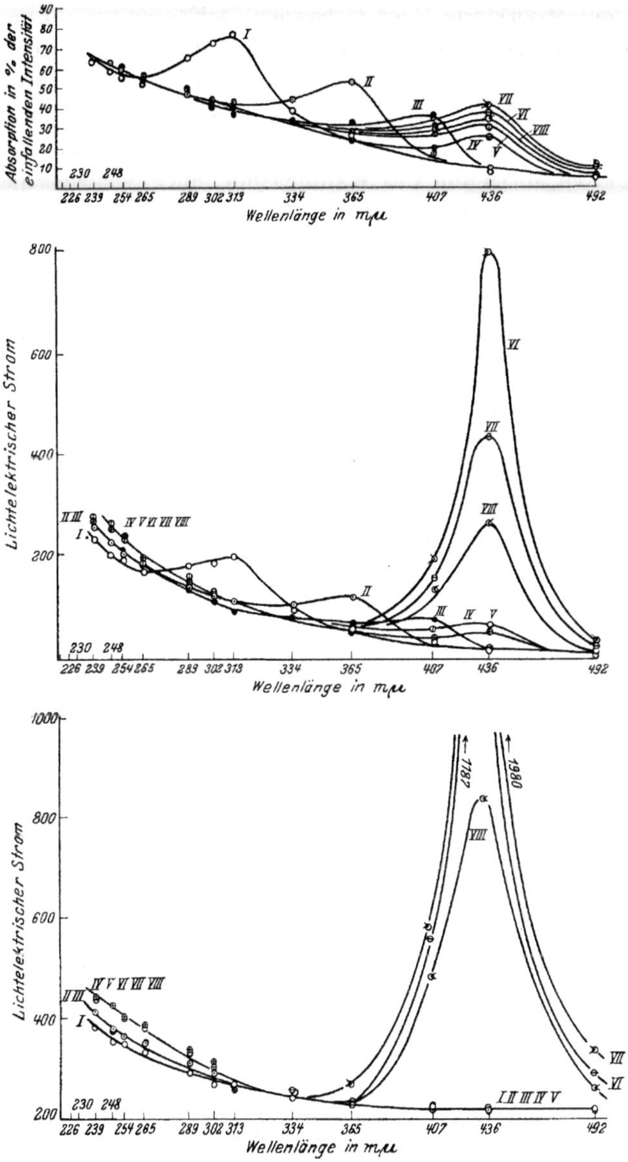

Abb. 41. Zeitliche Veränderung der spektralen Verteilung an einem Kaliumspiegel (nach FLEISCHER und DEMBER). a) Optische Absorption. b) Lichtelektrische Ausbeute für auffallende Intensität. c) Lichtelektrische Ausbeute für absorbierte Intensität aus a) und b) berechnet.

I = 1 Tag, *II* = 6 Tage, *III* = 15 Tage, *IV* = 25 Tage, *V* = 35 Tage, *VI* = 45 Tage, *VII* = 63 Tage, *VIII* = 109 Tage nach Abschmelzen der Zelle von der Pumpe.

verlagerte; auf absorbierte Energie bezogen, fehlte zu allen Zeitpunkten eine spektrale Selektivität; die Verteilung war normal, mit anscheinend unveränderter Grenzwellenlänge. Nunmehr aber entwickelte sich an dieser selben Stelle 436 mμ im Laufe eines weiteren Monats auch bezogen auf absorbierte Energie das bekannte selektive Maximum des Kaliums mit einer Schärfe, die sonst nur an „kolloidalen“ Schichten, wie sie durch leuchtende Entladung in H_2 hergestellt werden, beobachtet wird. Das ist ein sehr gewichtiger Hinweis dafür, daß die selektive Wirkung eine Erscheinung eigener Art ist. Beachtenswert ist bei diesen Messungen auch, daß die in den Gebieten verringerten Reflexionsvermögens anzunehmende vergrößerte Eindringungstiefe sich nicht, wie man vermuten könnte, in verringerter Ausbeute bei Bezugnahme auf absorbierte Energie abzeichnet. Vergrößerte Verluste an Elektronen bei größerer Eindringungstiefe des Lichtes hatten ja Pohl und Pringsheim als Ursache für die ungewöhnliche spektrale Verteilung am Ca angenommen. Im übrigen gibt es leider keine vergleichenden Messungen von selektiver lichtelektrischer Wirkung und optischer Absorption.

Messungen des Reflexionsvermögens von K- und Na-Schichten, die auf Quarzplatten aufdestilliert waren, durch Frehafer (1920), lassen keine Schlüsse zu, da die Oberflächenbedingungen denen der lichtelektrischen Beobachtungen nicht entsprechen. Besonders zu bedauern ist das Fehlen optischer Messungen an den ganz dünnen Alkalimetallhäuten mit ausgesprochen selektivem Effekt, da hier vielleicht die wahre wirksame Absorption beobachtet werden könnte, die an dicken Schichten gegenüber der des einheitlichen Metalles verschwindet.

11. Zusammenfassung und Deutungsversuche. Selektive lichtelektrische Wirkung im Sinne einer auf absorbierte Energie bezogenen Steigerung der Ausbeute in einem bestimmten Spektralbereich findet sich also bei einer Reihe von Alkali- und Erdalkalimetallen und einigen ihrer Legierungen, vielleicht auch außerhalb dieser. In manchen, wenn nicht allen Fällen ist die Selektivität an eine senkrecht zur Oberfläche wirkende Komponente des elektrischen Lichtvektors geknüpft. Die Erscheinung ist ersichtlich an bestimmte Beschaffenheit der Oberflächen gebunden, vermutlich an eine angelagerte Gasschicht. Die Lage des Maximums unterliegt beträchtlichen Schwankungen in offensichtlicher

Abhängigkeit von der Natur der einwirkenden Gase; trotzdem besteht aber ein Zusammenhang der Lage der Maxima mit der chemischen Natur des Elementes. Die Ausbildung der selektiven Wirkung scheint von der Lage der Grenzwellenlänge unabhängig zu sein. Die absoluten Ausbeuten sind oft beträchtlich höher als die unter günstigsten Umständen bei „normaler" Wirkung beobachteten und erreichen einige Prozente des quantentheoretischen Grenzwertes. Die Geschwindigkeiten der austretenden Elektronen unterscheiden sich nicht von denen der normalen Wirkung. Trotzdem wird man an der Verschiedenheit beider Erscheinungen festhalten müssen.

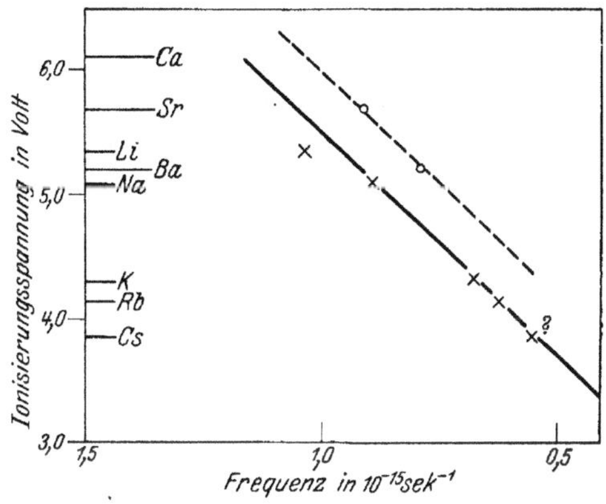

Abb. 42. Zusammenhang zwischen der Lage der selektiven Maxima und der Ionisierungsspannung der Metallatome.

Ältere Versuche, die Lage der Maxima in Zusammenhang mit Atomkonstanten zu bringen (etwa mit dem Atomradius —, LINDEMANN), wird man als überholt bezeichnen müssen; andererseits wird man den Versuch, gerade zum Verständnis dieser merkwürdigen lichtelektrischen Erscheinungen zu gelangen, nicht aufgeben. Gewarnt werden muß jedoch davor, den vorliegenden Messungen allzuviel Sicherheit zuzuschreiben und weittragende theoretische Schlußfolgerungen auf Grund mehr zufälliger zahlenmäßiger Übereinstimmungen zu ziehen.

GUDDEN und POHL neigen dazu, als Träger der selektiven Wirkung einzelne, der einheitlichen Metallschicht vorgelagerte, in eine Gashaut eingebettete Atome oder Atomgruppen zu sehen. Das selektive Spektralgebiet soll einer Absorptionsbande dieser Gebilde entsprechen und damit den selektiven Absorptionen in verfärbten Alkalihalogeniden, Erdalkali- und Zinksulfidphosphoren usw. (vgl. X, 8); letzten Endes sollen es dieselben Banden sein, die beispielsweise FOOTE und MOHLER bei der lichtelektrischen Ionisierung des Cs-Dampfes gefunden haben, verbreitert, in ihrem

Aufbau verwischt und nach langen Wellen verschoben durch die elektrischen Felder der Umgebungsmoleküle. Abb. 42 zeigt die bisher einigermaßen bekannten Maxima in Abhängigkeit von der Ionisierungsspannung der Metallatome. Die Vektorabhängigkeit würde in Übereinstimmung mit Ives besagen, daß die vorgelagerte Schicht mindestens in vielen Fällen gerichtet, also stark anisotrop ist. Die Tatsache des alsbaldigen Ersatzes ausgelöster Elektronen fordert eine lebhafte Wechselwirkung der vorgeschobenen Atome mit der Unterlage. Besonders schwierig wird es jedoch sein, zu erklären, warum die Elektronengeschwindigkeiten bei selektiver und normaler Wirkung keinen Unterschied zeigen.

VII. Äußere lichtelektrische Wirkung an nichtmetallischen Oberflächen.

1. Feste Elektrolyte und Isolatoren. Jedes Verständnis äußerer lichtelektrischer Wirkung muß die Tatsache umfassen, daß ultraviolettes Licht Elektronen nicht nur aus metallischen Leitern auszulösen vermag, in denen freie oder doch sehr locker gebundene Elektronen gemeinhin angenommen werden, sondern in nicht geringerem Ausmaß auch aus Elektrolyten und Isolatoren, in denen locker gebundene Elektronen anzunehmen kein Anlaß besteht. Die Bedeutung dieser Tatsache für jede Erklärung lichtelektrischer Wirkung ultravioletten Lichtes scheint bisher nicht hinreichend gewürdigt, anders ist es nicht zu verstehen, daß die lichtelektrischen Wirkungen an Nichtmetallen so wenig und vor allem so wenig eingehend untersucht sind.

Es ist gelegentlich behauptet worden, wegen der festen Elektronenbindung in Nichtmetallen seien besonders kurze Wellen für lichtelektrische Wirkung erforderlich. Davon kann keine Rede sein, da die Verbindung optischer Absorption mit innerer lichtelektrischer Wirkung (X, 3) in vielen Fällen genau die Größe der inneren Ablösungsarbeit erkennen läßt; wenn in solchen Fällen trotzdem äußere lichtelektrische Wirkung erst bei sehr viel kürzeren Wellen beobachtbar wird, so muß eben genau wie bei Metallen eine Austrittsarbeit außerdem verantwortlich gemacht werden.

Die diesbezüglichen Kenntnisse um 1914 lassen sich mit wenig Worten zusammenfassen. Äußere lichtelektrische Wirkung wird an zahlreichen, ja so gut wie allen untersuchten Stoffen gefunden; die Untersuchungen sind jedoch fast durchweg bei Atmosphärendruck in Luft ausgeführt. Unterschiede zwischen Ionen- und Elektronenleitern und Isolatoren werden nicht gemacht, sondern einfach die einzelnen Beobachtungen aneinandergereiht. Spektrale Verteilungen, Grenzwellenlängen, Elektronengeschwindigkeiten bleiben ununtersucht. Nur die üblichen Empfindlichkeitsreihen im unzerlegten Licht schlechtbestimmter Lichtquellen werden aufgestellt. Es bleibt ferner meist ungeklärt, welchen Einfluß die verschiedene Eigenleitfähigkeit und der verschiedene Zustand (Pulver, Kristall, Oberflächenhaut usw.) auf die beobachteten Ströme hat. In Fällen, wie denen der Cu-, Ag- und Hg-Halogensalze wird die fälschende Wirkung der photochemischen Zersetzung nicht erkannt, die freie Metalle entstehen läßt und dadurch erst als Folgeerscheinung lichtelektrische Wirkung bei verhältnismäßig langen Wellen. Im einzelnen sei angeführt, daß Schwefel, Schellack, Glas, Kolophonium, Ebonit und andere Isolatoren bei Belichtung mit kurzwelligem Ultraviolett tatsächlich Elektronen entsenden, wie REIGER 1905 durch e/m-Bestimmungen zeigen konnte.

Sehr frühzeitig war große lichtelektrische Wirkung an Anilinfarben (Fuchsin, Anilingrün und -violett u. a.) angegeben (STOLETOW). Entsprechende Beobachtungen an Lösungen dieser Farbstoffe konnten später dahin aufgeklärt werden, daß in Wahrheit die lichtelektrische Wirkung an festen, sich an der Oberfläche der Lösung bildenden Häuten statthatte (ROHDE 1905). In letzter Zeit fanden PREDWODITILEFF und NETCHAEWA, in unzerlegtem Hg-Licht an Schichten von Anilinfarbstoffen auf Silber lichtelektrische Wirkung, die eine ausgeprägte periodische Abhängigkeit von der Schichtdicke zeigte (vgl. Abb. 43). Die Forscher lehnen ohne nähere Begründung die Deutung ihrer merkwürdigen Beobachtungen durch Auftreten stehender Wellen ab und geben eine eigene theoretische Deutung [380]. Ihre Gedankengänge entfernen sich dabei weit von den üblichen, und wir können von ihrer Wiedergabe um so eher absehen, als von HLUČKA und von AKULOV auf verschiedenen Wegen Deutungen der Periodizität auf Grund klassischer Optik vorgeschlagen sind [508, 543]. Ein Vergleich der Rechnung mit dem Experiment scheitert in allen Fällen daran, daß die wirksamen Wellenlängen unbekannt sind. Wenn sowohl Akulov wie Hlučka Übereinstimmung berechnen, so muß das als reiner Zufall angesehen werden; sie benutzen nämlich für die Rechnung die optischen Konstanten des Fuchsins für den sichtbaren Teil des Spektrums bzw. für das

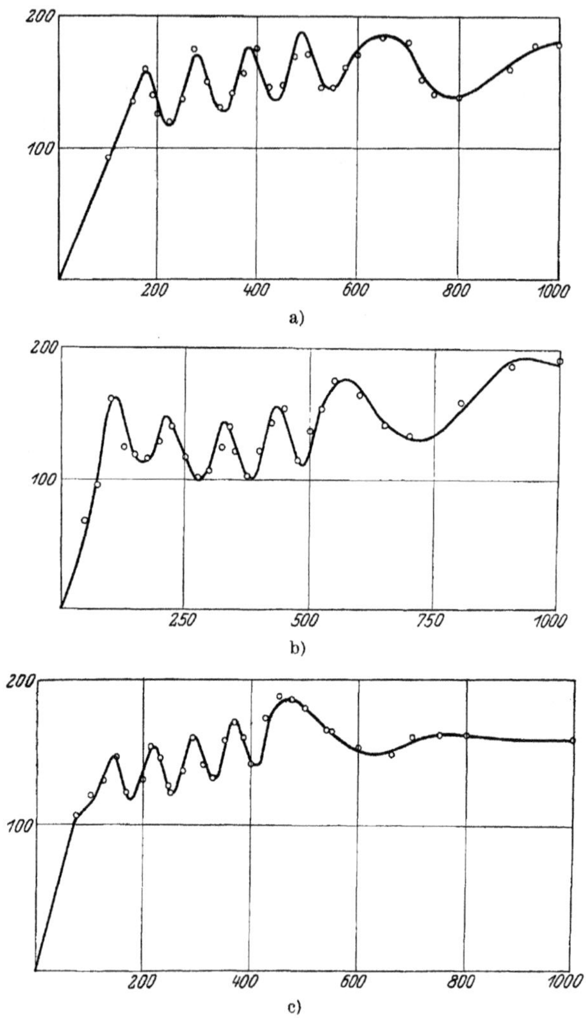

Abb. 43. Periodische Abhängigkeit der lichtelektrischen Wirkung an Farbstoffschichten von der Schichtdicke (nach Predwoditelew und Netchaewa).

Unzerlegtes Quarz-Quecksilberlicht, Schichtdicke aus Konzentration der Lösung erschlossen, Abszissenteilung (Schichtdicke) entspricht genähert mμ; Ordinate: lichtelektrischer Strom.

a) Kristallviolett; b) Trimethylrosanilin; c) Methylviolett-B-extra.

langwellige Ultraviolett; man kann sich aber leicht davon überzeugen, daß alle untersuchten Anilinfarbstoffe erst bei Belichtung mit Wellenlängen um 200 mμ Elektronen abgeben. Bei den Versuchen von PREDWODITELEFF und NETCHAEWA werden im wesentlichen die von neuen Quarz-Quecksilberlampen mit guter Intensität ausgesandten Wellenlängen 200, 197 und 193 mμ wirksam gewesen sein.

Die Farbstoffe waren naturgemäß stets wegen ihrer stark selektiven Absorption untersucht worden; es scheint aber, daß diese ihre Sonderstellung in gar keiner Beziehung zur äußeren lichtelektrischen Wirkung steht, und daß die Anilinfarben keine größere „lichtelektrische Empfindlichkeit" zeigen als beliebige andere organische Verbindungen. Die spektrale Verteilung scheint zwar nie untersucht worden zu sein, jedoch sind, wie oben erwähnt, erst Wellenlängen um 200 mμ wirksam; derartig kurze Wellen lösen aber, soweit sie überhaupt absorbiert werden, anscheinend aus allen Isolatoren Elektronen aus.

So ist z. B. auch die viel untersuchte kräftige lichtelektrische Wirkung auf Anthrazen nur durch Wellen unterhalb 220 mμ bedingt (HUGHES). Da im Gegensatz zu den auch im trockenen Zustand die Elektrizität leitenden Anilinfarbstoffen reines Anthrazen ein vorzüglicher Isolator ist, treten infolge lichtelektrischer Wirkung positive Aufladungen auf, die weiteren Elektronenaustritt verhindern. Diese Schwierigkeit begegnet allen lichtelektrischen Untersuchungen an guten Isolatoren.

Verzichtet man auf die an sich erwünschte Beobachtung im Vakuum, so bietet die Beobachtung im Schwebekondensator eine Möglichkeit, gute Isolatoren auf äußere lichtelektrische Wirkung zu untersuchen. Auf diese Weise hat KELLY für Schwefel, Schellack und Paraffin Grenzwellenlängen ermittelt: 240 bis 220 mμ bzw. 220 bzw. 215 mμ [173]. Das Ergebnis ist darum bemerkenswert, weil Schwefel schon im blauen Spektralgebiet innere lichtelektrische Wirkung aufweist und bei 365 mμ schon metallische Absorption zeigt, während Paraffin viel weiter ins Ultraviolett hinein durchlässig ist. Eis, das nach OBOLENSKY (1912) bei Belichtung mit Wellenlängen $<$ 185 mμ Elektronen aussendet, beginnt sogar erst bei diesen selben Wellenlängen merklich zu absorbieren.

F. C. TOY gibt in Bestätigung alter Versuche von DIMA an, daß äußere lichtelektrische Wirkung an den Silberhalogeniden beobachtet werden kann. Im unzerlegten Licht einer Quarzquecksilberlampe verhalten sich die Ströme an AgCl, AgBr, AgJ wie 1:10:100, während zum Vergleich Ag_2S und geschmirgeltes Ag die Zahlen 300 bzw. 200 liefern [618]. Es ist dabei die Wirkung bei den Halogeniden auf Wellenlängen um 200 mμ beschränkt und in der Größenordnung unabhängig davon, ob diese Stoffe als geschmolzene Salze oder als dünne Oberflächenschicht auf Silber (durch Halogendampfeinwirkung hergestellt) untersucht werden. Bei AgBr spricht zeitliche Stromzunahme für photochemische Zersetzung. Der Vergleich dieser Ergebnisse mit der vermutlich auf innerer lichtelektrischer Wirkung beruhenden photochemischen Zersetzung läßt darauf schließen, daß hier wie beim Schwefel außer der Abtrennungsarbeit noch etwa 3 Volt Austrittsarbeit überwunden werden muß.

P. P. Koch und seine Mitarbeiter [162, 210, 451] fanden an Silberhalogeniden im Schwebekondensator keine äußere lichtelektrische Wirkung (wenigstens nicht im langwelligen Ultraviolett).

Umfangreiche Meßreihen haben Lukirsky, Gudris und Kulikowa [519] an einfachen Salzen im Schwebekondensator angestellt. Es kam ihnen nicht nur darauf an, festzustellen, daß überhaupt Elektronenabspaltung im Licht statthat, sondern sie suchten auch eine etwaige langwellige Grenze zu ermitteln. Wichtig im Hinblick auf die Frage nach der etwaigen Abgabe positiver Ladungen (IX, 2) ist, daß die Forscher stets nur Abgabe negativer Ladungen beobachteten, falls Streulicht auf die Kondensatorplatten vermieden wurde.

Da spektrale Zerlegung des Lichtes keine genügende Intensität lieferte, wurde mit dem unzerlegten Licht verschiedener Metallfunken gearbeitet und die in dem betreffenden Funkenspektrum kürzeste durch Quarz noch durchgelassene Wellenlänge merklicher Intensität als die maßgebliche angenommen. Durch Benutzung möglichst verschiedener Lichtquellen suchten die Forscher die Unsicherheit dieses Verfahrens auf ein Mindestmaß herabzudrücken. Die Ergebnisse sind in der Tabelle auf S. 115 zusammengestellt:

Hier fällt vor allem auf, daß beispielsweise NaCl und KCl bei Wellenlängen äußere lichtelektrische Wirkung zeigen sollen, bei denen selbst in 1 cm Schichtdicke noch keine Lichtabsorption beobachtet werden kann! [570]. Andererseits wird CuCl entsprechend dem gut bekannten AgCl schon im langwelligen Ultraviolett Absorption zeigen und trotzdem finden Lukirsky und Mitarbeiter als Grenze einen eher noch kürzerwelligen Wert als bei NaCl.

Die Verfasser stellen sich in üblicher Weise vor, daß die lichtelektrischen ausgelösten Elektronen von den negativen Ionen des Gitters stammen und versuchen Beziehungen der von ihnen ermittelten Ablösearbeit $h\nu_0$ mit der Gitterenergie zu finden. Das Bestehen einer Austrittsarbeit von der Größenordnung der an Metallen beobachteten wird zum mindesten in den Fällen nicht zu bestreiten sein, in denen innere lichtelektrische Wirkung schon im sichtbaren Spektralgebiet einsetzt, während äußere erst im kurzwelligen Ultraviolett beobachtet wird (beispielsweise bei AgJ, Schwefel, Anthracen). Ob aber wirklich eine einfache Beziehung zur Gitterenergie besteht, erscheint uns zweifelhaft, da für flüssige Elektrolyte und Isolatoren wesentlich gleiche Verhältnisse vorliegen dürften.

Stoff	Wellenlängenbereich, in dem die langwellige Grenze liegen soll (nach LUKIRSKY und Mitarbeitern)
NaCl, KCl	2000—2026 Å.-E.
RbCl, CsCl	2026—2062 „
CuCl	1860—1930 „
NaBr . . .	2000—2062 „
KBr	2026—2062 „
CuBr . . .	1930—2026 „
$CdBr_2$, LiF	< 1860 „
NaJ	2018—2062 „
KJ	2062—2170 „
RbJ, CsJ .	2170—2250 „
NaF, RbF	1850—2000 „

Wenn die langwelligen Grenzen von LUKIRSKY und Mitarbeitern wirklich zutreffend bestimmt sind, wird man annehmen müssen, daß entweder nicht die reinen Alkalihalogenide vorgelegen haben oder daß die optischen Eigenschaften durch die feine Pulverung verändert sind. In einer Fortsetzung der genannten Untersuchung finden GUDRIS und KULIKOWA [565], daß sich die Grenzwellenlänge durch längere Vorbelichtung mit Funkenlicht nach längeren Wellen verschiebt; merkwürdigerweise finden sie aber nur eine Verschiebung von etwa 10 mμ. Vielleicht geht die entstandene Färbung in dem intensiven Lichtkegel des beleuchtenden Lichtes zu rasch wieder zurück (vgl. X, 8; XIII, 2).

Für verschieden vorbehandeltes (verfärbtes) NaCl geben die Verfasser folgende Grenzen an:

Bei Tageslicht chemisch hergestellt, unbelichtet	2170—2026 Å.-E.
Mit Funkenlicht vorbelichtet oder mit Röntgenstrahlen schwach verfärbt . . .	2250—2170 „
Durch Röntgenstrahlen stark verfärbt . . .	5000—4000 „
Dasselbe durch Tageslicht entfärbt	2170—2026 „
Natürliches Steinsalz, blau gefärbt	2300—2250 „
Desgl. elektrolytisch verfärbt	2300—2250 „

Befriedigend erscheinen diese Ergebnisse nicht. In stark verfärbtem Steinsalz, einerlei ob natürlich blau, elektrolytisch ver-

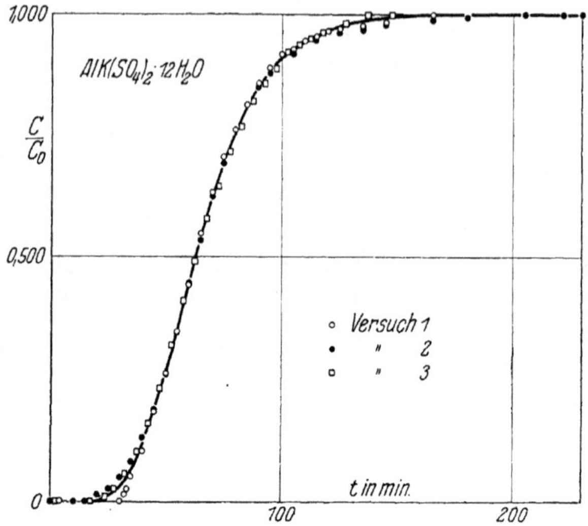

Abb. 44 a.

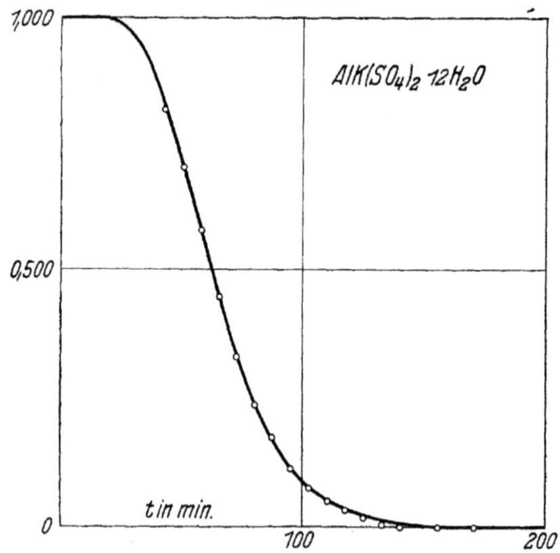

Abb. 44 b.

färbt oder durch Röntgenstrahlen liegt kolloidal verteiltes Natriummetall vor. An ihm wird schon mit sichtbarem Licht innere lichtelektrische Wirkung hervorgerufen (X, 8); es ist sehr unwahrscheinlich, daß eine solche Verschiedenheit der Austrittsarbeit bestehen sollte, wie aus den Zahlen von GUDRIS und KULIKOWA geschlossen werden könnte.

Ist so die äußere lichtelektrische Wirkung selbst an einfach gebauten nichtmetallischen Stoffen noch wenig geklärt, so gilt

Abb. 44 a—c. Abhängigkeit des lichtelektrischen Stromes an Salzhydraten vom Kristallwassergehalt.

(nach PREDWODITELEW und BLINOW).

a) Zunahme des lichtelektrischen Stromes von einer 1 mm dicken Schicht Kalialaun im unzerlegten Licht einer Hg-Quarzlampe;

b) Abnahme des Wassergehaltes, durch Wägung bestimmt;

c) Zunahme des lichtelektrischen Stromes an entwässertem Mangansulfat bei Wasseraufnahme.

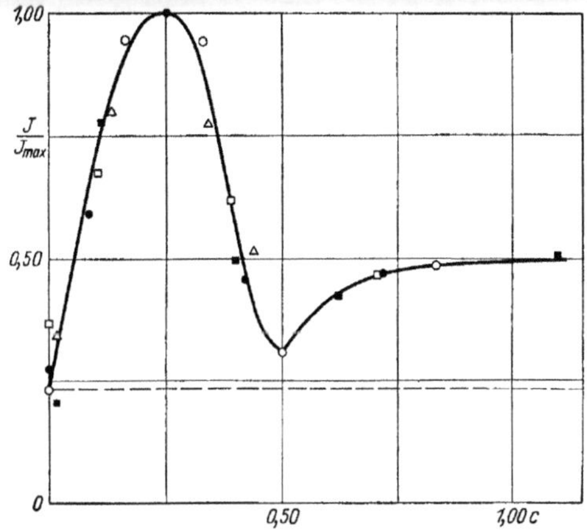

Abb. 44 c. ○ Versuch 1. ● Versuch 2. □ Versuch 3. △ Versuch 4. ■ Versuch 5.

dies in erhöhtem Maße für Stoffe verwickelterer Zusammensetzung.

PREDWODITILEW und BLINOW untersuchten die äußere lichtelektrische Wirkung von kristallwasserhaltigen feingepulverten Sulfaten in Abhängigkeit vom Kristallwassergehalt im unzerlegten Licht und geben an, daß zwischen lichtelektrischem Strom und Kristallwassergehalt ein eindeutiger Zusammenhang besteht [603]. Hier liegen zweifellos sehr undurchsichtige Beziehungen vor, da sich in unbekannter Weise mit der Änderung des Wassergehaltes optische Absorption, elektrische Leitfähigkeit, ja auch Bau und Anordnung der Körner ändern werden. Man wird daher bezüglich der theoretischen Schlüsse der beiden Forscher große Zurückhaltung üben müssen. Folgerungen für die WERNERsche Koordinationslehre zu ziehen, dürfte verfrüht sein. Untersucht wurden beispielsweise $CuSO_4 \cdot 5\,H_2O$; $MnSO_4 \cdot 7\,H_2O$; $AlK(SO_4) \cdot 12\,H_2O$. Abb. 44 zeigt Beobachtungsreihen für Wasserabgabe und -aufnahme [603].

Neben den bisher besprochenen einheitlichen (idiochromatischen) Stoffen nehmen nun solche mit Beimengungen (allochromatische) Stoffe eine ausgesprochene Sonderstellung ein. Während erstere anscheinend äußere lichtelektrische Wirkung nur in Gebieten hoher Absorption zeigen, gilt dies für viele allochromatische scheinbar nicht. Scheinbar, denn es zeigt sich, daß hier die lichtelektrische Wirkung an einzelne seltene, aber für sich ebenfalls sehr stark absorbierende „Zentren“ und Kolloidteilchen gebunden ist. Schon 1892 hatten ELSTER und GEITEL lichtelektrische Wirkung an BALMAINscher Leuchtfarbe und an farbigen Flußspatvorkommen und anderen Mineralien festgestellt. Sie hatten ferner gefunden, daß durch Bestrahlung verschiedener Art verfärbte Salze ebenfalls bei Belichtung Elektronen abgeben. Ähnliche Beobachtungen sind später auch an Gläsern gemacht. Diese lichtelektrische Wirkung verliert sich ebenso wie die Färbung in vielen Fällen bei fortgesetzter Belichtung; in anderen Fällen tritt nur Abnahme ein und im Dunkeln „erholt“ sich der Stoff wieder.

LENARD und SAELAND erweiterten 1909 die Beobachtungen ELSTERS und GEITELS an BALMAINscher Leuchtfarbe (CaSBi Phosphor) durch quantitative Untersuchungen an einer Reihe von Sulfidphosphoren unter gleichzeitiger Verfolgung der Phosphoreszenzerscheinungen. Auf Grund dieser Beobachtungen entwickelte LENARD seine lichtelektrische Phosphoreszenztheorie (vgl. XIII, 1). Neuerdings gab GOEGGEL Messungen dieser lichtelektrischen Wirkung im spektral zerlegten Licht. Während reines CaS mit größter Wahrscheinlichkeit keine lichtelektrische Wirkung im langwelligen Ultraviolett aufweist, fand GOEGGEL an CaS und SrS mit Bi-Zusatz eine schon bei 525 mμ nachweisbare und nach kürzeren Wellen rasch zunehmende Wirkung überlagert durch zwei selektive Maxima in den Spektralgebieten verstärkter Absorption, die vermutlich dem Bi-Atom oder -Sulfid zuzuschreiben sind. Wegen seiner hohen Isolationsfähigkeit wurde das feine Phosphorpulver in nur 10 μ dicker Schicht untersucht; trotzdem konnten Sättigungsströme nicht erzielt werden, auch fehlte die Proportionalität zur Lichtintensität. Letzteres wird vermutlich nicht nur an der mangelnden Leitfähigkeit liegen, sondern auch an einer Erschöpfung des Bestandes „unerregter Zentren“ [244].

Sehr bemerkenswert ist sein Befund — in Erweiterung LENARDscher Versuche — an druckzerstörten Phosphoren. Das Zerdrücken eines Phosphors zerstört die Phosphoreszenzfähigkeit; setzt man ihn dann dem Licht aus, so tritt eine für das Zusatzmetall kennzeichnende Färbung auf; wirksam sind dabei die Wellenlängen von 525 mμ abwärts die Ausbeute steigt bis etwa 360 mμ, von da ab bis 300 mμ fand sie GOEGGEL konstant; parallel mit diesem Verfärbungsvorgang geht nun eine kräftige Elektronaussendung. Diese nimmt in dem Maße ab, wie die Verfärbung sich einem Endwert nähert, bleibt jedoch in stark verringertem Maße auch dann noch in unveränderter spektraler Verteilung bestehen.

GOEGGEL bestimmt die absolute Ausbeute nicht, was bei den notwendigerweise unbestimmten Versuchsverhältnissen auch wenig Wert hätte, gibt aber an, daß der Strom etwa von gleicher Größe war, wie der von frisch geschmirgeltem Al.

Hierhin gehört höchstwahrscheinlich auch folgende von K. KOHL 1927 entdeckte Erscheinung: Elektrodenlose oder mit Außenelektroden versehene Röhren mit verdünnten Gasen (Luft, Edelgase), wie sie zum Nachweis von Wechselspannungen viel benutzt werden, sprechen im Licht wesentlich leichter an als im Dunkeln. Voraussetzung ist, daß nach Herstellung in der Röhre einmal eine leuchtende Entladung stattgefunden hat. Wirksam ist schon sichtbares Licht. Man wird kaum fehlgehen in der Annahme, daß unter der Wirkung der sehr kurzwelligen Strahlung, die im Leuchten der Gase enthalten ist ($\lambda \sim 100$ mμ), eine Zersetzung der inneren Rohrwandung eintritt, wobei energiereichere Zentren gebildet werden, die unter Absorption sichtbaren Lichtes Elektronen abgeben; diese bringen dann infolge Stoßionisation den Entladungsvorgang in Gang, während ohne Belichtung viele Minuten vergehen können, bis zufällig einmal Ionen zur Einleitung der Entladung vorhanden sind (etwa infolge durchdringender oder radioaktiver Strahlung). Bei Glasröhren liegt der Gedanke an freie Alkalimetallatome nahe; die Erscheinung tritt aber auch an Quarzrohren auf. KOHL stützte die Deutung einer äußeren lichtelektrischen Wirkung an veränderten Oberflächenschichten durch Paraffinierung der Innenwand. Auch dann tritt die Erscheinung auf, verschwindet aber sofort, wenn durch Umschmelzen die Oberfläche des Paraffins erneuert ist; es ist dann erneuter Durchgang leuchtender Entladung nötig, um die Lichtempfindlichkeit wieder hervorzurufen. Vielleicht wird eine Untersuchung der spektralen Verteilung der Erscheinung Rückschlüsse auf die Art der lichtelektrisch wirksamen Träger gestatten. Die Erscheinung kann als Vorlesungsversuch gezeigt werden.

In allen diesen Fällen lichtelektrischer Wirkung an Beimengungen scheint sich eine Austrittsarbeit nicht bemerkbar zu machen, da Elektronenabspaltung gleichzeitig mit einsetzender Absorption beobachtbar wird.

2. Nichtmetallische Flüssigkeiten. Über die äußere lichtelektrische Wirkung an nichtmetallischen Flüssigkeiten ist überraschend wenig bekannt, kaum daß sie in Einzelfällen als wirklich sichergestellt gelten kann. Dafür mag eine Ursache sein, daß im Sichtbaren und im leicht zugänglichen Ultraviolett offenbar kein Elektronenaustritt beobachtet wird, eine andere, daß es nicht möglich ist, im Vakuum zu arbeiten und daher alle Untersuchungen bislang nur bei Atmosphärendruck in Luft ausgeführt sind.

Da reines Wasser erst unterhalb 185 mμ merklich Licht zu absorbieren beginnt, also bei Wellenlängen, die schon von der Luft stark absorbiert werden, ist lichtelektrische Wirkung in atmosphärischer Luft nicht zu erwarten. Eine Angabe OBOLENSKIS (1912), wonach Wasser unterhalb 200 mμ äußere lichtelektrische Wirkung zeige, kann noch nicht als genügend gesichert gelten. Auch ROSA und CAVALLARO (1913) glauben im Licht der Quarzquecksilberlampe Elektronenemission von Wasser, daneben auch von Äthylalkohol und Essigäther beobachtet zu haben. Die Versuche wirken aber nicht überzeugend.

Nach allen sonstigen Erfahrungen setzt die Nachweisbarkeit äußerer lichtelektrischer Wirkung an einheitlichen Stoffen hohe Werte der Lichtabsorption voraus, wie sie für Wasser und Äthylalkohol im benutzten Spektralbereich noch keineswegs vorliegen.

Erstaunlicher könnte es scheinen, daß auch an Flüssigkeiten mit starker Ultraviolettabsorption wie etwa Benzol und anderen Kohlenwasserstoffen keine lichtelektrische Wirkung berichtet wird. Dies wird jedoch sehr wahrscheinlich daran liegen, daß die betreffenden Absorptionsbanden, wie aus ihrer Bandenstruktur zu schließen ist, inneratomaren oder intramolekularen Elektronensprüngen zuzuordnen sind und auch nicht zu innerer lichtelektrischer Wirkung führen, geschweige denn Elektronen solcher

Energie liefern, daß sie aus der Oberfläche auszutreten vermögen. Ähnlich dürfte es auch bei flüssigem Cl oder Br liegen, deren in flüssigem Zustand kontinuierlich erscheinende Absorptionsgebiete vermutlich aus solchen verbreiterten Molekülbanden zusammengeflossen sind.

Für Anilin und Ameisensäure wird schon von HALLWACHS (1889) lichtelektrische Wirkung angegeben. ZWAARDEMAKER und HOGEWIND [153] fügen die Amine Toluidin und Xylidin sowie einige aromatische Äther hinzu; im besonderen soll Anethol ($CH_3 \cdot CH = CH \cdot C_6H_4 \cdot OCH_3$) ebenso starken lichtelektrischen Strom im Licht des Kohlebogens zeigen, wie etwa Zink! Untersuchung im spektral zerlegten Licht fehlt noch in allen Fällen. Ferner beobachtete KELLY im Schwebekondensator die Wirksamkeit von Wellenlängen unterhalb 215 $m\mu$ an Öltröpfchen [173].

Eine größere Zahl von Angaben liegt für Lösungen (wäßrige und andere) vor. So ist schon in frühester Zeit lichtelektrischer Forschung lichtelektrische Wirkung an Farbstofflösungen und Salzlösungen angegeben. Für die Lösungen der Anilinfarbstoffe zeigte ROHDE 1905, daß die lichtelektrische Wirkung an einer festen sich bildenden Oberflächenhaut statthat; dies ist später von NAGEL und von PLOGMEIER bestätigt (1908, 1909). Ob abweichend hiervon die Salzlösungen also beispielsweise wäßrige Lösungen von Alkalisulfaten, -karbonaten, -nitraten, -nitriten (Chloride sollen sich anders verhalten) echte lichtelektrische Wirkung zeigen, die an der Lösung selbst stattfindet, bleibt wohl noch zu beweisen. ZWAARDEMAKER und HOGEWIND [153] finden nur an kolloidalen Lösungen lichtelektrische Wirkung und überdies nur an solchen Kolloiden, die auch im einheitlichen Aggregatzustand Elektronen im Licht abspalten.

Zusammenfassend kann gesagt werden, daß über lichtelektrische Wirkung an flüssigen nichtmetallischen Oberflächen nicht nur wenig gearbeitet, sondern noch weniger sicher bekannt ist. Es wäre sehr erwünscht, wenn hier einmal spektrale Verteilung, langwellige Grenzen, Zusammenhang mit Lichtabsorption und die Austrittsgeschwindigkeiten der Elektronen ermittelt würden. Vielleicht lassen sich die Verwicklungen durch hohen Gasdruck in einigen Fällen dadurch vermeiden, daß bei Temperaturen dicht über dem Gefrierpunkt bei dem dann verhältnismäßig niedrigen Dampfdruck der Flüssigkeit gearbeitet wird.

VIII. Anwendungen äußerer lichtelektrischer Wirkung.

1. Allgemeine Bemerkungen. Die große praktische Bedeutung der äußeren lichtelektrischen Wirkung liegt in ihrer hervorragenden Verwendbarkeit für Photometrie im weitesten Sinne. Daneben steht ihre Wichtigkeit für Naturerscheinungen oder technische Zwecke erheblich zurück.

Drei Eigenschaften bedingen die gute Eignung für Lichtintensitätsmessungen, das ist

1. die genaue Proportionalität zwischen Intensität und Strom,
2. die innerhalb bisheriger Meßgenauigkeit erfüllte Trägheitsfreiheit,
3. die außerordentliche Empfindlichkeit.

Zumal die beiden letztgenannten Eigenschaften bedingen die Überlegenheit der lichtelektrischen Photometrie über die thermoelektrischen. Diesen Vorteilen stehen als Nachteile gegenüber

1. die Selektivität,
2. die noch unbefriedigende Konstanz der Ausbeute.

Für Wellenlängen oberhalb 600 mμ kommt lichtelektrische Wirkung im allgemeinen nicht in Betracht. Absolute Energiemessung ist zwar mit geeichten Zellen grundsätzlich möglich, doch vereiteln langsame Änderungen der Oberflächen im Gebrauch derartige Verwendungen. Im einzelnen werden diese Fragen in den folgenden Ziff. 2 und 3 behandelt.

Für den Elektrizitätshaushalt der Natur scheint äußere lichtelektrische Wirkung ohne Belang, wenn man nicht etwa mit Vegard annehmen will, daß in den höchsten Atmosphärenschichten Stickstoffkriställchen schweben, infolge lichtelektrischer Aufladung gegen die Schwerkraft gehalten. Die Ionisation der Gasatome und -moleküle durch Licht ist hier nicht unter „äußerer“ lichtelektrischer Wirkung einbegriffen.

Die großen photochemischen Umsätze in der Natur werden, so weit sie überhaupt lichtelektrische Ursachen haben, überwiegend auf „innerer“, nur ausnahmsweise „äußerer“ lichtelektrischen Wirkung beruhen.

Eine sehr umstrittene Bedeutung „äußerer“ lichtelektrischer Wirkung für die selbständige Elektrizitätsleitung in verdünnten Gasen wird im Anschluß an die lichtelektrische Beeinflussung des Funkenpotentials in Ziff. 4 besprochen.

Technisch wird zur Einbringung von Elektronen ins Vakuum ausschließlich die glühelektrische statt der lichtelektrischen Wirkung verwendet, da die Energieausnutzung bei der erstgenannten um viele Zehnerpotenzen besser ist.

2. Die lichtelektrischen Zellen. Die in der Meßtechnik gebrauchten lichtelektrischen Zellen entsprechen im ganzen immer noch der von ELSTER und GEITEL 1910 eingeführten Form.

Die Zellen sind entweder hochevakuiert oder enthalten einen Gasdruck von einigen zehntel mm Hg-Säule, meist von Argon. Die gashaltigen Zellen nutzen die Stoßionisation aus und liefern bei gleicher auffallender Lichtintensität um 1 bis 3 Zehnerpotenzen größere Ströme als die hochevakuierten. Die Proportionalität zur Lichtintensität bleibt dabei in erster Näherung erhalten. Die Edelgasfüllung sichert eine leidliche zeitliche Konstanz wegen des Fehlens chemischer Reaktionen. Gashaltige Zellen kommen jedoch vor allem für Nullmethoden in Frage und dort, wo größerer Wert auf hohe Empfindlichkeit als auf genaueste Proportionalität zur Lichtintensität und zeitliche Konstanz gelegt wird. Für absolute Messungen im Anschluß an Thermosäulen sind unbedingt gasfreie Zellen vorzuziehen; nur bei ihnen können Sättigungsströme erhalten werden.

Man unterscheidet zwei grundsätzlich verschiedene Arten von Zellen [509]:

a) Zellen mit zentraler Anode,

b) Zellen mit zentraler Kathode.

Art a) ist die bei weitem gebräuchlichere; hier ist die Anode als Drahtring oder Netz ausgebildet, während die Kathode von der gesamten Innenwand der Zelle gebildet wird (vgl. Abb. 45). Der Vorteil besteht darin, daß alles einfallende Licht irgendwie die Kathode erreicht und keine Abbildung auf bestimmte Flächen erforderlich ist, sowie darin, daß die Kathode durch Eindestillation des Metalles erhalten werden kann. Nachteilig ist die hohe Sättigungsspannung in evakuierten Zellen sowie in gashaltigen gelegentliche Abweichungen von der Intensitätsproportionalität bei verschiedenartigem Lichteinfall.

Art b) kommt mehr für bestimmte wissenschaftliche Fragestellungen in Betracht (vgl. S. 13). Hier ist das elektronenliefernde Metall in Form einer kleinen Platte oder auch Kugel in der Mitte einer mit leitender Oberfläche bedeckten Hohlkugel angebracht (vgl. Abb. 46). Die gasfreie Zelle liefert bereits bei einigen Volt Sättigungsströme. Die Sättigungsspannung ist nur bei genau radialem Feld unabhängig von der Wellenlänge.

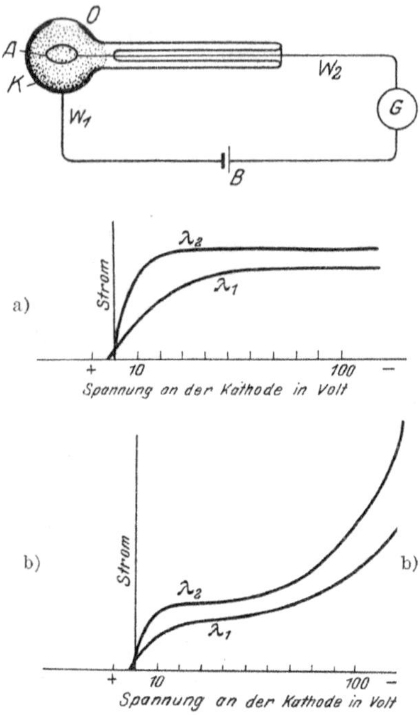

Abb. 45. Lichtelektrische Zelle mit zentraler Anode und zugehörige Stromspannungskurven. a) Gasfreie Zelle; b) Gasdruck etwa 1 mm-Hg-Säule.

Kathode wird von der mit Metall verspiegelten Innenwand gebildet, in der nur ein Fenster *O* für den Lichteinfall freigelassen ist. Anode ein Drahtring mit langem Isolationsweg. *G* Galvanometer, *B* Spannungsquelle, λ_2 für Wellenlänge in der Nähe der Grenzwellenlänge, λ_1 für eine kürzere Wellenlänge (nach IVES).

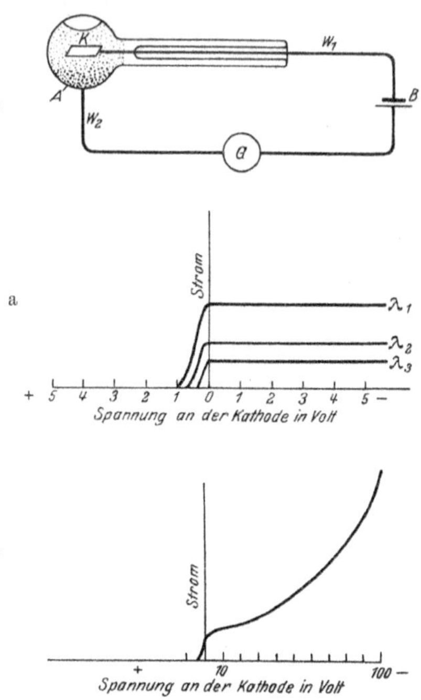

Abb. 46. Lichtelektrische Zelle mit zentraler Kathode und zugehörige Stromspannungskurven. a) Gasfreie Zelle; b) Gasdruck etwa 1 mm Hg-Säule.

Anode wird von der mit Metall verspiegelten Innenwand gebildet, in der nur ein Fenster für den Lichteinfall frei gelassen ist. Kathode ist eine Platte oder manchmal zweckmäßiger eine kleine Kugel mit gut isolierter Zuführung. λ_3 für Wellenlänge in der Nähe der Grenzwellenlänge, λ_1 für sehr viel kürzere Wellenlänge (nach IVES).

Gelegentlich in den Handel gebrachte Zellen mit scheibenförmiger Kathode und als Spitze ausgebildeter, der Scheibe stark genäherter Anode haben sich nicht bewährt.

Einwandfreie gasfreie Zellen werden bisher leider nur in Glas hergestellt; ihre Verwendbarkeit beschränkt sich daher auf die von Glas nicht absorbierten Spektralgebiete, bei Uviolglaszellen also bis auf etwa 300 mμ. Die Schwierigkeiten in der Herstellung gasfreier Quarzglaszellen (zumal solcher mit Planscheibe) scheinen im Widerspruch zu den verbreiteten Werbeschriften bisher nicht überwunden zu sein. Man ist daher bei der lichtelektrischen Photometrie im Ultraviolett im wesentlichen auf die schon von ELSTER und GEITEL benutzten Glaszellen mit aufgekittetem Quarzfenster angewiesen und muß geringen Gasgehalt oder Verwendung an der Pumpe in Kauf nehmen (Abb. 47).

Benutzt werden im besonderen K- und Na-Zellen für das sichtbare, Zn- und Cd-Zellen für das ultraviolette Spektralgebiet. Die Alkalizellen sind selbstverständlich auch für das ultraviolette Gebiet verwendbar, doch ist es häufig erwünscht und bequem, wenn die Zellen in sichtbarem Licht keinen Strom liefern. Die Metalle werden meist über verschiedene Vorlagen in die Zellen hineindestilliert [8, 21, 22, 53, 249].

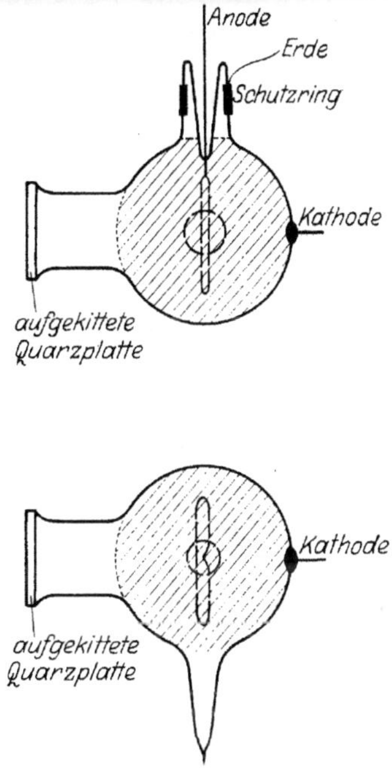

Abb. 47. Lichtelektrische Zelle nach ELSTER und GEITEL, mit aufgekittetem Quarzfenster, auch im Ultraviolett verwendbar.

MALLET und CLIQUET empfehlen eine Cd-Ag-Legierung zur Messung von Ultraviolett jenseits der Durchlässigkeitsgrenze von Glas. Die langwellige Grenze liegt bei 290 mμ. Ihre Angabe, daß der Strom bei 254 mμ einen Höchstwert erreiche, bezieht sich jedenfalls nur auf die zufällige Energieverteilung ihrer Lichtquelle [596].

Alkalimetallschichten werden vielfach noch besonders in folgender Weise sensibilisiert: Bei einem H_2-Druck von einigen Millimetern Hg-Säule wird durch Erhitzen die Oberfläche in Alkalihydrid verwandelt und dieses dann durch einige Sekunden dauernde leuchtende Entladung teilweise zersetzt. Die Metallschicht soll dabei Kathode sein. Es tritt dann eine für kolloidal verteiltes Na oder K kennzeichnende blaugrüne oder blaurötliche Verfärbung auf. (Eine Sensibilisierung gelingt übrigens oft auch ohne vorherige Hydridbildung allein durch leuchtende Entladung.) Danach wird der Wasserstoff abgepumpt und gegebenenfalls durch Argon ersetzt. Im Wasserstoff bildet sich nämlich die Verfärbung allmählich wieder zurück. So hergestellte Schichten liefern im selektiven Gebiet leicht um eine Zehnerpotenz größere Ströme, können aber im kurzwelligen Ultraviolett an Ausbeute von Zn- oder Cd-Zellen übertroffen werden; überdies kann die langwellige Grenze erheblich zu längeren Wellen verschoben sein; leider sind sie zeitlich nicht sehr konstant.

Sehr wesentlich ist, daß die ganze Innenwand einer Zelle bis auf die Eintrittsstelle des Lichtes gut leitet; andernfalls können Wandaufladungen starke Störungen bedingen: Trägheit, mangelnde Intensitätsproportionalität, fehlende Sättigung, mangelnde Reproduzierbarkeit. Die Zellen werden daher heute meist innen undurchsichtig versilbert. Alkaliniederschläge auf Wandungen, die nicht völlig von Gas- und Wasserhäuten befreit sind, erweisen sich häufig als elektrisch unzusammenhängend und daher trotz spiegelnden Aussehens nicht leitend.

Bei Alkalizellen, vor allem mit K und Rb (Cs wird seines hohen Preises wegen kaum benutzt), stört vielfach schlechte Isolation infolge der Bildung von unsichtbaren und doch leitenden Alkalihäuten zwischen Anode und Kathode; ein innerlich und äußerlich angebrachter Erdungsring ermöglicht dann zwar Messungen; doch bleibt bei der Messung schwächster Ströme die Fehlerquelle erhalten. Es ist dann an Stelle des Erdungsringes vorzuziehen, durch Erwärmung des Anodenansatzes die Isolation zu erzwingen. Die spektrale Verteilung der für den ultravioletten Bereich benutzten Cd- und Zn-Zellen ist die normale (vgl. etwa Abb. 9) mit raschem Abfall der Ausbeute zur langwelligen Grenze hin, bei den Alkalizellen wird dagegen fast ausschließlich mit der selektiven Wirkung gearbeitet; besonders bei den nach Elster und Geitel sensibilisierten Zellen tritt die „normale" Ultraviolettempfindlichkeit vollständig hinter derjenigen im selektiven Gebiet zurück (vgl. Abb. 28). Derartige Alkalizellen zeigen jedoch bei anscheinend gleichartiger Herstellung recht erhebliche Verschiedenheiten und eine um so geringere zeitliche Konstanz der spektralen Verteilung, je größer die absolute Ausbeute ist [56, 86, 180].

Die viel erstrebte Verschiebung der langwelligen Grenze ins Ultrarot läßt sich bis etwa 1000 mμ durch Einwirkung von

H_2O-Spuren auf K- oder Rb-Flächen erreichen, doch scheint diese Veränderung nicht von Dauer zu sein. Meßtechnisch wird man vorerst 700 bis 800 mμ als Grenze ansehen müssen. Neuerdings gibt die General Electric Company Wembley an, daß sie Elster- und Geitelzellen mit langwelliger Grenze oberhalb 700 mμ liefern kann. Ob sich diese langwellige Grenze auf die Dauer erhält, wird abgewartet werden müssen. Nach den Erfahrungen des Verfassers an selbst gefertigten Zellen geht meist die Grenze im Laufe von Wochen oder Monaten aus dem Ultrarot unter 700 mμ zurück.

Die lichtelektrischen Zellen können in Verbindung mit Galvanometern oder Elektrometern benutzt werden. In gasfreien Zellen kann man unbedenklich Ströme bis zu 10^{-6} Amp., ja noch höher fließen lassen; sie eignen sich daher besonders zur Messung sehr großer Lichtintensitäten. Gashaltigen dagegen wird man zweckmäßig Ströme über 10^{-6} Amp. nicht zumuten, zumal, wenn man mit Stoßionisation arbeitet; durch die Anlagerung von positiven Ionen an die Kathode können Trägheitserscheinungen entstehen und erhebliche Abweichungen von der Proportionalität des Stromes zur Lichtintensität [9, 298, 222, 21, 22, 82].

Bei Strömen bis zu 10^{-10} Amp. herab kann man mit Saitengalvanometern arbeiten, darunter, bis 10^{-12} Amp., wendet man vorteilhaft Saitenelektrometer in Verbindung mit hohen Widerständen an. Die volle Trägheitsfreiheit der lichtelektrischen Ströme kann jedoch weder mit den empfindlichsten Saitengalvanometern noch bei Verwendung des Elektrometers in Stromschaltung ausgenutzt werden, da die Einstelldauer beider Anordnungen dann selbst schon von der Größenordnung einer Sekunde wird. Ströme schließlich bis herab zu 10^{-15} Amp. werden elektrometrisch durch Aufladungsmessungen ermittelt.

Die naheliegende Verwendung von Verstärkern in Verbindung mit lichtelektrischen Zellen ist mehrfach beschrieben worden. Eine von E. Meyer und Rosenberg [179] empfohlene Schaltung zeigt Abb. 48 (vgl. auch [116, 145, 238, 286, 314, 349]). Es gelingt auf diese Weise zwar nicht, kleinere lichtelektrische Ströme zu messen als ohne Verstärker, dagegen kann unter Umständen die Trägheitslosigkeit der lichtelektrischen Wirkung bei den schwächsten Strömen besser ausgenutzt werden und es können bequemere Meßinstrumente verwendet werden.

Zum Nachweis und zur Messung schwächster Lichtintensitäten kann man nach ELSTER und GEITEL die stoßweisen Ladungsübergänge benutzen, die in gashaltigen Zellen dicht unterhalb des Entladungspotentials durch den Austritt einzelner Elektronen ähnlich wie im GEIGERschen Spitzenzähler ausgelöst werden. Die Anzahl dieser Stöße ist der Lichtintensität genau proportional, man gelangt auf diese Weise nach ELSTER und GEITEL zur Nachweisbarkeit von einzelnen Lichtquanten pro Sekunde, falls man sich auf das Spektralgebiet selektiver lichtelektrischer Wirkung beschränkt.

Damit ist die Empfindlichkeit des menschlichen Auges erreicht [77].

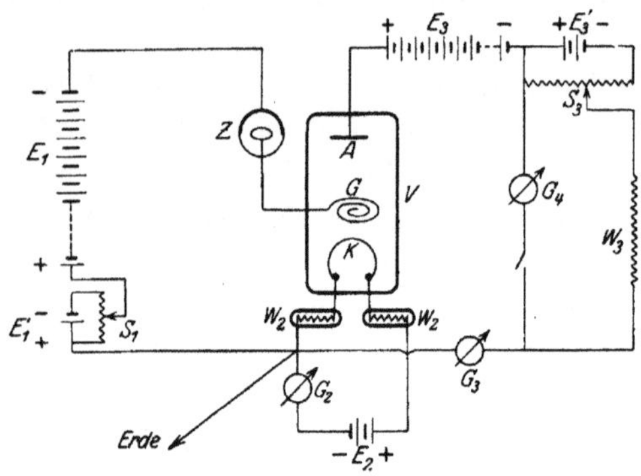

Abb. 48. Schaltungsschema zur Verstärkung lichtelektrischer Ströme. Z = lichtelektrische Zelle. V = Verstärkerröhre. A = Anode. G = Gitter. K = Kathode. E_1, E_1', E_2, E_3, E_3' – Akkumulatorenbatterie im Gitter-, im Heiz-, im Anodenkreis. W_2 = zwei zu V gehörige Eisenwiderstände. W_3 = fester Widerstand von rd. 10^5 Ohm. S_1, S_3 = Spannungsteiler im Gitter bzw Kompensationskreis. G_2, G_3, G_4 = Galvanometer zur Messung des Heizstromes. des Anoden- und Brückenstromes (nach ROSENBERG).

3. Anwendungen lichtelektrischer Zellen. Im folgenden sollen nur eine Reihe von photometrischen Anordnungen, in denen sich lichtelektrische Zellen bewährt haben, mit kurzer Kennzeichnung des Zieles und des Meßverfahrens angeführt werden, um im Bedarfsfall das Aufsuchen geeigneter Abhandlungen zu erleichtern. Keinesfalls wird hier Vollzähligkeit und Vollständigkeit angestrebt.

Die Photometrierung photographischer Schwärzungen wird im KOCHschen Photometer mittels zweier gegeneinander geschalteter Kaliumzellen ausgeführt. Die eine von beiden erhält einen abgezweigten Teil des Lichtes, so daß etwaige Schwankungen der Lichtintensität herausfallen (vgl. Schaltskizze Abb. 49). Da beliebig hohe Lichtintensitäten zur Verfügung stehen, besteht der etwaige Vorteil der lichtelektrischen Zelle gegenüber dem Thermoelement nur in der größeren Registriergeschwindigkeit. So wird bei GOOS-KOCH 99% des Elektrometerendausschlages für eine gegebene Lichtintensität in 0,1 bis 0,2 Sekunden, beim thermoelektrischen Photometer von MOLL dagegen der entsprechende Galvanometerausschlag erst in 2 Sekunden erreicht [498]. Ebenfalls mit lichtelektrischer Kaliumzelle arbeitet das Registrierphotometer von HANSEN. Hier ist die zweite lichtelektrische Zelle durch einen hohen, konstanten Widerstand ersetzt, so daß es sehr auf völlige Konstanz der Lichtquelle ankommt [567 a].

Ein lichtelektrisches Registrierphotometer mit Verstärkeranordnung beschreiben LAMBERT und CHALONGE [369]. Es ist

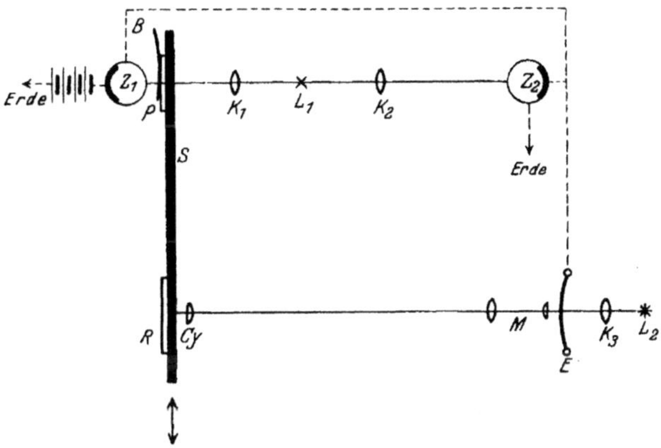

Abb. 49. Lichtelektrisches Registrierphotometer von P. P. KOCH.

Licht derselben Lichtquelle L_1 fällt gleichzeitig auf zwei lichtelektrische Zellen, Z_1 und Z_2. Im einen Lichtweg befindet sich die zu photometrierende Platte P. Anode der einen und Kathode der anderen Zelle sind mit der Saite eines Saitenelektrometers verbunden, so daß der Elektrometerausschlag proportional der Differenz der lichtelektrischen Ströme beider Zellen ist. Der Elektrometerausschlag wird auf einer photographischen Platte R registriert, die durch den Schlitten S starr oder in bestimmtem Übersetzungsverhältnis mit der Platte P verbunden ist. L_2, K_3 = Fadenbeleuchtung, M = Projektionsmikroskop, Cy = Cylinderlinse.

von BOUTY konstruiert. Über etwaige Vorzüge gegenüber den anderen ist nichts bekannt.

Zur Ausmessung der ultravioletten Absorptionsspektren von Lösungen ist eine lichtelektrische Anordnung unter vielen anderen von v. HALBAN und SIEDENTOPF ausgebildet worden. Besonders empfohlen werden Nullmethoden. Entweder wird ein Lichtbündel durch den Absorptionstrog auf eine Zelle, ein anderes berechenbar abgeschwächt (rotierender Sektor oder Neutralglas bzw. Quarzkeil) auf eine zweite entgegengeschaltete Zelle geleitet und die Abschwächung gesucht, bei der keine Elektrometeraufladung beobachtet wird (Abb. 50). Oder es wird mit nur einer Zelle gearbeitet und durch eine Kompensationsspannung der Elektrometerfaden in Ruhe gehalten [170, 247, 64, 117, 289, 476, 284, 459]. Die erzielbare Genauigkeit von etwa $1^0/_{00}$ in der Durchlässigkeitsmessung ermöglicht es, auch sehr schwache Absorptionen zu messen. Gegenüber der sonst anzuwendenden Methode der photographischen Festlegung des Absorptionsspektrums und seiner nachträglichen Auswertung durch Photometrierung der Schwärzung

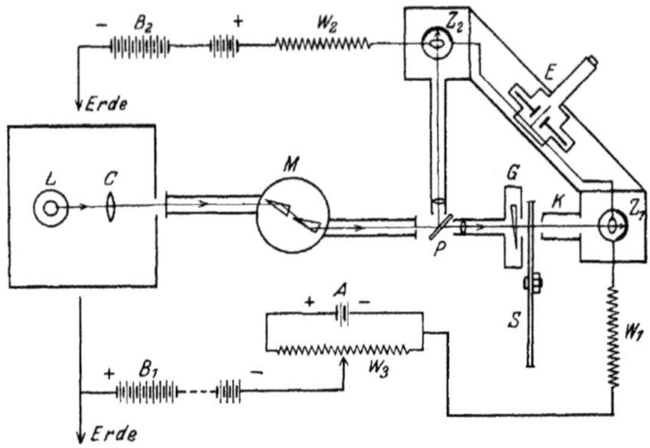

Abb. 50. Anordnung zur lichtelektrischen Photometrie als Nullmethode von v. HALBAN und SIEDENTOPF.

Ein aus dem Monochromator M austretendes Lichtbündel wird an der halbdurchlässigen Platte P in zwei Bündel geteilt, jedes Bündel fällt auf eine lichtelektrische Zelle Z_1 und Z_2. Anode der einen und Kathode der anderen sind mit dem Faden eines Saitenelektrometers E verbunden. Das intensivere Lichtbündel auf Z_1 wird durch einen rotierenden Sektor S geschwächt und die Zellspannungen so abgeglichen, daß der Elektrometerfaden in Ruhe bleibt. Die durch Einschub einer absorbierenden Schicht bei G bedingte Schwächung verursacht eine Aufladung des Elektrometers und diese kann durch Verstellung (Öffnung) des Sektors verhindert werden. Gemessen wird also die Schwächung durch die Sektoröffnung und die Zellen dienen nur als Nullinstrument.

bestehen zwei wesentliche Vorteile: 1. die größere Genauigkeit, 2. die Möglichkeit, nur monochromatisches Licht auf den absorbierenden Stoff wirken zu lassen; das ist sehr wichtig, da häufig unter der Lichtwirkung Veränderungen der Absorptionsspektren eintreten.

Nachteilig sind die höheren Ansprüche an monochromatische Lichtintensität und damit im Zusammenhang die Schwierigkeit, sehr schmale Absorptionen bzw. Absorptionslinien auszumessen.

Bei der Abwägung von Vor- und Nachteilen der photographischen und der lichtelektrischen Ermittlung von Absorptionsspektren ist vor allem das Ziel der Untersuchung zu berücksichtigen.

Soll der Absorptionskoeffizient für eine bestimmte Wellenlänge möglichst genau bestimmt werden, so ist das lichtelektrische, soll dagegen ein ausgedehntes Absorptionsspektrum aufgenommen werden, so ist das photographische Verfahren das gegebene. Bei Untersuchungen von Veränderungen der optischen Absorption durch Zusätze, Temperatur- oder Konzentrationsänderungen können beide Verfahren gleichwertig sein. Der absolute Fehler ist meist bei der photographischen Bestimmung größer und hängt vom Absolutbetrage der Lichtschwächung ab.

Eine Abwägung beider Verfahren geben beispielsweise V. Halban und Eisenbrand [566].

Selbst mit ganz einfachen Hilfsmitteln, unter Benutzung einer einzigen Alkali- oder dgl. Zelle sind mit gutem Erfolg Absorptionsspektren von festen Körpern, Flüssigkeiten und selbst Gasen, von Diamant beispielsweise durch Peter [312] ausgemessen worden. Auch für die Polarimetrie sind mit Nutzen lichtelektrische Zellen benutzt, allerdings empfiehlt sich an Stelle der lichtelektrisch wenig wirksamen D-Linie mehr die blaue Hg-Linie 436 mμ [566 a].

Zur Untersuchung der zerstreuten Himmelsstrahlung wie des unmittelbaren Sonnenlichtes werden lichtelektrische Zellen in steigendem Maße herangezogen. Dorno benutzt Alkalizellen mit Edelgasfüllung von einigen mm Druck zur Messung der Schwankungen des zerstreuten Lichtes und hochevakuierte K-Zellen zur Messung der Sonnenintensität [108, 240].

Dember benutzte im besonderen bei seinen Untersuchungen über die Trübung der Atmosphäre mit Vorteil Argon enthaltende Na-Zellen [72].

Große Erfolge brachte die Anwendung lichtelektrischer Photometrie in der Astronomie. Bahnbrechend waren hier Guthnick [15, 357] sowie Meyer und Rosenberg [179, 221]. Zahlreiche veränderliche Sterne, vor allem auch kurzperiodische, sind lichtelektrisch festgestellt und ihr Lichtwechsel untersucht worden. Neben Aufladungs- oder Strommessungen wird auch eine Nullmethode mit Erfolg angewandt (Rosenberg). Parallelmessungen mit Rb- und Na-Zellen liefern eine Art Farbenindex, da die Gebiete größter Empfindlichkeit bei 480 und 330 mμ genügend weit auseinander liegen. Unterhalb rund 300 mμ ist die Atmosphäre nicht mehr durchlässig. Für rotes Licht kommen vielleicht Rb-Zellen in Verbindung mit Rotfiltern in Betracht; doch steht hier leider die Empfindlichkeit hinter der des Auges und rotsensibilisierter photographischer Platten merklich zurück. Schon 1913 war es möglich, mit einem 130-mm-Refraktor Sterne 6. Größe auf einige Tausendstel Größenklasse lichtelektrisch auszumessen. Seitdem ist man noch wesentlich weitergekommen.

Ebenfalls von astronomischer Bedeutung ist die Verwendung lichtelektrischer Zellen zur Verfeinerung der Zeitmessung. FOX, ROOD und MARBURGER beschreiben eine Messung von Pendelschwingungsdauern durch Koinzidenzen unter Verwendung einer Zelle mit Verstärker und erreichen eine Genauigkeit von 10^{-4} sec [562]. Die Trägheitslosigkeit der lichtelektrischen Wirkung wird es voraussichtlich ermöglichen, die Konstanz der Pendelschwingungsdauern um etwa 2 Zehnerpotenzen zu verbessern. Bei der jetzigen Benutzung mechanischer Uhrwerke und von Kontaktrelais besteht noch eine Schwankung des Uhrenganges um über 0,1 sec/dies im Lauf eines Jahres. Ersetzt man das Kontaktrelais durch eine lichtelektrische Steuerung und verwendet zur Auslösung die Schwingungen eines freien Pendels, das nur durch loseste Kopplung mit dem gesteuerten in ungedämpfter Schwingung erhalten wird, so besteht gute Hoffnung Uhren zu erhalten, deren Fehler unter 10^{-7} ist! (FERRIÉ und JOUAUST, SCHULER [558, 608a].)

Auch sehr schwache Lichterscheinungen werden lichtelektrisch bequem verfolgt. Vor allem wertvoll sind hier die lichtelektrischen Verfahren im Ultraviolett und bei allen zeitlich veränderlichen Vorgängen, da bei diesen photographische Festlegung schwierig wird.

HANLE benutzte zur Bestimmung der „Anregungsfunktion“ von Spektrallinien durch Elektronenstoß eine Zinkzelle. Es gelang ihm, bei Aufladungsmessung mit Quadrantelektrometer quantitativ die Emission der Hg-Resonanzlinie 2537 Å in Abhängigkeit von der die Elektronen beschleunigenden Spannung zu messen. Dabei hatte der von den Elektronen durchsetzte Hg-Dampf eine so geringe Dichte, daß fast alle Elektronen ohne Zusammenstoß den Auffänger erreichten. Benutzt wurde Zn anstatt Alkalimetall, um nicht gezwungen zu sein, im Dunkeln zu arbeiten. Höhere Ausbeuten wären wahrscheinlich mit Li erhalten worden [567].

Schon frühzeitig hatten LENARD 1912 und seine Mitarbeiter das Abklingen der Phosphoreszenz lichtelektrisch verfolgt und im besonderen die wichtigen Lichtsummen durch Aufladungsmessungen bestimmt, vgl. auch [33].

v. ANGERER maß das zeitliche Abklingen des Nachleuchtens im elektrisch angeregten Stickstoff. In solchen Fällen gibt es kaum ein anderes Beobachtungsverfahren als das trägheitslose lichtelektrische [184].

In neuerer Zeit sind auch Prüfungen der Strahlungsgesetze lichtelektrisch ausgeführt worden. Das liegt nahe, weil die Energien verfügbarer schwarzer Strahlung im ultravioletten meist zu thermoelektrischer Bestimmung nicht ausreichen, lichtelektrisch jedoch gut meßbar sind. STEINKE bestimmt die Strahlungskonstante c_2 durch Messung von „Isochromaten" im Ultraviolett [261]. Da nur Filter statt völliger spektraler Zerlegung verwendet wurden, der strahlende Körper nicht völlig „schwarz" war, und auch die benutzten lichtelektrischen Zellen nicht einwandfrei arbeiteten, kann das Ergebnis nicht als Präzisionsmessung gelten. Auch die methodisch bessere Anordnung von CSÁSZÁR erreichte wegen apparativer Mängel nur eine Genauigkeit von 3% [281]. Es ist

$$c_2 = \lambda \cdot \frac{T_1 \cdot T_2}{T_2 - T_1} \cdot \ln \frac{E_\lambda^{(2)}}{E_\lambda^{(1)}}$$

in der zulässigen Näherung des WIENschen an Stelle des PLANCKschen Gesetzes. Zur Ermittlung von c_2 ist also nur erforderlich, das Verhältnis der lichtelektrischen Ströme für zwei verschiedene Temperaturen in monochromatischem Licht zu bestimmen; die Wahl der lichtelektrischen Zelle, ihre Absolutempfindlichkeit und spektrale Verteilung ist dabei ohne Bedeutung; dagegen ist selbstverständlich genaue Proportionalität der Ströme zu den einfallenden Intensitäten E_λ nötig.

Hingewiesen sei schließlich noch auf die Verwendung der lichtelektrischen Zellen bei der Fernübertragung von Bildern („Fernsehen"); hier ist besonders die Energieproportionalität und Trägheitslosigkeit von Bedeutung.

4. Lichtelektrische Wirkung und Elektrizitätsleitung in Gasen. Lichtelektrische Wirkung kann die Vorgänge des Elektrizitätsdurchganges durch Gase bei hohen und niedrigen Drucken beeinflussen. In erster Linie ist hier der bekannte Versuch von H. HERTZ von 1887 zu erwähnen, der zum eigentlichen Ausgangspunkt lichtelektrischer Forschung geworden ist. Eine Funkenstrecke spricht besser an, wenn sie vom Licht einer anderen getroffen wird. Hertz erkannte durchaus die Bedeutung seiner Entdeckung „Über einen Einfluß des ultravioletten Lichtes auf das Entladungspotential", war aber infolge seiner noch wichtigeren Arbeiten über die kurzen elektrischen Wellen nicht in der Lage, selbst sogleich die weitere Erforschung der Erscheinung durchzuführen.

Spätere Arbeiten, vor allem von Warburg, haben dann gezeigt, daß in erster Linie keine Herabsetzung des Entladungspotentiales vorliegt, sondern daß nur die Verzögerungszeit herabgesetzt wird.

Eine wirkliche Herabsetzung des Kathodenfalles kommt nur bei sehr großen Lichtintensitäten in Frage, wenn der lichtelektrische Strom dem Entladungsstrom an Größe vergleichbar wird. Während mit Glühkathoden eine solche Herabsetzung leicht erreicht wird, ist sie durch Belichtung der Kathode kaum sicher festzustellen.

So fand Salzwedel [607] bei Bestrahlung der Kathode einer Glimmentladung mit dem unzerlegten Licht einer Quarz-Quecksilberlampe je nach Versuchsbedingungen bald Abnahme des Kathodenfalles, bald keine Veränderung; Gesetzmäßigkeiten wurden nicht gefunden. Vielfach wird im Unterricht die lichtelektrische Wirkung auf Neonglimmlampen gezeigt. Wird die Kathode von kurzwelligem Licht (soweit solches durch Glas hindurchgeht) getroffen, so wird die nahe der Zündspannung sehr große Verzögerungszeit erheblich verkleinert: bei intensiver Belichtung zündet die Lampe augenblicklich, während man bei gleicher Spannung im Dunkeln gelegentlich minutenlang auf die Zündung warten muß; möglicherweise wird auch die Zündspannung selbst etwas herabgesetzt [408, 452, 499].

Infolge der starken kurzwelligen Strahlung bei der Elektrizitätsleitung in verdünnten Gasen, können lichtelektrische Wirkungen an der Kathode mitwirken.

Taylor versucht auf derartiger Grundlage eine neue lichtelektrische Theorie der Funkenspannung zu geben. Die zur Aufrechterhaltung der Entladung erforderlichen Elektronen entstehen seiner Meinung nach nicht durch den Aufprall positiver Ionen auf die Kathode, sondern werden lichtelektrisch durch das bei der Neutralisierung der positiven Ionen an der Kathode ausgesandte Licht aus der Kathode ausgelöst.

Danach wäre die Funkenspannung abhängig von der lichtelektrischen Ausbeute der Kathodenoberfläche für die in Frage kommenden Lichtwellenlängen. TAYLOR hat versucht, seine Vorstellungen durch verschiedene Messungen zu stützen [616, 617]; seine Gedankengänge werden aber beispielsweise von HUXLEY entschieden abgelehnt [575].

Diese Fragen sind ohne besondere lichtelektrische Bedeutung, daher mögen diese Andeutungen genügen.

IX. Sonstiges über äußere lichtelektrische Wirkung.

1. Äußere lichtelektrische Wirkung an der Grenze Metall-Flüssigkeit. An sich wird man geneigt sein, Elektronenaustritt aus einem Metall unter Wirkung ultravioletten Lichtes auch dann anzunehmen, wenn das Metall nicht an ein mehr oder minder dichtes Gas grenzt, sondern an eine Flüssigkeit. Man wird dabei erwarten dürfen, daß die langwellige Grenze je nach der Natur der Flüssigkeit verschieden liegt und jedenfalls gegenüber der Beobachtung im Vakuum verschoben ist, ferner daß die geringe freie Weglänge der in eine Flüssigkeit austretenden Elektronen vielleicht größere Verluste durch Rückkehr zum Metall bedingt und daß viel größere Sättigungsspannungen erforderlich sind als in Gasen.

Es ist nun erstaunlich, daß über diese an sich wahrscheinliche Erscheinung so gut wie gar keine Untersuchungen angestellt sind. Nur JAFFÉ hat 1910 eine kleine Untersuchung veröffentlicht, aus welcher in der Tat hervorzugehen scheint, daß bei Belichtung einer Zinkplatte in Hexan (C_6H_{14}) mit ultraviolettem Licht lichtelektrische Ströme in der gut isolierenden Flüssigkeit meßbar sind.

Die zu benutzenden Flüssigkeiten müssen selbstredend für das wirksame Licht durchlässig sein — JAFFÉs gut gereinigtes Hexan ließ in der benutzten Schichtdicke von einigen mm gerade noch die Wellenlänge 271 $m\mu$ durch —, außerdem müssen sie gut isolieren, will man neben dem im Dunkeln fließenden Strom einen lichtelektrischen Strom von etwa 10^{-12} Amp. beobachten. In leitenden, nichtmetallischen Flüssigkeiten kann überdies der in Abschnitt XVI, 1 behandelte Becquereleffekt auftreten.

Bei den Messungen von JAFFÉ betrug der Dunkelstrom in keinem Fall über 10% des im Licht fließenden Stromes; dieser Betrag ist bei den Zahlen der folgenden Tabelle bereits abgezogen. Die Tabelle enthält Messungsergebnisse bei Belichtung einer Zinkplatte einmal in Luft und einmal in Hexan bei sonst ganz gleicher Anordnung[1]. Verändert wurde der Abstand der Zinkplatte von einem als Anode dienenden Kupferdrahtnetz, durch welches unzerlegtes Licht einer Quarzquecksilberlampe auf die Zinkplatte einfiel; die Dicke der vom Licht durchsetzten Hexanschicht wurde dabei unverändert erhalten, um trotz der erheblichen Lichtabsorption im Hexan vergleichbare Werte zu erhalten. Da die Zinkplatte „Ermüdung" zeigte, sind die beobachteten Werte auf einen bestimmten Zeitpunkt umgerechnet. Die belichtete Fläche dürfte einige qcm betragen haben; JAFFÉ gibt nur die Stromdichten an.

	Plattenabstand in mm	Elekrische Feldstärke in Volt/cm 1000	 2000	 3000
		Zuwachs der Stromdichte bei Belichtung in 10^{-13} Amp./cm²		
Zink in Luft	1	22,0	29,7	41,8
	2	22,6	33,3	60,1
	3	22,0	33,0	55,0
Zink in Hexan	1	0,130	0,364	0,625
	2	0,155	0,368	0,641
	3	0,165	0,403	0,710

Die Zahlen zeigen im Fall der Luft die übliche Stromspannungsabhängigkeit: vor Erreichen völliger Sättigung tritt Stoßionisation ein; im Fall des Hexans nimmt dagegen anscheinend der Strom anfänglich stärker zu als die Spannung und für Sättigung besteht keine Andeutung. Mit Stoßionisation dürfte dieser Verlauf nichts zu tun haben; JAFFÉs seinerzeitigem Erklärungsversuch möchten wir heute nicht mehr beipflichten. Vielleicht werden Untersuchungen bei noch kleineren Plattenabständen und noch höheren Feldstärken doch noch Sättigung feststellen lassen.

Als Beweis für die lichtelektrische Ursache des im Licht beobachteten Stromes sah JAFFÉ zwei Umstände an:

1. trat der Strom nur auf, wenn die belichtete Zinkplatte Kathode war,

2. war der Strom, wie die Zahlen der Tabelle zeigen, in erster Näherung nur von der elektrischen Feldstärke abhängig, beruhte also auf einer Oberflächen-, nicht auf einer Raumwirkung.

[1] Die Lichtintensität war bei Messung in Luft rund 20 mal kleiner.

Die immerhin angedeutete Zunahme der Lichtwirkung mit steigendem Plattenabstand deutet JAFFÉ als Überlagerung der äußeren lichtelektrischen Wirkung am Zink durch eine geringfügige innere lichtelektrische Wirkung im Hexan (vgl. XIII, 4).

Wichtig wäre der zahlenmäßige Vergleich der Lichtwirkung auf Zink in Luft und in Hexan; er scheitert aber vor allem am Fehlen von Sättigungsströmen. Immerhin kommt JAFFÉ unter Berücksichtigung der Lichtabsorption im Hexan selbst zu der Angabe, daß der Strom im Hexan größenordnungsmäßig 1000 mal kleiner sei als in Luft. Die Richtigkeit der Rechnung angenommen, könnte das ebensogut daran liegen, daß die Austrittsarbeit an Zink in Hexan um einige Zehntel Volt größer war als in Luft, wie daran, daß in Hexan Sättigung erst bei 1000 mal höheren Feldstärken zu erzielen ist als in Luft. Hier wären vor allem weitere Versuche und zwar mit spektral zerlegtem Licht erwünscht.

Der Strom zeigte eine Trägheit von der Größenordnung einer Minute. Derartiges dürfen wir erwarten, wenn wir für die durch Elektronenanlagerung an Hexanmoleküle gebildeten Ionen eine Beweglichkeit der Größenordnung 10^{-5} cm/sec pro Volt/cm annehmen. Die von SCIVESSY und SCHÄFER 1911 unter ähnlichen Bedingungen in Paraffinöl gefundenen Trägheiten von Stunden entsprechen dann ganz gut der rund 300 mal größeren Zähigkeit des Paraffinöls. Stromkonstanz kann erst eintreten, wenn die ersten bzw. nach Verdunklung die letzten aus der Kathode austretenden Elektronen als Ionen die Gegenelektrode erreichen (Abb. 106, S. 219).

Als äußere lichtelektrische Wirkung an Metallen in einer Flüssigkeit wird man vielleicht auch die von WIEGEL [624] beschriebene Erscheinung auffassen können, daß Silbersole bei Belichtung rascher zusammenflocken. Allerdings müßte dann wohl die Austrittsarbeit beim Übergang Silber-Wasser wesentlich kleiner sein, als gegenüber Gas oder Vakuum.

2. Lichtelektrische Abtrennung positiver Ladungen. Schon frühzeitig ist behauptet worden, daß unter Umständen bei Belichtung von Metallen auch positive Elektronen abgegeben werden. Derartige Beobachtungen von BRANLY 1891 bis 1893 sind durch ELSTER und GEITEL 1896 und LE BON 1897, 1900, 1902 wohl einwandfrei auf Versuchsfehler zurückgeführt worden. Die positive Emission wurde vorgetäuscht durch Elektronenabgabe des von Streulicht getroffenen Empfängers. 1909 glaubte DEMBER erneut mit wesentlich verbesserter Anordnung lichtelektrische „Kanalstrahlen“ feststellen zu können. Er arbeitete im Vakuum von 10^{-5} mm Hg-Säule, um Bildung positiver Ionen aus den Gasresten auszuschalten. Die belichtete Platte (Cu und vergoldetes Cu) war siebartig durchlöchert und stets geerdet, ihr gegenüber stand ein Platinnetz als Anode. Die durch die Löcher nach rückwärts austretenden Ladungen wurden in einem elektrostatisch geschützten Raum aufgefangen. DEMBER fand schon bei Spannungen bis 1 Volt zwischen Netz und belichteter Platte Abgabe positiver Ladungen an seinen Auffänger; die Hauptmenge jedenfalls unterhalb 5 Volt, so daß Bildung positiver Ionen durch Ionenstoß ausscheidet. Die Belichtung erfolgte mit unzerlegtem Hg-Licht. Die positive Aufladung entsprach nur etwa 1% der gleichzeitigen negativen Emission, so daß nach DEMBERS damaliger Ansicht eine gleichzeitige positive Emission sich gewöhnlich der Beobachtung entziehe. Diese positive Emission hat keineswegs einheitliche Ablehnung gefunden, ist vielmehr gelegentlich als Erklärung für die u. a. von LENARD und von E. LADENBURG 1903 beschriebene Aufrauhung polierter Metallflächen unter der Wirkung ultravioletten Lichtes herangezogen werden. 1925 kam jedoch DU BRIDGE [409] bei einer sehr sorgfältigen Nachprüfung der DEMBERschen Versuche zum Ergebnis, daß die positive Aufladung des Auffängers lediglich durch Elektronenauslösung aus ihm infolge Streulichtes zustande kommt. Bei völliger Ausschließung von Streulicht verschwand auch die wie bei DEMBER zunächst beobachtete Wirkung. Bei seinen Versuchen wurden ebenfalls Cu, Au und dazu noch Al bestrahlt. DEMBER hatte natürlich ebenfalls Streulicht als mögliche Fehlerquelle erwogen, sie aber ablehnen zu können geglaubt, weil sein Strom von der Spannung zwischen Netz und bestrahlter Platte abhing und er den Durchgriff des Feldes in den als feldfrei betrachteten Raum unterschätzte. Heute ist man durch die Erfahrungen an Glühelektronenröhren besser über Felddurchgriff unterrichtet als 1909.

Unter ganz anderen Umständen ist ebenfalls die lichtelektrische Abtrennung positiver Ladungen behauptet worden, und zwar bei Versuchen im Schwebekondensator. Die ersten derartigen Angaben stammen von BÄR und LUCHSINGER [146, 186] an Paraffin und an Selen. HAKE [297] fügte eine Reihe weiterer derartiger Beobachtungen an Dielektriken hinzu und WASSER [392] findet diesen

„inversen Photoeffekt" auch an Hg-Tröpfchen. Alle Beobachter lehnen die naheliegende Fehlerquelle ab, daß von den Kondensatorplatten lichtelektrisch abgetrennte Ladungen sich an das Schwebeteilchen angelagert haben. Entweder soll kein Streulicht die Platten getroffen haben oder bei absichtlicher Belichtung der Platten keine Häufigkeitssteigerung der Erscheinung eingetreten sein. Ionisierung des Gasraumes scheidet bei den benutzten Wellenlängen mit ziemlicher Sicherheit aus. Folgende Tabelle gibt HAKEs Beobachtungsergebnisse in verschiedenen Gasen. Bei WASSERs Versuchen an Hg ist zu bemerken, daß die negative (inverse) Aufladung gerade an den kleinsten Teilchen auftrat, bei denen die Aufladungswahrscheinlichkeit optisch und elektrisch höchst gering ist. Gegenüber WASSERs Messungen in einem Kondensator mit nur 2 mm Plattenabstand scheint allerdings der Zweifel an Streulichtfreiheit berechtigt. Sein Beleuchtungsobjektiv aus Quarz lieferte zwar für $\lambda = 275\ m\mu$ ein paralleles Bündel, doch muß damit gerechnet werden, daß die ebenfalls im Licht der Quarzquecksilberlampe noch vorhandenen Wellenlängen bis $186\ m\mu$ herab die Platten doch gestreift haben.

Beobachtung der Abgabe positiver Ladung im Schwebekondensator (nach Hake).

	H_2	O_2	Luft	N_2	CO_2
Al	− +			− + +	
S			+	+	+
Cu	− +			−	
Zn	− − +			−	− + +
Se	− + +	− + +	− +	− + +	+
Sn	− + +			− +	+
Sb	− +			− +	
J		+	+	− + +	+
Te	+	+	− − +	− + +	− + +
Hg	− − +			−	− + +
Bi	− + +			+	−
Paraffin und P.-Öl	+	+	+	+	+
Glyzerin	+	+	+	+	+
Kolophonium	− + +	+	− +	+	+
Terpentinöl	+	0	0	+	+
Wasser			+		

Es bedeutet − Elektronenabgabe, + Abgabe positiver Ladung bzw. Elektronenaufnahme, 0 Fehlen jeder Ladungsänderung.

Andere Beobachter, die mit dem Schwebekondensator arbeiten, finden entweder keine solchen Fälle negativer Aufladung oder deuten sie entschieden als durch Elektronenanlagerung vorgetäuscht. So findet TAUBES [472], daß die Erscheinung verschwindet, wenn lichtelektrische Wirkung an den Kondensatorplatten durch Paraffinüberzug verhindert wird, und daß die Abgabe positiver Ladung vorwiegend an stark positiv geladenen Teilchen eintritt. LORENZ wiederholte HAKES Versuche mit dem ausgesprochenen Ziel, den „inversen" Effekt aufzuklären und kommt zum bestimmten Ergebnis, daß bei peinlicher Unterdrückung des Streulichtes auf die Kondensatorplatten weder an Öl noch Glyzerin noch Hg in Luft, N_2, H_2, CO_2, O_2, He, unabhängig davon, ob die Teilchen positiv, neutral oder negativ niemals negative Aufladung eintritt, daß sie dagegen sofort beobachtet werden kann, wenn die Kondensatorplatten Licht erhalten [518].

Man kann nicht behaupten, daß die bestimmten Angaben der älteren Arbeiten nun völlig entkräftet seien, doch spricht die überwiegende Wahrscheinlichkeit für die Ablehnung des „inversen" Effektes.

Noch ein letzter Versuch ist zu erwähnen. Bekanntlich senden Metalle und Metalloxyde bei Erwärmung auch positive Ionen aus, viele Metallsalze, wie G. C. SCHMIDT zeigte, sogar ganz überwiegend. Bei Belichtung fand IVES [510] keinerlei Vermehrung dieser Emission.

3. Beeinflussung der Elektronenreflexion durch Licht. Eine sehr eigenartige Erscheinung hat LANGMUIR [310] beschrieben. Dünne Häute von Caesium auf Metallflächen sollen unter Belichtung die Eigenschaft erhalten, aufprallende Elektronen elastisch zu reflektieren. Die Zahl der reflektierten Elektronen ist bei nicht zu großer Lichtintensität dieser proportional, besonders wirksam ist blaugrünes Licht (530 $m\mu$).

Die Versuchsanordnung LANGMUIRS war die folgende: Zwei Nickelzylinder *B* und *C* mit offenen Enden befinden sich voneinander isoliert, einer in Verlängerung des anderen in einem hochevakuierten Glasgefäß. In das Gefäß ist etwas Caesium eindestilliert. In der Axe des einen Zylinders *B* befindet sich ein Wolframglühdraht *A* als Elektronenquelle. Caesiumhäute bedecken alle Metallteile, auch den Wolframdraht und infolgedessen gibt dieser schon unterhalb Rotglut hinreichende Elektronenströme ab ($50 \cdot 10^{-6}$ Amp.).

Im Dunkeln gehen die Glühelektronen ganz überwiegend zum näheren Zylinder B, falls beide Zylinder positives Potential gegenüber A haben. Wird jedoch das Zylinderinnere von außen belichtet, so gelangt ein mit der Lichtintensität wachsender Bruchteil der Elektronen an den entfernteren Zylinder C! Nur ein kleiner Teil des C erreichenden Stromes rührt von lichtelektrisch ausgelösten Elektronen her, wie leicht durch geeignete Wahl der Spannung zwischen beiden Zylindern oder durch Ausschalten der Glühdrahtheizung festzustellen ist.

Die folgende Tabelle gibt Meßergebnisse von LANGMUIR:

Lichtintensität in willkürlichen Einheiten	Strom zum Zylinder C	Lichtelektrischer Anteil	Zusatzstrom durch Reflexion
0	$0{,}14 \cdot 10^{-6}$ A	$0{,}000 \cdot 10^{-6}$ A	$0{,}00 \cdot 10^{-6}$ A
5	0,18	0,000	0,04
18	0,28	0,001	0,14
50	0,52	0,002	0,38
98	0,87	0,005	0,72
172	1,21	0,010	1,06
266	1,26	0,016	1,104
385	1,28	0,024	1,116
540	1,30	0,037	1,123
730	1,32	0,055	1,125
960	1,36	0,103	1,12
1200	1,39	0,130	1,12

Gefäß auf Zimmertemperatur, Glühelektronenstrom $21{,}8 \cdot 10^{-6}$ Amp.
Zylinder B auf $+60$, C auf $+100$ Volt gegenüber dem Glühdraht.

Der Zusatzstrom wächst also zunächst proportional der Lichtintensität und erreicht dann einen von der Lichtintensität unabhängigen Grenzwert. Das erste Ansteigen ist nun bemerkenswerterweise unabhängig von den Spannungen der beiden Zylinder und der Stärke des Glühelektronenstromes: es kann beispielsweise der Zylinder C nur das Potential $+ 20$ Volt gegenüber A besitzen, während $+ 100$ Volt an B liegen, und trotzdem ergibt sich zunächst der gleiche Zusatzstrom! Anders ist es mit dem Grenzwert; dieser hängt von der Spannung beider Zylinder sehr erheblich ab und ist in dem oben genannten Beispiel nur noch 0,07 statt $1{,}12 \cdot 10^{-6}$ Amp. der Tabelle; er hängt auch vom Glühelektronenstrom ab, ist aber unabhängig von der Lichtintensität.

Als Deutung schlägt LANGMUIR, wie oben erwähnt, vor, daß durch die Belichtung die angelagerten Caesiumatome in einen Zustand versetzt werden, in dem sie anprallende Elektronen ohne nennenswerte Energieverluste zurückprallen lassen.

Eine eingehendere Untersuchung der bemerkenswerten Erscheinung scheint bisher nicht ausgeführt worden zu sein.

X. Innere lichtelektrische Wirkung. Lichtelektrische Leitung in isolierenden Kristallen.

1. Leitfähigkeitsänderungen und lichtelektrische Ströme. Viele Jahrzehnte lang bekannte Erscheinungen, wie die Widerstandsänderungen des Selens bei Belichtung, konnten trotz aller Versuche keine befriedigende lichtelektrische Aufklärung finden, solange nicht das Wesentliche vom Unwesentlichen, die primäre Wirkung von den Folgeerscheinungen, getrennt war. Was beim Selen, beim Antimonglanz u. a. beobachtet, ja technisch längst verwertet wurde, das verhält sich zur primären lichtelektrischen Wirkung wie etwa die geschichtete Entladung in der positiven Säule einer selbständigen Gasentladung zum Elektronenstoß. Wie hier erst durch die vereinfachten Versuche im reinen Gas von FRANCK und HERTZ die Grundlage des Verständnisses gewonnen wurde, so lag der Schlüssel zum Verständnis jener Selenerscheinungen 1. im Übergang vom Kristallit oder unreinen Mineral zum einheitlichen und möglichst reinen Kristall und 2. vom schlechten Elektrizitätsleiter zum Isolator. Vor allem die Untersuchung von Isolatoren erlaubte die beobachteten Ströme oder Elektrizitätsbewegungen lichtelektrisch zu deuten, während bei der unübersehbaren Fülle von Arbeiten über Selen und verwandte Halbleiter es niemals gelungen war, an den außerordentlich verwickelten Änderungen der schon im Dunkeln fließenden Ströme bei Belichtung die einfachen Gesetzmäßigkeiten lichtelektrischer Wirkungen, vor allem Sättigungsströme und genaue Proportionalität zur Lichtintensität, aufzufinden. Trotz aller Versuche, die Beobachtungen lichtelektrisch zu deuten, sprachen die Versuchsergebnisse eigentlich eindeutig für einen photochemischen Vorgang im Sinne der Verschiebung eines Modifikationsgleichgewichtes ohne Zusammenhang mit lichtelektrischer Elektronenabspaltung. Heute kann auf Grund der Ergebnisse von GUDDEN und POHL zwar die lichtelektrische Grundlage als gesichert betrachtet, jedoch keineswegs schon jede Beobachtung der Größe nach gedeutet werden. Man ist in dieser Hinsicht gegenüber der Theorie der Gasentladungen noch zurück und muß sich vorerst damit begnügen, der Art und Weise nach zu verstehen, wie die einfachen Grundtatsachen lichtelektrischer Elektronenabspaltung im Kristallinnern zu den von mannigfachen äußeren Umständen verwickelt abhängigen beobachteten Strömen Anlaß geben.

Gudden und Pohl bezeichnen die Fortbewegung primär lichtelektrisch abgespaltener Elektronen und ihren Ersatz als Primärstrom, alle Folgeerscheinungen dieser Bewegung als Sekundärstrom. So kann elektrolytische Leitung auftreten oder im Sinne von Hevesy durch Gitterauflockerung verbessert werden, andererseits kann bei reiner Elektronenleitung Kohärerwirkung eintreten. Von einer „spezifischen" Leitfähigkeit dürfte daher ebensowenig gesprochen werden wie in einem Gase, einerlei, ob Stoßionisation vorliegt oder nicht. Wenn im folgenden im Anschluß an die betreffenden Forscher von Leitfähigkeits- oder Widerstandsänderungen gesprochen wird, so bedeutet hier Leitfähigkeit nur das Verhältnis des gerade beobachteten Stromes zur gerade angelegten Spannung (nicht einmal etwa der wirklich wirksamen), ist aber keineswegs eine Konstante; für Widerstand gilt das Entsprechende.

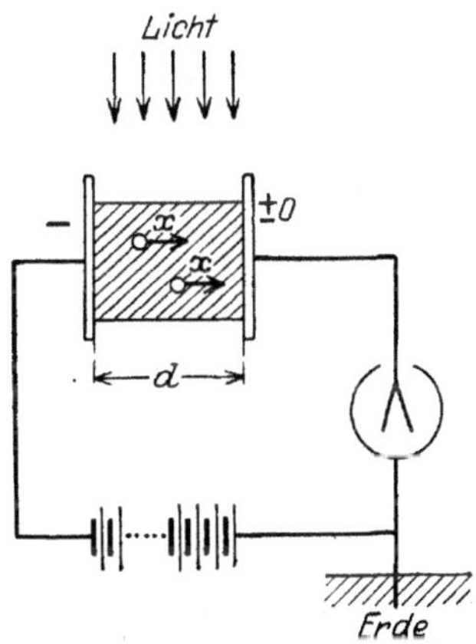

Abb. 51. Schema der Versuchsanordnung bei der Untersuchung innerer lichtelektrischer Wirkung in Kristallen (nach Gudden und Pohl).

2. Der lichtelektrische Primärstrom. Wenn in einem Plattenkondensator vom Plattenabstand d eine Ladung Q sich um die Strecke x in der Feldrichtung verschiebt, so mißt ein in die äußere Verbindung beider Platten eingeschaltetes Stoßgalvanometer oder Elektrometer die Ladung $q = Q \cdot \frac{x}{d}$ (vgl. Abb. 51)[1]. Im allgemeineren

[1] In manchen Fällen ist es vorzuziehen, das Licht durch eine durchsichtige Elektrode einfallen zu lassen, also in Richtung des elektrischen Feldes („Längsfeld"), statt wie in der Abb. 51 senkrecht dazu („Querfeld").

Fall entgegengesetzter Verschiebung von gleicher positiver und negativer Ladung wird der Betrag $q = Q \cdot \frac{x_+ + x_-}{d}$ gemessen oder $q = N \cdot e \cdot \frac{x_+ + x_-}{d}$, wenn e die Ladung eines Elektrons und N ihre Anzahl ist.

Werden n Ladungen pro Sekunde getrennt, und verschiebt sich jede danach um die Strecke x_+ bzw. x_-, so fließt ein dauernder Strom der Stärke

$$i = ne \cdot \frac{x_+ + x_-}{d}.$$

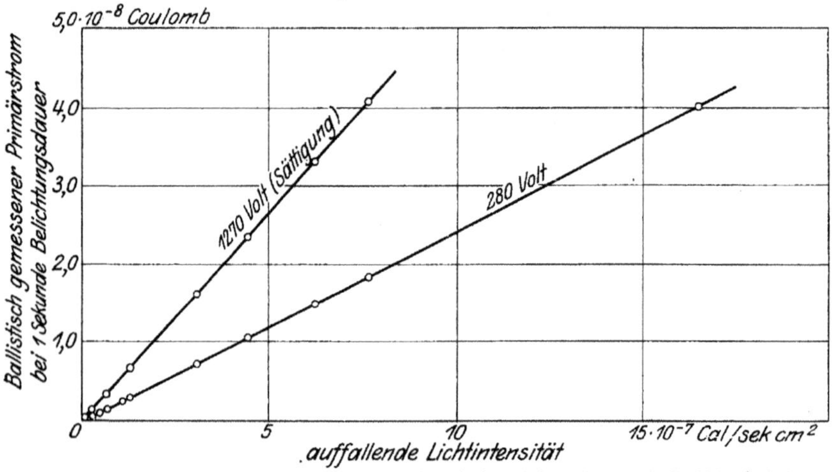

Abb. 52. Energieproportionalität des lichtelektrischen Primärstromes in Zinkblende bei verschiedenen Spannungen. Belichtete Fläche 25 qmm, Kristalldicke 1,3 mm, monochromatische Belichtung mit $\lambda = 436\ m\mu$ in Richtung des elektrischen Feldes (nach GUDDEN und POHL).

Die so beobachtete Elektrizitätsmenge q bzw. den entsprechenden Strom i bezeichnen GUDDEN und POHL als lichtelektrischen Primärstrom [204, 205, 245, 293, 295]. Dieser hat im Idealfall folgende Eigenschaften:

Er ist der absorbierten Lichtenergie (-intensität) in aller Strenge proportional.

Er setzt trägheitslos mit der Belichtung ein und hört ebenso trägheitslos mit Ende der Belichtung auf.

Er wächst mit der wirkenden Feldstärke anfangs linear und erreicht dann einen Sättigungswert.

Diese drei Eigenschaften mögen durch Messungen belegt werden. Abb. 52 zeigt die Intensitätsproportionalität der Stromeinsatzwerte (vgl. Ziffer 7) für zwei Spannungen. Es besteht kein experimenteller Anhalt für Abweichungen bei geringeren oder höheren Lichtintensitäten. Diese Beobachtungstatsache ist eine gewichtige Stütze für die lichtelektrische Deutung dieser Leitungserscheinungen in isolierenden Kristallen. Sie bestätigt, daß der Strom proportional der Anzahl der in der Sekunde lichtelektrisch abgespaltenen Elektronen ist.

Abb. 53 zeigt die Abhängigkeit der Stromeinsatzwerte von der Spannung für zwei verschiedene Wellenlängen.

Derartige Messungen liegen aus weiter unten angeführten Gründen bisher nur in so geringer Anzahl vor, daß die genaue Form der Abhängigkeit nicht feststeht. Jedenfalls aber scheint die Stromspannungskurve in erster Näherung von der Wellenlänge, also der Stärke der Absorption unabhängig zu sein. Versuche einer theoretischen Deutung, etwa entsprechend der für die unselbständige Elektrizitätsleitung in dichten Gasen fehlen.

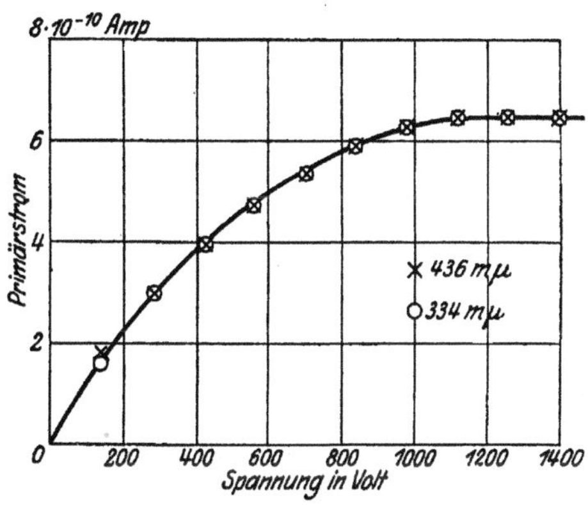

Abb. 53. Zinkblende. Gleichheit der Sättigungskurve für eine schwach (436 mμ) und eine stark (334 mμ) absorbierte Wellenlänge (nach GUDDEN und POHL). Belichtung in Richtung des elektrischen Feldes.

Abb. 54 zeigt, daß die durch Gleichung $q = N\varepsilon\frac{x_+ + x_-}{d}$ dargestellte Elektrizitätsbewegung unter Umständen innerhalb weniger als 10^{-4} Sekunden abläuft; es gibt also kein Anklingen und Abklingen des Stromes, wie es einer Leitfähigkeitsänderung durch Belichtung entspricht, sondern wie beim Elektronenaustritt aus Metallen ins Vakuum beobachtet man völlige Trägheitslosigkeit innerhalb der Meßgenauigkeit. Auch dies ist ein wichtiger Hinweis auf eine lichtelektrische Erscheinung im Gegensatz zu einer photochemischen.

In dieser reinen Form sind lichtelektrische Primärströme im allgemeinen nicht zu beobachten. Zunächst einmal setzen dauernd konstante Ströme voraus, daß durch die Elektrizitätsverschiebungen im Kristallgitter keine bleibenden Änderungen entstehen, also abgewanderte Elektronen umgehend ersetzt werden. Dieser Ersatz scheint nach GUDDEN und POHL je nach Kristallart ver-

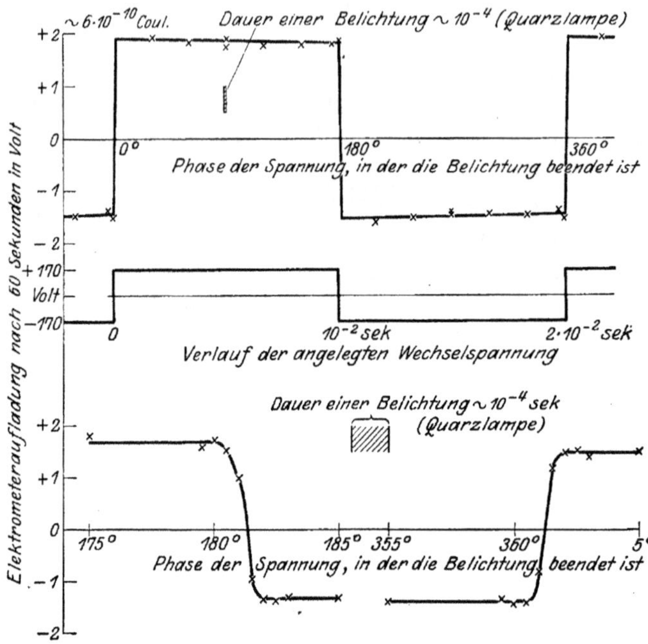

Abb. 54. Die Trägheitslosigkeit des lichtelektrischen Primärstromes in Kristallen (nach FLECHSIG).

An den Kristall (Diamant) wird eine „kistenförmige“ Wechselspannung (mittlere Kurve) angelegt. Die Belichtung erfolgt in Lichtblitzen von 10^{-4} Sek. Dauer jeweils in einer bestimmten Phase der Wechselspannung (Abszisse). Beobachtet wird Größe und Vorzeichen der Aufladung eines in Reihe mit Kristall und Spannung geschalteten Elektrometers (Ordinate) in Abhängigkeit von der Lage des Lichtblitzes zur Spannungsphase. Die obere Kurve und noch deutlicher die untere mit 20fach vergrößertem Abszissenmaßstab zeigen deutlich, daß die Elektrizitätsbewegung mindestens innerhalb von 10^{-4} Sek. nach Ende der Belichtung ebenfalls beendet ist. Ob die Trägheit noch geringer ist, war mit der benutzten Anordnung nicht zu entscheiden [423].

schieden leicht zu erfolgen und ist von der Temperatur und geeigneter Belichtung abhängig. Um diese Verwicklung zu vermeiden sind erstens mit großem Erfolg Belichtungszeit und Belichtungsintensität auf möglichst kleine Werte herabgesetzt und durch Extrapolation die Einsatzwerte (siehe unten Ziff. 7) des Stromes ermittelt worden, zweitens ist nach jeder Beobachtung der Ausgangszustand des Kristalles wieder hergestellt worden, sei es durch Ausleuchtung (langwellige Belichtung), Erwärmung oder auch nur durch Abwarten.

Besonders übersichtlich werden die Erscheinungen, wenn der Ersatz (positiver[1] Primärstrom) völlig fehlt, und nur Elektronenabwanderung (negativer Primärstrom) in der Feldrichtung von den Orten ihrer Auslösung statthat. Ein solcher Fall wurde von GUDDEN und POHL am Diamant bei Zimmertemperatur unter ausschließlich kurzwelliger Belichtung beobachtet. Er scheint jedoch bei tiefen Temperaturen die Regel zu sein.

Dieser negative Primärstrom erweist sich im Falle der Sättigung bemerkenswerterweise unabhängig von der Temperatur. Das kann aus einer Reihe von Messungen gefolgert werden. Beobachtete Temperaturabhängigkeiten beruhen auf Änderung der optischen Absorption und Verschiedenheit in der Elektronennachlieferung.

3. Die lichtelektrisch leitenden Kristalle und die spektrale Verteilung. Als HALLWACHS seine umfassende Darstellung der „Lichtelektrizität" 1914 abschloß, widmete er dem, was in der vorliegenden Darstellung als „innere lichtelektrische Wirkung" besprochen wird, von der Phosphoreszenz abgesehen, kaum mehr als eine einzige Seite. Er erwähnt Vergrößerung des Leitvermögens durch Licht für Selen, Tellur, Ag_2S, Sb_2S_3, AgCl, AgBr, AgJ, CuJ, Schwefel granuläres Silber, Schellack und Naphthalin.

Hierzu kamen durch Beobachtungen von VOLMER (69, 98) eine Reihe von organischen Verbindungen sowie gelber Phosphor, Jod, $HgCl_2$, HgJ_2 und HgS. PFUND (92) untersuchte die Änderung

[1] Die Bezeichnung „positiver" Primärstrom ist nach unseren heutigen Kenntnissen nicht sehr glücklich gewählt. Sie soll besagen, daß diese Elektrizitätsbewegung die im Kristall durch die Elektronenabwanderung zur Anode entstandenen positiven Überschußladungen an die Kathode verlagern läßt. Dabei wird nicht etwa an die Wanderung positiver Ionen gedacht, sondern es werden im allgemeinen mehr oder minder verzögert Elektronen aus Richtung der Kathode nachrutschen und so die Störungsstelle immer weiter zur Kathode hinverschieben, bis endlich an dieser der Ersatz des infolge der lichtelektrischen Wirkung im Kristallinneren ursprünglich abgewanderten erfolgt. Wie schnell ein solches Nachliefern der Elektronen aus Richtung der Kathode erfolgt, ist von Temperatur und Besonderheit des Gitters, wahrscheinlich auch von der elektrischen Feldstärke abhängig.

des Leitvermögens von Cu_2O bei Belichtung. Schließlich wurden im Bestreben, Ersatzstoffe für das Selen zu finden, die in rotem oder gar ultrarotem Licht Änderung des Leitvermögens zeigen, von amerikanischen Forschern zahlreiche natürliche Mineralien untersucht; so fügte CASE den bisher bekannten Verbindungen Bi_2S_3, MoS_2 sowie einige verwickelt zusammengesetzte Schwermetallsulfide hinzu (102) und schuf in der sog. Thalofidzelle ein der Selenzelle anscheinend ebenbürtiges technisches Hilfsmittel. Genauer untersucht wurden die meisten dieser Stoffe durch COBLENTZ und Mitarbeiter. Näheres hierüber vgl. XI.

So war eine ganze Reihe von Stoffen bekannt, die die Eigenschaften des Selens teilten, doch fehlte jede Einsicht, welche Vorbedingungen für das Auftreten dieser Wirksamkeit des Lichtes erfüllt sein mußten. Über den Mechanismus der Leitung selbst war trotz der ungeheueren Selenliteratur so gut wie nichts bekannt.

Da zeigten GUDDEN und POHL im Zusammenhange mit der Aufklärung der Leitungsvorgänge und ihrer lichtelektrischen Grundlage, daß zwei Gruppen lichtelektrisch leitender Kristalle unterschieden werden können: 1. gewisse „allochromatische" Kristalle, d. h. solche mit Absorptionsbanden, die an die Gegenwart von Fremdbeimengungen geknüpft sind; 2. „idiochromatische" Kristalle hoher Lichtbrechung (Brechungsexponent $n > 2$ außerhalb des der reinen chemischen Verbindung selbst angehörenden ultravioletten Absorptionsgebietes).

Im Falle 1 ist die spektrale Verteilung der primären lichtelektrischen Wirkung bezogen auf auffallende Energie im wesentlichen die der optischen Absorption, sofern es sich um Beimengungen in molekularer Verteilung handelt (Ziff. 8 und Abb. 68), dagegen ohne klaren Zusammenhang mit der Absorption bei kolloidalen Färbungen (ebenda Abb. 69); im Falle 2 erreicht sie einen ausgesprochenen Höchstwert bei den Wellenlängen, bei denen der nach Ultraviolett rasch anwachsende Absorptionskoeffizient etwa den Wert 1 mm^{-1} erreicht; dieses Maximum ist um so steiler, je dünner die untersuchte Kristallplatte ist, wie des näheren aus den Ausführungen der folgenden Ziffer verständlich wird. Bemerkenswert ist jedenfalls, daß der primäre lichtelektrische Strom sehr klein wird, wenn die optische Absorption höhere Werte annimmt.

Die lichtelektrische Wirkung im Kristallinnern verursacht eine Änderung der optischen Absorption, sofern die abgespaltenen Elektronen nicht sofort wieder ersetzt werden. Die Absorptionsänderung scheint unabhängig davon zu sein, ob ein elektrisches Feld die Elektronen fortführt oder nicht. Die Veränderung wird in Anlehnung an den entsprechenden Vorgang bei der Phosphoreszenz als „Erregung" bezeichnet. In den Kristallen mit Eigenfärbung dehnt sich als Folge der Erregung die Absorptionskurve nach längeren Wellen hin aus (vgl. Abb. 94), bei den Kristallen mit Fremdfärbung tritt eine Verflachung und Verbreiterung des Absorptionsbandes ein (vgl. Abb. 70). In beiden Fällen stellen dieselben Mittel (langwelliges Licht, Erwärmung oder auch nur Abwarten) die ursprüngliche Absorption wieder her. Im elektrischen Feld äußert sich diese Wiederherstellung als positiver Anteil des Primärstromes [501].

Die spektrale Verteilung der lichtelektrischen Wirkung am erregten Kristall unterscheidet sich von der am unerregten entsprechend der veränderten Absorption (vgl. Abb. 70). Nichtbeachtung dieses Umstandes erklärt die verschiedentlichen älteren Beobachtungen, daß spektrale Verteilungen verschieden erhalten werden, je nachdem die Messung von kürzeren zu längeren Wellen fortschreitet oder umgekehrt, bspw. von Röntgen [219].

Die Kristalle mit Eigenfärbung und lichtelektrischer Leitung haben auch im übrigen eine Sonderstellung; darauf haben Gudden und Pohl im Anschluß an die bekannten wichtigen Arbeiten von Fajans (1923) über die Deformation der Elektronenhüllen und ihre Bedeutung hingewiesen. Inwieweit sich die Sonderstellung der Kristalle hoher Lichtbrechung nur auf die lichtelektrische Leitung oder auch auf die innere lichtelektrische Wirkung selbst erstreckt, ist noch ungenügend geklärt [293a]. Bei dieser Unterscheidung wollen wir die Möglichkeit offen lassen, daß zwar Elektronenabspaltung erfolgt, aber eine Abwanderung aus irgendwelchen Gründen unmöglich ist wie im amorphen Zustand. Das Verschwinden des Primärstromes einfach durch starke „Wiedervereinigungsverluste" in Gebieten hoher Lichtabsorption erklären zu wollen, wie es Wise [541] tut, ist nicht angängig, da die Abnahme der Ausbeute in Längs- und Querfeld übereinstimmend eintritt und ganz unabhängig von der Lichtdichte ist.

Daß die Träger der lichtelektrisch wirksamen Lichtabsorption nicht die normalen Gitteratome sind, sondern irgendwie bevorzugte, haben GUDDEN und POHL vielfach betont; SMEKAL hat in verschiedenen seiner bedeutsamen Arbeiten über die Realkristalle die von ihm vermuteten und nachgewiesenen „Lockerstellen" auch für die innere lichtelektrische Wirkung verantwortlich gemacht [534a].

4. Quantenbeziehung. Der durchschlagende Beweis für die lichtelektrische Auffassung der Kristalleitung im Licht ist durch zahlenmäßigen Vergleich der primären Sättigungsströme mit der absorbierten Lichtintensität erbracht worden. GUDDEN und POHL hatten gefunden, daß die bei Sättigungsspannung pro Kalorie auffallenden Lichtes gemessenen Elektrizitätsmengen in der Nähe des spektralen Maximums bei den besten lichtelektrischen Leitern merkwürdig nahe der Größenordnung 1 Coul/cal lagen, die dem Quantenäquivalent entspricht (vgl. III, 5 und Tabelle am Schluß des Buches). Dies Ergebnis war insofern überraschend, als von vornherein jede beliebige größere und kleinere Zehnerpotenz ebenso wahrscheinlich sein mußte.

Daraufhin in einigen Fällen durchgeführte Parallelmessungen der optischen Absorption und der lichtelektrischen Sättigungsströme ließen die spektrale Verteilung der lichtelektrischen Wirkung, bezogen auf absorbierte Energie, berechnen und führten zu dem Ergebnis von grundlegender Bedeutung, daß die absolute Ausbeute mit abnehmender Wellenlänge proportional dieser abnimmt und die quantentheoretische Größe besitzt, d. h. jedem absorbierten $h\nu$ entspricht bei Sättigungsfeldstärke die Trennung einer negativen und positiven Ladung und ihre Verlagerung an die Feldgrenzen; anders gesagt: für jedes absorbierte $h\nu$ kommt ein Elektron zur Messung. Abb. 55 zeigt die bisher genauesten Messungen an einem besonders weit ins Ultraviolett durchlässigen Diamanten; der aus diesen Messungen folgende Wert der PLANCKschen Konstante weicht nur innerhalb der etwa 10% betragenden Fehlergrenzen vom genauen Wert ab. Zu gleichem Ergebnis führten Messungen an besonders reiner Zinkblende (ZnS) und mit etwas größerer Unsicherheit an Zinnober (HgS). [295, 296].

Dies bisher nur in Einzelfällen gewonnene Ergebnis wird man verallgemeinern dürfen, wenn auch die Vermehrung

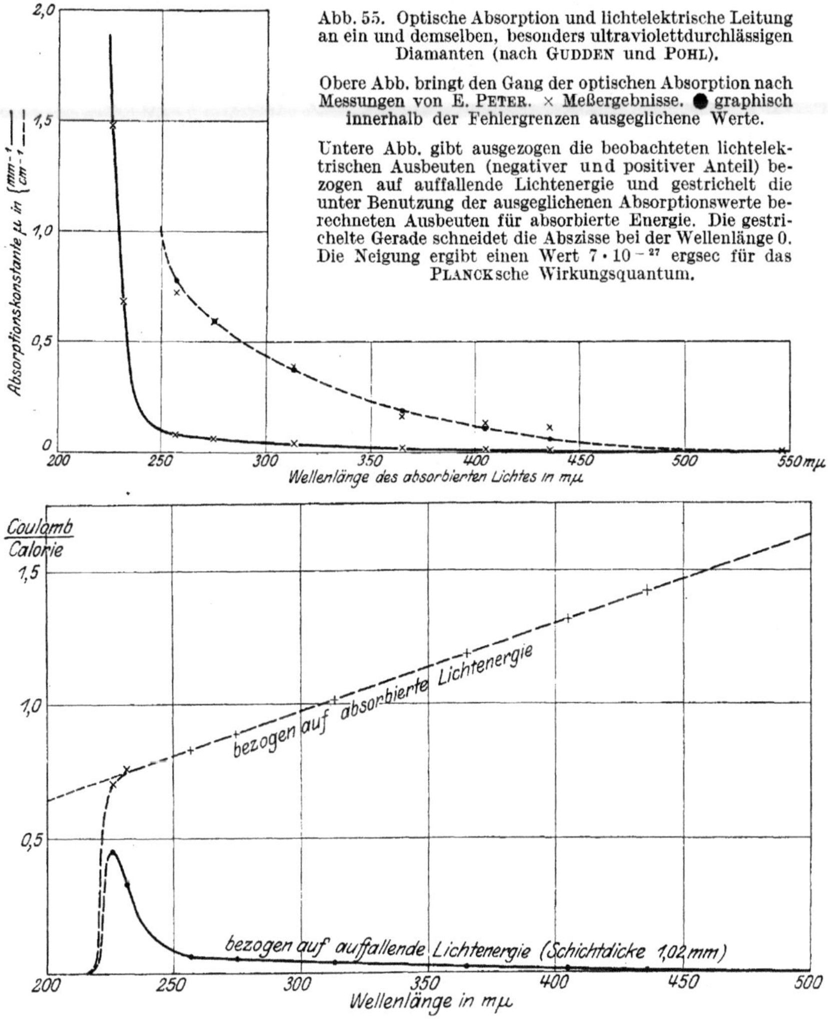

Abb. 55. Optische Absorption und lichtelektrische Leitung an ein und demselben, besonders ultraviolettdurchlässigen Diamanten (nach GUDDEN und POHL).

Obere Abb. bringt den Gang der optischen Absorption nach Messungen von E. PETER. × Meßergebnisse. ● graphisch innerhalb der Fehlergrenzen ausgeglichene Werte.

Untere Abb. gibt ausgezogen die beobachteten lichtelektrischen Ausbeuten (negativer und positiver Anteil) bezogen auf auffallende Lichtenergie und gestrichelt die unter Benutzung der ausgeglichenen Absorptionswerte berechneten Ausbeuten für absorbierte Energie. Die gestrichelte Gerade schneidet die Abszisse bei der Wellenlänge 0. Die Neigung ergibt einen Wert $7 \cdot 10^{-27}$ ergsec für das PLANCKsche Wirkungsquantum.

derartiger Messungen nicht leicht sein wird. Die Schwierigkeiten bestehen nicht so sehr in der Meßtechnik selbst als in der Gewinnung geeigneter Kristalle. Künstliche Herstellung der in Frage kommenden einheitlichen Kristalle mit hohem Brechungsindex in einer zur Messung der schwachen optischen

Absorption ausreichenden Schichtdicke von einigen Millimetern ist bisher nicht gelungen; man ist auf natürliche Mineralien angewiesen und deren Reinheit ist leider meist sehr fragwürdig. So muß man sich vorläufig mit der Feststellung begnügen, daß die absolute Ausbeute in allen untersuchten Fällen, in denen entweder nicht die Sättigungsspannung erreicht werden konnte oder die Gegenwart von störenden Beimengungen sichergestellt ist, um eine bis mehrere Zehnerpotenzen hinter dem Quantenäquivalent zurückbleibt und somit in die Größenordnung der bei der äußeren lichtelektrischen Wirkung beobachteten fällt.

Beschränken wir uns zunächst auf die Gruppe der Kristalle mit Eigenfärbung, so liegt die große Bedeutung der Versuche darin, daß offensichtlich hier optische Absorption unmittelbar zur Elektronenabspaltung führt, ohne daß Anregungszustände wie in Gasen vorkommen. Bei Diamant bspw. oder Schwefel bewirkt schon die längste Welle des gesamten elektromagnetischen Spektrums, die überhaupt absorbiert wird, Elektronenabspaltung! In anderen Fällen, in denen schon im Ultrarot Absorptionsgebiete liegen, ist es nicht anders, da die Ultrarotabsorption nicht von Elektronen, sondern Ionen herrührt. Daß die Elektronenablösung in all diesen Fällen nicht zu äußerer lichtelektrischer Wirkung führt, muß wohl durch das Bestehen einer Austrittsarbeit an der Oberfläche auch des Isolators erklärt werden.

Warum der lichtelektrische Primärstrom in Gebieten starker Absorption verschwindend klein wird, ist noch ein ungelöstes Rätsel und könnte grundsätzliche Bedeutung haben (Verteilung der $h\nu$-Energie auf eine Vielheit von Atomen?).

5. Einfluß von Temperatur und Magnetfeld auf den Primärstrom. An Zinkblende, Diamant und verfärbtem Steinsalz ist die Temperaturabhängigkeit der lichtelektrischen Leitung messend verfolgt worden, sogar herab bis zur Temperatur des flüssigen Wasserstoffs (— 250° C), beim Diamant und Zinkblende durch Lenz, bei Steinsalz durch Gudden und Pohl [434]. Als Ergebnis kann festgestellt werden, daß die Einsatzwerte der Primärströme, bezogen auf absorbierte Lichtenergie, temperaturunabhängig sind. Der negative Anteil des Primärstromes ändert sich also nur in demselben Maße wie die optische Absorption. Dagegen tritt der positive Anteil bei tiefen Temperaturen außerordentlich zurück. Die Elektronenabsonderung schafft infolgedessen so hohe Raumladungen, daß das angelegte Feld ausgeglichen wird. So kommt es, daß nach Wanderung schon kleiner Elektrizitätsmengen der Strom auf Null oder jedenfalls kleine Bruchteile seines Anfangswertes herabsinken kann. Übersehen dieses Umstandes erklärt eine zunächst gefundene starke Temperaturabhängigkeit des stationären lichtelektrischen Stromes (vgl. Abb. 56). [587, 588.]

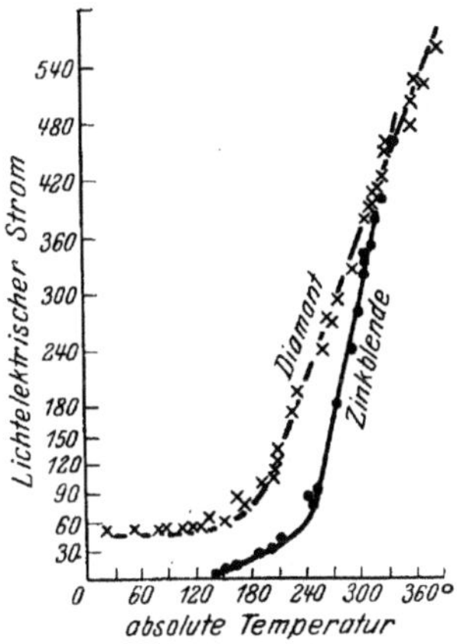

Abb. 56. Temperaturabhängigkeit der lichtelektrischen Dauerströme, im Gegensatz zur Temperaturunabhängigkeit der Einsatzwerte, hervorgebracht durch das Entstehen von Gegenfeldern (nach LENZ).

Es ist für den Mechanismus des positiven Anteils wichtig, daß diese feldvernichtende Raumladung **nicht** auftritt, wenn man Elektronen (Kathodenstrahlen) von außen in den Kristall hineinschießt. Dieser Befund von LENZ [454] bestätigt bzw. läßt schließen, daß 1. die Elektronenleitung selbst im Kristallgitter mit abnehmender Temperatur nicht schlechter wird; 2. daß die hineingeschossenen Elektronen selbst wandern und nicht etwa wie das Licht nur elektronenabspaltend wirken; 3. daß der positive Stromanteil wirklich in der Verlagerung des Ortes der positiven Restladung besteht, die eben beim Hineinschießen von Elektronen gar nicht auftreten. Eine Änderung der Sättigungsspannung mit der Temperatur ist bisher nicht beobachtet; ebenso ist nicht genügend untersucht, welchen Einfluß langwellige Belichtung auf die Auslösung des positiven Anteils bei tiefen Temperaturen hat, d. h. ob nur örtliche (molekulare) Erwärmung oder lichtelektrische Wirkung anzunehmen ist. Da auch die Absorption im „erregten" Zustand bei tiefen Temperaturen schon bei kürzeren Wellen endet, als bei Zimmertemperatur, ist bei einem Vergleich für gleiche Absorption Sorge zu tragen.

Steigert man die Temperatur über Zimmertemperatur, so tritt der positive Anteil immer mehr hervor und Raumladungen stören nicht mehr. Andererseits wächst die Gefahr des Auftretens von „Sekundärströmen" (vgl. Ziffer 7). Bei den instabilen

Absorptionszentren in verfärbten Alkalihalogeniden usw. wird überdies bei 100° schon selbständiger Zerfall sehr merklich und verbietet Messungen bei höheren Temperaturen. Im ganzen kann man sagen, daß die beobachteten Temperaturabhängigkeiten in guter Übereinstimmung mit der lichtelektrischen Deutung sind, aber quantitativ noch wesentlich ergänzt werden sollten.

Von verschiedenen Seiten ist nach einer Beeinflussung der lichtelektrischen Leitung durch Magnetfelder gesucht worden, um hierdurch möglicherweise weitere Stützen für die Elektronenwanderung zu gewinnen. Eine Art „Halleffekt" ist von GUDDEN und POHL [356] am Diamant, von ARSENJEWA [485] am verfärbten Steinsalz erwähnt, vor allem aber eingehend nach allen Richtungen von LENZ an Diamant und Zinkblende untersucht worden [370, 587]. Seine Ergebnisse waren besonders übersichtlich an einem Diamant. Die Hallspannung ist bei diesem genau proportional dem Magnetfeld, gemessen bis 5500 Amp.Wgn./cm; sie wächst anfänglich proportional der elektrischen Feldstärke und erreicht bei etwa 2500 Volt/cm einen Grenzwert; ferner steigt sie anfänglich rasch mit der Stromstärke, geht aber über einen Grenzwert nicht hinaus. Das Vorzeichen der Hallspannung entspricht der Wanderung negativer Träger. Sie erweist sich bis zur Temperatur der flüssigen Luft herab temperaturunabhängig.

Bei der Zinkblende, deren Gitter bekanntlich polare Achsen enthält, kehrte die Hallspannung merkwürdigerweise ihr Vorzeichen mit dem Magnetfeld nicht um. Nur bei Kristallorientierung, in der die dreizähligen Achsen symmetrisch zur Feldrichtung $\mathfrak{E}$ liegen, glichen die Verhältnisse weitgehend denen beim Diamanten. Der Halleffekt war übereinstimmend, ob der Strom durch Belichtung oder durch Hineinschießen mit Kathodenstrahlen hervorgerufen wurde. Lichtelektrisch ist er nicht von Bedeutung, dagegen von großer Wichtigkeit für die Elektronenleitung in isolierenden Kristallen. Er ist in diesem Zusammenhang nur als Stütze für die Elektronennatur der Elektrizitätsträger angeführt. Für eine Einwirkung des Magnetfeldes auf die lichtelektrische Wirkung im Kristallinnern besteht keinerlei Anhalt.

6. Bedeutung von Beimengungen und Gitterstörungen für den Primärstrom. Es scheint ein allgemeines Kennzeichen von Elektronenleitung im Gegensatz zu Ionenleitung zu sein, daß alle Abweichungen vom idealen Kristallgitter die Leitung beeinträchtigen; als solche Störungen kommen Oberflächenschichten (Kristallit statt Kristall) und Beimengungen in Frage. Im Fall der lichtelektrischen Leitung werden folgende Erscheinungen beobachtet: Die Ausbeute, bezogen auf absorbierte Lichtenergie, sinkt um rund eine Zehnerpotenz, wenn man von Diamant mit Absorptionskonstante 1 mm^{-1} bei 230 mμ zu einem anderen übergeht, mit derselben Absorption schon bei 313 mμ; ebenso beim Übergang von in 1 mm Schichtdicke wasserklarer Zinkblende zu solcher, die schwach gelblich ist; wasserklare Diamanten mit Durchlässigkeitsgrenze bei rund 300 mμ oder gelbe Zinkblende zeigen etwa auf ein Hundertstel herabgesetzte Ausbeute. Farbige Diamanten, vor allem aber braune Zinkblende, zeigen überhaupt keine merkliche Leitung im Licht mehr. Übersehen dieses Umstandes erklärt gelegentliche Mißerfolge bei Wiederholung der Versuche von GUDDEN und POHL (vgl. etwa LEVI [251]). Zinkblende läßt häufig eine Beobachtung zu, die für das Verständnis des Verhaltens leitender mineralischer Sulfide wichtig ist. In größeren Kristallen wechseln wasserhelle Gebiete mit gelblichen oder gar bräunlichen ab, vermutlich infolge wechselnden Eisengehaltes bei der Kristallbildung. Bei punktweiser Belichtung liefern dann im wesentlichen nur die hellsten Stellen lichtelektrische Leitung [205]. Der Dauerstrom nimmt langsamer zu als die Lichtintensität. GUDDEN und POHL nehmen an, daß nicht die lichtelektrische Wirkung als solche herabgesetzt wird, sondern nur die Weiterleitung der Elektronen unterbunden wird. In diesem Sinne spricht, daß Sättigungsströme nicht mehr oder jedenfalls erst bei viel höheren Feldstärken erreicht werden. Ganz ähnlich wirken äußere und innere Grenzflächen. An gepreßten Kristallpulvern, etwa von ZnS oder HgS, sind die Leitungserscheinungen wesentlich weniger ausgeprägt; rein optisch, etwa durch geringere Lichteindringung, ist das nicht zu erklären. Geht man zu noch feinerer Körnung über, etwa zu mikrokristallinen bzw. „amorphen“ Niederschlägen von ZnS oder HgS, so ist auch bei großen Lichtintensitäten und hohen Spannungen oft gar nichts mehr von lichtelektrischer Leitung zu merken, obwohl die Phosphoreszenzfähigkeit das Vorliegen lichtelektrischer Wirkung beweist [293] (vgl. XIII, 1).

Primärströme an nicht hinreichend reinen Kristallen sind beispielsweise von HEINTZE an mineralischem Sb_2O_3 und $PbCO_3$ untersucht worden [299].

7. „Sekundärstrom". Die Elektronenwanderung im Primärstrom bedeutet eine Lockerung des Kristallgitters, und zwar leicht verständlicherweise in um so größerem Ausmaß, je größer die Stromdichte ist. Als Folgeerscheinung tritt unter Umständen in Ionenkristallen eine Widerstandsabnahme ein, wie sie ohne Belichtung durch Temperaturerhöhung erzielt wird. Kennzeichnend ist dabei, daß die Widerstandsänderung sich allmählich ausbildet und meist einen von Temperatur, Spannung, Lichtintensität und -richtung, sowie natürlich Kristallart und Wellenlänge abhängigen Grenzwert erreicht, der offenbar einem Gleichgewicht entspricht; ebenso nimmt der Widerstand nach Ende der Belichtung nicht sofort seinen ursprünglichen hohen Wert wieder an, ja in vielen Fällen bleibt das Kristallgitter weitgehend gestört bzw. zerstört.

Die Ströme wachsen mit der Spannung mehr als dieser proportional; unter Umständen kann es zum „Durchschlag" kommen. Auch in Molekül- oder Atomgittern ohne Ionen, wie im Diamant, kann bei sehr hohen Feldstärken (über 10^4 Volt/cm) echte Widerstandsabnahme im Gefolge eines Primärstromes auftreten; ob hierbei im Kristallgitter etwas ähnliches, wie bei der Ionisation durch Elektronenstoß in Gasen vorliegt, kann noch nicht entschieden werden.

Alle solchen Ströme, die nicht in der Wanderung lichtelektrisch abgespaltener Elektronen und ihrem Ersatz (negativer und positiver Anteil des Primärstromes) bestehen, sondern nur ihre Folgeerscheinungen sind, bezeichnen GUDDEN und POHL als *Sekundärströme*.

Diese lassen so gut wie keine Rückschlüsse mehr auf die ursprünglichen lichtelektrischen Vorgänge zu, sondern können nur noch als Anzeichen für innere lichtelektrische Wirkung dienen. Ihrer Entstehung entsprechend können sie hohe Vielfache der zugrunde liegenden primären Ströme erreichen und diese bis zur Unnachweisbarkeit überdecken. Das ist der Fall bei den technischen Selenzellen, Thalofidzellen, bei MoS_2, Ag_2S, Sb_2S_3, HgJ, J usw.

Die Wanderung der Elektronen im Primärstrom wird durch Kristallgrenzen in den meisten Fällen unterdrückt; in Kristalliten, gepreßten Pulvern und besonders glasig erstarrten Schmelzen entzieht sich der Primärstrom vielfach überhaupt dem Nachweis; dieselben Grenzflächen sind aber zum mindesten in Ionengittern Gebiete erhöhter Leitfähigkeit, sind also nicht Hindernisse, sondern Förderer der Sekundärströme. GUDDEN und POHL und Mitarbeiter konnten in zahlreichen Fällen den Übergang vom

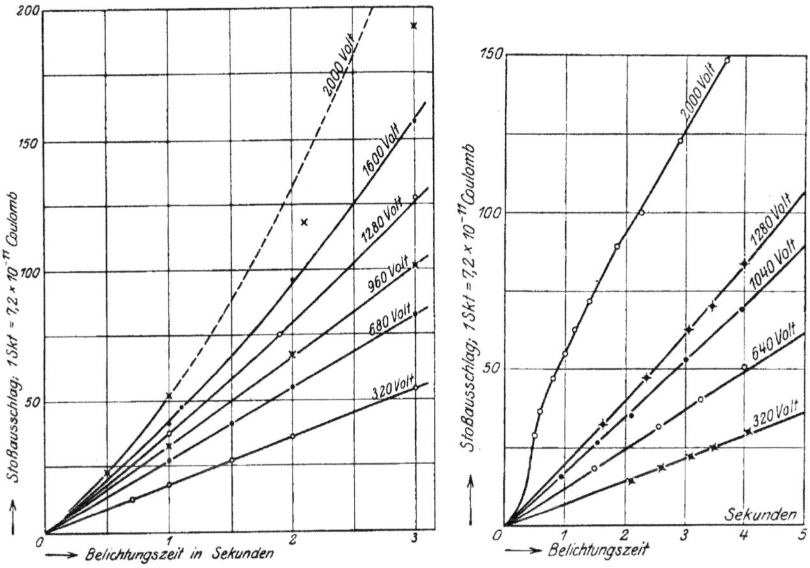

a) b)

Abb. 57. Trennung von Primärstrom und Sekundärstrom und Ermittlung ihrer Spannungsabhängigkeit an Zinkblende (nach GUDDEN und POHL).
a) Lichtenergiedichte $0{,}25 \cdot 10^{-7}$ cal/sec cm² einer schwach absorbierten Wellenlänge $\lambda = 405$ mμ. b) Lichtenergiedichte $12{,}5 \cdot 10^{-7}$ cal/sec cm² einer stark absorbierten Wellenlänge $\lambda = 313$ mμ.
Zeitproportionaler Zuwachs der Elektrizitätsmenge erreicht bei etwa 1000 Volt einen Grenzwert, gleichzeitig tritt bei dieser Spannung ein zunächst quadratisch mit der Belichtungszeit zunehmender Zuwachs auf.

Primärstrom zum Sekundärstrom verfolgen und aufklären; rückwärts ist es dadurch jetzt möglich, in den zahlreichen Fällen, in denen der Primärstrom noch nicht herausgeschält werden konnte, wenigstens Fehldeutungen der Beobachtungsergebnisse zu vermeiden.

Abb. 57 zeigt, wie die Ermittlung der Stromeinsatzwerte trotz sich alsbald überlagernden Sekundärstromes durchgeführt wurde. Für Spannungen bis etwa 1000 Volt bei der benutzten Kristalldicke wächst die beobachtete Elektrizitätsmenge genau proportional zur Belichtungsdauer, d. h. der S t r o m ist völlig konstant, eine Widerstandsänderung (Sekundärstrom) ist nicht eingetreten. Bei höheren Spannungen wächst die Elektrizitätsmenge stärker als proportional der Belichtungsdauer, d. h. es überlagert sich dem durch die Nullpunktstangente gegebenen, zeitlich unveränderlichen lichtelektrischen Primärstrom ein zeitlich wachsender Anteil infolge der auftretenden Gitterstörungen. Dieses Anwachsen hört unter Umständen nach einiger Zeit wieder auf, wie Abb. 57b für eine stark absorbierte Wellenlänge zeigt. Der Zusatzbetrag ist bei der sehr stark absorbierten Wellenlänge 313 mμ und hoher Spannung wesentlich größer als bei der schwach absorbierten Wellenlänge 405 mμ. Das liegt nur an der durch die Querfeldbelichtung bedingten größeren Dichte des absorbierten Lichtes im ersten Fall. Man kann die gleichen Verhältnisse auch bei schwach absorbierten Wellen durch Steigerung der auffallenden Intensität schaffen.

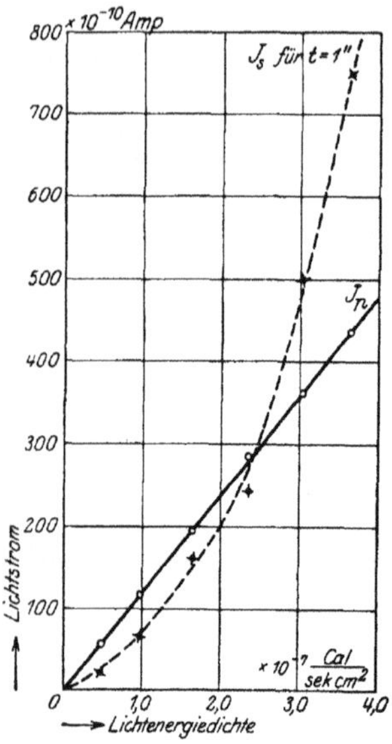

Abb. 58. Abhängigkeit des Primärstromes und Sekundärstromes in Zinkblende von der Lichtintensität (nach GUDDEN und POHL). Trennung beider Anteile wie in Abb. 57 vorgenommen. Wellenlänge 436 mμ. Spannung 1200 Volt.

Genau so kann auch die Abhängigkeit beider Stromanteile von der Lichtintensität getrennt ermittelt werden. Abb. 58 zeigt das aus ganz entsprechenden zeitlichen Beobachtungen wie in Abb. 57 gewonnene Ergebnis für Primärstrom und Sekundärstrom unter sonst gleichen Bedingungen in Abhängigkeit von der Lichtintensität: Proportionalität für Primärstrom, beschleunigtes Wachsen für Sekundärstrom; in letzterem Fall bei noch höheren Lichtintensitäten wie vorher für die Spannungen ein Zurückbleiben hinter der Proportionalität. Der Grund ist einleuchtend. Sekundärstrom bedeutet Leitung des Gitters durch Lichtabsorption a u s g e l ö s t, aber nicht unmittelbar mit ihr verknüpft. Gerade so wie in stark gestörten und aufgelockerten Gittern der Temperaturkoeffizient der Leitfähigkeit geringer ist als in ungestörten, so ist auch hier der Lichteinfluß bei der Hervorrufung selbständiger Leitung stark, dagegen für ihre Steigerung verhältnismäßig gering.

Bei den früher üblichen Beobachtungsverfahren mit großen Lichtintensitäten und langer Beobachtungsdauer werden diese wichtigen Vorgänge völlig verwischt.

Abb. 59 zeigt den zeitlichen Verlauf des Stromes (Sekundärstromes) an CdS. Hier wird das Wesentliche durch die Darstellung verschleiert. Die Kurve mündet nicht im Nullpunkt ein, sondern hat bei sehr kleinen Zeiten einen Wendepunkt und setzt mit einem endlichen Ordinatenwert ein, der in diesem Beispiel bei etwa 10^{-10} Amp. liegen mag. Die Kurven stimmen vollkommen mit den an Halbleitern (XI, XII) gemessenen überein und zeigen, daß dort gar nicht die lichtelektrischen Ströme, sondern nur ihre Folgen beobachtet werden. Die vielen Versuche, die Kurve durch eine theoretisch begründete Formel der Gestalt $i = A \cdot J^{\beta}$ darzustellen, scheinen uns auf einer Verkennung der Vorgänge zu beruhen. Die Abb. 59 läßt dabei eine auch von Selenzellen her bekannte Erscheinung erkennen, nämlich die Abhängigkeit der Trägheit von der Vorgeschichte. Man wird sie so zu deuten haben, daß der ursprüngliche Stromwert wieder angenommen ist, wenn an hinreichend viel Stellen der Strombahn die durch das Licht bzw. den Primärstrom bedingte Störung (Auflockerung) wieder zurückgebildet ist, sie kann trotzdem an vielen getrennten Stellen noch bestehen; bei erneuter Belichtung stellt sich dann der stationäre Zustand um so rascher ein.

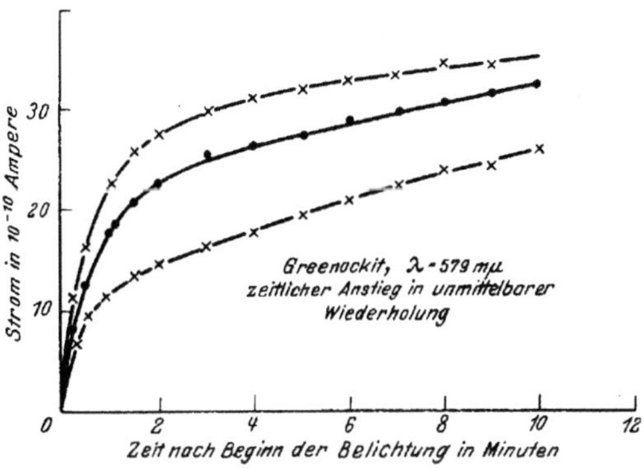

Abb. 59. Zeitlicher Anstieg des Sekundärstromes in einem CdS-Kristall (Greenockit) (nach GUDDEN und POHL). Untere Kurve bei erster, obere bei dritter Messung.

Auch die Sekundärströme können merkwürdigerweise mit steigender Spannung Sättigungswerte erreichen, wenn die Stromführung in sehr dünner Schicht erfolgt, wie es bei stark absorbierten Wellenlängen im Querfeld der Fall ist (vgl. Abb. 60). Dieser Übergang ist schon in Abb. 57b angedeutet. Eine genauere Verfolgung der Kurve für die Wellenlänge 300 mμ würde lehren, daß sie nicht wie gezeichnet in den Nullpunkt einmündet, sondern vorher einen Wendepunkt aufweist; der Verlauf in der Nähe des Nullpunktes ist ganz ähnlich wie der für die Wellenlänge 615 mμ. Wieder ist durch eine Darstellung wie in Abb. 60 Wesentliches unterdrückt! Man vgl. hierzu Abb. 88 auf S. 192. Mit der primären Elektronenwanderung haben diese Kurven nichts zu tun.

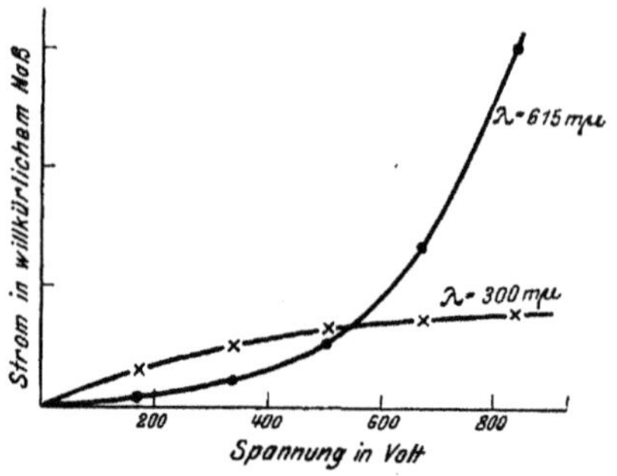

Abb. 60. Abhängigkeit des Sekundärstromes einem HgS-Kristall von der Spannung an Zinnober für eine schwach (615 mμ) und eine stark (300 mμ) absorbierte Wellenlänge (nach GUDDEN und POHL).

Berücksichtigt man die Abhängigkeit der Folgewirkungen (Sekundärströme) von der Dichte des absorbierten Lichtes, von der Spannung und der Belichtungszeit, so nimmt nicht wunder, daß die mit Sekundärströmen gemessenen spektralen Verteilungen außerordentlich veränderlich sind. Während für den

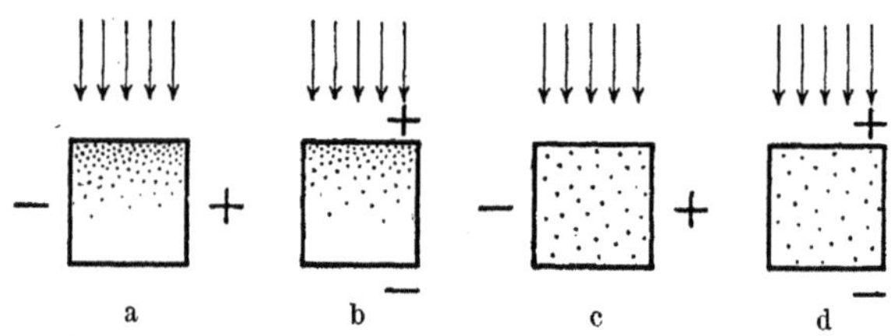

Abb. 61. Bei gleicher auffallender Lichtenergiedichte und Spannung (Feldstärke) ist der Sekundärstrom vergleichsweise am stärksten bei a, am kleinsten bei c und d. a, c „Querfeld“. b, d „Längsfeld“.

Primärstrom die spektrale Verteilung eine Materialkonstante zu sein scheint, also, bezogen auf auffallende Energie, nur von der Lichtabsorption abhängt, ist sie für den Sekundärstrom sogar davon abhängig, ob das Licht in Richtung des elektrischen Feldes (Längsfeldbeobachtung) oder senkrecht dazu (Querfeldbeobachtung) einfällt. Im zweiten Fall nämlich werden wegen der größeren Stromdichte stärker absorbierte Wellen gegenüber dem Längsfeld bevorzugt (vgl. Abb. 61). Dies erklärt, daß im Querfeld Sekundärströme noch in Gebieten starker Absorption beobachtet werden können, während Primärströme und im Längsfeld auch Sekundärströme bei solch stark absorbierten Wellenlängen fehlen. Abb. 62 zeigt, wie man bei sonst ganz gleichen Verhältnissen am selben Kristall nur durch Veränderung der Spannung ganz verschiedene Verteilungen erhält.

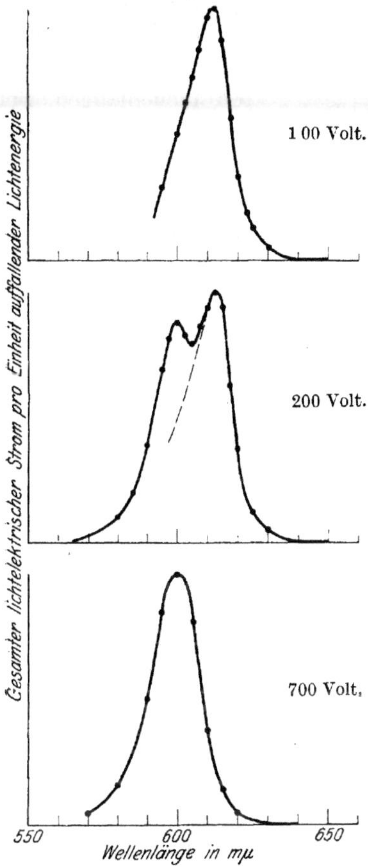

Abb. 62. Abhängigkeit der spektralen Verteilung von der Spannung bei Benutzung von Sekundärströmen (nach GUDDEN und POHL). Die Maxima sind willkürlich auf gleiche Höhe gebracht.

Zinnoberkristall ⊥ Basis. Querfeld; Kristalldicke 1,35 mm.

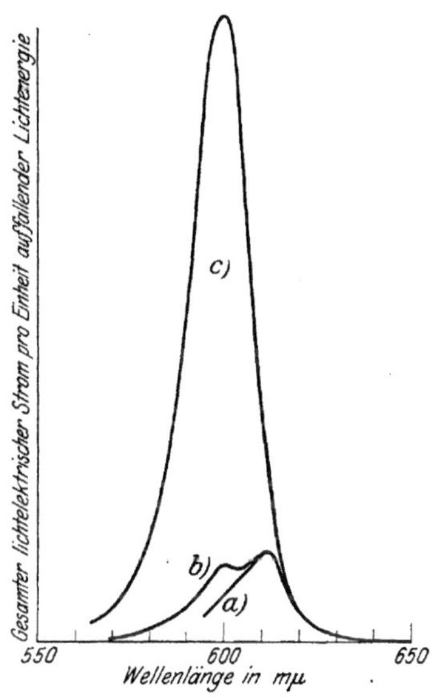

Abb. 63. Entstehung der verschiedenen spektralen Verteilung der Abb. 62 durch mit steigender Spannung wachsende Sekundärströme in Spektralgebieten starker Absorption (nach GUDDEN und POHL).

Bei *a* (100 Volt) fließt im wesentlichen nur Primärstrom, bei *c* (700 Volt) überwiegt der Sekundärstrom völlig.

Durch Auftragung der Beobachtungen in einem Maßstab, der die Höchstwerte gleichmacht, wie es in den Selen- usw. Arbeiten beliebt wird, wird eine völlige Irreführung erzielt. Abb. 63 läßt die Entstehung der Änderung deutlich erkennen, es überlagert

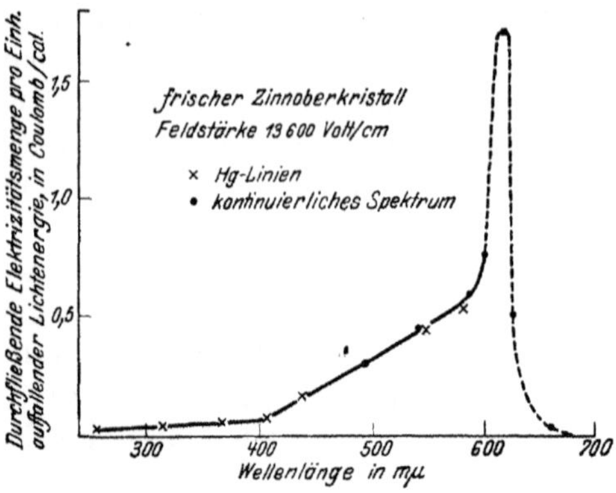

Abb. 64. Durch starke Sekundärströme in Gebieten hoher Absorption völlig entstellte spektrale Verteilung an einem Zinnoberkristall. (Nach GUDDEN und POHL.)

sich eben Sekundärstrom mit steigender Spannung dem Primärstrom schon bei immer schwächer absorbierten Wellenlängen. Bei noch höherer Feldstärke und Lichtenergie kann am HgS eine spektrale Verteilung wie in Abb. 64 erhalten werden. Doppelbrechende Kristalle zeigen natürlich schon im Primärstrom eine Abhängigkeit der spektralen Verteilung von der Lage des elektrischen Lichtvektors zu den Kristallachsen; diese Abhängigkeit macht sich begreiflicherweise auch im Sekundärstrom bemerkbar. ROSE [220] untersuchte diese Abhängigkeit an Zinnober und WEIGEL

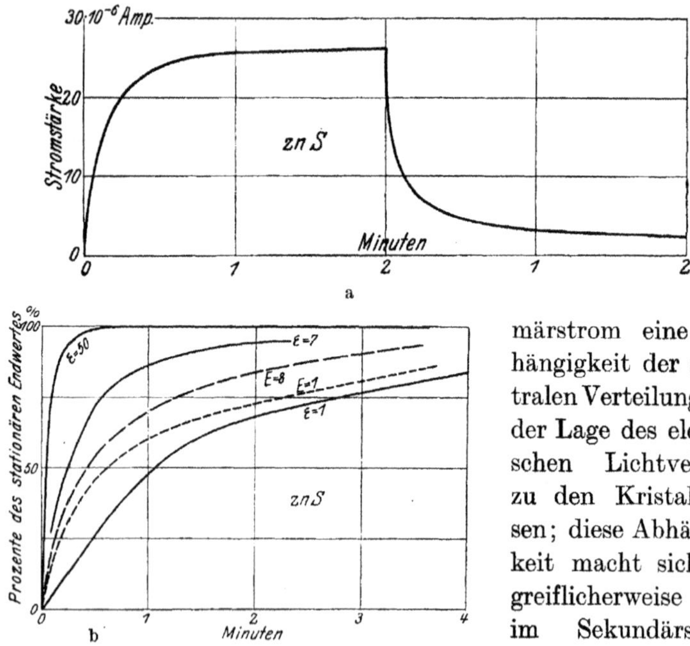

Abb. 65. Trägheitserscheinungen an kristallinen Zinksulfidpulvern (nach GUDDEN und POHL).

a = An- und Abklingen des Sekundärstromes. b = Abhängigkeit der Trägheit von Wellenlänge und Lichtintensität.

——— $\lambda = 436$ mμ. $\varepsilon = 1$ entspricht $2 \cdot 10^{-7}$ cal/sec cm².
– – – $\lambda = 254$ mμ. $E = 1$ entspricht $10 \cdot 10^{-7}$ cal/sec cm².

stellte sie in anderem Zusammenhang an Realgar (As_2S_2) fest [477].

Besonders auffallend sind die Sekundärstromerscheinungen bei Untersuchungen gepreßter Kristallpulver. Primärströme lassen sich hier kaum beobachten, die Grenzflächen bedeuten für die Wanderung der Primärelektronen schlecht überschreitbare Hindernisse.

Die Trägheitserscheinungen und ihre Abhängigkeit von der Vorgeschichte sind noch stärker ausgeprägt als beim einheitlichen Kristall (vgl. Abbildung 65). Der Einfluß mechanischer Erschütterungen auf den Abklingungsvorgang und die Nachwirkung vorhergehender Belichtung, ferner der Unterschied in dieser Nachwirkung, je nachdem, ob Spannung angelegt war oder nicht, legt den Gedanken an Kohärerwirkung nahe.

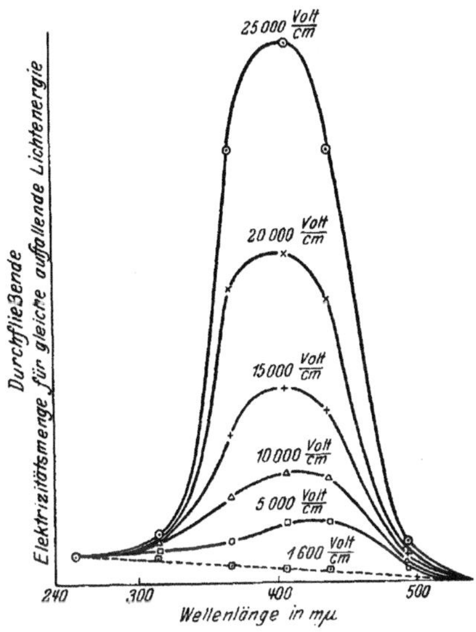

Abb. 66. Abhängigkeit der spektralen Verteilung von der Spannung an einem kristallinen, phosphoreszierenden Zinksulfidpulver (nach GUDDEN und POHL).

Die spektrale Verteilung zeigt eine ausgesprochene Abhängigkeit von Spannung und Belichtungszeit (vgl. Abb. 66 und 67).

Wir haben alle diese Sekundärstromerscheinungen so ausführlich behandelt und mit Abbildungen belegt, obwohl sie lichtelektrisch bedeutungslos sind und möglichst vermieden werden müssen, einzig mit Rücksicht auf die in den folgenden Abschnitten XI und XII behandelten Erscheinungen in Halbleitern und Selen. So wie hier bei den isolierenden Kristallen die klaren lichtelektrischen Grundvorgänge willkürlich in die unübersichtlichen Selenerscheinungen übergeführt werden können, wird es Zukunftsaufgabe sein, bei jenen Halbleitern durch Veränderung der Versuchsbedingungen die lichtelektrischen Grundvorgänge aus ihren

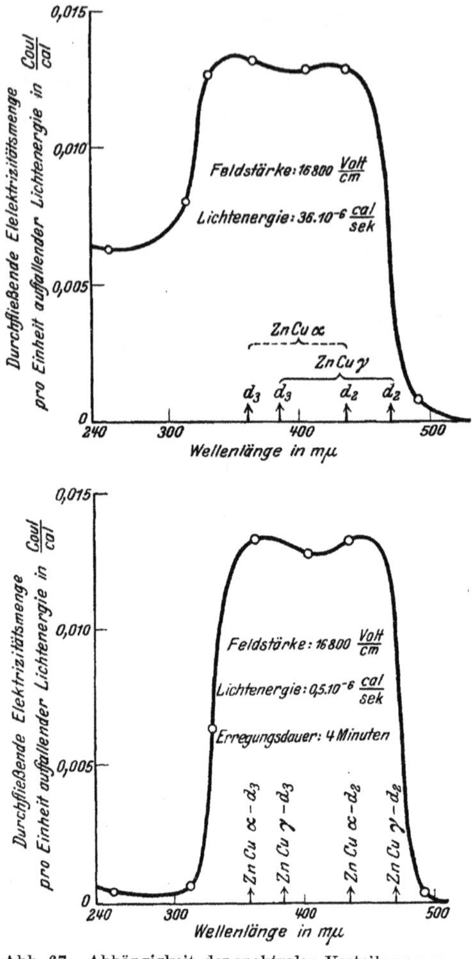

Abb. 67. Abhängigkeit der spektralen Verteilung von der Belichtungsdauer an einem kristallinen, phosphoreszierenden Zinksulfidpulver (nach GUDDEN u. POHL). Oben bei einer Belichtungsdauer von 1 Sek. Unten bei einer Belichtungsdauer von 4 Min.

Folgeerscheinungen herauszuschälen. Fingerzeige für die Richtung wird das bisher Gesagte geben können.

8. Lichtelektrische Leitung in Kristallen mit Fremdfärbung. Nach den Untersuchungen von GUDDEN und POHL wie auch von LENZ ist es wahrscheinlich, daß Elektronen in isolierenden Kristallgittern wandern können, sofern sie nur einmal irgendwie hineingebracht sind. Isolierende Kristallgitter isolieren in dieser Auffassung nur deshalb, weil keine freien Elektronen vorhanden sind, nicht etwa deshalb, weil sie im Gitter nicht wandern könnten. Das wesentliche Hindernis wären danach äußere und innere Grenzflächen.

Eine wesentliche Stütze dieser Auffassung bedeutet, daß neben den in den vorausgegangenen Ziffern vornehmlich besprochenen Fällen lichtelektrischer Leitung als Folge von Eigenabsorption auch andere Verfahren, Elektronen in ein an sich isolierendes Kristallgitter hineinzubringen, zu Primärströmen führen. Neben dem von LENZ [454] untersuchten Fall der Kathodenstrahlen ist es besonders die innere lichtelektrische Wirkung an geeigneten gitterfremden Bestandteilen. Wir können hier zweckmäßig zwei Fälle unterscheiden: 1. lichtelektrische Wirkung an kolloiden Teilchen, 2. lichtelektrische Wirkung an eingesprengten Fremdatomen oder -molekülen.

Fall 1 liegt beispielsweise vor beim blauen bzw. bunten Steinsalz oder Sylvin, einerlei, ob natürlich oder durch Natriumdampf additiv oder elektrolytisch verfärbt; ferner beim gelben Zitrin (SiO_2), beim bunten Flußspat.

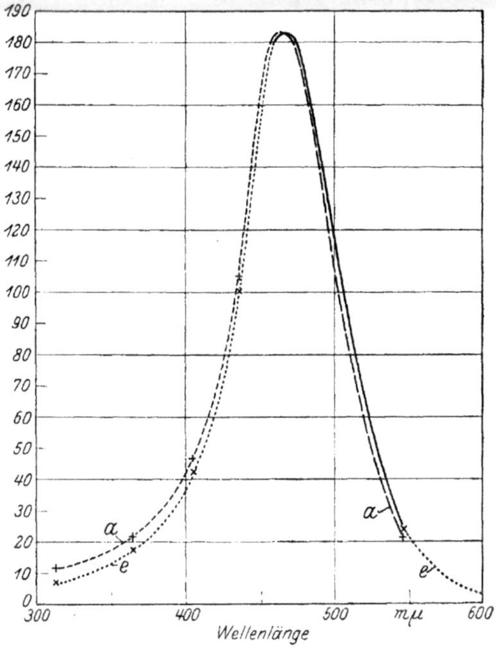

Abb. 68. Spektrale Verteilung des lichtelektrischen Primärstromes und der optischen Absorption an Steinsalz, das mit Röntgenstrahlen schwach gelb verfärbt ist (nach GYULAI).

a = absorbierte Lichtmenge.
e = im lichtelektrischen Primärstrom beobachtete Elektrizitätsmenge. } beide bezogen auf gleiche auffallende Lichtenergie.

Fall 2 liegt vor beispielsweise beim gelbenSteinsalz, einerlei, ob durch kurzwellige Strahlung oder Kathoden-Strahlen oder mit Na-Dampf verfärbt; und vielleicht bei Alkalihalogeniden mit spurenweisen Fremdbeimengungen von Schwermetallen.

Die kennzeichnenden Eigenschaften sind in beiden Fällen folgende: Befindet sich der Kristall im elektrischen Felde, so tritt bei Belichtung eine Elektrizitätsbewegung ein. Der Strom nimmt im Lauf der Zeit an Stärke ab, behält jedoch, falls der ganze Elektrodenabstand belichtet wird, einen endlichen Wert, verschwindet aber so gut wie ganz, wenn nur eine Teilstrecke belichtet wird. Die Einsatzwerte des Stromes sind der auffallenden Lichtintensität in aller Strenge proportional. Der Einsatz erfolgt innerhalb der bis etwa 10^{-4} Sekunden gesteigerten Meßgenauigkeit trägheitslos [423]. Die Stromstärke ist in weitem Bereich proportional der Spannung. Sättigung scheint zunächst nicht erreichbar [339]. Die Verhältnisse gleichen somit bezüglich der Leitung völlig den an unreinen Kristallen mit hoher Lichtbrechung beobachteten.

Ganz abweichend ist die spektrale Verteilung. Im Fall 2 ist sie, soweit bisher untersucht, übereinstimmend mit der der Absorption, abgesehen von einer kleinen dem quantenhaften Verhalten der Lichtabsorption entsprechenden Verschiebung zu

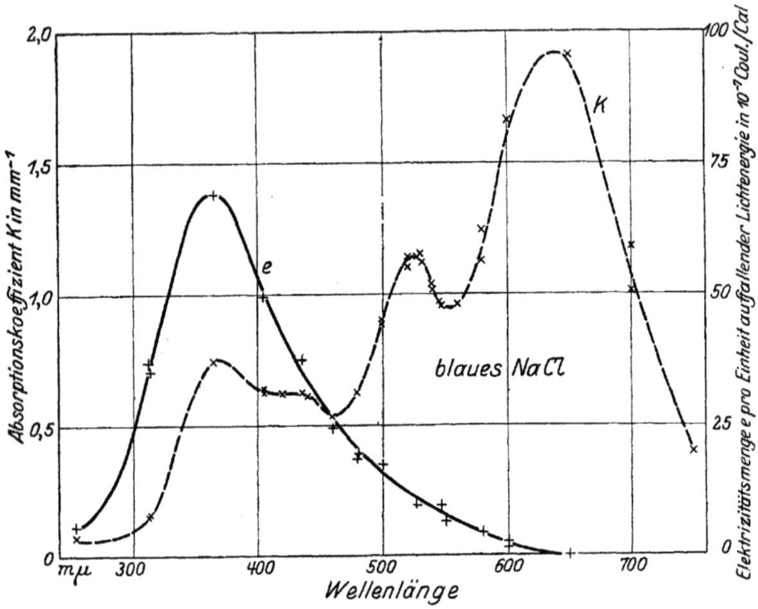

Abb. 69. Spektrale Verteilung des lichtelektrischen Primärstromes und der optischen Absorption an natürlich blauem Steinsalz (nach GYULAI).

kürzeren Wellen (vgl. Abb. 68) [437]. Im Fall 1 dagegen besteht kein einfacher Zusammenhang zwischen optischer Absorption und spektraler Verteilung (vgl. Abb. 69) [502].

GUDDEN und POHL deuten diesen Unterschied folgendermaßen: Im Fall atomarer Verfärbung — im gelben Steinsalz handelt es sich wahrscheinlich um neutrale Na-Atome — besteht die gesamte Absorption in der Abtrennung von Elektronen, etwa des Valenzelektrons vom neutralen Natriumatom; im Fall der kolloidalen Verfärbung hingegen — submikroskopische Natriumkriställchen im blauen Steinsalz — führt wie bei der Oberflächenwirkung an Natriumflächen nur ein kleiner Bruchteil der Absorption zur Elektronenaussendung, während die Hauptwirkung in Erwärmung besteht. Das in Abb. 69 auftretende selektive Maximum soll wesensgleich dem in der selektiven Wirkung an Natrium beobachteten sein (vgl. S. 90) und genau wie im Fall der Abbildung 68 das elektrisch ausgemessene Absorptionsspektrum der für diese Elektronenabgabe verantwortlichen Gebilde sein.

Die Verschiebung der elektrisch und optisch ausgemessenen Absorptionsspektren (Abbildg. 68) ist von Arsenjewa [485] bestritten worden, sie glaubt ein völliges Zusammenfallen beider gefunden zu haben; vermutlich ist ihre Messung im langwelligen Teil schon durch spurenweises Auftreten der lichtelektrisch unwirksamen Absorption der Kolloidteilchen (Abb. 69) beeinträchtigt worden.

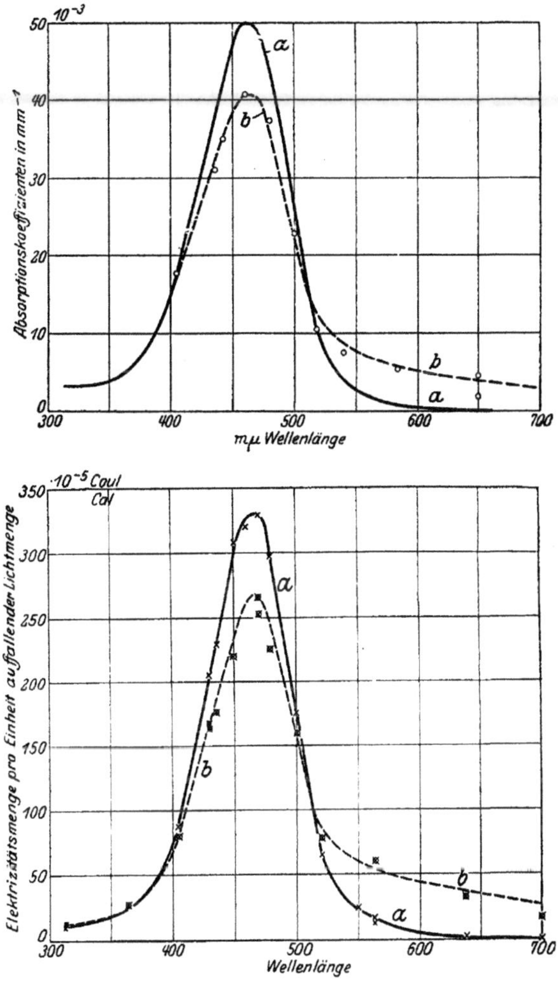

Abb. 70. Änderung der optisch (oben) und lichtelektrisch (unten) gemessenen Lichtabsorption in gelb verfärbtem Steinsalz durch den Vorgang der inneren lichtelektrischen Wirkung. Ausgezogene Kurven = Kristall im „unerregten“ Zustand, gestrichelte Kurven = Kristall im „erregten“ Zustand.

a

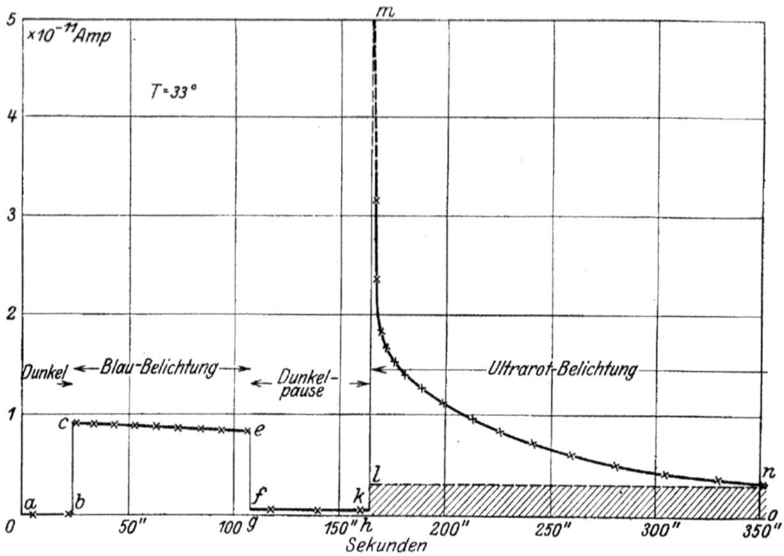

b

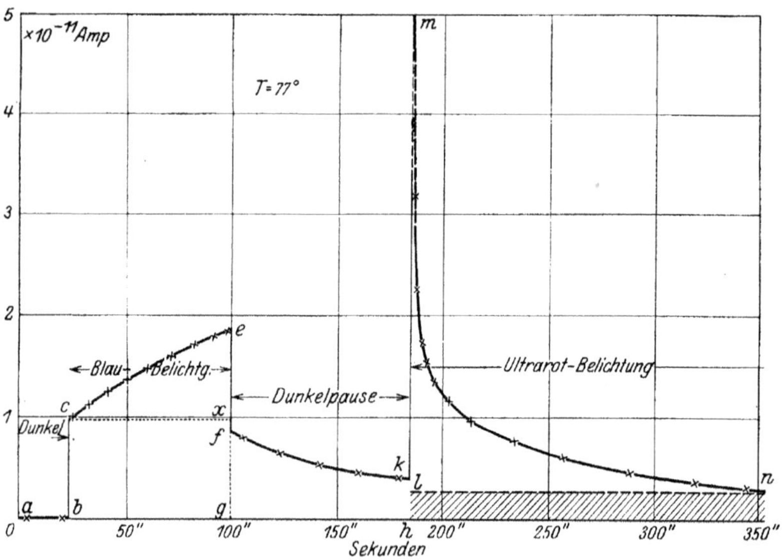

Der Einfluß der Erregung auf die Absorption wird aus Abb. 70 [435] ersichtlich. Man versteht, daß man stark schwankende Werte erhält, wenn man nicht bei jedem Meßpunkt dafür sorgt, entweder einen unerregten oder einen vollerregten Kristall vor sich zu haben.

Belichtet man einen erregten Kristall im Felde mit langen Wellen — im Beispiel der Abb. 70 etwa aus dem Spektralbereich 600—900 mμ —, so verschwindet die Erregung, während gleich-

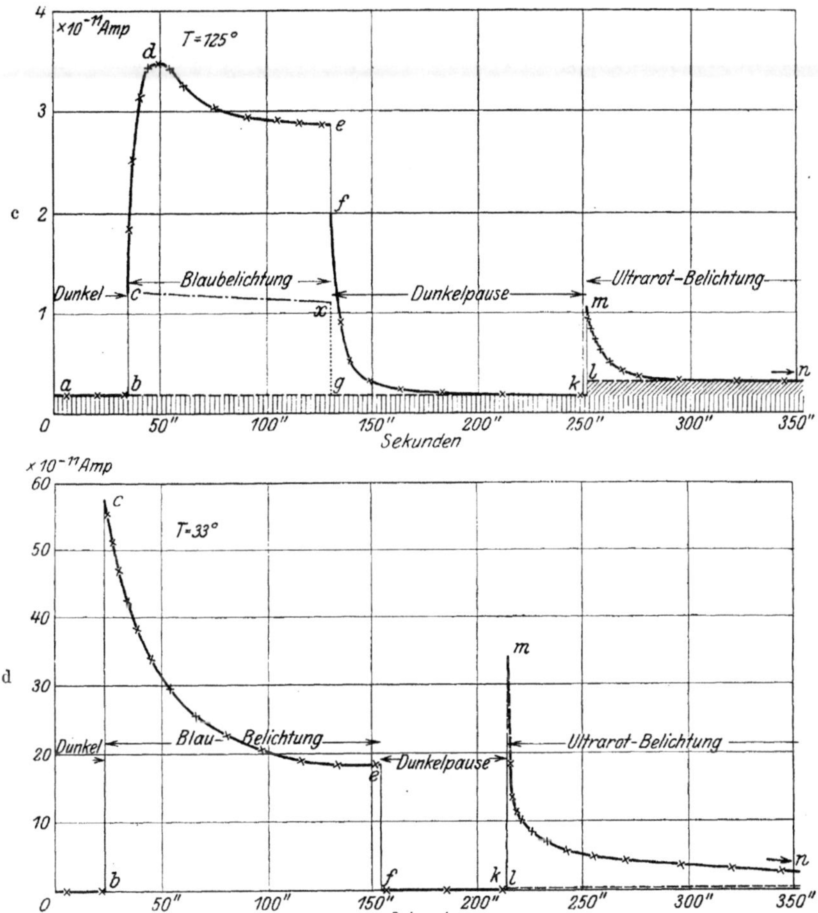

Abb. 71. Zeitlicher Verlauf der lichtelektrischen Ströme in gelb verfärbtem Steinsalz bei verschiedenen Temperaturen und für verschiedene Lichtintensitäten (nach GUDDEN und POHL). a, b, c = bei kleiner Lichtintensität, d = bei großer Lichtintensität. Temperatur in Centigrad ist in jeder Abbildung angegeben.

zeitig der bis dahin etwa noch ausstehende positive Anteil des Primärstromes fließt. Wieviel von diesem noch aussteht, anders gesagt, wie hoch die Erregung sein kann, hängt wesentlich von der Temperatur ab. Diese Verhältnisse werden durch die Abb. 71

[432] klargelegt. Man sieht zunächst [a], daß der Primärstrom trägheitslos mit Beginn der Belichtung einsetzt und dann langsam infolge der sich ausbildenden Raumladungen (Gegenfeld) abnimmt; es ist im wesentlichen negativer Anteil; nach Verdunklung fließt ein kleiner Strom weiter — positiver Anteil —, darauffolgende Ultrarotbelichtung holt dann den positiven Anteil ganz unter Rückgängigmachen der Erregung. Bei erhöhter Temperatur — Abb. 71b — erkennt man den trägheitsfreien negativen Anteil und den jetzt wesentlich rascher folgenden positiven Anteil, der nach Abschalten der Belichtung in abnehmender Stärke weiter fließt; auch hier ist der Rest durch langwellige Belichtung beschleunigt zu holen. Bei noch höherer Temperatur fließen beide Primärstromanteile so gut wie gleichzeitig, zu einer nennenswerten Erregung kommt es nicht mehr [c].

In den Abb. 71 kommen noch verschiedene weitere Verwicklungen zum Ausdruck, deren Erläuterung hier zu weit führen würde. Abb. 71d zeigt noch, wie bei sehr hohen Lichtintensitäten infolge der starken auftretenden Raumladung schon von Anfang an die Stromstärke absinkt, so daß ohne Extrapolation auf den Einsatzwert völlig falsche Primärstromstärken ermittelt werden. Ein solches Absinken in noch viel stärkerem Maße lag bei den ersten Beobachtungen eines angeblichen Verschwindens der lichtelektrischen Leitung bei tiefen Temperaturen vor [587, 588].

Es bleibt noch die Frage der absoluten Ausbeute und der fehlenden Sättigung zu besprechen. Da die Primärströme in gelbem Steinsalz auch bei Feldstärken von 80000 Volt/cm noch proportional mit der Feldstärke wuchsen, konnte der Verdacht entstehen, daß man hier es mit einer gewöhnlichen Elektrizitätsleitung mit Ohmschem Gesetz und nicht mit der Abwanderung einer bestimmten Anzahl durch die Lichtabsorption zur Verfügung gestellten Elektronen zu tun habe. Absolute Messungen von Gyulai an gelbem Steinsalz zeigten, daß bei seinen Versuchen die Ausbeute nur rund $^1/_{3000}$ des quantenmäßig zu erwartenden betrug [437]. Entweder führte also nur ein so kleiner Bruchteil aller Lichtabsorption zur Elektronenabspaltung oder die abgespaltenen Elektronen wanderten im Mittel nur $^1/_{3000}$ der Kristalldicke und blieben dann stecken. Der Einfluß der Spannung bestand dann in der Vergrößerung dieser Schiebewege. Nach den Überlegungen in Ziff. 2 sollte daher eine Sättigung bei gleicher

Feldstärke um so eher erreicht werden, je kleiner die Kristalldicke ist. In der Tat gelang es FLECHSIG [626] in allerletzter Zeit, durch Messungen an Steinsalzspaltstücken von nur $^1/_{10}$ mm (!) Dicke einwandfreie Sättigungsströme zu erhalten. Die benötigten Spannungen entsprachen den nach GYULAIS Messungen zu erwartenden, so daß diese Messungen von GYULAI und FLECHSIG eine erneute Bestätigung des Quantenäquivalents für die innere lichtelektrische Wirkung bedeuten. Daneben ergibt sich, daß die Leitungsvorgänge in allen Arten isolierender Kristalle denselben Gesetzen gehorchen.

XI. Lichtelektrische Leitung in kristallinen Halbleitern (ohne Selen).

1. Die Stoffe und Beobachtungsverfahren. Feste Körper mit ähnlichen Eigenschaften, wie sie das Selen zeigt, sind in größerer Zahl, wenn auch merkwürdig spät, gefunden worden. 1906 stellte JAEGER am mineralischen Sb_2S_3 (Antimonit, Grauspießglanz) ein völlig selenähnliches Verhalten fest. 1910 fügte RUDERT CuJ, 1915 VOLMER Jod und HgJ_2, PFUND Cu_2O hinzu. 1917 führte CASE eine planmäßige Suche aus, um Stoffe zu finden, die bei ultraroter Belichtung Leitfähigkeitsänderungen zeigen, ohne die störenden Trägheitserscheinungen des Selens zu besitzen; diese Hoffnung verwirklichte sich nicht, dagegen gelang es in der Tat, eine Reihe von Mineralien zu finden, die bei Belichtung Widerstandsabnahmen zeigen. Von einfacheren derartigen Stoffen seien genannt: Ag_2S als Argentit und Akanthit, MoS_2 als Molybdenit, Bi_2S_3 als Wismuthinit, Ag_3AsS_3 als Proustit, Ag_3SbS_3 als Pyrargyrit. Diese Stoffe sind in der Folgezeit von W. W. COBLENTZ und Mitarbeitern eingehend untersucht worden. Eine gemeinsame Ursache ihrer Lichtempfindlichkeit konnte von CASE bzw. COBLENTZ nicht angegeben werden; jedoch trifft auf sie die Regel von GUDDEN und POHL zu, daß ihr Brechungsindex außerhalb des eigentlichen Absorptionsgebietes größer als 2 ist (n ist hier sogar durchweg größer als 3!). Über die Natur des vorhandenen elektrischen Leitvermögens ist nichts Sicheres bekannt, auch ist sein Absolutwert nicht bestimmt. Die Leitfähigkeit nimmt durchweg mit steigender Temperatur stark zu und nähert sich der der Metalle, bei der Temperatur der flüssigen Luft andererseits wird sie außerordentlich klein; die Stoffe werden praktisch zu Isolatoren. Die Leitfähigkeit soll überdies von der Spannung abhängig sein.

Für künstliches, mikrokristallines Ag_2S hat TUBANDT nachgewiesen, daß die reguläre α-Form, die oberhalb 174° C stabil ist, reiner Ionenleiter (mindestens zu 99,9%) ist, dagegen die rhombische (und wohl in den Mineralien Argentit und Akanthit vorliegende) β-Form (stabil unterhalb 174° C) gemischter Leiter ist, wobei mit sinkender Temperatur der elektronische Anteil, wenigstens zunächst, stärker abnimmt als der auf Ionenleitung beruhende. Kennzeichnend für die Ionenleitung im Ag_2S ist die außerordentlich rasche Bildung metallischer Silberbrücken bei Gleichstromdurchgang. Manche an MoS_2, Sb_2S_3, Bi_2S_3 usw. beschriebene Eigentümlichkeiten der Elektrizitätsleitung legen den Schluß nahe, daß auch bei ihnen ein ähnlicher Leitungsmechanismus wie im Ag_2S besteht. Das an Sb_2S_3, MoS_2, Ag_3AsS_3 usw. beschriebene Sinken des Widerstandes bei längerem Stromdurchgang, die stoßweisen Stromschwankungen bei höheren Spannungen, dauernder Verlust der Lichtempfindlichkeit bei Erhitzung unter Stromdurchgang im Gegensatz zu stromloser Erhitzung auf gleiche Temperatur, all das würde sich am einfachsten durch elektrolytische Bildung von Metallbrücken deuten lassen. Wenn diese Auffassung zuträfe, wäre das häufig gewählte Verfahren, durch längeren Stromdurchgang unter höheren Spannungen bessere Konstanz für die niederen zur Messung benutzten Spannungen zu erhalten, überaus unzweckmäßig gewesen, da man damit den größten Teil des zu untersuchenden Materials aus der eigentlichen Leitungsbahn ausgeschaltet hätte. TUBANDT hat allerdings an künstlich hergestelltem MoS_2, Sb_2S_3 nur Elektronenleitung gefunden; jedoch fehlten auch die an den Mineralien beschriebenen, obenerwähnten Unregelmäßigkeiten. Ag_3AsS_3 und Ag_3SbS_3 sind jedoch künstlich hergestellt reine Ionenleiter! (Z. anorg. u. allg. Chem. **160**, 1927).

Optisch zeigen die hierher gehörigen Stoffe übereinstimmend außer der hohen Lichtbrechung eine schroffe Zunahme der Absorption an der Grenze des sichtbaren Spektralgebietes. In den gegebenen Beispielen liegen diese Absorptionskanten etwa folgendermaßen:

Ag_3AsS_3	$\sim 0{,}58\,\mu$	MoS_2	$\sim 1{,}0\,\mu$
Ag_3SbS_3	$\sim 0{,}63\,\mu$	Ag_2S	$\sim 1{,}3\,\mu$
Sb_2S_3	$\sim 0{,}78\,\mu$		

Isolierende Kristalle wie Zinnober (HgS), rotes Selen, HgO und andere mit ähnlich gelegener Absorptionskante werden für lange Wellen völlig durchlässig; man wird daher eine bei einigen der genannten Halbleiter vorhandene konstante Absorption im Ultrarot mit ihrer Elektronenleitung zusammenbringen.

Messungen mit diesen Halbleitern sind im einfachsten Fall in gewöhnlicher Reihenschaltung von Spannungsquelle, Galvanometer, Kristall und Schutzwiderstand ausgeführt; seltener ist wie beim Selen in Brückenschaltung gearbeitet worden. W. W. Coblentz und Mitarbeiter benutzten Spannungen von 2 bis 100 Volt; die Spannung wurde so gewählt, daß der Dunkelstrom noch erträglich war, d. h. mit versetztem Galvanometer-Nullpunkt gearbeitet werden konnte. Gelegentlich wurde auch der Dunkelstrom kompensiert. Coblentz bezieht seine Messungen gern auf gleichen Dunkelstromwert und erhöht beispielsweise bei Messungen in tiefer Temperatur oder beim Vergleich verschiedener Proben die Spannung so weit, daß der Dunkelstrom gleiche Größe hat wie bei höherer Temperatur. Dies hätte nur dann eine innere Berechtigung, wenn der Mechanismus von Dunkel- und Lichtstrom derselbe wäre. In der Auffassung der lichtelektrischen Leitungsvorgänge von Gudden und Pohl ist die Wahl gleichen Dunkelstromes für einen Vergleich unstatthaft, es wird nur eine weitere wichtige Veränderliche durch die veränderte Spannung in die Versuche neu hineingebracht. Coblentz bestimmt die Stromzunahmen unter Wirkung auffallenden Lichtes gleicher Intensität für alle Wellenlängen, und zwar entweder nach einer bestimmten Zeit (meist etwa 10 Sekunden) oder wenn ein konstanter Endwert erreicht ist, was oft mehrere Minuten dauert. Daß ein Spektrum gleicher auffallender Intensität nicht einmal für auffallendes Licht, geschweige denn für absorbiertes, einen brauchbaren Vergleich der einzelnen Wellenlängen erlaubt, geht schon daraus hervor, daß keine Proportionalität zwischen Intensität und Stromzunahme besteht und die Abhängigkeit beider Größen sich mit der Wellenlänge ändert. Der von Gudden und Pohl in ähnlichen Fällen begangene Weg, den Grenzwert der Lichtwirkung für verschwindende Intensität zu ermitteln, ist leider nicht gewählt. Ebenso wäre zur physikalischen Aufklärung sehr wahrscheinlich zweckmäßiger gewesen, den zeitlichen Anstieg der Lichtwirkung für kürzeste Zeit festzustellen, statt eine willkürliche Beobachtungszeit zu wählen oder gar den Endwert abzuwarten. Bei dieser Beurteilung soll aber nicht vergessen werden, daß der Hauptzweck der Untersuchungen nicht so sehr Aufklärung der lichtelektrischen Leitung als vielmehr Auffindung technisch verwertbarer Anordnungen war.

Die Kristalle waren Stäbchen oder Blättchen von einigen Millimetern Kantenlänge. Die Elektroden wurden teils angeklemmt, teils angeschmolzen, teils angelötet, ohne daß ein nennenswerter Einfluß der verschiedenen Befestigungsarten hätte festgestellt werden können. Die Belichtung erfolgte ausschließlich im Querfeld, d. h. senkrecht zur Stromrichtung.

Coblentz gibt meist den Stromzuwachs im Licht ohne Rücksicht auf den Dunkelwert des Stromes an, besonders dann, wenn der Stromzuwachs im Licht (Δi) ein Vielfaches des Dunkelstromes (i_D) beträgt. Gelegentlich wird auch die Bezeichnung „Empfindlichkeit" für $\Delta i/i_D$ gebraucht. Die von Gudden und Pohl bei den häufig auf verhältnismäßig enge Spektralbereiche beschränkten lichtelektrischen Wirkungen in Kristallen als vielfach unbedingt nötige erwiesene Sicherung gegen Licht anderer Wellenlängen, sei es durch Filter, sei es durch doppelte Zerlegung, ist bei den hier zu besprechenden Untersuchungen leider noch nicht angewandt worden.

Messungen unter Beziehung auf absolute auffallende oder gar absorbierte Energie sind nicht ausgeführt; da keine Primärströme, sondern nur Folgeerscheinungen beobachtet werden, ist dies Unterlassen ohne große Bedeutung.

2. Die Untersuchungen von W. W. Coblentz an Sulfiden. W. W. Coblentz selbst faßt seine Ergebnisse einmal in folgender Weise zusammen: Viele feste Stoffe, die eine geringe Leitfähigkeit im Dunkeln besitzen, zeigen hohe Leitfähigkeit bei Belichtung. Untersuchung einiger dieser Stoffe ergab, daß ihr lichtelektrisches Verhalten folgendermaßen gekennzeichnet ist. Bei gleicher auffallender Energie ist die lichtelektrische Wirkung ziemlich gleichförmig durch das sichtbare Spektrum und endet in einem oder zwei Streifen hoher Wirkung im äußersten Rot oder im kurzwelligen Ultrarot. Die Einstelldauer für die Erreichung eines konstanten Wertes der Lichtwirkung hängt von der Wellenlänge ab. Im sichtbaren Gebiet zählt sie nach wenigen Sekunden, während die Höchstwirkung ultraroten Lichtes erst nach einer bis mehreren Minuten erreicht ist. Intensitätssteigerung des auffallenden Lichtes verursacht bei langen Wellen eine größere Wirkungssteigerung als bei kurzen Wellen; die Folge ist eine Bevorzugung der langen Wellen in der spektralen Verteilung bei höheren Intensitäten. Bei Temperatursenkung wächst das Verhältnis vom Licht-

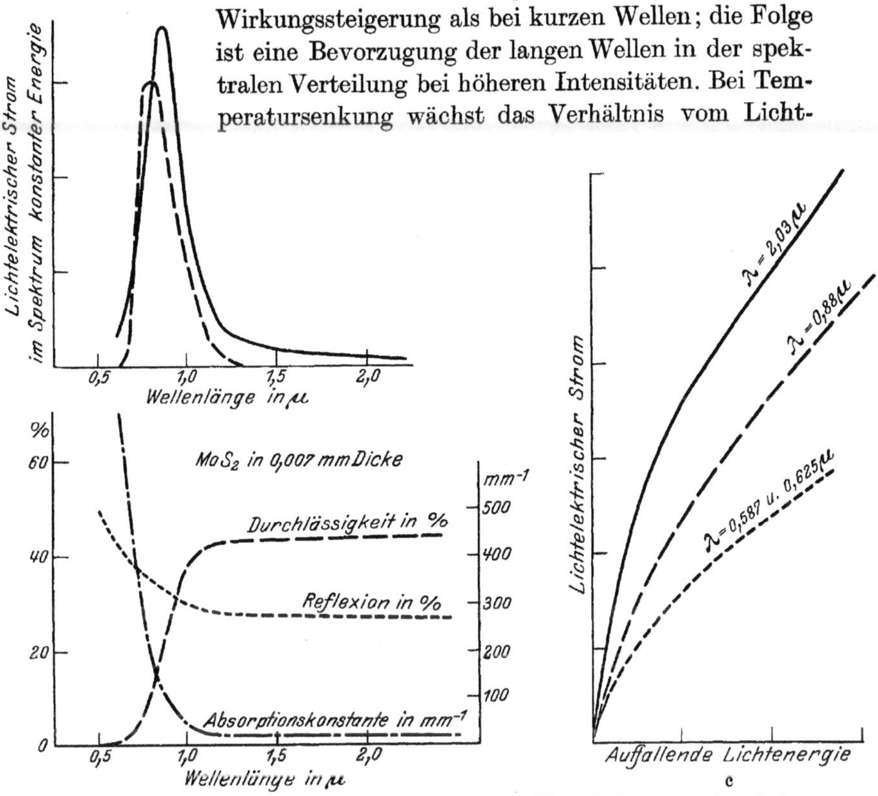

c

Abb. 72. Lichtelektrische Leitfähigkeit und optische Eigenschaften von mineralischem MoS_2 (nach COBLENTZ und KAHLER).

a = Spektraler Verlauf der Absorption. b = Spektrale Verteilung der Stromzunahme im Licht. —— natürlicher Kristall bei 25° C. ------ reines, gepreßtes MoS_2-Pulver bei −125° C.
c = Abhängigkeit der Stromzunahme von der Lichtintensität für stark und schwächer absorbierte Wellenlängen.

strom zum Dunkelstrom im ganzen Spektrum. Gleichzeitig verschiebt sich der Streifen höchster Wirkung nach kürzeren Wellen.

Die Abb. 72—86 belegen den wesentlichen Inhalt der COBLENTZschen Untersuchungen. Abb. 72a und b lassen erkennen, daß die größten lichtelektrischen Ströme im Molybdänglanz genau wie an isolierenden Kristallen, dort auftreten, wo die optische Absorption ansteigt. Der Unterschied besteht nur darin, daß beim MoS_2 und verwandten Stoffen dieser Anstieg der optischen Absorption nicht von Null aus beginnt, sondern von einem recht erheblichen konstanten Wert aus, der wie erwähnt, mit der geringfügigen Elektronenleitung dieser Stoffe zusammenhängen dürfte. Abb. 72b zeigt ferner noch die Verschiebung des Maximums zu kleineren Wellenlängen bei Abkühlung. Dabei ist jedoch zu beachten, daß

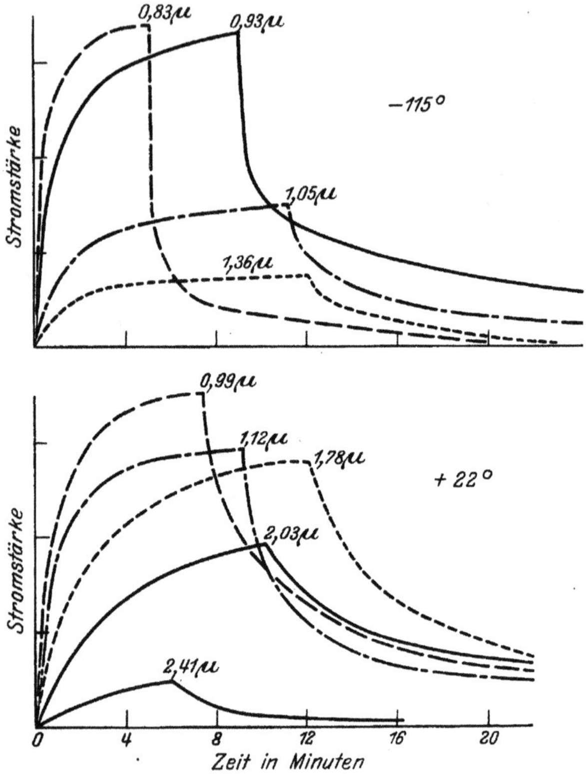

Abb. 73. Trägheit der lichtelektrischen Leitfähigkeit an MoS_2-Kristallen in Abhängigkeit von Wellenlänge und Temperatur (nach COBLENTZ und KAHLER).

mit größter Wahrscheinlichkeit das Maximum nicht die spektrale Verteilung eines auch in MoS_2 anzunehmenden Primärstromes wiedergibt, sondern eine in ähnlicher Weise entstellte Kurve darstellt wie in Abb. 63, 64. Abb. 72c zeigt die mangelhafte Proportionalität zwischen Strom und Lichtintensität und ihre Abhängigkeit von der Wellenlänge; sie läßt die Willkür in der Angabe einer spektralen Verteilung erkennen. Abb. 73 läßt erkennen, wie außerordentlich träge sich der Stromzuwachs einstellt und wie diese Trägheit noch verwickelt von Wellenlänge und Temperatur abhängt. Die Verhältnisse sind durchaus ähnlich wie bei den Sekundärströmen in isolierenden Kristallen; bei kurzen Wellen, deren Absorption in kleinerer Schichtdicke vor sich geht als bei den längeren Wellen, wird rascher ein Endwert erreicht als bei diesen. Wieder erhellt die Willkür in der Angabe von spektralen Verteilungen im Gegensatz zu solchen für Primärstrom. Je nachdem, welche Beobachtungszeiten oder welche Lichtintensitäten zugrunde gelegt werden, kann die spektrale Verteilung ganz verschieden aussehen. Abb. 74 gibt hierfür ein Beispiel. Man muß sich geradezu wundern, daß mitunter an verschiedenen Kristallen noch so weitgehend übereinstimmende Verteilungen erhalten werden können, wie es beispielsweise Abb. 75 zeigt. Stets wird das

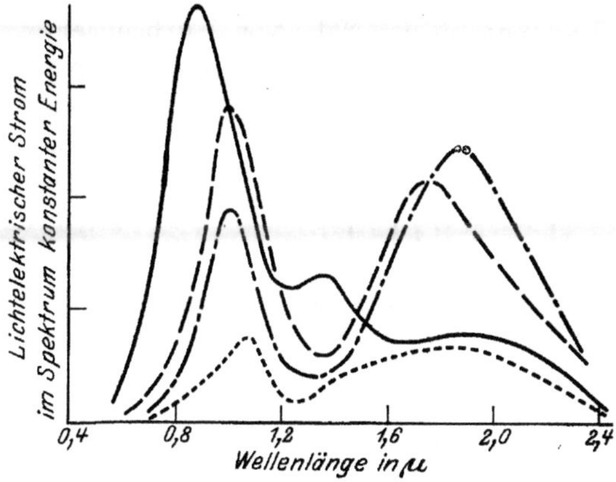

Abb. 74. Spektrale Verteilung der lichtelektr. Leitfähigkeit an einem einzigen MoS_2-Kristall je nach Temperatur, und Spannung (nach COBLENTZ und KAHLER) [136].
—— −142° bei 40 Volt; — — 0° bei 4 Volt; —·—·— +26° bei 2 Volt; ----- +38° bei 2 Volt.
Die Stromzunahmen beziehen sich bei −142°, +26° und +38° auf den gleichen Dunkelstrom, bei 0° war der Dunkelstrom 17 mal kleiner.

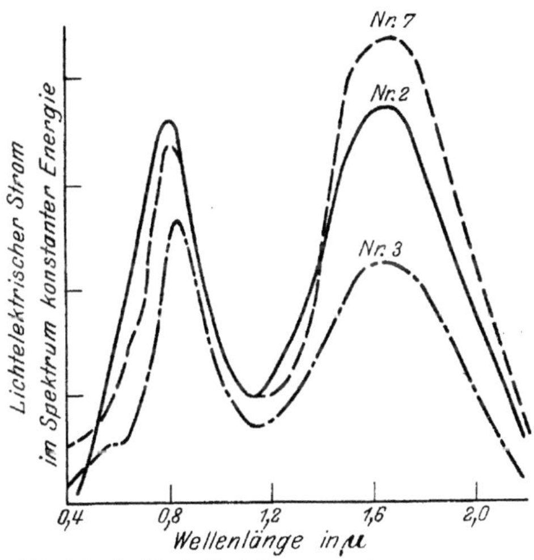

Abb. 75. Spektrale Verteilung verschiedener MoS_2-Kristalle bei Zimmertemperatur unter möglichst ähnlichen Bedingungen (nach COBLENTZ und KAHLER) [136].
(Die Wellenlängenangaben der Abszisse müssen um 0,2 μ erhöht werden.)

Maximum in der Nähe von 1 μ beobachtet, daneben finden sich aber oft weitere bei längeren, gelegentlich auch bei kürzeren Wellen, für die keine rechte Deutung gegeben werden kann.

Die folgenden Abbildungen zeigen das ganz entsprechende Verhalten anderer von COBLENTZ und seinen Mitarbeitern untersuchter Sulfide. Die Verschiebung der spektralen Verteilung (Abb. 76) am Argentit (Ag_2S) mit sinkender Tempe-

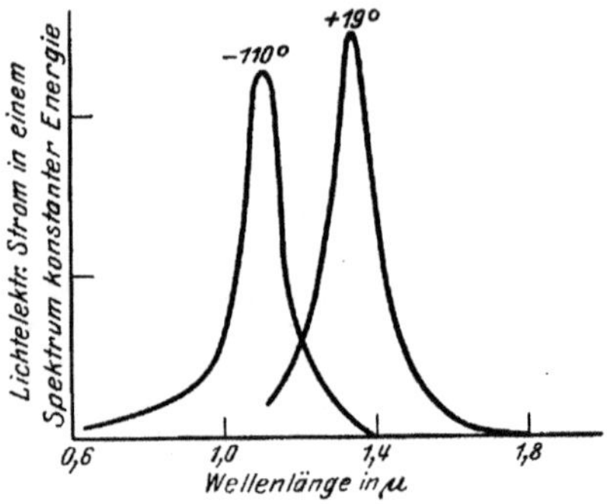

Abb. 76. Spektrale Verteilung der Lichtwirkung an mineralischem Ag_2S (Argentit) [232] (nach COBLENTZ).

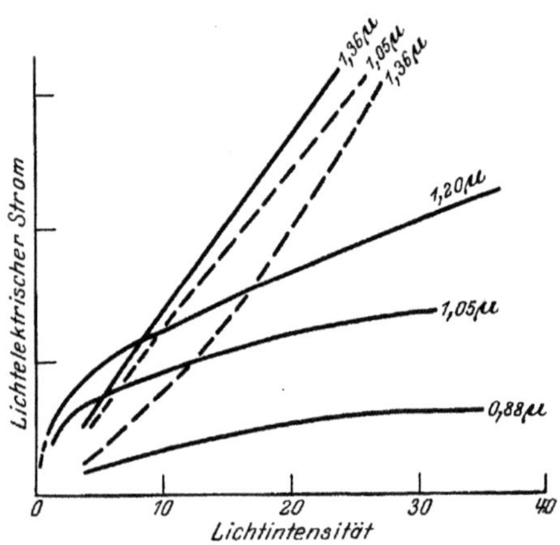

Abb. 77. Abhängigkeit des Stromzuwachses bei Belichtung an einem Akanthitkristall (Ag_2S) von der Intensität für verschiedene Wellenlängen und Temperaturen (nach COBLENTZ und KAHLER) [137].

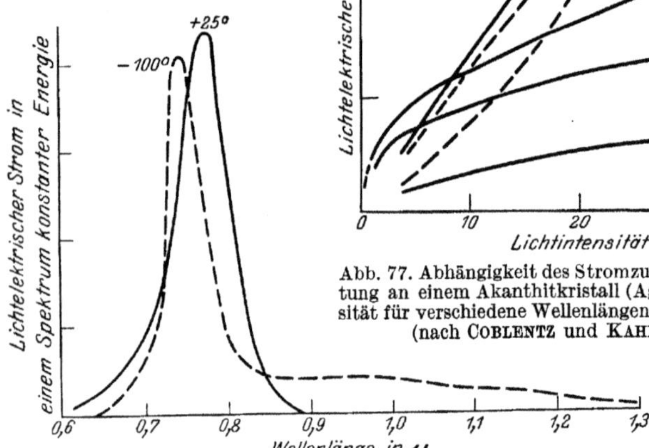

Abb. 78. Spektrale Verteilung der Lichtwirkung an mineralischem Sb_2S_3 (Antimonit, Stibnit) (nach COBLENTZ). Man vgl. auch entspr. ältere Messungen von ELLIOTT [52].

ratur ist jedenfalls wesentlich größer als der Verschiebung der Absorptionskante entspricht und wird durch die Verwendung höherer Spannungen wie bei Abb. 63, S. 161, bedingt. Abb. 77 bringt die Abhängigkeit des Stromzuwachses von der Intensität; wichtig ist hier, daß bei tiefer Temperatur ein stärkeres Wachsen des

Stromes als das der Lichtintensität beobachtet wird, wie es für den Sekundärstrom in isolierenden Kristallen ebenfalls unter Umständen bekannt ist.

Abb. 78 zeigt die spektrale Verteilung am Antimonit. Der langwellige Ausläufer bei tiefer Temperatur könnte vielleicht als Erregung des bei tiefer Temperatur so gut wie isolierenden Kristalles gedeutet werden.

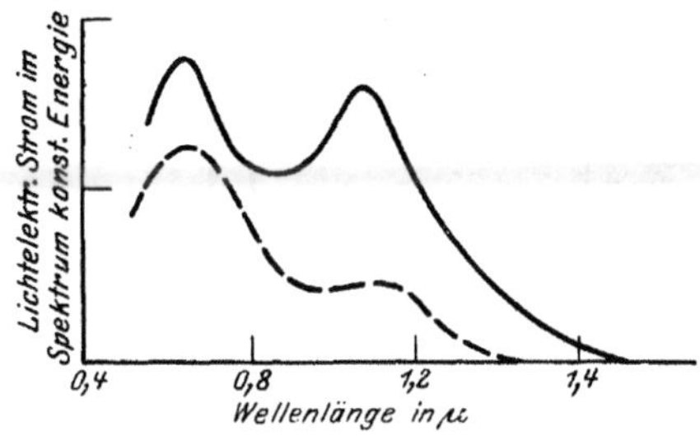

Abb. 79. Spektrale Verteilung der Lichtwirkung an mineralischem Bi_2S_3 (Wismuthinit) (nach COBLENTZ) [135].
—— Bei Dauerbelichtung, - - - ballistisch gemessen.

Abb. 79 zeigt die Verschiedenheit der Verteilung je nach Belichtungsdauer an Bi_2S_3. Hier fällt wieder das merkwürdige doppelte Maximum auf, das wohl sicher nichts mit der eigentlichen lichtelektrischen Wirkung zu tun hat. Die Abbildung mag im übrigen mit Abb. 67, S. 164, verglichen werden.

Abb. 80—83 lassen schließlich die Veränderungen spektraler Verteilung an verschiedenen verwikkelter gebauten Mineralien mit hoher Lichtbrechung erkennen. Nach TUBANDT sind Ag_3AsS_3 und Ag_3SbS_3 (Abb. 80 und 81) reine Ionenleiter, im Gegensatz zu MoS_2 und Sb_2S_3; im lichtelektrischen Verhalten scheint kein Unterschied zu bestehen. Die Ähnlichkeit mit dem über Sekundärstrom in X gesagten ist überall unverkennbar.

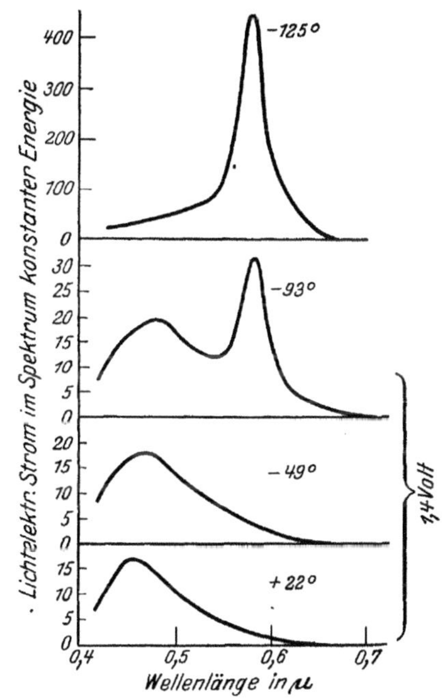

Abb. 80. Spektrale Verteilung der Lichtwirkung von mineralischem Ag_3AsS_3 (Proustit) (nach COBLENTZ). Die Messung bei $-125°$ ist bei höherer, nicht angegebener Spannung ausgeführt [193].

Vom Standpunkt der Arbeiten GUDDENS und POHLS ist also zu sagen, daß diese Messungen im Bureau of Standards, ebenso wie sämtliche am Selen sich auf „Sekundärströme" beziehen, d. h. keineswegs lichtelektrische Ströme darstellen, sondern nur ihre Folgeerscheinungen sind. Das folgt allein schon aus dem Vergleich der im günstigsten Fall vom Licht ausgelösten Elektronenzahl mit den um viele Zehnerpotenzen größeren tatsächlich beobachteten Strömen. Ziemlich alle COBLENTZschen Beobachtungen lassen sich im Licht dieser Auffassung mindestens dem Wesen nach verstehen und finden völlige Gegenstücke in den Sekundärstromerscheinungen, die von GUDDEN und POHL an solchen Kristallen beobachtet sind, an denen die Heraus-

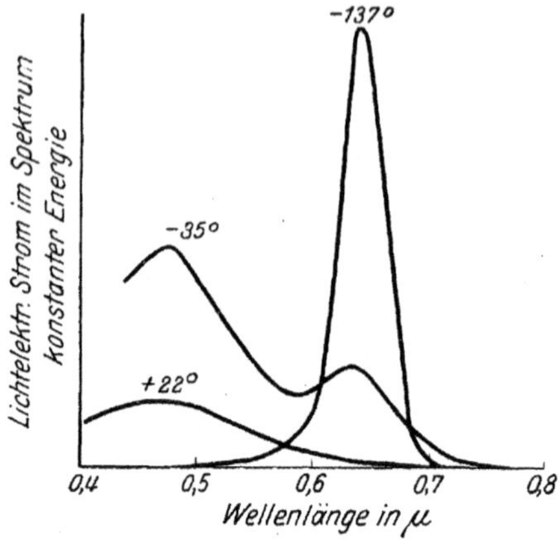

Abb. 81. Spektrale Verteilung der Lichtwirkung an mineralischem Ag_3SbS_3 (Pyrargyrit) (nach COBLENTZ und ECKFORD) [235].

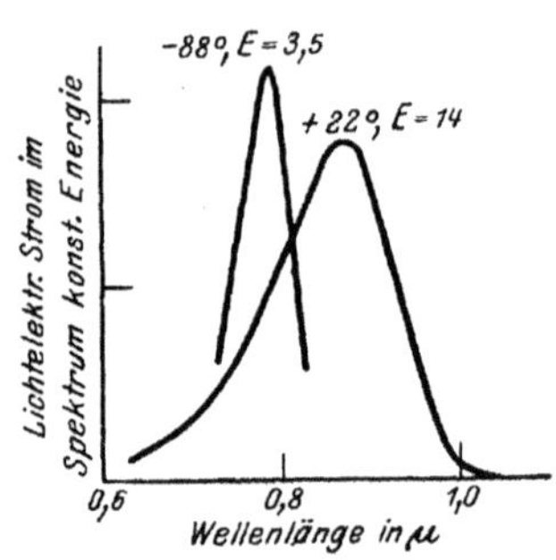

Abb. 82. Spektrale Verteilung der Lichtwirkung an mineralischem Pb_3SbS_3 (nach COBLENTZ). Die Messung bei 22° ist mit vierfacher Lichtintensität gegenüber derjenigen bei −88° ausgeführt.

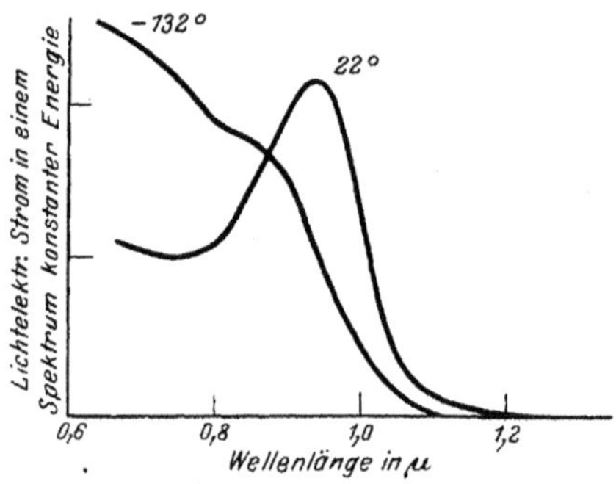

Abb. 83. Spektrale Verteilung der Lichtwirkung an mineralischem 3 (Cu_2, Pb) SSb_2S_3 (Bournonit) (nach COBLENTZ und ECKFORD) [235].

schälung der Primärströme gelungen ist, beispielsweise an HgS und ZnS. Den von W. W. COBLENTZ gegebenen spektralen Verteilungen kann wegen ihrer Abhängigkeit von Lichtintensität und Bestrahlungsdauer physikalisch kaum mehr entnommen werden, als daß höchste Wirkung in dem Spektralgebiet auftritt, in dem die Absorption rasch anwächst. Die Verwicklung gegenüber den von GUDDEN und POHL untersuchten isolierenden Sulfiden besteht vor allem in 2 Umständen: einmal darin, daß der Anstieg der spektralen Verteilung von langen Wellen zum Höchstwert, auch abgesehen von der Verzerrung im Sekundärstrom, nicht der optischen Gesamtabsorption proportional ist, sondern nur ihrem lichtelektrisch wirksamen Bruchteil, und zweitens darin, daß die im Dunkeln vorhandene und stark temperaturabhängige Leitfähigkeit es verhindert, höhere Spannungen und bei verschiedenen Temperaturen gleiche Spannungen anzulegen.

Bemerkenswert ist bei den spektralen Verteilungen, beispielsweise an MoS_2, daß keine Wirkung mehr oberhalb 2,5 μ feststellbar ist, obwohl die optische Absorption von etwa 1,5 μ ab bis weit ins Ultrarot konstant zu bleiben scheint. Man kann diesen Befund, seine Richtigkeit vorausgesetzt, wohl so deuten, daß jene konstante Restabsorption von Leitungselektronen herrührt, die vom Licht nicht weiter beeinflußt werden — äußere lichtelektrische Wirkung fehlt, weil die Austrittsarbeit zu hoch ist —, während die von 1 μ ab abwärts schnell wachsende Absorption die vom MoS_2-Gitter bzw. zunächst seinen Lockerstellen (X, 4) stammende Eigenabsorption ist, deren langwelliger Teil genau wie bei den isolierenden und im sichtbaren Teil des Spektrums durchsichtigen Stoffen Träger innerer lichtelektrischer Wirkung ist. Über die Absorptionsverhältnisse der meisten von COBLENTZ untersuchten Stoffe im kurzwelligen Ultrarot fehlen leider Messungen. Wenn wirklich eine lichtelektrisch unwirksame Absorption unterlagert ist, so daß das Licht nur in etwa 0,1 mm Tiefe eindringt, ist nach den Erfahrungen an isolierenden Stoffen zu fürchten, daß bei keiner Wellenlänge große Primärströme zu beobachten sein werden. Gute Ausbeute setzt *schwache* Absorption voraus, d. h. große ausgenutzte Schichtdicken.

Die verhältnismäßig hohen Ströme im sichtbaren Teil des Spektrums, in Gebieten starker „metallischer" Lichtabsorption, stehen keineswegs im Widerspruch mit den Angaben von GUDDEN und POHL, wonach die lichtelektrische Wirkung in derartigen Gebieten verschwindend klein ist. Auch sie fanden im *Sekundärstrom* dort erhebliche Ströme beispielsweise an HgS (Abb. 64, S. 162).

Die Verschiebung der von Coblentz beobachteten Streifen größter Wirkung nach kürzeren Wellen bei Abkühlung ist, soweit es sich nur um wenige mμ handelt, wesentlich bedingt durch die bei allen Absorptionen der Kristallgitter zu beobachtende Verschmälerung der Absorptionsstreifen bei Temperaturerniedrigung; sie äußert sich in diesen Fällen in Wanderung der Absorptionskanten zu kürzeren Wellen. Größere Verschiebungen, wie beispielsweise im Fall der Abb. 83 und 84, sind dagegen auf die bei tiefen Temperaturen angewandte Spannungserhöhung zurückzuführen, wodurch stärker absorbierte Wellenlängen bevorzugt werden (vgl. Abb. 63, S. 161).

Keine Erklärung läßt sich bisher auf Grund der gemachten Angaben für das merkwürdige langwellige Maximum beim MoS_2 geben; es fehlt in einigen Fällen, z. B. am künstlich hergestellten. Denkbar wäre eine zweite Absorptionskante etwa infolge einer beigemischten anderen Molybdän-Schwefelverbindung, doch blieben in dieser Richtung angestellte Versuche von Coblentz mit MoS_3 erfolglos [233].

Coblentz hat versucht an den von ihm beispielsweise an MoS_2 beobachteten bis zu vier Höchstwerten eine tiefere physikalische Bedeutung festzustellen und glaubte konstante Frequenzdifferenzen zu sehen. Angesichts unserer Auffassung über die Entstehung dieser Maxima und ihre Abhängigkeit von den Versuchsbedingungen halten wir derartige Zahlenbeziehungen für zufällig. Obwohl auch Coblentz mehrfach feststellte, daß die Höchstwerte nicht, wie man erwarten sollte, mit den Gebieten größter Absorption, sondern eher denen größter Absorptionsänderung zusammenfallen, glaubte er doch in ihnen Resonanzerscheinungen und Zusammenhänge mit anomaler Dispersion sehen zu sollen [156].

Ob die von Coblentz gefundenen Unterschiede im Verhalten und der spektralen Verteilung von Argentit und Akanthit wirklich verschiedenen Gittertypen und Leitfähigkeitsarten zugeordnet werden dürfen, muß so lange offen bleiben, als nicht der röntgenographische Nachweis erbracht ist, daß wirklich im Argentit die instabile reguläre Form vorliegt und nicht nur eine Pseudomorphose. In letzterem Fall wären die Verschiedenheiten mehr vom Fundort abhängig, verursacht durch wechselnde Beimengungen.

Die Verschiedenheit der Intensitätsabhängigkeit für stark und schwach absorbierte Wellenlängen ist bei Querfeldbelichtung durchaus kennzeichnend für Sekundärströme und hängt auf das engste mit der größeren Trägheit bei schwach absorbierten langen Wellen zusammen; beide Unterschiede beruhen darauf, daß bei stark absorbierten Wellenlängen die einzelnen Elektronenablösungsstellen viel dichter gepackt liegen als im Fall schwacher Absorption.

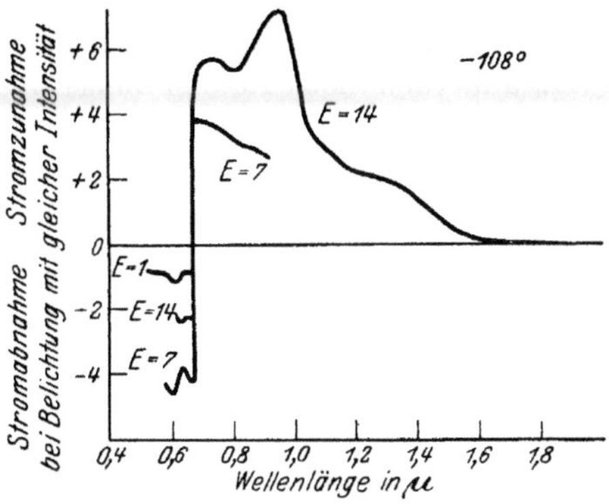

Abb. 84. Spektrale Verteilung der Lichtwirkung an einem MoS_2-Kristall für verschiedene Lichtintensitäten (nach COBLENTZ).

Für kurze Wellenlängen tritt eine Widerstandszunahme bei Belichtung ein. „Photonegative" Wirkung.

Hier liegt auch vermutlich die Erklärung der sog. „photonegativen" Wirkung, d. h. einer Verkleinerung des Stromes bei Belichtung. Sie ist auf stark absorbierte Wellenlängen und Querfeldbeobachtung sowie höhere Spannungen beschränkt und tritt als Folgeerscheinung einer anfänglichen Stromerhöhung auf;

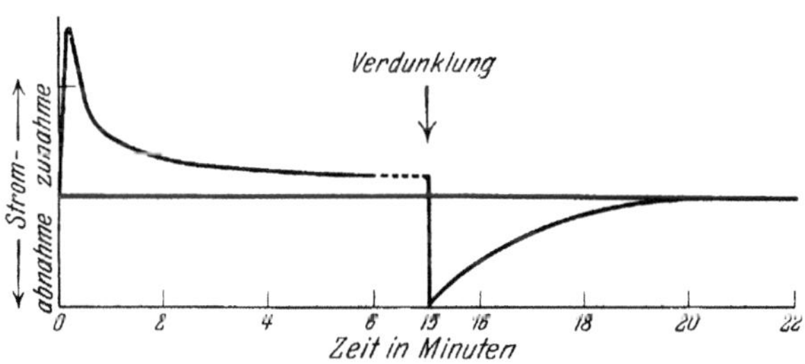

Abb. 85. Überlagerung einer Widerstandszunahme über die gewöhnliche Widerstandsabnahme bei Belichtung eines Ag_2S-Kristalls (nach COBLENTZ). Temp. 22° C.

bei einem MoS_2-Stück erfolgte der Übergang von rein positiven zu rein negativen Wirkungen bei 700 mμ innerhalb eines Wellenlängenbereiches von nur 0,9 mμ Breite [233] (vgl. Abb. 84 u. 85). Offenbar handelt es sich darum, daß infolge der Leitfähigkeitserhöhung in einer dünnen Oberflächenschicht eine derartige Stromverlagerung zustande kommt, daß der Gesamtwiderstand des Leiters sich erhöht; bei der Ungültigkeit des OHMschen Gesetzes in diesen Halbleitern ist so etwas durchaus denkbar. Das Verschwinden der „negativen" Lichtwirkung bei sehr tiefen Temperaturen hängt mit der Abnahme der Dunkelleitfähigkeit als solcher zusammen. Bei isolierenden Kristallen fehlt sie natürlich. Daß außerdem noch Raumladungswirkungen mitsprechen können, ist verständlich. Sie äußern sich z. B. in der sog. „Ermüdung", die aber in manchen Fällen auch verkappte „negative Wirkung" sein mag, so zum Beispiel, wenn bei Verdunklung zuerst Widerstandsvergrößerung gegenüber dem Dunkelwert beobachtet wird. COBLENTZ scheint bei der „negativen Wirkung" in erster Linie an derartige gegenelektromotorische Kräfte zu denken.

COBLENTZ fand keineswegs alle Proben des gleichen Minerals lichtempfindlich; je nach Fundort ergaben sich große Verschiedenheiten. Überdies war die Lichtempfindlichkeit in einzelnen Fällen auf bestimmte Bezirke eines Kristallstückes beschränkt. Über die Ursachen äußert COBLENTZ keine Vermutungen. Man wird nicht fehlgehen, sie in verschiedenem Reinheitsgrad zu sehen. Bei Zinkblende haben GUDDEN und POHL den außerordentlichen Einfluß von Beimengungen festgestellt. Dort läßt sich schon durch den Augenschein, erst recht bei Untersuchung mit langwelligem Ultraviolett erkennen, wie spurenweise Beimengungen zum ZnS vermutlich von Fe, die die optische Absorption eben wahrnehmbar beeinflussen, die lichtelektrischen Ströme gleich um mehrere Zehnerpotenzen herabsetzen. Auch für die dadurch bedingte Beeinflussung spektraler Verteilungen, die den einfachen Zusammenhang zwischen Lichtabsorption und lichtelektrischen Strömen völlig verschleiert, liegen Beispiele an isolierenden Kristallen vor. Man wird daher annehmen dürfen, daß auch bei den von COBLENTZ untersuchten Mineralien mit hoher Lichtbrechung diejenigen die beste Lichtwirkung zeigten, die den größten Reinheitsgrad besaßen. Unter diesen Umständen beweist auch das Fehlen nachweislicher Lichtwirkung nichts, solange nicht einwandfreie Kristallreinheit und -ausbildung festgestellt ist. Die vielen MoS_2-Proben mit niedrigem Widerstand zeigten keine oder fast keine Lichtwirkung, vermutlich wohl deshalb nicht, weil bei den für sie benutzten niedrigen Spannungen die Bewegung der Primärelektronen gar nicht zur Ausbildung von Sekundärströmen führte und der Zuwachs an

Leitungs-Elektronen gar nicht ins Gewicht fällt. Diese Proben zeigten vielfach bei Abkühlung und dadurch bedingter erheblicher Widerstandssteigerung deutliche Leitfähigkeitsänderung bei Belichtung [136].

Von COBLENTZ beobachtete schädigende Wirkung mechanischer Bearbeitung (Hämmern von Ag_2S), das Fehlen von Wirkung an gepreßten Pastillen oder die geringen Wirkungen an künstlich hergestelltem Kristalliten [136, 233] entspricht völlig den Beobachtungen von GUDDEN und POHL über die Bedeutung der Schiebewege, beispielsweise am Zinnober und am As_2S_2.

Die Empfindlichkeitsverschiedenheit der einzelnen künstlich hergestellten Sulfide dürfte im wesentlichen auf verschiedener Kristallisationsfähigkeit beruhen. Geschmolzenes Sb_2S_3 liefert bei der Erstarrung Kristalle, unter Umständen von mehreren Millimetern Kantenlänge mit guter lichtelektrischer „Empfindlichkeit", wie schon OLIE und KRUYT 1912 gefunden hatten und von COBLENTZ [233] bestätigt wurde. Gegenteilige Befunde von JAEGER 1907 hängen vermutlich mit zu rascher Erstarrung zusammen.

Künstliches MoS_2 läßt sich viel weniger leicht grobkristallin gewinnen, dementsprechend gelang COBLENTZ an gepreßten Pastillen der Nachweis einer Leitfähigkeitsänderung im Licht nur schwierig. Bemerkenswert ist, daß die spektrale Verteilung wesentlich einfacher als an natürlichen Kristallen ist und der der inneren lichtelektrischen Wirkung an reinem MoS_2 vielleicht näherkommt [233].

COBLENTZ weist mit Recht darauf hin, daß hohe Thermokräfte, Unipolarität der Leitung (Gleichrichterwirkung) und lichtelektrische Leitung häufig zusammen auftreten, lehnt aber nach näherer Prüfung einen inneren Zusammenhang ab. Man könnte noch hinzunehmen, daß vielfach oder meist in diesen Fällen der Temperaturkoeffizient des Widerstandes negativ ist und vielfach der Widerstand überdies von der Spannung abhängt. Man wird wahrscheinlich annehmen dürfen, daß ein großer Teil dieser Erscheinungen nur durch äußere und innere Grenzflächen bedingt ist und muß sich hüten, in ihnen Eigenschaften der reinen Kristalle zu sehen. Hier liegt noch ein großes Feld zur Aufklärung offen [134, 344].

Nur in einem einzigen Fall scheint die planmäßige Suche nach einem technisch brauchbaren Ersatz der Selenzelle zu einem Ergebnis geführt zu haben. Die von CASE hergestellten sog. Thalofidzellen sollen den bisherigen Selenzellen mindestens ebenbürtig sein. Es handelte sich um künstlich hergestellte, erstarrte Schmelzen aus Thalliumsulfid und -oxyd. Der Widerstand der Zellen ist im Dunkeln etwa 10^8 Ohm; sie werden in Kompensationsschaltung mit einem empfindlichen Galvanometer verwendet. Abb. 86 zeigt die spektrale Verteilung, Abb. 87 die immerhin recht beträchtliche Trägheit derartiger Zellen nach Messungen von COBLENTZ [157].

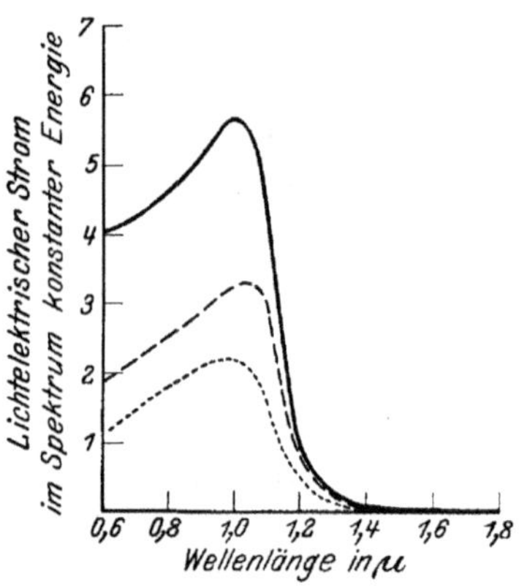

Abb. 86. Spektrale Verteilung der Lichtwirkung bei verschiedenen Temperaturen und Spannungen:
—— 0° = 50 Volt, - - 16° = 30 Volt, ····· 35° = 20 Volt.

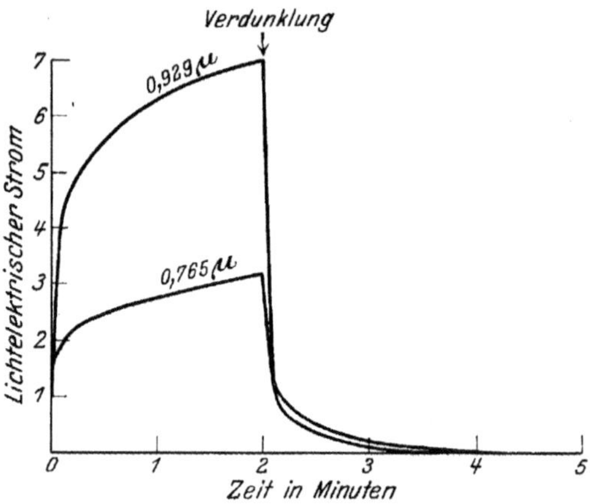

Abb. 87. Trägheit der Stromänderung für verschiedene Wellenlängen.

Abb. 86 und 87. Messungen an Thalofidzellen (nach COBLENTZ).

KAPLAN [577] betont die gute Verwendbarkeit dieser Zellen für Ultrarotspektroskopie im Bereich von 0,8—1,2 μ; es soll sich eine Auflösung von etwa 1 mμ erzielen lassen, vgl. auch [316].

3. Sonstige Beobachtungen an kristallinen Halbleitern. a) Cu_2O. Die lichtelektrische Leitung im Kupferoxydul ist von PFUND 1916 entdeckt und näher untersucht worden. Cu_2O ist nicht zu verwechseln mit dem gut metallisch leitenden, völlig lichtundurchlässigen CuO. Die Natur der Leitfähigkeit des Cu_2O ist nicht aufgeklärt. Es ist im Ultrarot und Rot bis 670 mμ verhältnismäßig gut lichtdurchlässig, doch erstreckt sich möglicherweise über die langen Wellen eine gleichförmige Absorption entsprechend einer geringfügigen metallischen Leitung; bei 600 mμ wird eine Schicht von 0,4 mm Dicke völlig undurchlässig. PFUND stellte Cu_2O durch 20stündige Erhitzung eines Cu-Bandes von 0,75 · 10 · 150 mm auf 900° in Luft her. Die oberflächliche Schicht von CuO wurde mit Königswasser gelöst. Darunter befand sich „schön kristallisiert, auch in 1 mm Schichtdicke rot durchscheinendes Cu_2O" [92].

Der Widerstand eines Cu_2O-Streifens von 0,5 mm Breite, 0,8 mm Dicke und einigen mm Länge ergab sich bei 17° im Dunkeln zu 15200 Ohm, wenn 1 Volt Spannung angelegt war, für 20 Volt war er nur noch 10000 Ohm! Die Ursache beruht nicht auf Temperaturerhöhung. Der Widerstandstemperaturkoeffizient ergab sich zu −0,024. Diese Zahlen sind jedoch nicht als Materialkonstanten zu betrachten.

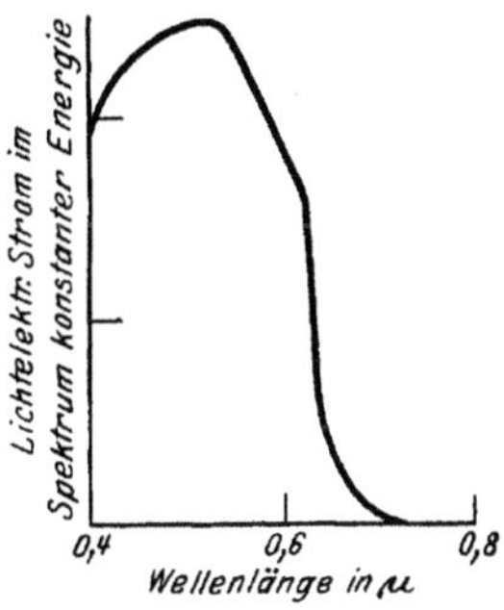

Abb. 88. Spektrale Verteilung der Lichtwirkung an Cu_2O (nach COBLENTZ). Zimmertemperatur.

Bei Belichtung nimmt der Widerstand ab. Die spektrale Verteilung im Querfeld ist von der Probe abhängig. Bei Zimmertemperatur findet PFUND überwiegende Wirksamkeit der kürzeren Wellen des sichtbaren Spektrums; bei −127° dagegen tritt an die Stelle dieser Verteilung die für innere lichtelektrische Wirkung kennzeichnende mit einem Maximum an der Absorptionskante. Hier tritt offenbar, wie bei den leitenden Sulfiden, der Sekundärstrom stark zurück. Bei Zimmertemperatur ist die Leitfähigkeitsänderung im Absorptionsgebiet der Lichtintensität nicht entfernt proportional, sondern etwa deren Quadratwurzel; vermutlich ist auch die Trägheit von der Temperatur abhängig und die spektrale Verteilung überdies je nach der Spannung verschieden, so daß keine Schlüsse über die innere lichtelektrische Wirkung aus solchen Verteilungskurven gezogen werden können.

GUDDEN und POHL beobachteten lichtelektrische Leitung an natürlichen Cupritkristallen. Für genaue Untersuchungen reichten die Kristallgrößen nicht aus.

COBLENTZ bestimmte die spektrale Verteilung an einem einheitlichen Cu_2O-Kristall von 10 · 5 · 1,5 mm. Es ergab sich ein breites Maximum bei 0,5 μ, das zweifellos keine Beziehung zur primären lichtelektrischen Wirkung hat (vgl. Abb. 88) [233].

Die Beobachtungen an Cu_2O entsprechen somit völlig den an leitenden Sulfiden gemachten. Wünschenswert wäre die Ausdehnung der Messung auf wirkliche Einkristalle unter gleichzeitiger Bestimmung der optischen Absorption.

b) Jod. Die Leitfähigkeitsänderung dünner Jodschichten im Licht ist zuerst von VOLMER 1915 beschrieben und ihre spektrale Verteilung bestimmt worden [98]. Auch COBLENTZ untersuchte später eine zwischen Glasplatten geschmolzene Schicht von $10 \cdot 3 \cdot 0{,}1$ mm und fand größte Wirkung des Lichtes bei $0{,}54\ \mu$; in abnehmendem Maße war sie bis $0{,}7\ \mu$ zu verfolgen [233].

Da die optische Absorptionskante des kristallinen Jods bei etwa $0{,}7\ \mu$ liegt — bei 589 $m\mu$ absorbiert es bereits völlig metallisch —, gilt für die von VOLMER bzw. COBLENTZ ermittelte spektrale Verteilung vermutlich dasselbe wie für die des Cu_2O; d. h. die bei Zimmertemperatur ermittelte ist eine völlig entstellte nur für Sekundärstrom geltende; diejenige der inneren lichtelektrischen Wirkung oder wenigstens die des Primärstromes wird erst bei tiefen Temperaturen herauskommen.

Der Brechungsindex von festem Jod beträgt im Rot über 3! Über die Art der Elektrizitätsleitung ist so gut wie nichts bekannt. Auf den Einfluß freien Jods auf die Leitfähigkeit von CuJ mag hingewiesen werden.

c) Die Jodide einiger Schwermetalle. Im Gegensatz zu den durchweg bei Zimmertemperatur gut isolierenden Chloriden und Bromiden, zeigen einige Jodide, z. B. die des Cu, Ag, Hg im Dunkeln merkliche Leitfähigkeit, die es bisher verhindert hat, die primären lichtelektrischen Vorgänge herauszuschälen.

Untersucht worden ist die lichtelektrische Leitung des AgJ von SCHOLL 1905 und WILSON 1907. (Entdeckt war sie schon von ARRHENIUS 1887.)

Diejenige des CuJ ist von RUDERT 1910 auf Anregung von BAEDEKER gefunden und eingehend untersucht worden.

Die lichtelektrische Leitung im HgJ_2 hat VOLMER [69, 98] zuerst beobachtet und für sie eine spektrale Verteilung aufgenommen. HgJ_2 ist dann weiterhin eingehend von KAEMPF untersucht worden [209, 250, 511].

Vom heutigen Standpunkt aus ist zu beanstanden, daß alle diese Arbeiten nicht an einheitlichen Kristallen ausgeführt wurden; AgJ und CuJ waren durch Jodierung dünner Metallschichten erhalten, HgJ_2 lag als mikrokristallin erstarrte Schmelze in gleichfalls dünner Schicht vor. Die ganzen Meßverfahren mußten Sekundärströme bevorzugen und es ist verständlich, daß kein unmittelbarer Anschluß an die an isolierenden Kristallen erhaltenen Ergebnisse gewonnen werden kann.

SCHOLL stellte sich rund 0,1 bis 0,3 mm dicke, gelbe, durchscheinende Jodsilberplatten von 1 cm^2 Größe her und untersuchte sie zwischen Flüssigkeitselektroden. Es gelang SCHOLL nicht, klare AgJ-Schichten zu erhalten. Die optische Absorption wird von 460 $m\mu$ an sehr merklich und die Absorptionskonstante überschreitet schon oberhalb 430 $m\mu$ Werte von 1000 mm^{-1}! Die Dunkelleitfähigkeit in Berührung mit 0,01 n KJ-Lösung betrug unabhängig von der Herstellungsart rund $5 \cdot 10^{-6}$ Ohm^{-1} cm^{-1}, während völlig trockenes AgJ kaum nennenswerte Dunkelleitung zeigt!

Bemerkenswert ist, daß an derartigen Jodsilbermembranen die Wiederkehr des ursprünglichen Dunkelwiderstandes schon innerhalb $^1/_{100}$ Sekunde erfolgt, unabhängig von der Länge der vorausgegangenen Belichtung. SCHOLL erblickt in diesem Umstand einen Hinweis auf lichtelektrische Auffassung im Gegensatz zu photochemischer.

Die Lichtwirkung beginnt im grünen Teil des Spektrums und erreicht im blauvioletten Teil einen Höchstwert. Violette Vorbelichtung ruft Wirksamkeit längerwelligen Lichtes hervor, die im Lichte dieser Wellen oder auch im Lauf einiger Stunden im Dunkeln wieder verschwindet. SCHOLL schließt als Ursache sowohl Bildung jodärmerer wie jodreicherer Verbindungen aus und läßt offen, ob eine chemische oder physikalische Ursache vorliegt. Wir sehen darin eine „Erregung" im Sinne von X, 4, verursacht durch die Zunahme von Störungen. SCHOLLs Schlüsse auf Diffusion einer durch violette Belichtung entstandenen Substanz können wir nicht als beweiskräftig ansehen. Ebensowenig ist anzuerkennen, daß diese hypothetische Substanz bevorzugt auf Wellenlängen im langwelligen Spektralgebiet anspricht. Der bestehende Einfluß eines Rührens der Elektrodenflüssigkeit bleibt allerdings auch in unserer Auffassung ungeklärt.

Auch ist die merkliche Vergrößerung der Widerstandsabnahme im Licht bei Zusatz freien Jods zu den Elektrodenlösungen eine schwer verständliche Erscheinung. An eine Diffusion des Jods in das feste Jodsilber wird man nicht recht denken können. Ob freies Jod die Leitfähigkeit von AgJ ebenso erhöht wie diejenige von CuJ nach BAEDEKER, scheint nicht bekannt zu sein. Denkbar wäre auch eine Vergrößerung der auf das AgJ entfallenden Spannung durch Verminderung von Übergangswiderständen.

Der Angabe von SCHOLL, wonach die Größe der Lichtwirkung der Lichtabsorption entspricht, muß für den kurzwelligen Teil, d. h. für das eigentliche Absorptionsgebiet, entschieden widersprochen werden. Auch am Jodsilber liegt die Höchstwirkung in einem Spektralgebiet jäh ansteigender Absorption.

1910 erschien eine eingehende Untersuchung über die Änderung des Leitvermögens von festem Kupferjodür im Licht von RUDERT. Er arbeitete an dünnen, durch Kathodenzerstäubung hergestellten Kupferschichten, die durch Einwirkung von Jod in CuJ verwandelt waren. Auf Grund einer früheren Untersuchung von BAEDEKER glaubt RUDERT, völlig jodfreies CuJ im Dunkeln als Isolator ansehen zu dürfen, während seine Schichten das übliche Verhalten der Halbleiter zeigten. Eine Schicht von rund 0,18 mm Dicke hatte eine Dunkelleitfähigkeit von $3{,}8 \cdot 10^{-5}\,\mathrm{Ohm}^{-1}\,\mathrm{cm}^{-1}$. Gemessen wurde der bei Belichtung fließende Strom, während der Dunkelstrom kompensiert war. Die Leitfähigkeit der Schichten nimmt bei Belichtung allmählich zu und nach dem Verdunkeln allmählich ab. Die Wirkung ist zwar schon nach Sekundenbruchteilen beobachtbar, doch ist auch nach 5 Minuten noch kein völlig unveränderlicher Wert erreicht. Der zeitliche Verlauf ist stark temperaturabhängig. Wichtig erscheint, daß keine Andeutung einer plötzlichen Leitfähigkeitsänderung beim Einsatz der Belichtung feststellbar ist. Die Wirkung geht anscheinend der Lichtabsorption parallel, von 0,7 bis 0,4 μ verfolgt. (Die Absorptionskante des CuJ liegt erst unterhalb 0,4 μ.) Eine Steigerung der Wirkung für lange Wellen durch Vorbelichtung wird nicht beobachtet, ist nach unseren heutigen Kenntnissen auch nur bei Belichtung mit stärker absorbierten Wellen zu erwarten. Für kleine Belichtungszeiten ist der Lichtstrom der Intensität proportional und zwar um so genauer, je schwächer die betreffende Wellenlänge absorbiert wird.

RUDERT wird zu folgender Auffassung geführt: Das Licht bewirkt am CuJ einen „elektrisch neutralen Dissoziationsprozeß", bei welchem freies Jod gebildet wird. Dies Jod erteilt nach BAEDEKERS Messungen dem CuJ metallisches Leitvermögen. Im Dunkeln erfolgt wieder Rückbildung von CuJ.

Ohne zu dieser Auffassung im einzelnen Stellung zu nehmen, halten wir daran fest, daß auch im CuJ eine lichtelektrische Wirkung zugrunde liegt und vermutlich an Kristallen bei tiefer Temperatur auch beobachtet werden kann. Inwieweit die von RUDERT beobachteten Sekundärerscheinungen wirklich auf photochemischer Jodausscheidung beruhen oder ähnlich wie bei den Sulfiden aufzufassen sind, mag dahingestellt bleiben.

An dritter Stelle sei das von VOLMER und von KAEMPF untersuchte Jodid des Quecksilbers besprochen. Es tritt in zwei Kristallarten auf: als rotes, stabil bis 130° C, und als gelbes, stabil oberhalb 130° C. Die elektrische Leitfähigkeit wird von HEVESY zu $0{,}2 \cdot 10^{-7}$ $\text{Ohm}^{-1}\,\text{cm}^{-1}$ bei 100° C angegeben; der Umwandlungspunkt tritt elektrisch wenig hervor. Bei Zimmertemperatur mag die Leitfähigkeit um 2 Zehnerpotenzen kleiner sein.

VOLMER zeigte an dünnen zwischen Glas eingeschmolzenen Schichten — als Elektroden dienten eingebrannte Platinschichten —, daß lichtelektrische Leitung etwas oberhalb 600 $\text{m}\mu$ merklich wird und um 400 $\text{m}\mu$ herum wieder verschwindet. Da er weder in einem Spektrum gleicher Energie untersuchte, noch Proportionalität zwischen Strom und Lichtintensität feststellte, kann die von ihm gegebene spektrale Verteilung nur als roher Anhalt dienen. Jedenfalls widerspricht der Verlauf unter Berücksichtigung der genannten Unsicherheit auch in diesem Fall in keiner Weise der in Abschnitt X angegebenen allgemeinen Verteilung [98].

KÄMPF wandte im wesentlichen die VOLMERsche Anordnung an, arbeitete also ebenfalls mit erstarrter und kristalliner Schmelze in etwa $^1/_{10}$ mm dicker Schicht. Seine Schichten hatten in der Feldrichtung Längen von rund 1 mm, bei einer Breite von 10 mm. Der Dunkelwiderstand war trotz gleichmäßiger Herstellung schwankend und betrug bei 100 Volt 10^{10} bis 10^{11} Ohm. Die Messungen erfolgten im Querfeld. Belichtet wurde mit dem unzerlegten Licht der Quarzquecksilberlampe; in einer späteren Arbeit wurden Filter verwendet [209, 250, 511].

Der Strom wurde eine halbe Minute nach Einsatz der Belichtung abgelesen und zwischen je zwei Ablesungen eine Dunkelpause von 5 Minuten, vermutlich ohne Spannung, eingeschaltet.

Der Dunkelstrom folgte nicht ganz dem OHMschen Gesetz; KÄMPF hält ihn für elektrolytisch; man wird jedoch die Möglichkeit gemischter Leitung im Auge behalten müssen.

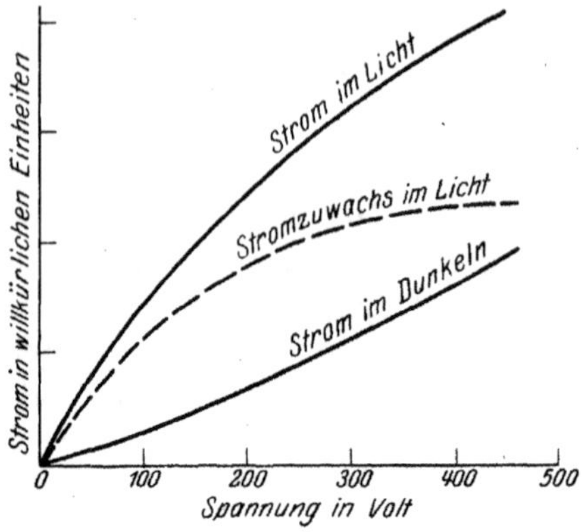

Abb. 89. Spannungsabhängigkeit des Stromes in dünnen, aus dem Schmelzfluß erstarrten HgJ_2-Schichten. (Nach KÄMPF). Zimmertemperatur.

Im Licht ist der Strom je nach der Intensität 10- bis 100mal größer, die Differenz der Ströme im Licht und im Dunkeln faßt KÄMPF in üblicher Weise als lichtelektrischen Strom auf und findet, daß er bei etwa 5000 Volt/cm einen Sättigungswert erreicht (Abbildung 89).

Daß eine derartige Berechnungsart bedenklich ist, hebt KÄMPF mit Recht hervor. Sie erscheint nur dann leidlich berechtigt, wenn der Dunkelstrom auch bei den Sättigungsspannungen klein gegenüber dem Strom im Licht ist und wenn der Leitungsmechanismus beider Vorgänge nichts miteinander zu tun hat.

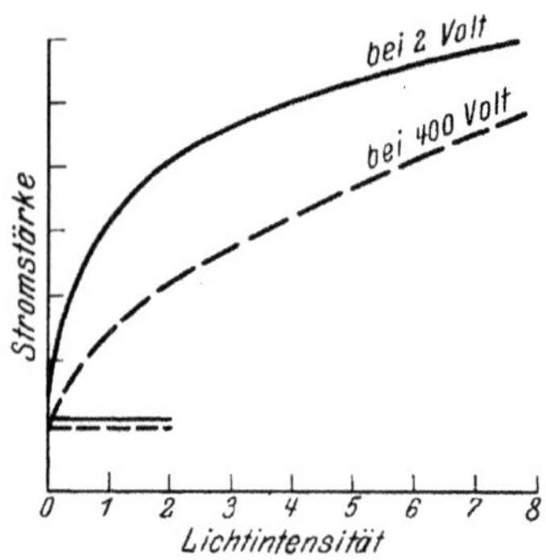

Abb. 90. Abhängigkeit des Stromzuwachses im Licht von der Lichtintensität an HgJ_2-Schichten (nach Kämpf). Ordinatenmaßstab bei 400 Volt 10mal größer.

Der lichtelektrische Strom wächst, wie es bei Sekundärströmen die Regel ist, langsamer als die Lichtintensität. Doch kommt es auf Wellenlänge, Intensität und Spannung an, wie bei HgS im vorigen Abschnitt X, 7 besprochen (vgl. Abb. 90).

Bei unsymmetrischer Belichtung der Elektroden ist die Abhängigkeit des Stromes von der Spannung ganz verschieden, je nachdem Kathode oder Anode stärker belichtet ist.

Mit sehr hübschen Sondenmessungen (vgl. Abb. 91) zeigt KÄMPF, daß an der Kathode eine starke positive, an der Anode eine weniger starke negative Raumladung auftritt, ganz ähnlich wie sie an Zinkblende festgestellt ist. Er zieht daraus den sicher berechtigten Schluß, daß im Licht von der Kathodenseite her Elektronen schneller abwandern, als sie aus der Kathode ersetzt werden, und daß sie sich auf dem Weg zur Anode teilweise anlagern. Die aus dem linearen Potentialverlauf in der Mitte der Strombahn ermittelte spezifische Leitfähigkeit von $2 \cdot 10^{-8}$ Ohm^{-1} cm^{-1} und Elektronenbeweglichkeit von 2,9 cm/sec pro Volt/cm scheint uns dagegen nur rechnungsmäßige Bedeutung zu haben.

1926 glaubte Kämpf am HgJ_2 eine grundsätzlich neue Lichtwirkung festgestellt zu haben. Er beobachtete nämlich, daß beim gleichzeitigen Einwirken von rotem und blaugrünem Licht zwar bei Zimmertemperatur wie allgemein zu beobachten, ein größerer Strom floß, als der Summe der Einzelwirkungen entspricht, daß aber bei tiefer Temperatur die Zugabe von rotem Licht den in blaugrüner Belichtung fließenden Strom verkleinert. Aus diesem Umstand und der weiteren Feststellung, daß die Stromspannungs-Abhängigkeit und ebenso die Abhängigkeit des Stromzuwachses von der Lichtintensität für kurzwelliges und langwelliges Licht bei tiefer Temperatur ganz verschieden sind, schließt Kämpf, daß die von verschiedenen Wellenlängen ausgelösten Elektronen verschiedene Eigenschaften, etwa wie bei der äußeren lichtelektrischen Wirkung, verschiedene Energien haben. Wir können die Berechtigung dieses Schlusses nicht anerkennen. Die Absorption des blaugrünen Lichtes erfolgt schon in dünnster Oberflächenschicht, während das rote Licht durch die benutzte Dicke gleichmäßig wirkt und überdies im blaubelichteten HgJ_2 merklich stärker absorbiert wird als im nur rot belichteten. Dieser Unterschied ist besonders stark bei tiefen Temperaturen. Man könnte sich also denken, daß bei tiefen Temperaturen das rote Licht durch Abbau angeregter Zentren genau so strommindernd wirkt wie im Fall der Sekundärströme in Zinksulfidphosphoren, während der Primärstrom durch Zusatz roten Lichtes vergrößert wird. Kämpf gibt leider die benutzten

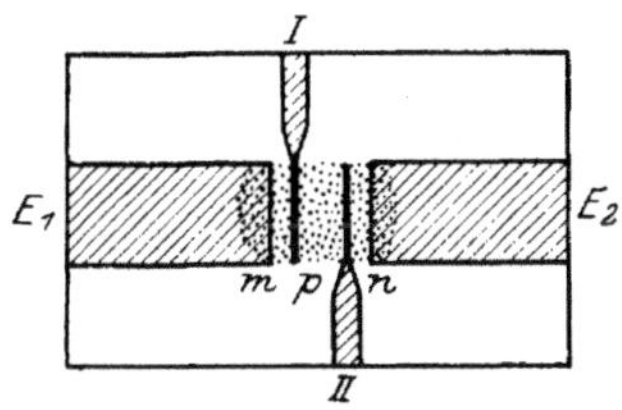

Abb. 91. Sondenanordnung bei der Untersuchung dünner HgJ_2-Schichten (nach Kämpf).

Breiten der Sonden: $I = 0{,}063$ mm, $II = 0{,}055$ mm.

Breiten der abgeteilten HgJ_2-Schichten: $m = 0{,}202$ mm, $p = 0{,}446$ mm, $n = 0{,}127$ mm.

Intensitätswerte für die verschiedenen Spektralgebiete nicht an, so daß eine zwingende Schlußfolgerung nicht möglich ist [511].

Wir betonen, daß verschiedene Energie der abgespaltenen Elektronen je nach Wellenlänge durchaus möglich ist, nur gehen sie aus den Beobachtungen von KÄMPF nicht hervor und diese selbst stellen keine wirklich neue Erscheinung dar, wie der Hinweis auf die ZnS-Phosphore zeigt (vgl. S. 211).

Da es gelingt, rotes HgJ_2 in brauchbaren Kristallen von einigen Millimetern Kantenlänge aus Lösung zu erhalten, besteht die Hoffnung, die von KÄMPF an mikrokristallinem Material gewonnenen Ergebnisse mit den vermutlich viel einfacheren und leichter zu deutenden am Einkristall zu vergleichen. Ein Hauptvorteil wird dann auch darin bestehen können, daß mit schwächer absorbierten Wellenlängen gearbeitet werden kann als an den dünnen Schichten VOLMERS und KÄMPFS.

Man wird mit großer Wahrscheinlichkeit voraussagen können, daß das lichtelektrische Verhalten des roten HgJ_2 dem des HgS weitgehend gleichen wird.

Auch das gelbe HgJ_2 zeigt nach VOLMER lichtelektrische Leitung.

d) Organische Verbindungen. Leitfähigkeitsänderung bei Belichtung ist auch an den im Dunkeln schon merklich leitenden Anilinfarbstoffen, beispielsweise Diamantgrün, Kristallviolett usw. festgestellt. Genaue Messungen stehen aus. Wirksam ist schon das in den Absorptionsbändern des sichtbaren Spektrums absorbierte Licht. Ausbildung als Kristall scheint Voraussetzung, einwandfreie Ausscheidung eines Einflusses der Erwärmung ist noch nicht durchgeführt. Die Höhe der Brechungsindizes außerhalb der Absorptionsbänder ist nicht bekannt, doch ist der Wert 2 nicht unwahrscheinlich.

Hier sind noch die Beobachtungen von PAULI an Anthracen zu erwähnen. Er fand 1913, daß das im Dunkeln völlig isolierende Anthracen bei Belichtung eine elektrometrisch gut nachweisbare Leitfähigkeit erhält. Es kam ihm darauf an zu zeigen, daß diese Erscheinung nicht mit der Fluorescenz des Anthracens zusammenhängt. Merkwürdigerweise gibt er an, daß die höchste Wirkung des Lichtes bei etwa 540 mμ vorhanden sei, sich aber bis ins rote Spektralgebiet erstrecke. Das ist insofern nicht recht verständlich, als uns vorliegendes sehr reines Anthracen auch in größeren Kristallschuppen völlig farblos aussah und Leitfähigkeit auch erst bei Belichtung mit Wellenlängen um 400 mμ herum erhielt. Die dünnen Kristallblättchen erlauben leider keine genaue Untersuchung der lichtelektrischen Leitung. Wichtig ist aber, daß auch in diesem Beispiel Elektronenabspaltung im Kristallinneren schon bei etwa 400 mμ vorgeht, während die erste äußere lichtelektrische Wirkung erst bei etwa 220 mμ auftritt (HUGHES 1912, VOLMER 1913).

XII. Das Selen.

1. Einführung. Die verwickeltsten Verhältnisse scheinen beim berühmtesten und ältesten Vertreter lichtelektrischer Leitung, beim Selen, vorzuliegen. Ihre Entwirrung steckt auch heute noch nach über 50jähriger Forschung in den Anfängen. Die physikalische Kenntnis der Grundlagen steht hier im Gegensatz zu den isolierenden Sulfiden im umgekehrten Verhältnis zur Zahl der Untersuchungen. Man geht kaum fehl mit der Behauptung, daß die technische Verwendbarkeit der Selenzellen jahrzehntelang ihre wissenschaftliche Erforschung geschädigt hat. Erfreulicherweise ist heutzutage das Verständnis des Wertes reiner physikalischer Erkenntnis auch für die Anwendungen allgemein geworden.

Einen recht vollständigen Überblick über die Selenwirrnis bis zum Jahr 1918 vermittelt das Buch von CHR. RIES: „Das Selen“[1]. Auf diese Zusammenstellung eines um die Selenforschung verdienten Mannes werde hier verwiesen; wir besprechen im folgenden nur diejenigen Punkte, die uns von grundsätzlicher Bedeutung zu sein scheinen.

Von derartigen Punkten greifen wir als Vorbemerkung heraus, daß unbestritten das chemische Element Se selbst Träger der lichtelektrischen Wirkung ist und nicht spurenweise Beimengungen irgendwelcher Art, wie sie für lichtelektrische Leitung in vielen Fällen mit Recht, in vielen anderen unseres Erachtens zu Unrecht verantwortlich gemacht werden. Wenn also in einem Fall die Lichtabsorption der chemischen Verbindung selbst zur Elektronenabspaltung führt, so hindert nichts, den gleichen Vorgang auch für andere Fälle, also etwa ZnS oder HgS, anzunehmen.

---

[1] Jos. C. HUBERS Verlag, Diessen vor München, 1918.

Eine erhebliche Verwicklung besteht beim Selen im Vorhandensein einer ganzen Reihe allotroper Formen, die teilweise wohl infolge sehr geringfügigen Energiegehaltsunterschiedes nebeneinander beständig sind. Es fehlt dann ein bestimmter Umwandlungspunkt, und bei Temperaturänderungen treten nur langsame Verschiebungen von Gleichgewichten auf. Für den Übergang des glasigen Selens (unterkühlte Schmelze) in eine metallische Form wird immerhin eine Wärmetönung von rund 10 kgcal/Mol angegeben; in der Tat erfolgt dieser Übergang bei Gegenwart von Kristallkeimen im Verlauf von Stunden oder Tagen, während ohne solche glasiges Selen anscheinend jahrelang in diesem Zustand bleiben kann.

Soweit bisher bekannt, gibt es mindestens zwei isolierende und zwei leitende kristalline Selenformen. Röntgenographisch scheint bisher nur eine dieser Formen bis zur wirklichen Ermittlung des Kristallgitters untersucht worden zu sein.

Die isolierenden Formen (I) erhält man am leichtesten aus Lösung von Selen in Schwefelkohlenstoff, und zwar nebeneinander. Es sind tiefrote Prismen mit sehr hoher Lichtbrechung.

Eine hellgraue Form (II), die metallisch leiten soll, aber einen nicht genau bekannten sehr hohen spezifischen Widerstand besitzt, entsteht aus dem Schmelzfluß bei längerer Erwärmung auf etwa 200°; eine andere noch weit schlechter leitende, jedoch mit einem spezifischen Widerstand, der bei Temperaturerhöhung abnimmt, (III), bildet sich, wenn glasiges Selen auf 100 bis 150° erwärmt wird. Gerade in diesem Fall scheint keineswegs gesichert, daß wirklich eine einheitliche Selenart vorliegt. Vielleicht ist sie (III), wie es vom roten Phosphor angenommen wird, nur eine Mischung von metallischer (II) und isolierender (I).

Metallisch leitende Kristallnadeln werden auch bei Verdampfung von Selen im Vakuum erhalten (Brown). Es scheinen nach der Kristalltracht mehrere Modifikationen zu sein. Ihre Beziehung zum grauen Selen (II) ist ungeklärt [3, 46].

Vom lichtelektrischen Standpunkt aus wären röntgenographische Untersuchungen aller dieser Zusammenhänge sehr erwünscht.

Die schlechtleitende schwarzgraue Form (III) ist der ausgesprochene Vertreter des „lichtempfindlichen“ Selens. Die graue Form (II) scheidet wegen ihrer verhältnismäßig guten

Leitfähigkeit ziemlich aus. Das glasige Selen isoliert mit und ohne Belichtung. Die Lichtempfindlichkeit der metallischen Kristallnadeln ist vornehmlich von Brown und Sieg untersucht, diejenige der isolierenden roten Kristalle erst von Gudden und Pohl entdeckt und untersucht worden [431].

2. Das rote isolierende Selen. Obwohl lichtelektrische Wirkung im roten, isolierenden Selen erst 1922 bekanntgeworden ist, die in ihm auftretende lichtelektrische Leitung keinerlei

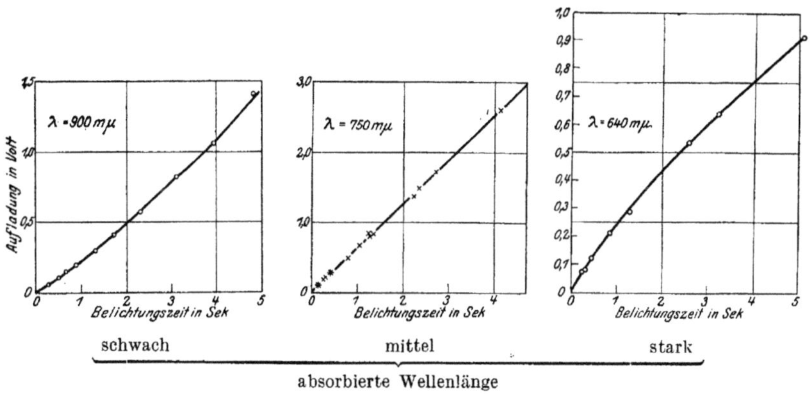

Abb. 92. Trägheitslosigkeit des lichtelektrischen Primärstromes in isolierenden Kristallen von rotem Selen. (Nach Gudden und Pohl.)

Der Primärstrom setzt mit endlichem Wert bei Beginn der Belichtung ein, gegeben durch die Tangente der Aufladungskurve im Nullpunkt. Bei stark absorbierten Wellen nimmt der Strom langsam ab wegen der Ausbildung von Raumladungen (Erregung), bei schwach absorbierten wächst er langsam wegen des von den langen Wellen ausgelösten positiven Anteils (Abbau der Erregung).

technische Bedeutung hat und überhaupt nur eine einzige Untersuchung darüber vorliegt, stellen wir ihre Behandlung voran, weil hier ein unmittelbarer Anschluß an die einfachen Gesetzmäßigkeiten lichtelektrischer Leitung gegeben ist, während bei den metallischen Selenkristallen und erst recht bei den Selenzellen die Verhältnisse viel unübersichtlicher sind.

Gesucht wurde lichtelektrische Leitung im isolierenden Selen auf Grund seiner hohen Lichtbrechung. Genauere Messungen von Kyropoulos ergaben später einen mittleren Wert des Brechungsindex n von 3,5! Die Kristalle lassen in 1 mm dicker Schicht das Licht noch merklich bis zur Wellenlänge 700 mμ hindurch. Im Ultrarot ist keine weitere Lichtabsorption zu erwarten, da die Maxwellsche Beziehung $n^2 = \varepsilon$ (ε ist die

Dielektrizitätskonstante) erfüllt ist. Die Kristalle isolieren im Dunkeln gegenüber Spannungen von einigen hundert Volt

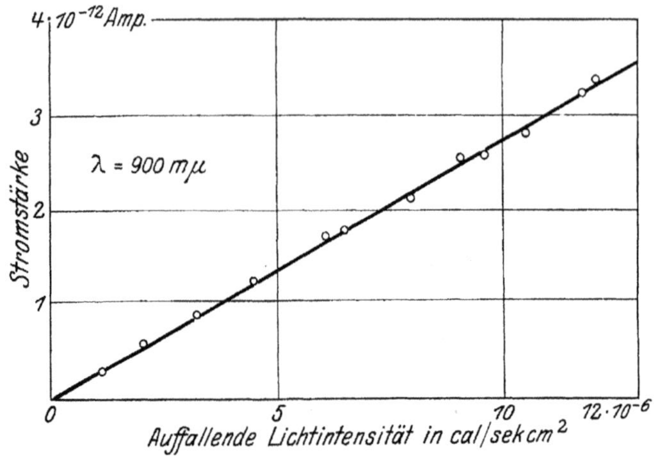

Abb. 93. Lichtelektrischer Primärstrom in isolierendem rotem Selen; lineare Abhängigkeit von der Lichtintensität (nach GUDDEN und POHL).

(Feldstärken von einigen tausend Volt/cm) statisch. GUDDEN und POHL arbeiteten mit Kriställchen von 1 bis 2 mm Kantenlänge. Lichtelektrisch zeigen sie ein für lichtelektrische Leitung in n i c h t i d e a l e n isolierenden Kristallen (X, 5) kennzeichnendes Verhalten. Wir belegen die Messungsergebnisse durch Abbildungen, weil es uns bemerkenswert erscheint, daß auch das so viel bearbeitete Selen in seiner isolierenden Modifikation sich völlig den in Abschnitt X besprochenen Gesetzmäßigkeiten anpaßt.

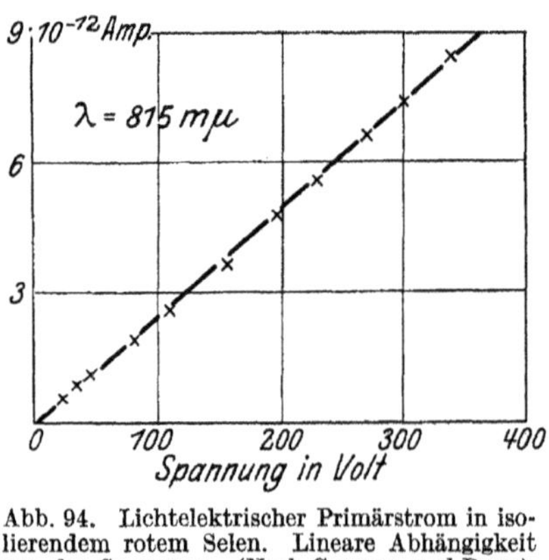

Abb. 94. Lichtelektrischer Primärstrom in isolierendem rotem Selen. Lineare Abhängigkeit von der Spannung. (Nach GUDDEN und POHL). Kristalldicke etwa 1 mm, Sättigung wurde nicht erreicht.

Bei Belichtung setzt trägheitslos ein Strom ein (Abbildung 92); seine Größe ist der auffallenden Lichtintensität genau proportional (Abb. 93); der Strom wächst mit steigender Spannung linear (Abb. 94); jedenfalls ist bei 400 Volt ($\mathfrak{E}$ = 4000 Volt/cm) von einer Sättigung noch nichts zu merken, und das spricht bei

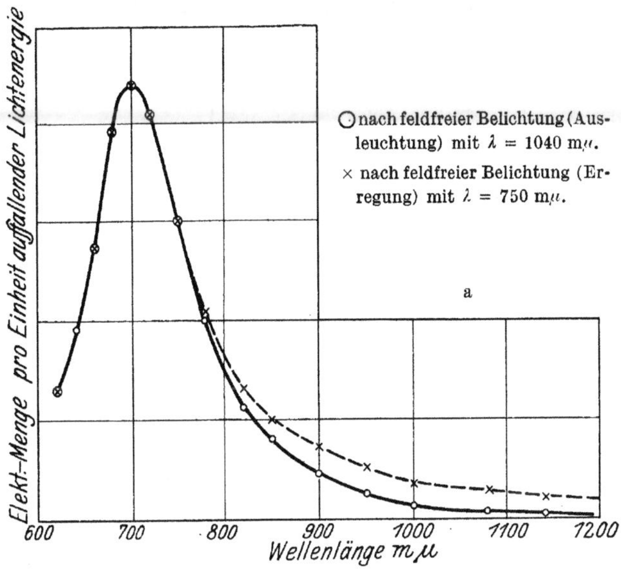

a

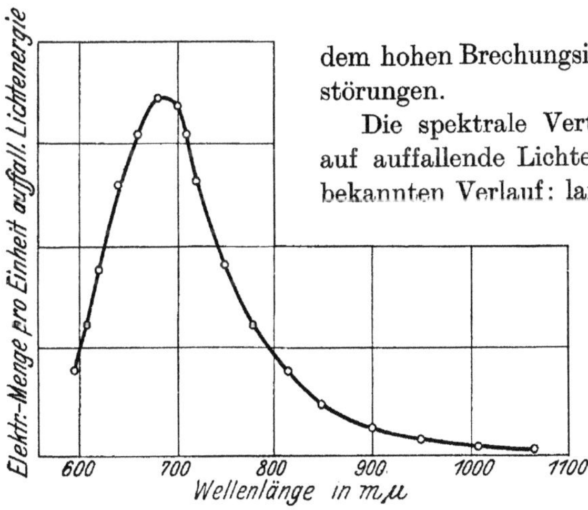

b

Abb. 95. Spektrale Verteilung der Primärströme an Kristallen von isolierendem rotem Selen in Abhängigkeit von der Stellung der Kristalle (nach GUDDEN und POHL). (Längsfeld.)
a = Belichtung der Basis.
—— im unerregten Zustand, – – – im erregten Zustand.
b = Belichtung einer Prismenfläche.

dem hohen Brechungsindex für Gitterstörungen.

Die spektrale Verteilung, bezogen auf auffallende Lichtenergie, hat den bekannten Verlauf: langsamer Anstieg von langen Wellen her entsprechend der von Null wachsenden Absorption, Höchstwert in den benutzten Schichtdicken bei etwa 700 mμ, von wo ab nach kürzeren Wellen die

Absorption rasch zunimmt, während die Ausbeute ebenso jäh zu kleinen Werten absinkt (Abb. 95). Absorptionsmessungen genügender Genauigkeit, um die spektrale Verteilung auf absorbierte Energie beziehen und die absolute Ausbeute bestimmen zu können, ließ

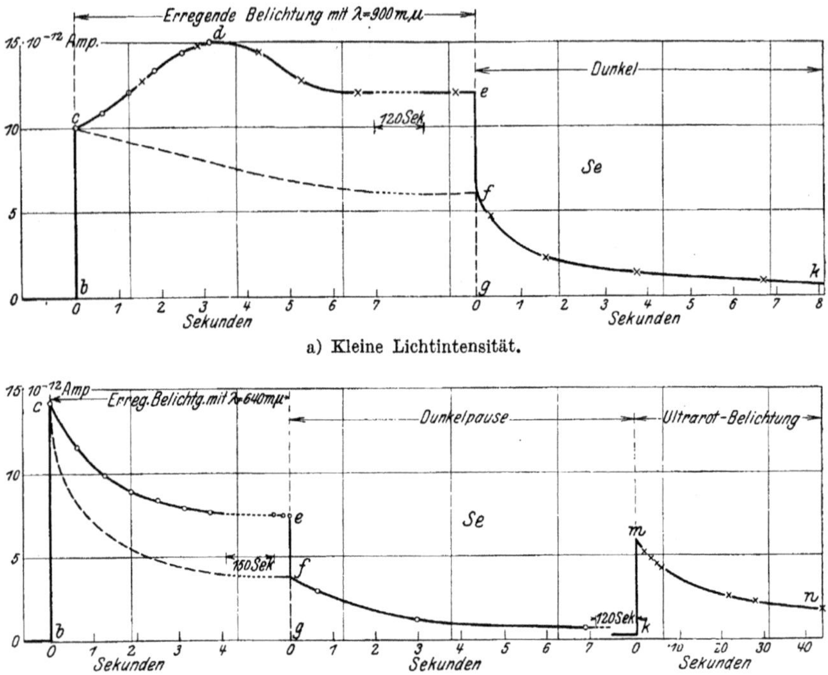

a) Kleine Lichtintensität.

b) Große Lichtintensität.

Abb. 96. Zeitlicher Verlauf der lichtelektrischen Primärströme in Kristallen von rotem isolierendem Selen (nach GUDDEN und POHL).

Die gestrichelte Kurve deutet die mutmaßliche Änderung des negativen Anteils für sich an; bei schwacher Lichtintensität und verhältnismäßig langer Wellenlänge geringe Abnahme, bei starker Intensität und kürzerer Wellenlänge wegen des dann nicht beschleunigten positiven Anteils starke Abnahme. Nach Verdunklung Weiterfließen des positiven Anteils in abnehmender Stärke. Nach Belichtung mit kurzer Welle (b) ist es möglich, die noch nach geraumer Zeit vorhandene Erregung mit Ultrarotbelichtung zu beseitigen (b rechts).

Kleinheit und Unvollkommenheit des Kristallmaterials nicht zu; es besteht jedoch kein Grund, anzunehmen, daß nicht die Quantengerade für den vollkommenen Kristall roten Selens erhalten wird.

Die spektrale Verteilung ist völlig unabhängig von Spannung und Lichtintensität; das ist wichtig im Hinblick auf die andersartigen Verhältnisse bei metallischen Selenkristallen, dagegen hängt sie selbstredend ab von der Stellung der monoklinen Säulen und der Schichtdicke (vgl. Abb. 95a, b).

Der positive Primärstromanteil fließt bei Zimmertemperatur verzögert. Die lichtelektrische Wirkung erhöht daher die Absorption für längere Wellen (Erregung; vgl. Abb. 95a, gestrichelte Kurve); Belichtung mit Licht dieser Wellenlängen beschleunigt den positiven Anteil (Abb. 96b); ohne gleichzeitige langwellige Belichtung sinkt die Primärstromstärke wegen der auftretenden Raumladungen zeitlich ab auf einen Wert, bei dem sich Aufbau von Raumladungen durch Elektronenabwanderung (negat. Anteil) und Abbau durch Elektronenersatz (positiver Anteil) das Gleichgewicht halten (Abb. 96); alles ist wie bei anderen isolierenden, lichtelektrisch leitenden Kristallen.

Es erscheint auf Grund dieser Versuche durchaus lohnend, die Gewinnung größerer einwandfreier Kristalle von rotem Selen mit besseren Hilfsmitteln zu versuchen; sie könnten ein wertvolles Hilfsmittel für Photometrierungen im Spektralbereich von 600 bis 1000 mμ werden.

3. Kristalle metallischen Selens. Die ersten eingehenden Untersuchungen an einzelnen leitenden Selenkristallen sind von Brown bzw. Brown und Sieg ausgeführt. Es handelt sich vornehmlich dabei um eine monokline und um eine hexagonale Form, weitere Kristallarten sind vermutet, konnten aber wegen zu geringer Größe nicht ausgemessen werden. Die Kristalle waren Blättchen oder Nadeln und die größte Ausdehnung betrug nur einige Millimeter. Dieser Umstand erklärt, daß experimentelle Schwierigkeiten die Aus- und Durchführung mancher naheliegender Versuche verhinderten. Die hexagonale Form bildete sich vorzugsweise bei höherer Temperatur des Dampfes (um 200°); ob sie mit der grauen Selenart (II) übereinstimmt, scheint nicht geklärt; ihre beträchtliche Lichtempfindlichkeit könnte als Gegengrund angesehen werden. Die monokline Form entsteht bei etwa 170°. Elektrisch und lichtelektrisch unterscheiden sich beide Formen nicht erheblich. Alle Kristalle waren bis zu 0,2 mm Schichtdicke rot durchscheinend, alle im Dunkeln leitend, doch werden keine bestimmten Angaben der spezifischen Leitfähigkeit gemacht [3—5, 39, 46, 47, 65, 66].

Die Dunkelleitfähigkeit nimmt unter mechanischen Druck auf das Vielfache zu, ebenso wächst sie mit der Spannung. Bis zum

Beweis des Gegenteils wird man annehmen dürfen, daß bei beiden Abhängigkeiten Übergangswiderstände die mehr nebensächliche Ursache sind. Die spektrale Verteilung der Lichtwirkung ist ziemlich unabhängig von mechanischem Druck, angelegter Spannung und Lichtintensität (Abb. 97). Sie wird ange-

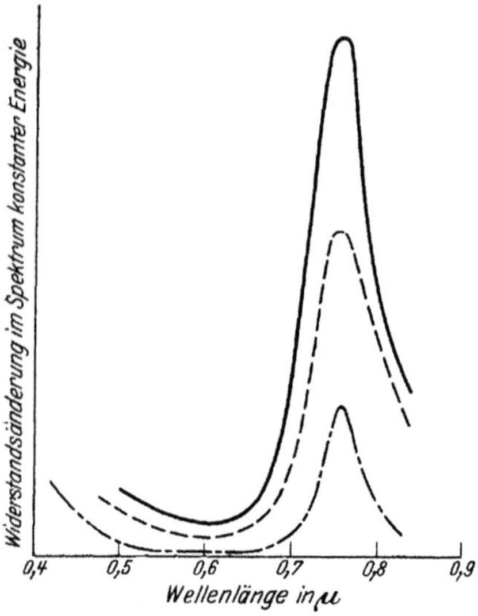

Abb. 97. Spektrale Verteilung an einem hexagonalen Kristall von metallischem Selen in Abhängigkeit von Druck- und Lichtintensität (nach BROWN und SIEG).
——— Hoher Druck, hohe Lichtintensität,
- - - - niedriger Druck, hohe Lichtintensität,
- · - · - niedriger Druck, niedrige Lichtintensität.

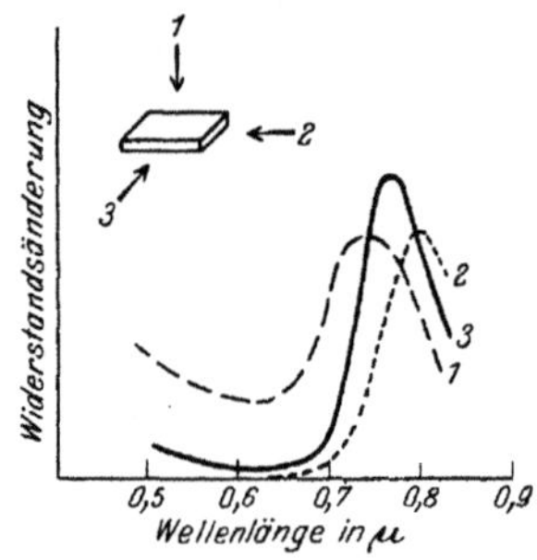

Abb. 98. Spektrale Verteilung an einem Kristall metallischen Selens in Abhängigkeit von der Kristallstellung. (Nach BROWN und SIEG.) Die Pfeile links oben bezeichnen die Einfallsrichtung des Lichtes bei den drei Kurven; elektrisches Feld jeweils senkrecht zur Lichtrichtung.

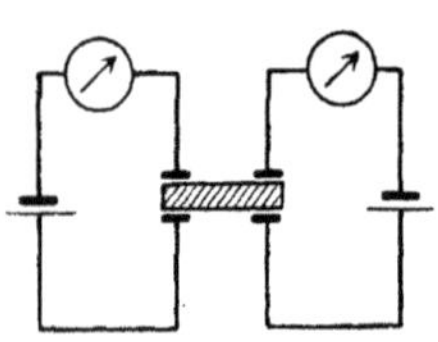

Abb. 99. Versuchsanordnung zum Nachweis „übermittelter Wirkung" an Selenkristallen (nach BROWN und SIEG). Ein Selenkristall (schraffiert) ist in zwei Stromkreise eingeschaltet. Bei ausschließlicher Belichtung der bspw. im linken Kreise liegenden Teile soll trotzdem gleichzeitig auch im rechten Stromkreis ein Stromzuwachs erfolgen.

geben als Widerstandsänderung nach 30 Sekunden in einem Spektrum gleicher Energie. Über die zeitliche Abhängigkeit (Anklingen und Abklingen) fehlen leider alle Angaben.

Die spektrale Verteilung hängt ab von der belichteten Kristallfläche (vgl. Abb. 98) wie beim isolierenden Selen und ist wohl hier wie dort in erster Linie durch die Doppelbrechung bzw. den Dichroismus zu erklären (vgl. S. 162); hinzu kommt allerdings noch wegen der Messung von Sekundärströmen die Abhängigkeit von der Feldstärke, die bei den verschiedenen Kristallstellungen vermutlich sehr verschieden war.

Eine sehr merkwürdige Erscheinung beschreibt BROWN als „übermittelte Wirkung" (transmitted effect) [48]. Danach soll eine Leitfähigkeitsänderung eintreten, wenn der Kristall, ja sogar ein nur mit ihm verwachsener (!) in Entfernung von mehreren Millimetern von der leitenden Stelle belichtet wird! Abb. 99 zeigt die Anordnung. Naheliegende Deutung durch Streulicht wird von den Forschern abgelehnt; dagegen spricht, daß die übermittelte Wirkung unter Umständen von gleicher Größenordnung wie die unmittelbare sein soll; im übrigen aber wird man sich kaum des Eindruckes entziehen können, daß hier keine neue Eigenschaft der Materie vorliegt, wie BROWN und SIEG meinen, sondern eine äußere oder innere Lichtübermittlung. Dafür spricht, daß die übermittelte Wirkung so gut wie gleichzeitig mit der „unmittelbaren" eintritt und die spektrale Verteilung, abgesehen von einer Verschiebung, nach längeren Wellen in beiden Fällen ebenfalls übereinstimmt. An anderen Stoffen ist viel nach solch „übermittelter" Wirkung gesucht, doch stets bisher ohne Erfolg. Vermutlich wird eine genaue Nachprüfung diese Erscheinung wieder aus dem „Tatsachen"schatz der Physik streichen lassen.

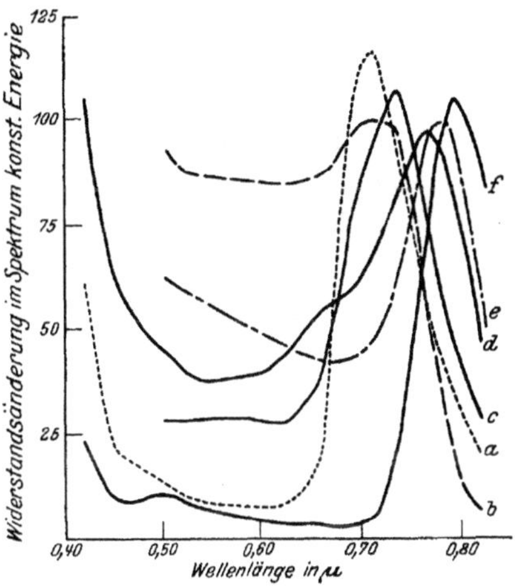

Abb. 100. Spektrale Verteilung der Widerstandsänderungen im Licht an verschiedenen Kristallen von metallischem Selen (nach BROWN und SIEG).

BROWN und SIEG haben zweifellos mit der Untersuchung der Einzelkristalle einen ersten wichtigen Schritt auf dem Wege zu wissenschaftlicher Aufklärung der Selenleitung getan, aber die Erfolge sind bisher nicht groß gewesen.

Daß ein Teil der Mannigfaltigkeit in der spektralen Verteilung technischer Selenzellen auf der Zusammensetzung aus verschiedenartigen Kriställchen in verschiedener Orientierung zum Feld und Lichteinfall beruht, kann als sicher betrachtet werden. Abb. 100 zeigt eine Zusammenstellung der von ihnen an Einzelkristallen unter verschiedenen Bedingungen erhaltenen Verteilungen und ist mit Abb. 106 der folgenden Ziffer zu vergleichen [39, 66].

4. Die Selenzellen und ihre Eigenschaften. Selenzellen sind ziemlich ausschließlich nach dem Gesichtspunkt gebaut worden, bei niedrigem Widerstand möglichst große verhältnismäßige Widerstandsänderungen im Licht aufzuweisen, und zwar möglichst trägheitsfrei und ohne Nachwirkung. Unter „Empfindlichkeit" einer Selenzelle werden üblicherweise folgende Ausdrücke verstanden:

$$E' = \frac{W_D}{W_L} \text{ oder } E'' = \frac{W_D}{W_L} - 1 \text{ oder } E''' = \left(\frac{W_D}{W_L} - 1\right) 100$$

wobei W_D den Zellenwiderstand im Dunkeln, W_L denselben im Licht bedeutet. Da die Widerstandsänderung einer Selenzelle der Intensität des Lichtes nicht proportional ist, muß in jedem Fall die Art der Beleuchtung hinzugesetzt werden.

Gelegentlich werden auch zur Kennzeichnung einer Zelle folgende Ausdrücke ausgegeben:

$$\text{Stromeffekt} = V \cdot \frac{W_D - W_L}{W_D \cdot W_L}$$

$$\text{und Watteffekt} = V^2 \cdot \frac{W_D - W_L}{W_D \cdot W_L}$$

wobei V die an der Zelle liegende Spannung bedeutet. Selenzellen haben Widerstände von 10^3 bis 10^6 Ohm; man ist gewöhnlich bestrebt, den Widerstand trotz des geringen Leitvermögens von Se (III) möglichst niedrig zu halten und sucht dies durch möglichst kleine Elektrodenabstände (rund 10 bis 100 μ) und große Elektrodenflächen (etwa 1 cm^2) zu erzielen. Abb. 101 zeigt Zellen mit kamm- und mit spiralartiger Elektrodengestaltung.

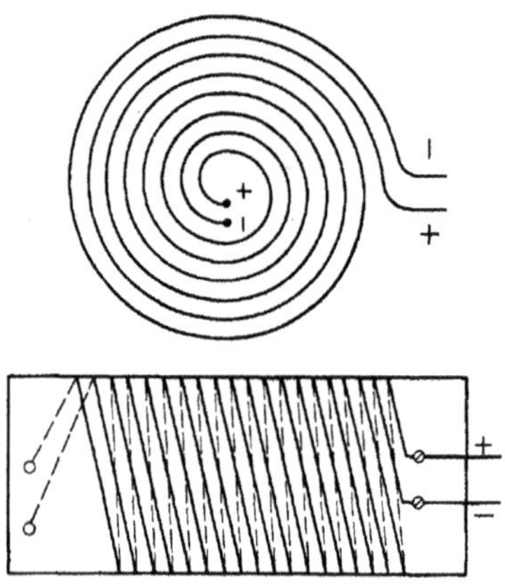

Abb. 101. Elektrodenanordnungen in technischen Selenzellen (nach RIES „Das Selen"). Zwischen die beiden Drähte wird eine dünne Selenschicht eingeschmolzen.

Man stellt die Zellen so her, daß geschmolzenes Selen zwischen die Elektroden gepreßt wird und nach dem Erstarren durch längere Wärmebehandlung in geeigneter Temperatur „formiert" wird. Je höher die Temperatur bei der „Formierung", desto niedriger der Widerstand (Überwiegen von Se II), je niedriger, desto höher und desto größer die verhältnismäßige Widerstandsänderung im Licht (Überwiegen von Se III). Die Zellen werden meist in Brückenschaltung verwendet, nur bei großen Lichtintensitäten und hohem Dunkelwiderstand kommt eine Verwendung in reiner Reihenschaltung in Frage.

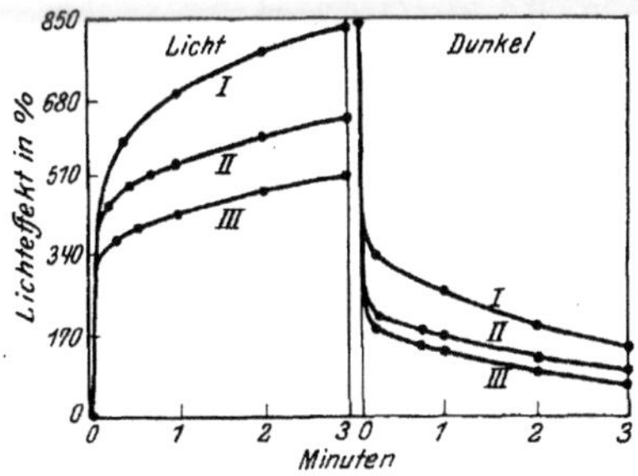

a

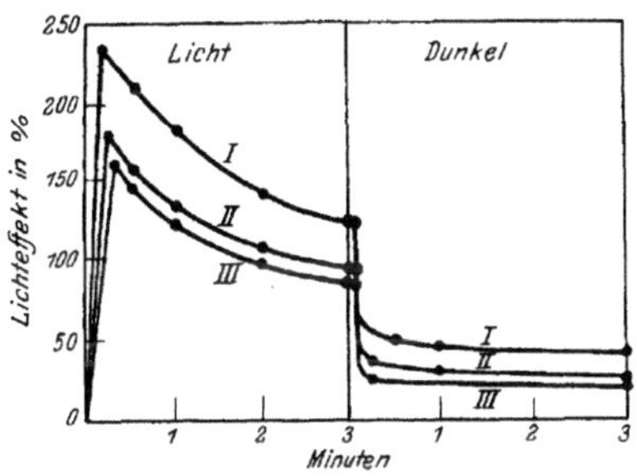

b

Abb. 102. Einfluß der Vorgeschichte auf Lichtwirkung und Trägheit in technischen Selenzellen (nach RIES: „Das Selen“). Zwischen den drei Belichtungen lagen je 50 Minuten.
a = „harte“, b = „weiche“ Selenzelle.

Den Unterschied zwischen Strom im Dunkeln und Strom im Licht als lichtelektrischen Strom zu bezeichnen, ist irreführend. Dieser Stromunterschied hat zwar eine lichtelektrische Ursache, hängt aber von so viel anderen Umständen ab, daß auf die Elektronenauslösung nicht mehr zurückgeschlossen werden kann. Die beobachtete Leitfähigkeitsänderung dürfte zu einem beträchtlichen Teil auf „Kohärer“wirkungen beruhen; das läßt sich u. a. aus der Beschleunigung des Abklingens der Leitfähigkeit durch mechanische Erschütterung und dem Einfluß der Vorgeschichte (Nachwirkung einer Vorbelichtung) (Abb. 102) schließen. Ebenso spricht für hohe Uneinheitlichkeit des Selens in Selenzellen die Verkleinerung des Dunkelwiderstandes mit steigender Spannung, ein abweichender Widerstand für Wechselstrom und die von SPÄTH untersuchte „Erhöhung der Dielektrizitätskonstanten“ bei Belichtung. Daß Spannungserhöhung die Empfindlichkeit herabsetzt, ist in unserer Auffassung leicht verständlich: wenn Übergangswiderstände schon durch hohe Spannungen überwunden werden (Verschweißung), so hat lichtelektrische Wirkung für diese Übergänge keine Bedeutung mehr. Einen Spannungseinfluß auf die Leitfähigkeit einheitlichen Selens anzunehmen, besteht nicht der geringste Grund. Die von KÄMPF im Gegensatz zu allen anderen Untersuchern beobachteten Sättigungsströme (für den Dunkelstrom!) werden, wenn nicht verborgene Versuchsfehler wirksam waren, auch irgendwie mit der mangelhaften Einheitlichkeit der Selenschichten zusammenhängen.

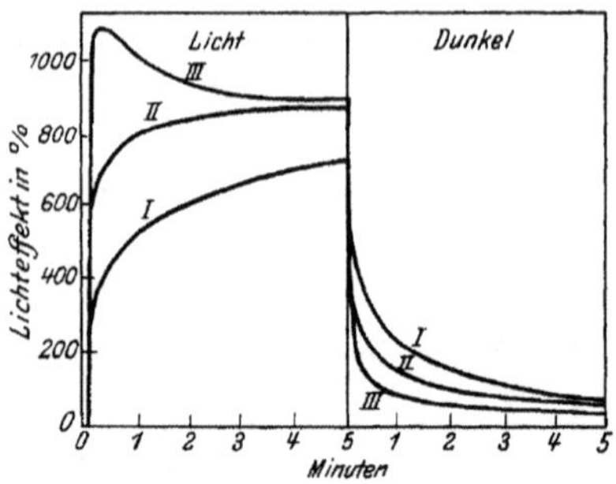

Abb. 103. Verschiedenheit der Trägheit von Selenzellen je nach Herstellung. *I* = harte, *III* = weiche Zelle (nach RIES: „Das Selen").

Je nach Herstellungsart und Herstellungstemperatur haben die Zellen sehr verschiedene Eigenschaften. Abbildung **103** zeigt beispielsweise den zeitlichen Verlauf der Leitfähigkeitsänderungen. Zellen, die ihren Widerstand noch nach Minuten bei Belichtung weiter vermindern (I), werden „hart", solche, die nach Erreichung eines kleinsten Wertes ihren Widerstand wieder steigern (III), „weich" genannt; erstrebt wird oft ein zeitlicher Verlauf, wie ihn die Zelle (II) zeigt. Natürlich ist derartige Trägheit für fast alle Messungen recht störend. Immerhin ist schon nach 10^{-3} Sekunden eine Lichtwirkung feststellbar, wie Versuche mit unterbrochener Belichtung beweisen, und ferner gibt es Zellen, die schon nach 0,1 Sek. fast unveränderliche Werte erreichen. Abb. 104 zeigt Abhängigkeiten von der Lichtintensität, Abb. 105 von der Spannung und Abb. 106 von der Wellenlänge. Man erkennt bei aller Mannigfaltigkeit in der spektralen Verteilung doch den Zusammenhang mit den Eigenschaften einheitlichen Selens; insbesondere zeichnet sich das der Absorptionskante des Selens zugeordnete Maximum um 700 mμ

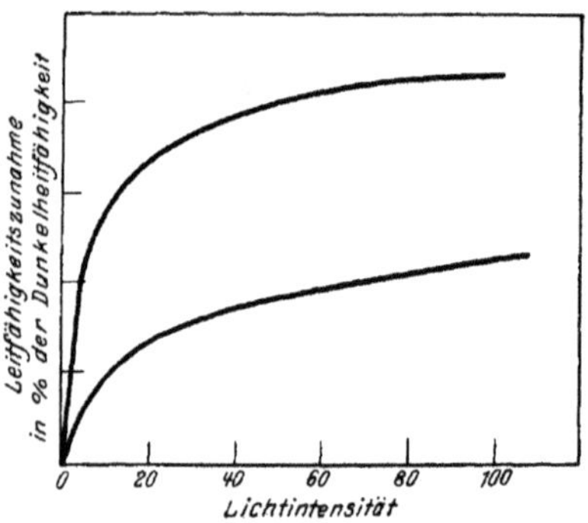

Abb. 104. Abhängigkeit der Lichtwirkung von der Lichtintensität (nach RIES: „Das Selen").
Obere Kurve: Weiche Drahtzelle. Untere Kurve: gravierte Zelle. Ein Ordinatenteilstrich 200 %.

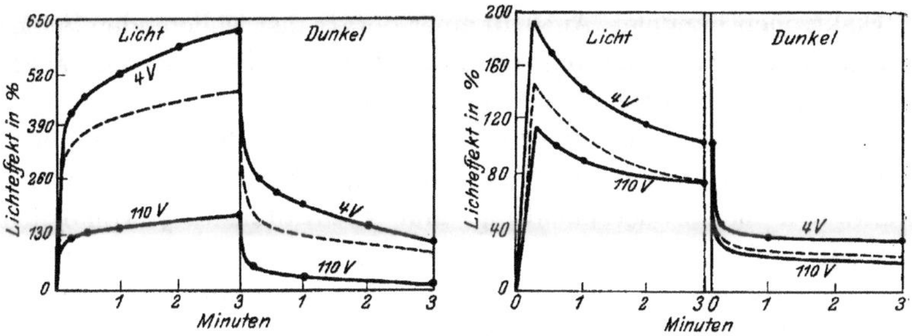

Abb. 105. Einfluß der Spannung auf Lichtwirkung und Trägheit in technischen Selenzellen (nach RIES: „Das Selen").
Gestrichelt ist angedeutet, welcher Verlauf ungünstigenfalls bei Wiederholung der 4-Volt-Kurve in Hinsicht auf die Nachwirkung (Abb. 102) zu erwarten gewesen wäre. Zwischen der Messung bei 4 und der bei 110 Volt lagen 50 Minuten.

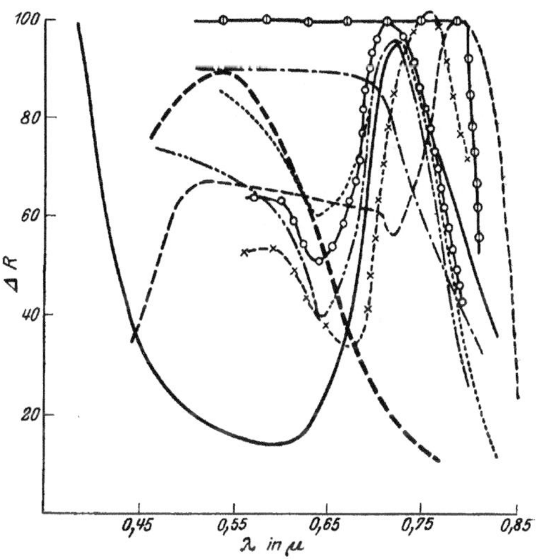

Abb. 106. Spektrale Verteilung der Lichtwirkung auf Selenzellen (nach BROWN und SIEG).

———	Ruhmerzelle	0,15	Watt/mm²	
- - - - - -	Giltayzelle	0,15	„	
— — — —	„	?	„	
—·—·—·	„	0,11	„	
●—●—●	„	?	„	kurz belichtet
—·—·—	D-5-Zelle	1,8	„	
▬ ▬ ▬	D-10-Zelle	1,0	„	
o—o—o—	D-18-Zelle	7,8	„	
– – × – – ×	Sublimationszelle	1,0	Watt/mm².	

Vgl. auch Messungen von DIETERICH über die Temperaturabhängigkeit [73].

vielfach ab. Das Verschwinden der Wirkung um 1000 mμ ist stets zu beobachten.

Mit sinkender Temperatur nimmt die Dunkelleitung einer Selenzelle stark ab, während sich die Leitung im Licht kaum ändert. So berichtet PIERSOL von einer Zelle, deren Dunkelstrom bei Zimmertemperatur 10^{-3} Ampere, bei der Temperatur der flüssigen Luft dagegen unter $5 \cdot 10^{-10}$ Amp. betrug, während der Stromzuwachs bei Belichtung in b e i d e n Fällen etwa $5 \cdot 10^{-3}$ Amp. war. Dies darf aber nicht dazu verführen, diesen temperaturunabhängigen Stromzuwachs als lichtelektrisch in dem Sinn anzusehen, als ob es sich um die Wanderung vom Licht ausgelöster

Elektronen handele. Auch in einer derart fast isolierenden Selenzelle ist der Stromzuwachs etwa der Quadratwurzel aus der Lichtintensität proportional wie in Abb. 104.

Die zahlreichen Versuche, einen formelmäßigen Zusammenhang zwischen den einzelnen Größen, etwa zwischen Stromzuwachs bei Dauerbelichtung und Lichtintensität, womöglich sogar mit theoretischer Begründung, aufzufinden, müssen nach unserer heutigen Kenntnis als von Grund auf verfehlt betrachtet werden. Physikalisches Verständnis der Vorgänge im Selen wird man von Beobachtungen an der Selenzelle ebensowenig erhoffen dürfen, wie die Untersuchung einer quietschenden Türangel die Gesetze der Schwingungslehre hätte ermitteln lassen.

Man kann etwa sagen, daß nahezu die gesamte Vielgestaltigkeit der an allen lichtelektrisch leitenden Sulfiden gemachten Beobachtungen vereinigt an den Selenzellen auftritt.

5. Anwendungen der Selenzellen. Die Anwendungen der Selenzellen sind im wesentlichen dieselben wie die der lichtelektrischen Zellen, doch wird die ältere Selenzelle immer mehr von der lichtelektrischen Zelle verdrängt. Überlegen war letztere immer durch die Trägheitslosigkeit, aber die Selenzelle hatte den Vorteil, daß ihre Ströme um mehrere Zehnerpotenzen größer sind. Dies erlaubte ihre Verwendung zur Betätigung von Auslösungsvorrichtungen und die Benutzung von technischen Meßinstrumenten. Die Entwicklung der Röhrenverstärkung hat die Bedeutung dieses Punktes verschwinden lassen. Die Selenzelle wird über kurz oder lang in ihren meisten Verwendungen von der trägheitslosen und streng intensitätsproportionalen lichtelektrischen Vakuumzelle in Verbindung mit Verstärkeranordnung ganz verdrängt werden. Ein Vorzug wird ihr allerdings bleiben und vielleicht in veränderter Form ein Weiterbestehen sichern, das ist die Rotempfindlichkeit. Die größte Wirkung liegt bei den Selenzellen je nach Herstellung zwischen 600 und 800 mμ, es ist aber eine Lichtwirkung auch stets bis ins Ultrarot ($\sim$ 1 μ) hinein feststellbar. Für den Spektralbereich von 600 bis 1000 mμ wird also die Selenzelle oder ein verwandter Ersatz (Thalofidzelle) voraussichtlich weiterhin Bedeutung haben.

Eine ausführliche Besprechung der Anwendung von Selenzellen findet sich im Buche von Chr. Ries „Das Selen“ 1918. Erwähnt seien Fernübertragung von Bildern, sprechender Film, Lichttelephonie, Sonderung nach Farben, Sternphotometrie im roten Spektralgebiet.

XIII. Sonstige Fälle innerer lichtelektrischer Wirkung.

1. Zusammenhang mit Fluoreszenz und Phosphoreszenz[1]. In seiner Darstellung der Lichtelektrizität 1914 konnte HALLWACHS Fluoreszenz und Phosphoreszenz als lichtelektrische Erscheinungen bezeichnen. Wir haben seitdem zwischen Anregung und Ionisierung von Atomen oder Molekülen durch Lichtabsorption unterscheiden gelernt und müssen nunmehr bescheidener sagen, daß lichtelektrische Wirkung die Grundlage von Phosphoreszenz oder Fluoreszenz sein kann, es aber keineswegs zu sein braucht.

Als Ausgangspunkt für die lichtelektrische Theorie der Phosphoreszenz ist die Beobachtung von ELSTER und GEITEL zu nennen, daß die hell phosphoreszierende BALMAINsche Leuchtfarbe äußere lichtelektrische Wirkung zeigt, und zwar unter denselben Wellenlängen (außer im Ultraviolett auch im violetten Teil des Spektrums), die auch die Phosphoreszenz erregen. Dies Verhalten war insofern auffällig, als die sonstigen Nichtmetalle erst unter recht kurzwelliger Ultraviolettbestrahlung Elektronen abgeben.

LENARD verfolgte 1909 zusammen mit SAELAND dieses Entsprechen von Phosphoreszenzerregung und Elektronenabgabe durch Beobachtungen an Phosphoren genau bekannter Zusammensetzung und ergänzte auf dieser Grundlage seine schon seit 1904 vertretene lichtelektrische Theorie der Phosphoreszenz.

Bei seinen Versuchen mit SAELAND entdeckte LENARD auch eine Beeinflussung des Leitvermögens seiner Sulfidphosphore durch Belichtung und nannte die Erscheinung aktinodielektrische Wirkung. Die Silbe „di" im Worte aktinodielektrische Wirkung sollte eine Wesensverschiedenheit gegenüber den ähnlichen Vorgängen im Selen betonen. Auf Grund von ergänzenden Untersuchungen seiner Schüler OEDER und SCHMIDT stellt LENARD

[1] Eine ausführliche Darstellung findet sich in Bd. VI dieser Sammlung: P. PRINGSHEIM: Fluoreszenz und Phosphoreszenz". Berlin: Julius Springer 1928.

noch 1917/18[1] fest, daß die aktinodielektrische Wirkung in keinem engen Zusammenhang mit der Phosphoreszenzerregung stehe. Sie soll in einer dielektrischen Verschiebung und Rückstandsbildung, begleitet von einer materiellen Ionenwanderung bestehen, vornehmlich in langwelligem roten Licht auftreten und unabhängig vom Erregungszustand des Phosphors sein. Diese Feststellungen mögen hier betont werden, weil nach Erscheinen der Arbeiten von GUDDEN und POHL über den engen Zusammenhang lichtelektrischer Leitung und Phosphoreszenz in Kristallphosphoren verschiedentlich jenen Arbeiten der LENARDschen Schule die sachliche, nicht etwa nur die zeitliche Priorität zugesprochen wurde.

Die Untersuchungen lichtelektrischer Leitung in phosphoreszierenden Kristallen [201, 356, 426a] (auch in LENARDS feinpulverigen Erdalkalisulfidphosphoren sind röntgenographisch Kristallgitter nachgewiesen) haben gezeigt, daß die Lichtabsorption zum mindesten in den von den Schwermetallzusätzen herrührenden verwaschenen Absorptionsbanden zu lichtelektrischer Wirkung führt: es wird der negative Anteil eines Primärstromes beobachtet; die Lichtemission kommt zustande, wenn irgendein Elektron die entstandene Lücke wieder ausfüllt: positiver Anteil des Primärstromes. Falls kein äußeres elektrisches Feld am Phosphor liegt, wird abgespaltenes und wieder einrückendes Elektron im allgemeinen das gleiche sein; die Versuche mit lichtelektrischer Leitung zeigen, daß dieser Umstand jedoch unwesentlich ist. Weiter zeigen sie, daß zum Zustandekommen der Lichtemission besondere Zusatzbedingungen erforderlich sind, die im einzelnen noch zu ermitteln wären. Nur in seltenen Fällen, wie in den besten Erdalkalisulfidphosphoren, wird die bei Einrücken jedes Elektrons in eine Lücke freiwerdende Energie als Licht ausgesandt. RUPP konnte einen solchen Fall elektrisch feststellen [314a]. Meist ist die Lichtausbeute viel kleiner oder gar verschwindend.

Wählt man die Versuchsbedingungen so, daß im wesentlichen nur Primärstrom beobachtet wird, so verdoppelt sich dieser, wenn zu einer erregenden Wellenlänge auslöschendes Licht hinzugefügt wird, weil der Vorgang der Auslöschung von Phosphoreszenz (Ausleuchtung + Tilgung) gleichbedeutend mit dem Einrücken von

[1] Bspw. Heid. Akad. Ber. (A) 1918, 8. Abh., S. 80.

Elektronen in die bei der Erregung entstandenen Lücken ist (positiver Primärstrom); beobachtet man aber im wesentlichen Sekundärströme, so vermindert sich der in ausschließlich erregendem Licht fließende Strom außerordentlich, wenn auslöschendes zugefügt wird; es werden eben dadurch die Gitterstörungen der Erregung vermindert[1].

MACKAY fand bei Thermolumineszenz von Kalkspat, Flußspat usw. Leitfähigkeit. Hier handelt es sich im wesentlichen um das Zurückgehen früherer lichtelektrischer Wirkung, also Einrücken von Elektronen an Stelle früherer einmal abgespaltener [213].

Bemerkenswert ist es, daß bei diesen Erregungsbanden für Phosphoreszenz äußere lichtelektrische Wirkung schon bei den gleichen Wellenlängen beobachtet werden kann wie die innere, daß also in diesen Fällen von einer Austrittsarbeit an der Oberfläche nichts festzustellen ist.

Nachdrücklich muß aber betont werden, daß der Nachweis lichtelektrischer Wirkung als Grundlage von Phosphoreszenz bisher ausschließlich für Kristallphosphore geliefert worden ist und für die übrigen großen Gruppen, die organischen Molekülphosphore, die Uranylphosphore und die Platinzyanüre trotz eifrigen Suchens nicht der geringste Anhalt gefunden ist. Man wird es daher als wahrscheinlich ansehen dürfen, daß in den letztgenannten Fällen keine *Ionisierung*, sondern nur eine *Anregung* durch Licht stattfindet.

Ähnlich scheint es meist im Fall der Fluoreszenz zu liegen. Beim reinen festen Anthrazen wie beim gelösten scheint jedoch die Fluoreszenz mit innerer lichtelektrischer Wirkung verbunden zu sein, wie VOLMER 1913 im Gegensatz zu PAULI durch Messungen belegt; in den meisten anderen Fällen von Fluoreszenz ist nichts dergleichen gefunden worden.

Scheinbare Änderung der Dielektrizitätskonstanten. GUDDEN und POHL haben die merkwürdige Beobachtung gemacht [164], daß eine Kapazität mit grün phosphoreszierendem ZnS als Dielektrikum bei Belichtung mit Phosphoreszenz erregendem Licht eine erhebliche Vergrößerung erfährt. Die scheinbare Erhöhung der Dielektrizitätskonstanten geht bei hohen Licht-

---

[1] Derartige Zusammenhänge dürften bei den Versuchen von KÄMPF über einen neuen Leitfähigkeitseffekt beim Zusammenwirken von rotem und blauem Licht an HgJ_2 vorgelegen haben (vgl. S. 193 und 194).

intensitäten bis zu einer Verdopplung. Die Intensitätsabhängigkeit, das zeitliche An- und Abklingen und die spektrale Verteilung zeigt weitgehende Übereinstimmung mit dem Phosphoreszenzleuchten. In der Folgezeit ist die Abhängigkeit der Erscheinung von der Frequenz des zur Messung benutzten Wechselfeldes, von der Temperatur und von der Spannung untersucht worden [216, 329]. Die ausgesprochene Frequenzabhängigkeit der Erscheinung führte unter Anwendung einer Theorie von K. W. WAGNER zur Deutung, daß unter Wirkung des Lichtes Phosphoreszenzzentren in einer nach wie vor isolierenden Umgebung leitend werden. Die innere lichtelektrische Wirkung im Zinksulfid selbst, sowie die Erregung von Phosphoreszenzzentren als solchen genügt nicht zur Erklärung, da trotz ausgedehnten Suchens nur der ZnSCu α-Phosphor die merkwürdige Eigenschaft besitzt. Es liegt nahe, an einen Zusammenhang mit einer anderen Sonderstellung dieses durch Szintillationsfähigkeit bekannten Phosphors, seiner außergewöhnlich hohen Tilgung, zu denken. Bestärkt wird diese Vermutung durch die übereinstimmende Temperaturabhängigkeit beider Vorgänge. In jüngster Zeit hat eine erneute Untersuchung des ZnSCu-Phosphors ergeben, daß neben der bekannten Kapazitätsvergrößerung die nach der Theorie von WAGNER zu fordernde Dämpfung der Größe nach vorhanden ist und somit die Berechnung des Absolutwertes der entstehenden Leitfähigkeit und des Volumbruchteils innerhalb dessen sie besteht, wesentlich sicherer durchführbar ist. Besonders bemerkenswert ist das Ergebnis, daß im ZnSCu-Phosphor schon im unerregten (ausgelöschten) Zustand leitende Zentren enthalten sind, deren Leitfähigkeit bei Zimmertemperatur von der Größenordnung $10^{-6}\,\text{Ohm}^{-1}\,\text{cm}^{-1}$ ist und sowohl mit Belichtung wie mit Temperaturerhöhung zunimmt. Man kann auf Grund dieser Dämpfungsmessungen die Möglichkeit offen lassen, daß der ganze Vorgang nicht unmittelbar auf lichtelektrischer Wirkung beruht, sondern nur mittelbar durch Temperaturerhöhung innerhalb der „Zentren" zustande kommt [584].

2. Zusammenhang mit Verfärbung. Grundsätzlich ist selbstverständlich, daß mit lichtelektrischer Elektronenabspaltung an Nichtmetallen eine Änderung der optischen Absorption verbunden ist. Erstreckt sich diese Änderung auch auf das sichtbare Spektralgebiet, so beobachtet man Verfärbung bzw. Entfärbung.

In diesem Zusammenhang ist naturgemäß keine Beschränkung auf das sichtbare Gebiet beabsichtigt. Es kommt jedoch darauf an, Änderungen der optischen Absorption, die wesentlich chemisch bedingt sind (innermolekulare Anregung oder Umlagerung), von solchen zu unterscheiden, bei denen Elektronen lichtelektrisch abgespalten, zum mindesten vorübergehend das Kraftfeld ihres Ursprungsatoms oder Moleküls verlassend, äußeren Feldern folgen können. Ob eine solche spitzfindig anmutende Unterscheidung immer durchführbar bzw. auf die Dauer zu rechtfertigen ist, bleibt abzuwarten. Im Hinblick auf die Ungeklärtheit der Erscheinung ist die „Phototropie“ in Abschnitt XVI gesondert behandelt.

Eine Reihe von Mineralien und anorganischen Salzen verfärben sich unter Einwirkung kurzwelligen ultravioletten Lichtes (GOLDSTEIN) und entfärben sich wieder unter Wirkung von Licht, das in den neu entstandenen Absorptionsbändern absorbiert wird. Die durch kurzwelliges Licht hervorgerufene Absorption kommt noch viel ausgesprochener zustande unter Wirkung von Kathodenstrahlen oder, was auf dasselbe hinauskommt, von Röntgenlicht. Da der Stoß schneller Elektronen meist weniger schonsam wirkt als Lichtabsorption und als Ergebnis durchweg zunächst Elektronenabspaltung angenommen werden kann, liegt es nahe, auch als Ergebnis der Lichtabsorption an innere lichtelektrische Wirkung, statt an Anregung zu denken. In den Alkalihalogeniden entstehen auf diese Weise breite Absorptionsbänder, für NaCl um 470 mμ (Abb. 68), für KCl um 550 mμ usw., im $CaCO_3$ ein entsprechendes im langwelligen Ultraviolett usw. Erwärmung auf einige hundert Grad oder Belichtung beseitigt diese Absorption, und in einem angelegten elektrischen Feld beobachtet man dabei eine Elektrizitätsbewegung [213, 432]. Schon die nur sehr schwach absorbierten Wellenlängen um 180 mμ vermögen Alkalihalogenide zu verfärben, wie GOLDSTEIN 1901 angibt; erst recht gilt das dann von den viel stärker absorbierten, die in Gasentladungen vertreten sind. SMEKAL betont mehrfach, daß es sich in diesen Fällen von Verfärbung nicht um Elektronenabspaltung von normalen Anionen des Gitters handeln könne, sondern um solche mit schon gelockerter Bindung.

Äußere lichtelektrische Wirkung im Bereich des sichtbaren Absorptionsbandes ist schon 1896 von ELSTER und GEITEL an verfärbten Alkalihalogeniden festgestellt worden.

Von verschiedenen Seiten ist die Ansicht vertreten, daß der erste lichtelektrische Vorgang bei der Verfärbung in der Abspaltung eines Elektrons vom Anion der heteropolaren Verbindungen besteht. Es soll dann, sich am Kation anlagernd, dieses neutralisieren. Das entstehende, bei längeren Wellen gelegene Absorptionsband entspricht nach Auffassung von GUDDEN und POHL der Seriengrenze des betreffenden Metallatoms, nur verbreitert und verschoben durch die Gitterumgebung. Absorption eines solchen Atomes bedeutet seine erneute Ionisierung, und endgültiges Verschwinden der Absorption tritt ein, wenn die abgespaltenen Elektronen wieder an ihren Ursprungsort beim Anion zurückgekehrt sind oder bei lebhafter Gitterbewegung eine Zusammenflockung der Metallatome eingetreten ist.

Eine Stütze dieser Auffassungen liegt vielleicht in einer Beobachtung von GUDDEN und POHL am verfärbten RbCl. Hier gelang es, bei der Temperatur des flüssigen Wasserstoffs durch Belichtung das Absorptionsband um 600 mμ völlig zum Verschwinden zu bringen (alle Rb-Atome ionisiert, aber die Elektronen in der Umgebung im stillgelegten Gitter ruhend, ohne ihre Cl-Atome wiedergefunden zu haben?), aber das Absorptionsband trat bei Temperaturerhöhung alsbald wieder in alter Stärke auf (Gleichgewicht zwischen Elektronenabspaltung von den Rb-Atomen und Rückkehr?).

Die ganzen Annahmen sind zwar noch recht unsicher, stellen aber immerhin eine brauchbare Arbeitsvorstellung dar.

Die Verfärbungen von Alkalihalogeniden usw. sind sehr eingehend auch von PRZIBRAM und seinen Mitarbeitern untersucht und theoretisch behandelt worden. Da es sich bei diesen Arbeiten jedoch nicht eigentlich um lichtelektrische Fragestellungen handelt, mag es bei diesem Hinweis bleiben [604].

Ein Verfärbungsvorgang, der sogar mit kräftiger äußerer lichtelektrischer Wirkung verknüpft ist, ist von HAUSSER und LENARD an druckzerstörten Erdalkalisulfidphosphoren beobachtet und von LENARD [59a] und GÖGGEL [244] näher untersucht worden. Zerdrückt man die an sich farblosen Phosphorpräparate im Dunkeln und bringt sie dann beliebig später ins Licht, so tritt unter der Lichtwirkung innerhalb von Sekunden eine ausgesprochene Färbung auf, die lediglich vom Erdalkalimetall abhängt (fleischrotbräunlich beim Ca-, kirschrot beim

Sr-, grün beim Ba-Sulfid). Dabei wird die Färbung durch das langwellige Ultraviolett bis ins Violett hinein hervorgerufen. Wirksam sind die Spektralgebiete, die vom farblosen Erdalkalisulfid (Schwermetallzusätze sind für die Erscheinung belanglos) absorbiert werden. Langwelliges, in den entstehenden Absorptionsbändern absorbiertes Licht wirkt entfärbend; für SrS beispielsweise liegt das Maximum der entfärbenden Wirkung bei 530 mμ. Ausmessung der Absorptionsbänder wie bei den Alkalihalogeniden ist bei der pulverförmigen Beschaffenheit der Erdalkalisulfide leider nicht möglich.

Das druckzerstörte, aber noch nicht belichtete Sulfid zeigt bei Belichtung eine kräftige äußere lichtelektrische Wirkung in demselben Spektralbereich, der die Färbung hervorbringt. Die Elektronenemission nimmt in dem Maße ab, wie die Färbung ihren Grenzwert erreicht; es zeigt jedoch auch das verfärbte Sulfid noch lichtelektrische Wirkung bis ins Blau hinein, aber offenbar nicht im unmittelbaren Zusammenhang mit dem bei längeren Wellen liegenden neuentstandenen Absorptionsband.

Bemerkenswert ist, daß die Druckzerstörung die Phosphoreszenz- und Kathodolumineszenzfähigkeit vernichtet hat, während die Verfärbung und die mit ihr auftretende äußere lichtelektrische Wirkung beweist, daß der Absorptionsmechanismus noch erhalten ist. Emission und mit lichtelektrischer Wirkung verknüpfte Absorption sind also weitgehend unabhängig voneinander.

Färbung und Entfärbung durch Licht kann vielfach hintereinander wiederholt werden. Wie kurzwelliges Licht, so wirken auch Kathodenstrahlen färbend, auch dies ein Hinweis auf Elektronenabspaltung. Bei erneuter Färbung nach einmal vorausgegangener Entfärbung fehlt aber die bei der erstmaligen Färbung so ausgesprochene äußere lichtelektrische Wirkung! Ebenso wird diese unterdrückt, wenn vor der ersten Färbung das druckzerstörte Material intensiv rot belichtet wird. Man wird hierbei an Erwärmungswirkung durch die Lampe denken müssen, da ja eine Absorption roten Lichtes im druckzerstörten Sulfid nicht in Frage kommt. LENARD gibt eine Deutung der Vorgänge in enger Anlehnung an seine besonderen Vorstellungen über den Bau von Phosphoreszenzzentren. Im großen und ganzen entspricht sie aber der oben im Fall der Alkalihalogenide vertretenen Auffassung.

3. Zusammenhang mit Photochemie. Eine ältere Auffassung, wonach alle photochemischen Vorgänge lichtelektrische Ursache haben sollten, ist aufgegeben, seit zwischen Anregung von Atomen und Elektronenabspaltung unterschieden wird. Vor allem in Gasen und Lösungen ist für viele photochemische Umsätze nachgewiesen, daß der Vorgang unmittelbar verläuft, ohne daß vorübergehend freie Elektronen oder Ionen gebildet werden; vgl. aber [327].

Im festen Körper scheinen dagegen in vielen Fällen photochemische Veränderungen die Folgeerscheinungen lichtelektrischer Elektronenabspaltung zu sein. Wir nennen hier die Dianthrazenbildung bei Belichtung von Anthrazen, den von Weigel [477] im Zusammenhang mit lichtelektrischer Leitung untersuchten Zerfall des Realgar (As_2S_2) in As_2O_3 und As_2S_3, viele von Volmer gegebene Beispiele und die Vorgänge bei der Photographie [285]. Daß photochemische Veränderungen in festen Körpern und lichtelektrische Leitfähigkeit Hand in Hand gehen, hat wohl zuerst Volmer [69] betont; es besteht jedoch kein Anlaß, diese Koppelung in allen Fällen anzunehmen.

Träger des photographischen Vorgangs sind bekanntlich die Silberhalogenide, ob auch in reinem Zustande ist fraglich[1]. Die in ihnen beobachtete lichtelektrische Leitfähigkeit zeigt, daß bei Belichtung Elektronen frei werden; wirksam sind in beiden Fällen die gleichen Wellenlängen, nur scheint die photographische Wirksamkeit des Lichtes von der Grenze des sichtbaren Spektralgebietes zu kürzeren Wellen hin weiter zu wachsen, während die lichtelektrische Leitfähigkeit in einheitlichem Halogensilber im Ultraviolett wieder verschwindend klein ist [236]. In jüngster Zeit hat allerdings Toy gezeigt, daß an AgBr-Schichten von nur 20 mμ Dicke die auf auffallende Energie bezogene Ausbeute der lichtelektrischen Leitung ebenfalls zu kürzeren Wellen hin dauernd wächst, der Anstieg ist allerdings nur bis 365 mμ hin verfolgt. Er sieht darin eine weitere Stütze für eine lichtelektrische Theorie der Entstehung des latenten Bildes [632]. Wir möchten bei dieser Gelegenheit betonen, daß die von Toy gegebene Ausbeutekurve

---

[1] Diese Fragen sind in letzter Zeit besonders von Fajans und seinen Mitarbeitern weitgehend geklärt worden. Erwähnt sei auch, daß nach den Versuchen von Koch und Vogler [451] die Silberausscheidung in belichtetem AgCl und AgBr nicht gleichmäßig erfolgt, sondern auf einzelne Stellen (Smekalsche Lockerstellen) beschränkt zu sein scheint [534a, 612].

nichts gegen die in X als kennzeichnend angegebene Abnahme des Primärstromes im Absorptionsgebiet besagt. Abgesehen davon, daß nicht Primärströme, sondern an den erstarrten Schmelzen wesentlich Sekundärströme beobachtet sein dürften, kann in derart dünnen Schichten das Maximum bei 450 mμ einfach darum fehlen, weil diese Wellenlängen nicht merklich absorbiert werden.

Auch bei der Bromsilbergelatine scheint sich ein Erregungszustand als Folge der Belichtung bemerkbar zu machen, d. h. eine Ausdehnung des Absorptionsspektrums nach längeren Wellen (genau wie in Abb. 95a), die durch Absorption dieser langen Wellen wieder verschwindet. Es ist seit langer Zeit bekannt, daß ultrarote Wellenlängen von 0,7—1,1 μ bei genügend hoher Intensität das latente Bild einer Bromsilberplatte wieder zerstören. Die Benutzung dieser Erscheinung zur Aufnahme von Absorptionsspektren ist 1906 von Millochau und neuerdings von Terenin [390] beschrieben worden. Wir erwähnen dieses Verhalten der Bromsilberplatte, weil wir darin einen lichtelektrischen Vorgang derselben Art wie bei der Ausleuchtung oder Tilgung von Phosphoren, allgemeiner der Beseitigung von Erregung durch langwelliges Licht sehen.

Auf die mannigfachen Versuche, eine lichtelektrische Theorie des Sehens aufzustellen, wollen wir nicht weiter eingehen. Es wird dabei versucht, das Farbensehen mit der verschiedenen Geschwindigkeit der durch verschiedene Frequenzen ausgelösten Elektronen in Beziehung zu setzen. Erhebliche Vorzüge gegenüber einer photochemischen Auffassung der Netzhautreizung sind vorerst nicht ersichtlich und ebenso fehlen bisher alle Versuche, diese Vorstellungen durch Messungen zu stützen [143, 257].

4. Lichtelektrische Leitung in Flüssigkeiten. Elektronen, die durch Licht in nichtmetallischen Flüssigkeiten abgespalten werden, scheinen sich an Flüssigkeitsmoleküle alsbald anzulagern und Ionen zu bilden; jedenfalls ist keinerlei Beobachtung bekannt, die auf „freie" Elektronen schließen ließe (vgl. etwa Jaffés Untersuchungen in Hexan S. 135f.). Ein rasches Durchlaufen von Elektronen durch dichte Materie, mag man es große freie Weglänge nennen oder anders, scheint, von flüssigen Metallen abgesehen, nur im kristallisierten Zustande vorzukommen. In „Gläsern" ist es so gut wie ganz unterdrückt, in Flüssigkeiten geringerer Zähigkeit beobachten wir recht träge Wanderung der

Ladungsträger, seien es Ionen oder auch allenfalls Elektronen. Lichtelektrische Wirkung in Flüssigkeiten kann durch Leitfähigkeitsuntersuchungen naheliegenderweise nur an gut isolierenden oder sehr schlecht leitenden Flüssigkeiten festgestellt werden, da die Zahl der vom Licht im günstigsten Fall erzeugten Elektrizitätsträger stets verschwindend klein bleibt gegenüber der Zahl der in einer auch schlechtleitenden Flüssigkeit (etwa destilliertem Wasser) ständig vorhandenen Ionenzahl. Die im Schrifttum verstreuten Angaben über Leitfähigkeitserhöhung bei Belichtung von Elektrolytlösungen können daher wohl unbedenklich auf Fehlerquellen wie Erwärmung, Becquereleffekt oder andere Nebenumstände zurückgeführt werden. Goldmann fand jedenfalls bei sorgfältiger Untersuchung alkoholischer Eosinlösungen keine Leitfähigkeitsvergrößerung innerhalb seiner Genauigkeitsgrenze von 1:10000 (1908). Auch die von Grumbach beschriebene Bildung von einer Art Konzentrationselement bei unsymmetrischer Belichtung gewisser leitender Flüssigkeiten mag beachtet werden [500] (vgl. S. 273).

Zur Untersuchung etwaiger lichtelektrischer Leitung eignen sich daher nur einheitliche, flüssige Isolatoren oder ionenfreie Lösungen in solchen, entsprechend den isolierenden Kristallen mit Eigenabsorption oder Absorption in bestimmten Beimengungen (X).

Der erstgenannte Fall scheint nur ein einziges Mal beobachtet zu sein, nämlich von Szivessy und Schaefer (1911) am Paraffinöl und der zweitgenannte ebenfalls nur ein einziges Mal, und zwar von Volmer an Anthrazenlösungen in Hexan [120].

Szivessy und Schaefer belichteten Paraffinöl in einem Plattenkondensator aus Messing mit dem unzerlegten Licht einer Quarzquecksilberlampe. Der Plattenabstand betrug bis 2 mm. Über die Lichtabsorption des benutzten Paraffinöls werden keine Angaben gemacht. Wie eine lichtelektrische Oberflächenwirkung auf die Messingplatten ausgeschlossen wurde, ist nicht ersichtlich.

Der Strom wurde elektrometrisch gemessen. Schon im Dunkeln war ein meßbarer Strom vorhanden, für den man vielleicht radioaktive und durchdringende Strahlung verantwortlich machen mag. Bei Belichtung stieg der Strom erst rasch, dann langsamer (vgl. Abb. 107a und erreichte nach einer halben Stunde einen stationären Grenzwert. Differenz zwischen Dunkelstrom und

Strom im Licht wird als lichtelektrischer Strom aufgefaßt. Nach Abschaltung des Lichtes dauert es trotz dauernd angelegter Spannung je nach ihrer Höhe größenordnungsmäßig einen Tag, bis der ursprüngliche Dunkelwert wieder erreicht ist (Abb. 107b). Mit steigender Feldstärke scheint man einen Sättigungsstrom zu erhalten, doch wurde auch bei 2000 Volt/cm noch keine vollständige Sättigung erreicht (Abb. 108). Abhängigkeit des Sättigungswertes von der Lichtintensität ist leider nicht angegeben, ebensowenig Zusammenhang der Wirkung mit der Lichtabsorption. Es wäre sehr wünschenswert, diese Versuche auf breiterer Grundlage wieder aufzunehmen; neben den Fragen der Elektronen- bzw. Ionenbeweglichkeit in isolierenden Flüssigkeiten könnte vor allem Licht auf die Frage nach quantenhafter oder nichtquantenhafter Lichtabsorption in dichten einheitlichen Stoffen (vgl. X) hier eine neue Beleuchtung erfahren.

VOLMER beobachtete an Anthrazenlösungen in

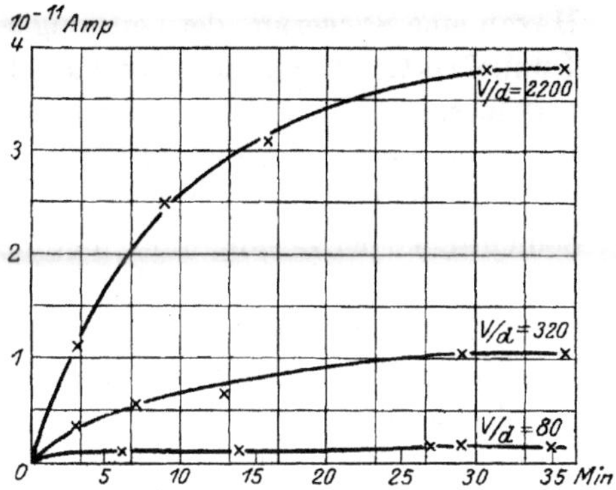

Abb. 107a.

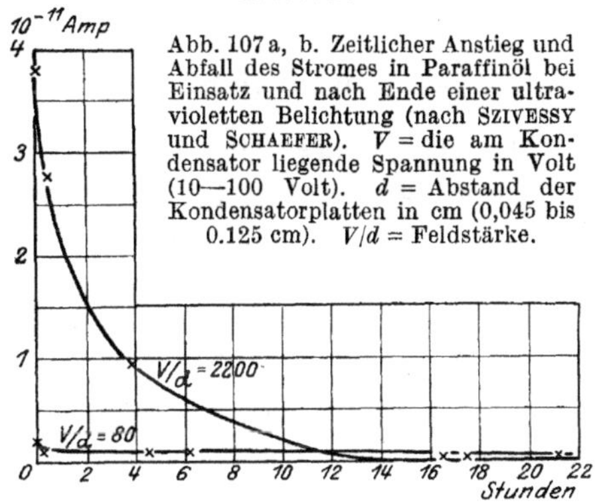

Abb. 107b.

Abb. 107a, b. Zeitlicher Anstieg und Abfall des Stromes in Paraffinöl bei Einsatz und nach Ende einer ultravioletten Belichtung (nach SZIVESSY und SCHAEFER). V = die am Kondensator liegende Spannung in Volt (10—100 Volt). d = Abstand der Kondensatorplatten in cm (0,045 bis 0.125 cm). V/d = Feldstärke.

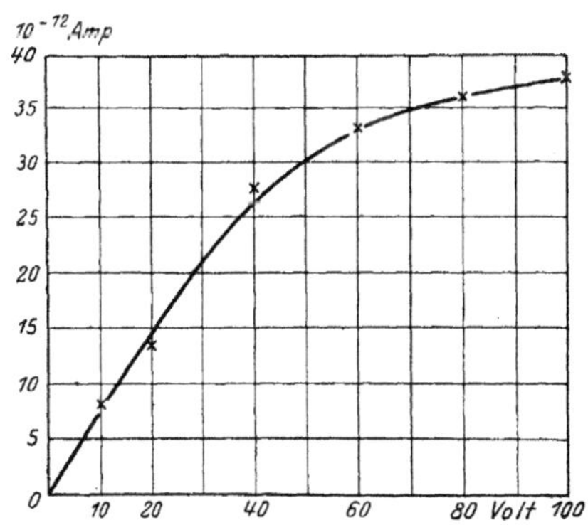

Abb. 108. Abhängigkeit der Stromstärke in belichtetem Paraffinöl von der Spannung (nach SZIVESSY und SCHÄFER).
Plattenabstand 0,045 cm.

Hexan eine Steigerung der Leitfähigkeit auf das Tausendfache des Dunkelwertes. Die Lösung befand sich zwischen einer durchsichtig versilberten Quarzplatte als Anode, durch die hindurch belichtet wurde, und einer Messingplatte, die zur Vermeidung äußerer lichtelektrischer Wirkung mit Gelatine überzogen war als Kathode. Schichtdicke der Lösung war ein Millimeter. Spektrale Verteilung, Spannungsabhängigkeit, zeitliche Ausbildung usw. scheinen nicht untersucht worden zu sein. Wie Anthrazen verhielten sich Lösungen von Phenanthren, Chrysen, Stilben und manche andere. Es sind in allen Fällen Lösungen von Stoffen mit hoher Lichtbrechung, die auch im festen Zustand innere lichtelektrische Wirkung durch Leitfähigkeitserhöhung im Licht zeigen [120] (S. 194).

XIV. Innere lichtelektrische Wirkung in Gasen.

1. Allgemeines. Besonders einfach und übersichtlich konnten, wie überall in der Physik, die Verhältnisse in Gasen erwartet werden. Beim Fortfall der unübersichtlichen Wechselwirkungen zwischen benachbarten Atomen oder Molekülen, wie sie in flüssigen oder festen Stoffen unvermeidlich sind, durfte man hoffen, zum mindesten leicht feststellen zu können, ob und welche Absorptionsvorgänge zur Elektronenabspaltung, d. h. Ionisation führen; neben Elektronenabspaltung konnte allerdings auch unmittelbare Dissoziation von Gasmolekülen in Ionen als möglich vorausgesehen werden.

Der experimentellen Erforschung der lichtelektrischen Wirkung in Gasen und Dämpfen haben sich jedoch so erhebliche und unerwartete Schwierigkeiten in den Weg gestellt, daß erst in jüngster Zeit einwandfreie Ergebnisse gesichert zu sein scheinen. Gerade umgekehrt wie bei flüssigen und festen Körpern glauben wir heute auf Grund atomphysikalischer Forschungen mittels Elektronenstoßversuchen und auf spektroskopischem Wege rein theoretisch das Auftreten lichtelektrischer Wirkung sogar in Einzelheiten voraussagen zu können, selbst wenn experimentell keine entsprechenden Ergebnisse vorliegen. Ja wir sind von der Richtigkeit der auf anderen Wegen gewonnenen Voraussagen so sehr überzeugt, daß wir widersprechende experimentelle Befunde durchaus auf Fehlerquellen zu schieben geneigt sind oder wenigstens andere Deutungen für sie suchen.

Wir dürfen erwarten, daß beispielsweise einatomige Gase infolge von Lichtabsorption nur innerhalb des an die Seriengrenze sich anschließenden kontinuierlichen Absorptionsgebietes ionisiert werden können; die Lage dieser Gebiete ist für die einatomigen Gase mit großer Genauigkeit bekannt. Lichtabsorption in Absorptionslinien führt entsprechend unseren theoretischen Vorstellungen nur zur Anregung, nicht hingegen zur Elektronenabspaltung. Auch für Gasmoleküle, selbst mehratomige, schreitet die Entwirrung der Spektren neuerdings so rasch vorwärts und die Ionisierungsspannung ist überdies vielfach durch Elektronenstoßversuche ermittelt, so daß die Vorbedingungen lichtelektrischer Wirkung fast durchweg als theoretisch bekannt angesehen werden können [1].

Die experimentellen Schwierigkeiten sind folgende: Die zur lichtelektrischen Ionisierung von Gasen erforderlichen Wellenlängen sind durchweg viel kleiner als die zur Erzeugung äußerer lichtelektrischer Wirkung an den Wandungen erforderlichen. Infolgedessen überwiegt die äußere Oberflächenwirkung derart, daß der Nachweis einer lichtelektrischen Gasionisierung überaus erschwert ist. Diese Erscheinung tritt vor allem beim Arbeiten mit Alkalimetalldämpfen auf, die, wie die Entwirrung des Spektrums zeigt, erst durch Wellenlängen unterhalb 300 mμ ionisiert werden, während der sich stets an den Wänden bildende Alkalimetallbeschlag noch im sichtbaren Spektralgebiet überreichlich Elektronen abgibt. Diese früher nicht erkannte Fehlerquelle erklärt, daß bis in die jüngste Zeit gelegentlich Alkalimetalldämpfen metallische Leitfähigkeit zugeschrieben worden ist. Sind, wie bei den Gasen der Luft noch wesentlich kürzere Wellen erforderlich, so täuscht nicht nur lichtelektrische Wirkung an Staub und durch Streulicht an den Wänden eine unmittelbare Gasionisierung vor, sondern die Wirkung an den Wänden kann auch durch Licht ausgelöst werden, das angeregte Atome oder Moleküle aussenden. So glaubten beispielsweise Franck und Hertz bei ihren berühmten Elektronenstoßversuchen im Hg-Dampf zunächst, daß 5-Volt-Elektronen die Hg-Atome zu ionisieren vermöchten; später stellte sich heraus, daß die beob-

[1] Zur Ergänzung dieses Abschnittes sei nachdrücklich auf Bd. III dieser Sammlung: „Anregung von Quantensprüngen durch Stöße" von Franck und Jordan hingewiesen.

achtete Leitung durch Elektronen zustande kam, die lichtelektrisch durch Aussendung der bei 5 Volt angeregten Resonanzlinie 2536 Å an der Wand ausgelöst wurden.

Ein letzter Umstand ist noch zu beachten, die Möglichkeit einer Stufenionisation. Durch die klassischen Arbeiten von J. Franck ist das Bestehen metastabiler Zustände von Gasatomen und -molekülen festgestellt, d. h. angeregter Zustände erhöhter Lebensdauer; diese können durch Zusammenwirken von Lichtabsorption und Zusammenstößen, etwa infolge Wärmebewegung, angenommen werden und ermöglichen dann, daß durch erneute Lichtabsorption Ionisation stattfindet, obwohl die verfügbare $h\nu$-Energie für eine lichtelektrische Wirkung in einem Vorgang nicht ausreicht. Der Fall liegt grundsätzlich nicht anders als etwa bei äußerer lichtelektrischer Wirkung an Halogensilber mit Wellenlängen herab bis 250 mμ. Hier tritt zunächst unter der Wirkung selbst violetten Lichtes Silberausscheidung ein und an diesem Silber lösen dann Wellenlängen um 300 mμ Elektronen aus.

Es ist daher letzten Endes Zweckmäßigkeits- und Geschmacksfrage, ob man deshalb Wellenlängen oberhalb 250 mμ äußere lichtelektrische Wirkung auf AgBr beispielsweise zuschreiben will. Ähnliches begegnet uns also bei Gasen.

2. Die Alkalimetalldämpfe. Die Seriengrenzen derjenigen Alkalimetalle, die schon bei verhältnismäßig niedrigen Temperaturen einen für lichtelektrische Untersuchungen ausreichenden Dampfdruck besitzen, also Na, K, Rb, Cs liegen bei 2413, 2857, 2969, 3184 Å. Theoretisch war also lichtelektrische Ionisierung erst unterhalb dieser Wellenlängen zu erwarten.

Ältere Angaben von Anderson 1913 und Gilbreath [110] über Ionisierung des K-Dampfes durch sichtbares Licht können ebenso wie entsprechende Behauptungen für Na übergangen werden, da sie zweifellos durch äußere lichtelektrische Wirkung an Alkalihäuten der Wände vorgetäuscht sind.

Zuverlässig erscheint erst der Nachweis der Ionisierung des K-Dampfes durch Williamson [330], durch Samuel [385] und durch Lawrence [453]. Williamson erbrachte unter Verwendung eines K-Dampfstrahles den Beweis für das Auftreten positiver Ionen, die nicht von den Wänden stammen und auch bei den angelegten Spannungen von nur 2 Volt nicht durch Elektronenstoß gebildet sein konnten. SAMUEL und in verbesserter Form LAWRENCE vermieden die Wandwirkungen noch sauberer durch Benutzung eines K-Molekularstrahles im Hochvakuum; sie konnten einwandfrei positive Ionen aus dem Molekularstrahl bei Belichtung herausziehen. Weder bei SAMUEL noch WILLIAMSON reichte die Empfindlichkeit des Nachweises aus, um im spektral zerlegten Licht messen zu können. Immerhin kamen beide unter Anwendung von verschiedenen Lichtfiltern zum Ergebnis, daß die Ionisation wirklich innerhalb ihrer Meßgenauigkeit an der Seriengrenze einsetzt. WILLIAMSON gibt 280 bis 310 mμ, SAMUEL 280 bis 290 mμ an.

Im Gegensatz dazu erhielt LAWRENCE bei seinen Messungen im spektral zerlegten Licht erst bei etwa 260 mμ merkliche Ionisation, und zwar stieg sie, ebenfalls entgegen jeder theoretischen Erwartung, bezogen auf einfallende Lichtenergie ungefähr linear mit abnehmender Wellenlänge, jedenfalls bis 220 mμ. Bei 275 mμ fehlte noch jede Wirkung. LAWRENCE macht zur Deutung die Annahme: Ein K-Molekularstrahl bestehe im wesentlichen aus K_2-Molekülen, und diese sollen eine um rund 0,4 Volt höhere Ionisierungsarbeit haben, vgl. aber S. 226 und 228.

Daß solche Metalldampfmoleküle vorkommen, im besonderen bei der Destillation, ist gesichert; daß sie aber hier nahezu ausschließlich vorhanden sein sollen, erscheint schwer glaublich. Überdies bleibt der Ausbeutenanstieg hinter der Grenze auch dann schwer verständlich. Es verlohnt vorerst kaum, ausführlich Stellung zu den merkwürdigen Ergebnissen von LAWRENCE zu nehmen, da inzwischen von FOOTE und MOHLER eine Versuchsanordnung geschaffen und am Cs-Dampf erfolgreich erprobt wurde, die wohl in Kürze auch für K-Dampf zuverlässigere Messungen liefern wird als die bisher angewandten Verfahren [424].

FOOTE und MOHLER verzichten völlig auf den Versuch, lichtelektrische Wirkung an den Wandungen zu vermeiden und beschränken sich auf einen höchst empfindlichen Nachweis positiver Ionen unter peinlicher Ausschließung aller Potentiale, die positive Ionen durch Ionenstoß erzeugen könnten. Sie arbeiten daher im ruhenden Dampf, dessen Druck durch die Temperatur bestimmt im ganzen Versuchsgefäß derselbe und bekannt ist.

Der benutzte Kunstgriff besteht in der Benutzung der außerordentlich starken Beeinflussung einer Elektronenraumladung durch wenige positive Ionen. Im Raumladungsgebiet, gekennzeichnet durch einen Zusammenhang von Strom i und Spannung V: $i \sim V^{\frac{3}{2}}$, wächst die Stromstärke, wie HERTZ und KINGDON (1923) zeigten, proportional der Anzahl der in der Zeiteinheit die Kathode erreichenden positiven Ionen. Der Grund für diese außerordentlich starke Änderung einer Elektronenraumladung durch wenige positive Ionen liegt in der Seltenheit einer Neutralisierung und der im Verhältnis zu derjenigen der Elektronen kleinen Geschwindigkeit der positiven Ionen. Ein einziges vermag so die Ladung von etwa 1000 Elektronen zu „kompensieren" (Abb. 109 zeigt die Versuchsanordnung).

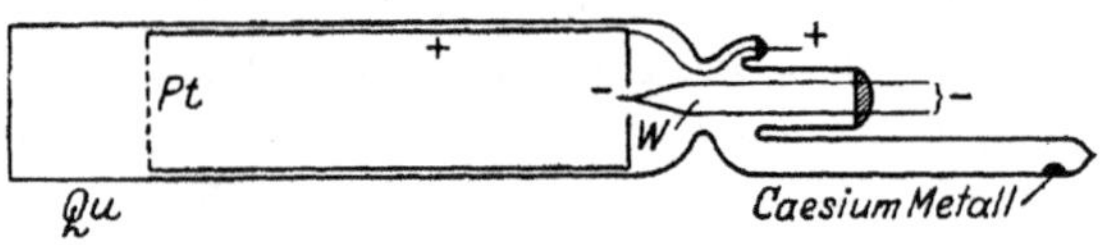

Abb. 109. Schematische Versuchsanordnung zur Untersuchung lichtelektrischer Wirkung in Alkalimetalldampf (nach FOOTE und MOHLER).
W = Wolframglühdraht als Kathode. Pt = Platinzylinder als Anode, Stirnfläche als Netz, um Lichteintritt zu gestatten. Qu = Quarzgefäß mit Ansatz für das Alkalimetall.

Die Temperatur war 135 bis 235°, der Dampfdruck des Cs bei 135° beträgt $7 \cdot 10^{-3}$ mm Hg-Säule.

Das Ergebnis der Versuche im spektral zerlegten Licht einer Hg-Quarz- und Metallfadenlampe — die Verwendbarkeit letzterer bis 260 mμ herab zeigt die außerordentliche Empfindlichkeit des Beobachtungsverfahrens — war überraschend eindeutig.

Abb. 110 zeigt, bezogen auf auffallende Energie, den Stromzuwachs bei Belichtung, der ein Maß für die gebildeten positiven Ionen ist.

Von der Seriengrenze bei 3184 Å abwärts nimmt, wie es von photographischen Untersuchungen der kontinuierlichen Absorption her bekannt ist, die lichtelektrische Wirkung erst schnell, dann langsam ab, aber auch oberhalb der Seriengrenze 3184 Å ist lichtelektrische Wirkung unzweifelhaft vorhanden. Hier zeichnen sich die Absorptionslinien des Cs, vielleicht schon $1s - 4p$, sicher aber jedenfalls $1s - 5, 6, 7p$ ab, die höheren Glieder sind nicht mehr getrennt. Die Breite der entsprechenden Zacken der lichtelektrischen Kurve ist ein Maß für die der Spaltbreite des Monochromators.

Danach sieht es so aus, als ob auch Lichtabsorption in Absorptionslinien zur Ionisation führen kann. Dies steht jedoch im Widerspruch zur theoretischen Erwartung, da wir durch die thermische Bewegungsenergie der Atome den Energiefehlbetrag nicht in ausreichender Häufigkeit decken können. Es handelt sich bei der Ionisierung durch Absorption von $1s-5p$ um rund 0,47 Volt; da die mittlere thermische Energie bei den Versuchs-

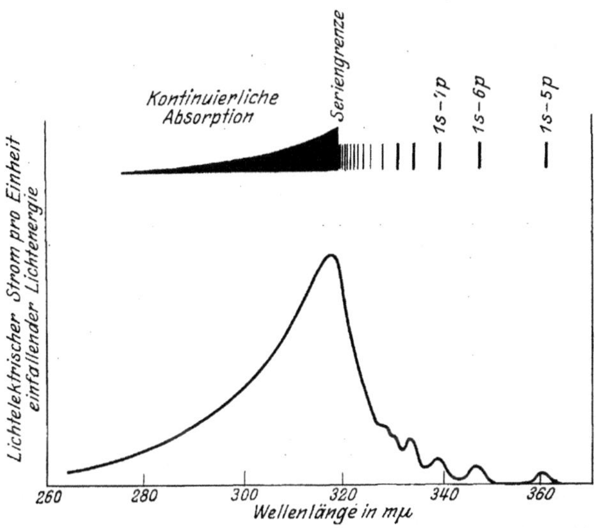

Abb. 110. Spektrale Verteilung der lichtelektrischen Wirkung in Cs-Dampf bezogen auf einfallende Lichtenergie (nach FOOTE und MOHLER). Oben das Absorptionsspektrum des Cs-Dampfes schematisch.

temperaturen etwa $^1/_{20}$ Volt entspricht, wird nur bei einem verschwindend kleinen Bruchteil aller Zusammenstöße (nämlich $e^{-0,47/0,05} \sim e^{-9}$, d. h. 10^{-4}) eines durch Lichtabsorption hoch angeregten Atoms der zur Ionisation erforderliche Restbetrag zur Verfügung stehen.

FOOTE und MOHLER berechneten aus den Absorptionswahrscheinlichkeiten für die höheren Serienglieder (nach HARRISON) und der Wahrscheinlichkeit eines Zusammenstoßes hinreichender Relativenergie die Wahrscheinlichkeit lichtelektrischer Ionisierung durch Absorption der höheren Glieder der Absorptionsserie und fanden wenigstens eine ähnliche Kurvenform [523].

Wegen der Anwesenheit zahlreicher Elektronen vom Glühdraht mit Energien bis zu 1 Volt halten FRANCK und JORDAN

(Bd. III dieser Sammlung S. 126, Anm.) den Zusammenstoß mit diesen für eine wahrscheinlichere Energiequelle; vermutlich liegt aber die wirkliche Lösung der Schwierigkeit in der Bildung von Molekülionen beim Zusammenstoß hochangeregter mit unangeregten Caesiumatomen ($Cs^* + Cs = Cs_2^+ + e$). (Nach freundlicher Mitteilung von J. FRANCK.)

Es handelt sich in jedem Fall bei der Ionisierung unterhalb der Grenzfrequenz streng genommen um eine zusammengesetzte Wirkung (photochemische).

Auch zur Ermittlung der absoluten Ausbeute bei der Ionisierung des Caesiumdampfes durch Licht sind Messungen ausgeführt, bisher jedoch nur unter Beziehung auf einfallende Lichtenergie, so daß sich über Geltung oder Nichtgeltung des Quantenäquivalentes noch nichts Sicheres aussagen läßt [591].

3. Quecksilberdampf. Ionisierung des Hg-Dampfes durch das unzerlegte Licht einer Quarzquecksilberlampe war von STEUBING 1908 angegeben worden. Diese Angabe mußte bezweifelt werden, seit bekannt ist, daß die Ionisierungsspannung des Hg-Atomes 10,4 Volt ist, entsprechend einer Seriengrenze bei 1188 Å, während die Quarzquecksilberlampe keine Wellenlängen unterhalb 1849 Å ausgehen läßt. Der Fehlbetrag von 3,78 Volt kann hier keinesfalls durch thermische Energie gedeckt werden. Man mußte daher vermuten, daß die seinerzeit noch nicht genügend gewürdigte Fehlerquelle lichtelektrischer Wirkung auf die Wände, sei es durch Streulicht aller Art — die Streuung an den Dampfmolekülen selbst wird nach OLDENBERG leicht unterschätzt — oder durch Reemission von Licht der Resonanzlinien, eine nicht vorhandene Wirkung im Dampfraum vorgetäuscht hatte.

In jüngster Zeit stellten jedoch ROUSE und GIDDINGS [466, 495] erneut fest, daß Hg-Dampf durch das Licht der Quarzquecksilberlampe ionisiert wird. Daß es sich wirklich um Volumwirkung, nicht um Wandwirkung handelte, zeigten sie sehr einfach dadurch, daß bei sehr ungleicher Flächenausdehnung der Elektroden (Netz und Platte) der beobachtete Strom bei genügendem Dampfdruck unabhängig davon wurde, ob das Netz oder die Platte als Kathode etwaige Elektronen äußerer lichtelektrischer Wirkung lieferte. Die Beobachtung, daß nur ein wassergekühlter Bogen wirksam war, d. h. Selbstumkehr der Linien 2536 und 1849 Å vermieden sein mußte, scheint als Beweis gegen Wandwirkung nicht ausreichend, da sie durchaus eine Folge von Reemission dieser beiden Resonanzlinien des Hg sein könnte. ROUSE und GIDDINGS lassen die Linie 1849 außerhalb ihrer Betrachtungen, da die Ionisierung auch bei Aussonderung der Linie 2536 mittels Monochromators erhalten wird. Unter diesen Umständen liegt zweifellos wie bei der lichtelektrischen Wirkung von Wellenlängen vor der Seriengrenze auf Cs-Dampf eine zusammengesetzte Erscheinung vor. Man wird dabei die verschiedenen metastabilen Zustände des Hg-Atomes heranziehen müssen, da der Zusammenstoß zweier durch Absorption von 2536 Å angeregter Hg-Atome im Hinblick auf die Verweilzeit von $\sim 10^{-8}$ Sek. allzu unwahrscheinlich ist; selbst dann wäre übrigens noch ein Energiefehlbetrag $10{,}4 - 2 \cdot 4{,}9 = 0{,}6$ Volt aus der Relativenergie beim Zusammenstoß zu decken. Nun ist bekannt, daß Hg-Atome auch zwei metastabile Zustände mit Energiewerten von 4,65 und 5,43 Volt annehmen können, in denen die Lebensdauer so groß ist, daß sowohl erneute Lichtabsorption wie auch gegebenenfalls Zusammenstoß mit einem anderen angeregten Atom vorkommen wird. Besonders der Zusammenstoß eines etwa auf Kosten von thermischer Relativenergie in den energiereicheren metastabilen Zustand (5,43 Volt) gelangten Atomes mit einem neu angeregten oder erneute Absorption von 2536 Å durch ein solches Atom könnte zur Ionisierung führen.

In letzter Zeit ist diese wichtige Frage durch Untersuchungen von FOOTE [561] und von HOUTERMANS [573] weiter geklärt worden.

Es ist danach gesichert, daß die Ionisation quadratisch von der Intensität des Kernes[1] der Resonanzlinie 2536 Å abhängt und andere Wellenlängen nicht beteiligt sind. Ferner kann HOUTERMANS aus dem Einfluß von Gaszusätzen, deren Wirkung auf die Anreicherung metastabiler Zustände der Hg-Atome aus anderen Untersuchungen bekannt ist, schließen, daß der „lichtelektrische" Strom der Anzahl der im metastabilen $2^3\,P_0$-Zustand (4,7 Volt) befindlichen Atome einfach proportional ist. Danach wird es in hohem Maße wahrscheinlich, daß die Ionisation die Folge von Zusammenstößen angeregter Hg-Atome im instabilen $2^3\,P_1$-

[1] Da dieser infolge Selbstumkehr der Resonanzlinie fehlt, wenn nicht besondere Vorsichtsmaßnahmen getroffen werden, dürfte erwiesen sein, daß STEUBINGS Ergebnis durch Fehlerquellen verursacht worden war.

Zustand (4,9 Volt) mit solchen im metastabilen $2^3\,P_0$-Zustand (4,7 Volt) ist. Dadurch steht ein Energiebetrag von $4{,}7 + 4{,}9 = 9{,}5$ Volt zur Verfügung, und es bleibt immer noch ein Fehlbetrag von 0,8 Volt. Da HOUTERMANS die Deckung dieses Fehlbetrages aus der Wärmeenergie in ausreichender Häufigkeit wohl mit Recht für unmöglich hält, wird als Ausweg die Annahme gemacht, daß der Zusammenstoß zweier derart angeregter Atome zu einem Hg_2^+-Ion führe. Es soll die Ionisierungsspannung des Hg_2-Moleküls kleiner sein als die des Atomes; dies wird wie beim Cs_2-Molekül aus den optisch geschätzten Dissoziationsarbeiten geschlossen.

Man wird also sagen dürfen, daß bei Ionisierung von Quecksilberdampf durch das Licht einer Quarzquecksilberlampe streng genommen gar keine lichtelektrische Wirkung vorliegt, sondern eine Ionisation als Folge photochemischer Vorgänge.

4. Zwei- und mehratomige Gase. Erheblich weniger experimentell gesichert und geklärt als bei Alkalidämpfen und Hg-Dampf sind immer noch die lichtelektrischen Wirkungen ultravioletten Lichtes auf die Gase der Luft; das liegt vor allem daran, daß die wirksamen Wellenlängen an der Grenze oder gar außerhalb des experimentell leicht zugänglichen Ultravioletts liegen.

LENARD hatte 1900 Ionisation in Zimmerluft im Licht des Al-Funkens beschrieben; dabei war das Auftreten auch positiver Ladungen nachgewiesen; LENARD lehnt die Deutung ab, daß es sich dabei um lichtelektrische Wirkung auf in der Luft schwebende Staubteilchen gehandelt hat, da auch staubfreie, filtrierte Luft kein anderes Verhalten gezeigt habe. Wichtig ist seine Feststellung, daß die Wirkung keine lineare, sondern eher quadratische Abhängigkeit von der Intensität des wirksamen kurzwelligen Ultravioletts zeigte.

1909 berichten LENARD und RAMSAUER über neue derartige Versuche mit dem Al-Funken. Sie untersuchen jeweils den Betrag positiver Ladungen im abströmenden Gase und kommen nunmehr zum Ergebnis: Von Flußspat noch durchgelassenes Ultraviolett (also $\lambda > 123\,\mathrm{m}\mu$) vermag O_2, N_2, CO_2, NH_3, CS_2 u. a. zu ionisieren; von Quarz noch durchgelassenes Ultraviolett (also $\lambda > 185\,\mathrm{m}\mu$) wirkt noch ionisierend auf CO_2, NH_3 und andere Dämpfe, nicht mehr dagegen auf O_2 und N_2. Starke Lichtabsorption ist keine hinreichende Bedingung für die Ionisation wie das Beispiel des Cl_2 und des Leuchtgases zeigt.

Ein letzter Beitrag aus dem Heidelberger Institut zu dieser wichtigen Frage nach lichtelektrischer Ionisierung der Gase der Luft liegt in einer unabgeschlossenen Untersuchung von MARTIN vor. Sie kommt zum Ergebnis, daß das Licht des Al-Funkens

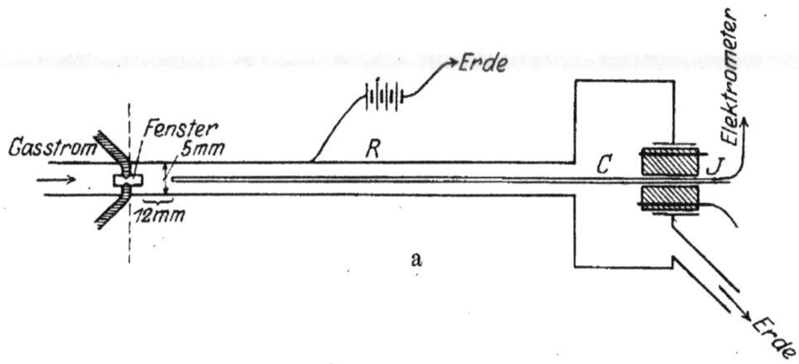

durch Flußspat hindurch mit einem nur Millimeter betragenden Luftweg sowohl in Luft wie in O_2, N_2 und CO_2 Ionen erzeugt (nachgewiesen durch das Auftreten positiver Ionen), und zwar im Verhältnis 135:100:155:152 [125a]. Abb. 111 zeigt die Versuchsanordnung.

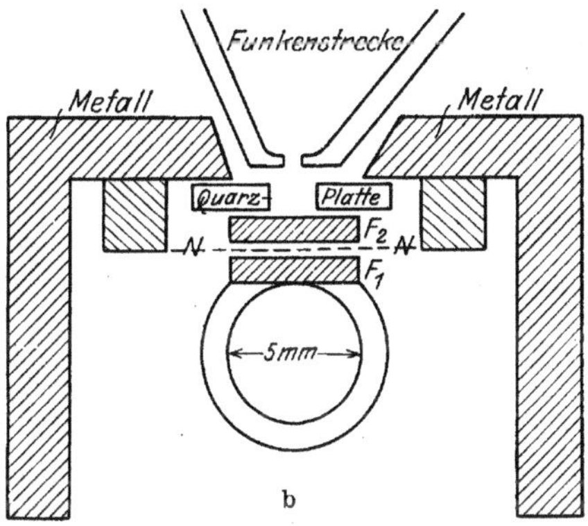

Abb. 111. Versuchsanordnung zur Untersuchung lichtelektrischer Wirkung auf Gase (nach MARTIN-RAMSAUER).

R = Metallrohr, 5 mm lichte Weite, auf positiver Spannung gehalten, äußere Begrenzung eines Zylinderkondensators. C = zentrale Elektrode, mit Elektrometer verbunden, fängt die entstandenen positiven Ionen auf. J = Bernsteinisolation mit Schutzring. Abb. 111b gibt einen vergrößerten Querschnitt längs der gestrichelten Linie in 111a. F_1, F_2 Flußspatplatten, N auswechselbare Netzblenden zu beliebig regelbarer Lichtschwächung.

Dies sind nach unserer jetzigen Kenntnis befremdende Ergebnisse. Einmal wissen wir heute, daß die unmittelbare Ionisierung von O_2 und N_2 entsprechend ihrer Ionisierungsspannung erst durch Wellenlängen unterhalb 100 mμ erfolgen soll, zum anderen ist die Absorption beider Gase so außerordentlich verschieden — N_2 ist im Gegensatz zu O_2 in dem von Flußspat durchgelassenen Spektralgebiet weitgehend durchlässig —, daß die Übereinstimmung der Beobachtungswerte wirklich schwer verständlich ist. Hält man Fehlerquellen für ausgeschlossen, so bleibt nur die Annahme der

Ionisation in Stufen. Da unzerlegtes Licht verwendet ist und die Lichtintensität außerordentlich hohe Beträge hat, brauchen vielleicht nicht einmal wie im Fall des Hg-Dampfes metastabile Zustände herangezogen zu werden, sondern es kann trotz der kurzen Lebensdauer normaler Anregungszustände erneute Absorption aus einem solchen zur Ionisierung führen; daneben ist natürlich auch hier die Mitwirkung noch nicht näher bekannter metastabiler Zustände möglich. Die hohen Schwingungspotentiale und etwa durch sie bedingte Stoßionisation trotz des herrschenden Atmosphärendruckes zur Erklärung der positiven Ionen heranzuziehen, ist bei der guten Versuchstechnik abzulehnen; überdies hatte PALMER auch bei Benutzung der Glimmentladung in H_2 als Lichtquelle Ionisation in O_2 und N_2 gefunden.

Bei CO_2 könnte bei einer Ionisierungsspannung von 10 bis 12 Volt gerade noch eine unmittelbare lichtelektrische Ionisation durch Licht, das von Flußspat noch durchgelassen wird, angenommen werden; man wird sich daher wundern, daß MARTIN in CO_2 keine nennenswert größere Ionisation gefunden hat als in N_2; und noch überraschender ist es, daß in Cl_2 dessen Ionisierungsspannung zu 8,2 Volt (entsprechend 150 mμ) angegeben wird, von LUDLAM 1912 in der gleichen LENARDschen Anordnung gar keine Ionisation gefunden wurde; man könnte hier vielleicht daran denken, daß die Wiedervereinigungsverluste auf dem Weg vom Ionisierungsraum zum Meßkondensator allzu groß waren.

An sich bieten hier die Bestimmungen der Ionisierungsspannungen keine soviel größere Zuverlässigkeit als die lichtelektrischen Messungen, daß man bei einem Widerspruch ohne weiteres den Fehler bei der lichtelektrischen Bestimmung suchen müßte; aber in den Fällen, in denen gleichzeitig spektroskopische Bestimmung und weitgehende Entwirrung des Spektrums vorliegt, wie etwa bei H_2, O_2, N_2, muß doch die Zuverlässigkeit oder Schlüssigkeit der widersprechenden lichtelektrischen Messung bezweifelt werden.

Es steht zu hoffen, daß das von FOOTE und MOHLER entwickelte und mit so großem Erfolg an Alkalimetalldämpfen angewandte Verfahren auch hier bald Klarheit bringt. Einstweilen hat MOHLER schon die lichtelektrische Ionisierung von Ne und A auf diese Weise festgestellt und zur Untersuchung höherer Anregungspotentiale benutzt [521, 522].

Lichtelektrische Ionisierung der atmosphärischen Gase wird in erheblichem Maße bei der Entstehung der sog. Heveasideschicht in der oberen Atmosphäre mitwirken. Die beobachteten Gesetzmäßigkeiten bei der Ausbreitung der elektrischen Wellen führen zur Annahme einer bemerkenswert hohen Dichte an freien Elektronen in einer Höhe von einigen hundert Kilometern. Die berechnete Größenordnung ist 10^5 im ccm. Als Ursache wird man zunächst die Ionisation von Stickstoff und Sauerstoff durch die kürzesten Wellen des Sonnenspektrums ansehen. Ob die Strahlungsintensität bei den erforderlichen sehr kurzen Wellenlängen ausreicht, um die hohen Elektronendichten zu erklären, läßt sich deswegen so schwer abschätzen, weil über die Wiederanlagerung der abgespaltenen Elektronen infolge unserer Unkenntnis über den Zustand (Dichte, Gase) jener Schichten nichts Sicheres ausgesagt werden kann. Es scheint jedoch, als ob man neben einer lichtelektrischen Wirkung, vielleicht sogar als Hauptursache der Ionisation die Wirksamkeit von Korpuskularstrahlung der Sonne annehmen müßte. Vgl. etwa Ausführungen von HULBURT über diese Frage [574].

Organische Dämpfe von Anthrazen, Diphenylamin, Diphenylmethan u. a. mit starker Absorption im zugänglichen Ultraviolett sind 1909 von STARK untersucht worden. Er beobachtete die Leitfähigkeit in Abhängigkeit vom Druck und fand jeweils ein Maximum für einen bestimmten Druck. Seine Ergebnisse und ihre Deutung waren folgende: mit von Null zunehmendem Druck nimmt der Strom zu, weil die Zahl der ionisierten Moleküle wächst, bei weiterer Drucksteigerung erfolgt vollständige Absorption des wirksamen Lichtes, der Strom sollte an sich dann konstant bleiben, er nimmt aber infolge steigender Wiedervereinigungsverluste wieder ab. Diese Versuche lassen nach unserer heutigen Kenntnis nicht nur keine zahlenmäßigen Schlüsse zu, sondern beweisen nicht einmal die Tatsache lichtelektrischer Ionisierung. Es ist durchaus denkbar, daß die ganze beobachtete Wirkung auf Elektronenaussendung der Elektroden beruht, die durch ultraviolettes Fluoreszenzlicht des Dampfes ausgelöst ist. Die Intensität des Fluoreszenzlichtes erreicht nämlich auch bei einem bestimmten Dampfdruck einen Höchstwert, da bei höheren Dichten die Anregungsenergie durch Stöße zweiter Art abgegeben und nicht wieder ausgestrahlt wird.

XV. Lichtelektrische Wirkung hoher Frequenzen.

1. Einführung. Unter hohen Frequenzen werden Röntgenlicht, γ- und durchdringende Strahlung zusammengefaßt; ferner sei das Spektralgebiet zwischen Ultraviolett und Röntgengebiet einbezogen, soweit die Absorption der Strahlung im Atominnern erfolgt. Bei dieser Beschränkung läßt sich aussagen, daß eine Energieübertragung aus der Strahlung auf die Materie (Absorption) stets zunächst in der Auslösung von Elektronen besteht. Die Strahlungsenergie findet sich teils als potentielle Energie der Atomreste, teils als kinetische Energie der abgespaltenen Elektronen wieder.

Man kennt heute zwei voneinander verschiedene Vorgänge derartiger Energieumwandlung, die Vorgänge der eigentlichen (lichtelektrischen) Absorption und der Quanten- (Compton-) Streuung und unterscheidet dementsprechend Absorptions- (auch Photo-) Elektronen und Rückstoß- (auch Streu- oder Compton-) Elektronen. Erstgenannte überwiegen im langwelligen, letztgenannte im kurzwelligen Teil des betrachteten Frequenzbereiches.

Die zur Beobachtung gelangenden Wirkungen hochfrequenter Strahlung (Ionisation, Lumineszenz, chemische Veränderung) beruhen so gut wie ausschließlich auf dem Durchgang der lichtelektrisch ausgelösten schnellen und der von diesen erzeugten langsamen („δ-Strahlen") Elektronen durch die Materie, unterscheiden sich also grundsätzlich in nichts von der Wirkung von Kathodenstrahlen. Diese Seite der Erscheinungen kann hier nur gestreift werden und im übrigen möge etwa auf den von Bothe geschriebenen Abschnitt: „Durchgang von Elektronen durch Materie" in Bd. XXIV des Handb. d. Phys. verwiesen werden.

Auch bezüglich der Optik der Röntgenstrahlen sei die vorzügliche Darstellung von Bothe im Handb. d. Phys. Bd. XXIII: „Absorption und Zerstreuung der Röntgenstrahlen" empfohlen.

Im vorliegenden Abschnitt sollen nur diejenigen Fragen aus der Physik der Röntgen- und γ-Strahlen kurz zusammengestellt werden, die rein „lichtelektrische" Bedeutung haben.

Die Auffassung der beim Durchgang von Röntgenlicht durch Materie auftretenden Sekundärstrahlen als „lichtelektrische" Erscheinung hat sich nur allmählich durchgesetzt. Die Arbeiten von Dorn, Curie und Sagnac 1900 und besonders die $\frac{e}{m}$ Bestimmungen von BESTELMEYER hatten gezeigt, daß die schon von RÖNTGEN beobachtete Sekundärstrahlung neben Wellenstrahlung zu einem wesentlichen Teil in Aussendung von Elektronen besteht, und als erster hatte wohl SAGNAC die offenbare Verwandtschaft dieser Erscheinung mit der Elektronenabgabe der Metalle unter Wirkung ultravioletten Lichtes betont. Hauptanlaß für die lichtelektrische Auffassung der Sekundärstrahlung wurden jedoch die in den Jahren 1907 bis 1911 von BESTELMEYER, INNES, LAUB, SEITZ u. a. ausgeführten Messungen der Geschwindigkeiten der von Röntgenlicht ausgelösten Elektronen. Mit ihrem Ergebnis, daß die Höchstgeschwindigkeiten angenähert denen der primären Elektronen in der Röntgenröhre entsprechen, nur von der Strahlenhärte, nicht aber ihrer Intensität abhängen, war eine bemerkenswerte Übereinstimmung mit LENARDS grundlegender Feststellung von 1902 für die lichtelektrische Wirkung im Ultraviolett erhalten. Gleichzeitig begann damit EINSTEINS berühmte Quantengleichung auch für dieses Spektralgebiet reiche Früchte zu bringen, und umgekehrt bildeten jene Ergebnisse wegen des großen überbrückten Frequenzbereiches eine gewichtige Stütze für diese Beziehung zu einer Zeit, in der genaue Messungen im Ultraviolett noch nicht gelungen waren. Hierzu traf es sich glücklich, daß LAUES Entdeckung die Spektroskopie der Röntgenstrahlung entstehen ließ und so die Frequenzen der verwendeten Röntgenstrahlung mit größter Genauigkeit zu bestimmen gestattete.

In der Folgezeit konnte die EINSTEINsche Beziehung

$$\tfrac{1}{2} m v^2 = h\nu - P$$

mit aller wünschenswerten Genauigkeit bestätigt und gleichzeitig die Herkunft der ausgelösten Elektronen nach Ursprungsatom und Bindungsart bestimmt werden; hier sind vor allem die in Ziff. 3 näher besprochenen Arbeiten von DE BROGLIE und AUGER zu erwähnen. Die Anwendung der Quantenbeziehung ließ schließlich auch die lichtelektrische Natur der altbekannten β-Strahlen der radioaktiven Stoffe, wenigstens ihres überwiegenden Teiles, erkennen, wie ELLIS und MEITNER 1921/2 zeigten. Für die lichtelektrische Fragestellung selbst noch weitertragend waren jedoch die durch WILSONS Nebelspurverfahren und GEIGERS Spitzenzähler gebotenen Möglichkeiten, Einblicke in die Einzelvorgänge der Wechselwirkung von Strahlung und Materie zu gewinnen.

Wohl hatte man auch nach den älteren „integrierenden" Verfahren, seien es Ionisations- oder Aufladungsmessungen, gewisse Schlüsse auf Geschwindigkeits- und sogar Richtungsverteilung der ausgelösten Elektronen ziehen, ja hatte sogar die Rückstoßelektronen feststellen, wenn auch nicht deuten können, aber die neuen Verfahren der Einzelbeobachtung enthüllten mit einem Schlage unmittelbar, was aus allen anderen Messungen nur sehr mühsam und sehr mittelbar erschlossen werden konnte. Die folgenden Ziffern werden das im einzelnen erhärten.

Überaus wertvoll erwiesen sich jene neuen Beobachtungsverfahren bei der Aufklärung des erst 1922 von A. H. Compton spektroskopisch entdeckten Vorganges der Quantenstreuung. Dieser bisher nicht gekannte und nicht vermutete Vorgang von Elektronenauslösung herrscht bei kurzen Wellenlängen durchaus vor, und seine Besonderheiten klärten manche bisher schwer verständlichen Erscheinungen auf.

Wir wissen dank der Errungenschaften der letzten 5 Jahre heute im Gebiet der hohen Frequenzen viel besser über die lichtelektrischen Wirkungen Bescheid, als in dem seit nunmehr 40 Jahren so vielfältig bearbeiteten Ausgangspunkt lichtelektrischer Forschung, im ultravioletten Spektralbereich.

2. Zur Versuchstechnik. a) Röntgenlicht läßt sich heute durch Zerlegung mit geeigneten Kristallgittern monochromatisch und durch geeignete Reflexion an Kristallgittern oder Streuung unter einem Winkel von 90° linear polarisiert erhalten.

Die Intensität derartigen einheitlichen Röntgenlichtes ist jedoch im allgemeinen für lichtelektrische Untersuchungen zu gering. Zur Erzielung eines kleinen Wellenlängenbereiches wählt man daher die Röhrenspannung so, daß gerade die „charakteristische" Strahlung der Antikathode kräftig angeregt wird und beseitigt mit geeigneten Filtern den längerwelligen Teil des Spektrums. Es gelingt auf diese Weise je nach der Lage im Spektrum Spektralbereiche von etwa $^1/_3$ bis 1 Oktave auszusondern, wobei die Energie außerdem noch auf wenige Spektrallinien in diesem Bereich vereinigt ist. Der Polarisationsgrad bei Streuung läßt sich aus rein geometrischen Gründen und infolge von Mehrfachstreuung kaum über 90% bringen. Einen Polarisationsgrad von einigen Prozenten hat übrigens schon die gewöhnliche Bremsstrahlung einer Röntgenröhre, wobei der elektrische Vektor in Richtung der erzeugenden Kathodenstrahlen liegt. Im Gegensatz dazu ist die „charakteristische“ Strahlung völlig unpolarisiert.

„Reguläre Reflexion“ liefert zwar größere Intensitäten als diffuse Streuung, läßt sich aber zur Gewinnung polarisierten Lichtes nur bei längeren Wellen anwenden.

Unbefriedigend ist nach wie vor die absolute Energiemessung von Röntgenlicht; an dieser Schwierigkeit leiden auch die Bestimmungen der absoluten lichtelektrischen Ausbeute.

b) Geschwindigkeitsmessungen. Die Geschwindigkeiten der ausgelösten Elektronen werden entweder in üblicher Weise mit elektrischen Gegenfeldern bestimmt oder durch magnetische Ablenkung. Erstgenanntes Verfahren eignet sich hauptsächlich für kleinere Geschwindigkeiten und ist dort an Auflösungsvermögen der magnetischen Spektroskopie ebenbürtig.

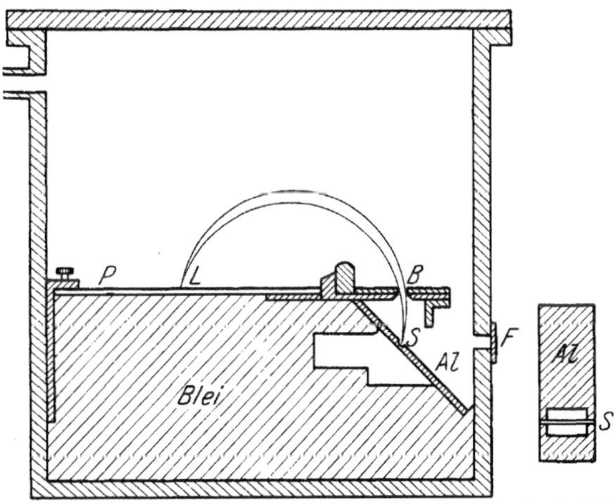

Abb. 112. Anordnung von DE BROGLIE zur Aufnahme von Geschwindigkeitsspektren.

Die Aufnahme von „Geschwindigkeitsspektren“ durch magnetische Zerlegung werde kurz nach der von DE BROGLIE verwandten Anordnung beschrieben. Das Verfahren ist zuerst von DANYSZ 1911 bei der Untersuchung der Geschwindigkeiten von β-Strahlen angegeben. Abb. 112 zeigt die Anordnung.

Ein durch das Fenster F eintretendes Bündel Röntgenstrahlen löst in dem sehr dünnen Streifen S Elektronen aus. S ist auf einem möglichst wenig absorbierenden Träger (etwa aus Al) recht frei befestigt. Die in S nicht absorbierten Röntgenstrahlen laufen in eine Bleifalle, aus der die ausgelösten Elektronen die Blende B nicht erreichen können. So ist eine lineare Elektronenstrahlungsquelle erhalten. Ein senkrecht zur Zeichenebene gerichtetes homogenes Magnetfeld biegt die Elektronen auf Kreisbahnen (bzw. schraubenförmige Bahnen). Ein Teil der von S ausgehenden Bahnen gelangt durch die Blende B auf die photographische Platte P. B liegt in der Plattenebene und die Verbindungslinie BS ist senkrecht zu dieser Ebene. Hierdurch wird eine Art Brennpunktswirkung erzielt; d. h. auch bei verhältnismäßig breiter Blende B werden von einem schmalen Strahler S ausgehende Elektronen einheitlicher Geschwindigkeit (gleicher Kreisbahn) in der Plattenebene auf eine schmale Linie L vereinigt. Gegenüber älteren Verfahren mit engen Blenden wird eine beträchtliche Abkürzung der Aufnahmedauer erreicht. Eine Umkehr des Danyszschen Kunstgriffes, nämlich enge Blende und breiten Strahler, hat Robinson 1923 benutzt. Ein gutes Vakuum ist dabei wesentlich, um Absorption und Zerstreuung der Elektronen auf ihrer Bahn zur Platte zu vermeiden. Die magnetische Ablenkung liefert unmittelbar durch Ausmessung von Längen und Magnetfeldern die Elektronengeschwindigkeit v. Es ist, wenn $\frac{e}{m_0} = 1{,}77 \cdot 10^7 \frac{\text{Coulomb}}{\text{gr}}$, μ_0 (die absolute Permeabilität) $= 1{,}256 \cdot 10^{-8} \frac{\text{Voltsek.}}{\text{Amp. cm}}$ gesetzt und $\mathfrak{H}$ in $\frac{\text{Amp. Wdgn.}}{\text{cm}}$ gemessen wird:

$$v = \frac{e}{m_0} \cdot 10^7 \cdot \mu_0 \cdot \mathfrak{H} \cdot r \frac{1}{\sqrt{1 + \left(\mathfrak{H} \cdot r \cdot \frac{e}{m_0} \cdot \frac{10^7 \cdot \mu_0}{c}\right)^2}} \text{ cm/sec},$$

wobei der Bruch der Massenveränderlichkeit Rechnung trägt und erst für Energien über 5000 Volt mehr als 1% Änderung bedingt. Die Energie ist gegeben durch

$$E = m_0 c^2 \left(\sqrt{1 + \left(\mathfrak{H} \cdot r \cdot \frac{e}{m_0} \cdot \frac{10^7 \mu_0}{c}\right)^2} - 1\right) \text{ Erg}.$$

In Volt ausgedrückt, erhält man $V = 6{,}28 \cdot 10^{11} E$. Gelegentlich wird die Energie auch durch die Frequenz ausgedrückt, gemäß der Beziehung $h\nu = E$ oder $\nu = \frac{E}{h}$, wobei noch, um kleinere

Zahlen zu erhalten, durch die Rydbergfrequenz $R = 3{,}29 \cdot 10^{15}$ dividiert wird:

$$\frac{\nu}{R} = 4{,}64 \cdot 10^{10}\, E\,.$$

Es gelingt nach DE BROGLIES Verfahren, die Energien auf etwa 1% genau zu ermitteln.

Photographischer Nachweis der Elektronen erfordert auf gewöhnlichen Platten Mindestenergien von etwa 5000 Volt wegen der Elektronenabsorption in der Gelatine oder im Kollodium. Bindemittelarme Platten (Schumannplatten) sind bis zu Energien von etwa 100 Volt herab verwendbar.

Grundsätzlich lassen sich natürlich „Geschwindigkeitsspektren" auch mit Faradaykäfig oder Spitzenzähler als Empfänger aufnehmen, wobei das Magnetfeld stetig zu verändern ist.

c) Das Nebelspurverfahren (Wilsonkammer). Die Grundlage ist folgende: In einem mit Wasserdampf übersättigten Gas tritt Nebelbildung nur an Kondensationskernen ein; als solche Kerne wirken vornehmlich Ionen. Bei geeigneter Beleuchtung, am besten Dunkelfeldbeleuchtung, wird jedes einzelne Ion durch ein Wassertröpfchen feststellbar. Insbesondere zeichnet sich die Bahn eines schnellen Elektrons durch eine Perlschnur von Tröpfchen ab. Diese liegen um so dichter, je langsamer das Elektron sich bewegt, weil mit abnehmender Geschwindigkeit eines Elektrons die Anzahl der pro Wegeinheit gebildeten Ionen wächst (vgl. Abb. 113, f. S.; 114, S. 248).

Die so erkennbar gemachten Elektronenbahnen werden mit Momentbeleuchtung photographiert, und zwar entweder stereoskopisch oder mit zwei photographischen Kammern, von denen eine entgegen der Röntgenstrahlrichtung, die andere senkrecht dazu eingerichtet ist; auf diese Weise kann der räumliche Bahnverlauf ermittelt werden. Mittels Blenden wird dem eintretenden Röntgenstrahl ein passender Querschnitt gegeben und erstrebt, daß die Kammerwände nicht getroffen werden.

Technisch ist die Ausführung folgendermaßen. Die Übersättigung des Gases mit Wasserdampf wird durch eine möglichst wirbelfreie Expansion und dadurch bedingte Abkühlung erreicht. Um alle störenden Ionen zu beseitigen, liegt entweder dauernd oder bis zur Expansion ein elektrisches Feld an der Nebelkammer. (Eine durchsichtige Elektrode wird durch einen feuchten elektrolythaltigen Gelatineüberzug des gläsernen Kammerdeckels hergestellt und dadurch gleichzeitig für den erforderlichen Wasserdampfdruck gesorgt.)

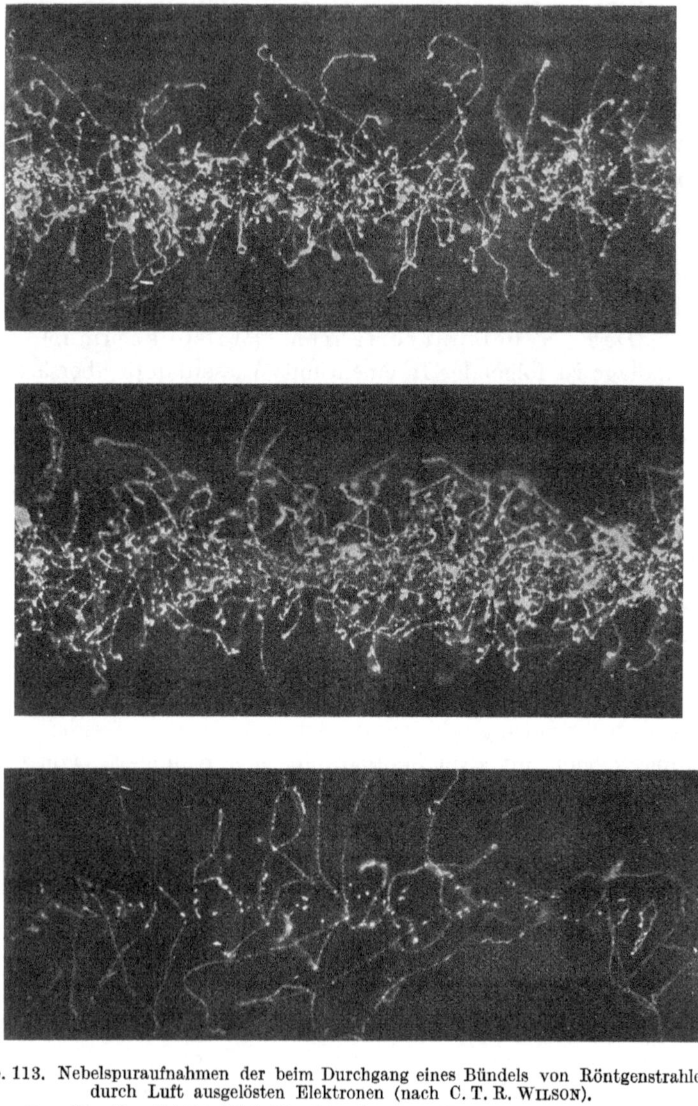

a

b

c

Abb. 113. Nebelspuraufnahmen der beim Durchgang eines Bündels von Röntgenstrahlen durch Luft ausgelösten Elektronen (nach C. T. R. WILSON).
a, c = Proc. Roy. Soc. (A) Bd. 87' S. 227. 1912. b = Proc. Roy. Soc. (A) Bd. 104, S. 1 u. 192.
Abgedruckt aus Handbuch der Experimentalphysik Bd. XIV.

Unmittelbar nach der Expansion läßt man einen kurzen Augenblick die Röntgenstrahlung in die Kammer treten und belichtet einen weiteren Augenblick später. Auf richtiges Abgleichen der einzelnen Zeiträume kommt viel an. Nach C. T. R. WILSONS Vorgang wird gewöhnlich ein Pendel benutzt, das während einer Schwingung eine Reihe von Kontakten betätigt (vgl. etwa KIRCHNER, Ann. d. Phys. Bd. 81, S. 1113. 1926).

Die Anwendung der Nebelspurkammer setzt eine nennenswerte Intensität der Röntgenstrahlung voraus, da innerhalb eines Zeitraumes von etwa $^1/_{100}$ Sekunde in einem Gasraum von wenigen Kubikzentimetern trotz der geringen Schwächung einige Absorptions- oder Streuvorgänge vorkommen sollen.

Die Betrachtung der Nebelspuren ermöglicht sowohl die Anfangsrichtungen der ausgelösten Elektronen wie ihre Energie mit ausreichender Genauigkeit zu ermitteln.

Die Energie ist nach einer von WHIDDINTON gegebenen Näherungsregel proportional der Quadratwurzel aus der Bahnlänge. Kennt man zu einer Bahn die zugehörige Energie, so hat man sie damit auch für die übrigen. Andernfalls kennt man wenigstens die Energieverhältnisse und kann auf Grund der Quantengleichung mit ziemlicher Zuverlässigkeit ebenfalls auf die Absolutwerte schließen. Die Bahnen sind für gegebene Energie um so größer, je niedriger die Ordnungszahl des Füllgases und je niedriger sein Druck ist. Bahnlängen sind bis 0,5 mm herab noch leidlich zuverlässig zu bestimmen. Mit Luftfüllung von $^2/_3$ Atmosphärendruck entspricht eine Bahnlänge von 1 cm einer Elektronenenergie von etwa 20000 Volt bzw. als Frequenz ausgedrückt $\nu/R = 1470$. Elektronen kleiner Energie erzeugen einen kugeligen Nebel (beispielsweise auf Abb. 113 und 114 gut erkennbar). Bahnen von etwa 10 cm Länge stellen bei den gewöhnlich benutzten Anordnungen die obere Grenze des Verwertbaren dar.

Die Anfangsrichtungen lassen sich trotz der vielfach starken Bahnkrümmungen gut auf einige Grad genau abschätzen, da gerade im Anfang größere Krümmungen selten sind und aus einigen Zehntelmillimetern Bahn schon die Ursprungstangente hervorgeht.

d) Der GEIGERsche Spitzenzähler (vgl. S. 21f.) läßt zwar die einzelnen Bahnen und Auslösungsvorgänge nicht erkennen, ist aber beispielsweise für Messungen der Richtungsverteilung gut verwendbar und hat gewisse Vorzüge. Da er fortlaufend anzeigt, kommt er für Dauer- und Massenversuche in Betracht, ferner läßt er sich noch bei wesentlich kleineren Gasdrucken verwenden, so daß Fehler in der Richtungsbestimmung durch anfängliche Bahnkrümmung geringer werden. Ein von GEIGER und MÜLLER 1928 angegebenes „Elektronenzählrohr" wird vielleicht wegen seiner besseren Ausbeute gegenüber dem Spitzenzähler für lichtelektrische Untersuchung im Gebiet hoher Frequenzen von Wert werden.

3. Die Geschwindigkeiten der Absorptionselektronen. Die älteren Messungen sowohl mit Gegenfeld wie mit magnetischer Zerlegung, allerdings mit durchweg uneinheitlicher Röntgenstrahlung, hatten das Ergebnis gehabt, daß neben einer nicht sehr scharf bestimmbaren Höchstgeschwindigkeit gleichförmig auch alle kleineren Geschwindigkeiten vertreten sind. War in der auslösenden Strahlung in erheblichem Bruchteil „charakteristische" Strahlung enthalten, so waren allerdings in den Geschwindigkeitsspektren Andeutungen bestimmter bevorzugter Werte gefunden worden [124]. Man nahm daher noch etwa um das Jahr 1921 an, daß die Höchstenergien der ausgelösten Elektronen den $h\nu$-Werten der einfallenden Strahlung entsprächen. Keineswegs wußte man aber, ob eine einheitliche Röntgenstrahlung Elektronen genau bestimmter Energie auslöst.

1921 brachte M. DE BROGLIE grundlegende Aufklärung [188, 189, 229]. Er zeigte, daß bei Benutzung einigermaßen einheitlicher Röntgenstrahlung (er benutzte im wesentlichen die Linien K_α und K_β von Wolfram und Molybdän) der bestrahlte Körper Elektronen von ganz bestimmten Energiewerten aussendet.

Diese Werte entsprechen aber im allgemeinen nicht der Energie der einfallenden Strahlung, also $h\nu_{W_{K_\alpha}}$ bzw. $h\nu_{W_{K_\beta}}$, obwohl auch Gruppen auftreten, deren Energie innerhalb der etwa 1% betragenden Meßgenauigkeit damit übereinstimmt. Am zahlreichsten sind Elektronen mit geringeren Energiewerten, und zwar ist der Energiefehlbetrag gerade die Ablösearbeit für die K- bzw. L-Schale der bestrahlten absorbierenden Atome. Demnach wird man annehmen können, daß auch in den erstgenannten Gruppen in Wahrheit die (sehr kleine) Ablösearbeit der M-Schale abzuziehen ist. Wenn wir einen Strich auf die einfallende Strahlung, zwei Striche auf das bestrahlte Element beziehen, so werden also Elektronengruppen folgender Energiewerte beobachtet:

$$h\left(\nu'_{K_\alpha} - \nu''_K\right) \qquad h\left(\nu'_{K_\alpha} - \nu''_L\right) \qquad h\left(\nu'_{K_\alpha} - \nu''_M\right) \sim h\nu'_{K_\alpha}$$

$$h\left(\nu'_{K_\beta} - \nu''_K\right) \qquad h\left(\nu'_{K_\beta} - \nu''_L\right) \qquad h\left(\nu'_{K_\beta} - \nu''_M\right) \sim h\nu'_{K_\beta}:$$

wo ν_K, ν_L, ν_M die Frequenzen der betreffenden Absorptionskanten bezeichnen.

Außerdem treten aber noch weitere Gruppen auf, deren Energie nicht von der eingestrahlten Frequenz, sondern nur noch von den bestrahlten Atomen abhängt:

$$h\left(\nu''_{K_\alpha} - \nu''_L\right) \qquad h\left(\nu''_{K_\alpha} - \nu''_M\right) \sim h\nu''_{K_\alpha}$$

$$h\left(\nu''_{K_\beta} - \nu''_L\right) \qquad h\left(\nu''_{K_\beta} - \nu''_M\right) \sim h\nu''_{K_\beta}.$$

Zum Teil handelt es sich bei diesen letzteren Gruppen um Elektronen, die von der „charakteristischen“ Strahlung der bestrahlten Atome lichtelektrisch in anderen gleichartigen Atomen ausgelöst werden, zu einem anderen Teil wird man aber an die in Ziffer 6 behandelte Vielfachwirkung denken müssen, bei der potentielle Atomenergie ohne Zwischenschaltung von Wellenstrahlung in kinetische Energie eines Elektrons umgesetzt wird. Daß dieser letztgenannte Vorgang nur für einen Teil der beobachteten Elektronen in Frage kommt, geht eindeutig aus Messungen von DE BROGLIE hervor. Erhält das bestrahlte Metall eine Beimengung (Überzug) eines anderen, so werden nunmehr auch Energiewerte beobachtet, wie beispielsweise

$$h\left(\nu''_{K_\alpha} - \nu'''_K\right) \qquad h\left(\nu''_{K_\alpha} - \nu'''_L\right) \text{ usw. entspr. für } \nu''_{K_\beta}$$

usw., wo die 3 Striche sich auf das zugesetzte Element beziehen. Wenn also die „charakteristische“ Strahlung des 2. Elementes in den Atomen des 3. Elementes Elektronen lichtelektrisch auslöst, so wird das in ähnlichem Umfang auch in anderen Atomen des 2. Elementes selber erfolgen.

Zur Kennzeichnung der Genauigkeit derartiger Messungen sind in folgender Tabelle einige Ergebnisse von DE BROGLIE angeführt:

Eingestrahlt: Wolfram K_α mit $\lambda = 0{,}211$ Å; $\nu = 1420 \cdot 10^{16}$
„ K_β mit $\lambda = 0{,}184$ Å; $\nu = 1629 \cdot 10^{16}$

Beobachtete Elektronengruppen:

a) an Zink ($N = 30$)		b) an Zinn ($N = 50$)	
1) 204* $\sim$ 232 − 30	$Zn_{K_\beta} - Zn_D$	1) 500 $\sim$ 614 − 108	$Sn_{K_\alpha} - Sn_L$
2) 180 $\sim$ 209 − 30	$Zn_{K_\alpha} - Zn_L$	2) 576 $\sim$ 694,5 − 108	$Sn_{K_\beta} - Sn_L$
		3) 710 $\sim$ 1420 − 720	$W_{K_\alpha} - Sn_K$
		4) 888 $\sim$ 1629 − 720	$W_{K_\beta} - Sn_K$
		5) 1292 $\sim$ 1420 − 108	$W_{K_\alpha} - Sn_L$

Es fällt bei vielen Messungen eine Gruppe von drei Energiewerten auf, deren zwei Differenzen unabhängig vom bestrahlten Atom gleich sind. Ursache davon ist die durch die Theorie der Röntgenspektren bekannte Beziehung, daß $\nu_{K_\alpha} = \nu_K - \nu_L$ $\nu_{K_\beta} = \nu_K - \nu_M$.

Unabhängig von de Broglie hat Whiddington [268] ebenfalls die „korpuskularen Spektren" der Elemente untersucht und seine mit denen de Broglies übereinstimmenden Ergebnisse 1922 veröffentlicht. Nur seine Angabe, daß eine Elektronengruppe mit einer Energie entsprechend $h(\nu'_{K_\alpha} - \nu''_K)$ erst dann auftritt, wenn $\nu'_{K_\alpha} - \nu''_K > \nu''_K$, ist im Widerspruch zu den Ergebnissen anderer Forscher und vielleicht auf eine Fehlerquelle zurückzuführen (Energie zu klein für ausreichende Schwärzung der photographischen Platte). Die rasch sinkende Intensität bei Verkleinerung der Differenz $\nu - \nu_K$ verbietet, was sonst naheläge, die Auflösung der einzelnen Geschwindigkeitsgruppen auf solche Weise zu steigern.

Das Ergebnis dieser Arbeiten war eine glänzende Bestätigung der Quantenansätze und spektroskopisch erschlossenen Grundvorstellungen über den Atomaufbau.

In den gleichen Jahren 1921 und 1922 gelang es mit demselben Verfahren der Aufnahme magnetischer Geschwindigkeitsspektren unabhängig voneinander Ellis und Frl. Meitner, eine weitere Gruppe lichtelektrischer Erscheinungen festzustellen[1]. Es gelang ihnen der Nachweis, daß die altbekannten β-Strahlen der radioaktiven Stoffe mindestens zum größten Teil auf lichtelektrische

* Energien ausgedrückt in Frequenzen $\cdot 10^{-16}$.

[1] Hierzu vgl. man etwa L. Meitner: Der Zusammenhang zwischen β- und γ-Strahlen. Ergebnisse der exakten Naturwissenschaften Bd. III. Berlin: Julius Springer 1924.

Wirkung der vom Kerne ausgehenden Strahlung zurückzuführen sind. Obschon Ansätze zu einer derartigen Auffassung auf RUTHERFORD (1916) zurückgehen, hatte sich doch als landläufige Meinung erhalten, daß die β-Strahlen bei β-Umwandlung, d. h. Vergrößerung der Ordnungszahl um 1, aus dem Atomkern ausgeschleuderte Elektronen seien.

Bekannt war seit etwa 10 Jahren, daß die β-Strahlen keine einheitliche Geschwindigkeit besitzen, wie die α-Strahlen. RaB entsendet beispielsweise Elektronen von rund 30 verschiedenen Geschwindigkeitswerten. Auf Grund von besonders genauen Aufnahmen derartiger Geschwindigkeitsspektren in der DANYSZschen Anordnung (Ziffer 2) gelang es beiden Forschern, zu denen sich später noch DE BROGLIE und AUGER gesellten, zunächst in einfachen Fällen je zwei oder drei derartige Energiegruppen in der Art zusammenzufassen, daß die Energiedifferenzen jeweils den Differenzen der Ablösungsarbeiten aus den K-, L-, M-, N-Schalen der betreffenden Atome entsprechen. Die folgende Tabelle gibt zwei derartige Beispiele:

a) β-Strahlspektrum des RaD.

Nr.	Intensität	Energie in Volt	Ursprung	Wellenlänge der γ-Linie	Energie in Volt
1	sehr stark	31200	L		
2	stark	43100	M	0,27 Å	46500
3	schwach	46500	N		
	b) β-Strahlspektrum des Ra.				
1	stark	88000	K		
2	mittel	172000	L	0,066 Å	187000
3	schwach	185000	M		

Es lag also die Annahme nahe, daß je drei solcher Gruppen dadurch zustande kommen, daß γ-Strahlen einer bestimmten Wellenlänge aus den K-, L- und M-Schalen der Atome Elektronen lichtelektrisch herauswerfen. Zur Gewißheit wurde die Vermutung durch Versuche folgender Art. Der β- und γ-Strahlen aussendende Körper (Draht) wird mit einer Hülle aus einem anderen Element solcher Dicke umgeben, daß keine ursprünglichen β-Strahlen austreten können, sondern nur die von γ-Strahlen neu ausgelösten Elektronen. Deren magnetisches Geschwindigkeitsspektrum wird nun in gleicher Weise wie vorher gemessen. Das Ergebnis ist, abgesehen von der natürlich viel geringeren Intensität, im wesentlichen übereinstimmend mit dem früheren. Das so erhaltene Spektrum stimmt sogar restlos mit dem ursprünglichen β-Strahlspektrum überein, wenn die Hülle aus einem nicht radioaktiven Element gleicher Ordnungszahl (etwa Pb um ThB) besteht. Sämtliche Energiewerte sind dagegen etwas vergrößert, wenn das Element der Hülle eine kleinere Ordnungszahl besitzt (etwa Pt um ThB) und die Verschiebung ist genau durch die Abnahme der betreffenden Ablösungsarbeiten beim Übergang zu der betreffenden kleineren Ordnungszahl gegeben.

Zwar ist es möglich, daß in der überwiegenden Zahl der Fälle ein sogenannter „Photoeffekt 2. Art" vorliegt; d. h., daß die bei der Atomkernumwandlung freiwerdende Energie ohne Zwischenschaltung eines Emissions- und Absorptionsvorganges unmittelbar in kinetische Energie von Elektronen der Atomhülle übergeht; sicher erscheint jedenfalls, daß in der überwiegenden Zahl der Fälle die Elektronenauslösung im zerfallenen radioaktiven Atom selbst erfolgt — nur so läßt sich die hohe Ausbeute verstehen. Daß aber ein Teil der beobachteten β-Strahlen auf ganz gewöhnliche lichtelektrische Wirkung in beliebigen Atomen zurückzuführen ist, folgt eindeutig aus den oben angeführten Versuchen mit nicht radioaktiver Hülle. Über Rückstoßelektronen neben den hier behandelten Absorptionselektronen beim radioaktiven Zerfall vergleiche man Ziffer 4.

Welche Geschwindigkeiten die nach der herrschenden Auffassung des radioaktiven Zerfalles zu fordernden Kernelektronen haben, bleibt vorerst unbekannt. Die verschiedenen Versuche, gewisse β-Strahlen als Kernelektronen anzusprechen, erscheinen vorläufig unbefriedigend.

4. Die Rückstoßelektronen (Comptoneffekt). Neben den einheitlichen Geschwindigkeitsgruppen der Absorptionselektronen werden auch bei monochromatischer Strahlung und bei Beseitigung von Fehlerquellen, die eine Verwaschung der Geschwindigkeitsspektren bedingen, Elektronen mit gleichförmig von Null bis zu einem Höchstwert verteilten Energiewerten beobachtet. Sie überwiegen vor allem bei Anwendung hoher Frequenzen, wie etwa der γ-Strahlen.

Für die Untersuchung dieser Elektronen kommt ziemlich ausschließlich die Nebelspurkammer in Betracht, in der die Länge der Elektronenbahnen ein genügendes Energiemaß liefert.

Entdeckt sind Bahnen dieser Art gleichzeitig und unabhängig von Wilson [331] und von Bothe [276]. Ihre Deutung fanden sie durch die 1922 von A. H. Compton gefundene Erscheinung der Quantenstreuung, d. h. einer Streuung von Röntgenlicht unter Vergrößerung der Wellenlänge. Nach der von Compton und von Debye gegebenen Theorie der Erscheinung[1], deren Ergebnisse mit der Erfahrung völlig übereinzustimmen scheinen, kommt die beobachtete Elektronenabspaltung folgendermaßen zustande:

Bei der Wechselwirkung von Strahlung und Elektronen sollen die Erhaltungssätze für Energie und Impuls gelten. Diese Forderung liefert folgende 3 Gleichungen:

		vor		nach der Wechselwirkung
Energie		$h\nu$	$=$	$\frac{1}{2}mv^2 + h\nu'$
Impuls	in der Richtung der Strahlung	$\frac{h\nu}{c}$	$=$	$mv\cos\vartheta + \frac{h\nu'}{c}\cdot\cos\Theta$
	senkrecht zur Richtung der Strahlung	0	$=$	$-mv\sin\vartheta + \frac{h\nu'}{c}\sin\Theta$

Hier ist ϑ der Winkel, den die Bahn des Elektrons und Θ derjenige, den die Richtung der gestreuten Strahlung mit der ursprünglichen Strahlungsrichtung bildet.

Eine Absorption, d. h. Fehlen einer Streustrahlung, ebenso eine Streuung ohne Elektronenabspaltung (d. h. ohne Frequenzänderung) ist nur möglich, wenn noch ein weiterer Wechselwirkungsteilnehmer vorhanden ist, der den Impulsüberschuß aufnimmt; diese Möglichkeit ist bei (hinreichend fester) Bindung des Elektrons an einen Atomkern gegeben.

Die Berechnung liefert in Übereinstimmung mit der spektroskopischen Erfahrung eine Frequenzabnahme bei der Streuung im Betrag

$$\varDelta\nu = \frac{h\nu^2}{mc^2}(1 - \cos\Theta)$$

[1] Hierzu vgl. etwa: H. Kallmann und H. Mark „Der Comptonsche Streuprozess". Ergebnisse der exakten Naturwissenschaften Bd. V, Berlin: Julius Springer 1926.

oder eine Zunahme der Wellenlänge

$$\Delta\lambda = 0{,}0242 \cdot 10^{-8}(1 - \cos\Theta)\,\mathrm{cm},$$

unabhängig von ν.

Der Energiebetrag $h \cdot \Delta\nu$ findet sich als kinetische Energie der Rückstoßelektronen wieder. Eine Ablösearbeit kann dabei vernachlässigt werden, da sie voraussetzungsgemäß gegenüber $h\nu$ klein sein soll.

Im Gegensatz zu den Absorptionselektronen haben die Rückstoßelektronen alle möglichen Energien je nach dem Streuwinkel Θ bzw. ϑ zwischen Null und

$$h \cdot \Delta\nu_{\max} = \frac{h^2\nu^2}{m c^2}.$$

Die Höchstenergie nähert sich der der Absorptionselektronen mit wachsender Frequenz ν und wird für Wellenlängen unterhalb 0,1 Å von gleicher Größenordnung. Die Wirkungen kurzwelliger Röntgenstrahlen, von γ- und Ultra-γ-Strahlung, beruht größtenteils auf den von diesen Strahlungen ausgelösten Rückstoßelektronen. Die in der vorigen Ziffer erwähnten β-Strahlen mit gleichförmig verteilten Energiewerten sind von L. Meitner wohl mit Recht als Rückstoßelektronen der radioaktiven γ-Strahlung gedeutet worden. Im Gebiet so hoher Frequenzen ($\lambda \sim 0{,}02$ Å) sind eben die Geschwindigkeiten beider Elektronenarten ziemlich übereinstimmend.

Bekanntlich setzt sich der durch $dJ = J\mu dx$ definierte Schwächungskoeffizient μ der Röntgenstrahlung aus Absorptionskoeffizient τ und Streukoeffizient σ zusammen.

$$\mu = \tau + \sigma.$$

Demnach wäre ein Verhältnis von Absorptions- zu Streuelektronen wie τ/σ zu erwarten. Dies ist nach Zählungen von Compton und Simon an Nebelspuraufnahmen für kürzere Wellenlängen ($\lambda < 0{,}5$ Å) befriedigend erfüllt [414]. Bei längeren Wellen treten die Streuelektronen stärker zurück als dem Verhältnis τ/σ entspricht. Das liegt daran, daß bei längeren Wellen der Streuvorgang mehr und mehr auch ohne Frequenzänderung stattfindet, indem offenbar die streuenden Elektronen gegenüber dem kleineren $h\nu$ der einfallenden Strahlung nicht mehr als „freie“ wirken. Neben dieser Ursache kann allerdings noch in Betracht kommen, daß Rückstoßelektronen kleiner Energie (< 600 Volt) in der Wilsonkammer leicht übersehen werden, worauf JAUNCEY und DE FOE hinweisen [447, 417].

5. Richtungsverteilung von Absorptions- und Rückstoßelektronen. Von größter Wichtigkeit für die Erkenntnis lichtelektrischer Grundvorgänge ist die Ermittlung der Richtungen, unter denen die Elektronen das absorbierende oder streuende Atom verlassen, bezogen auf die Strahlrichtung und Lage des elektrischen Vektors im Strahl. Ältere Versuche von COOKSEY, BEATTY, BRAGG und PORTER, PHILPOT durch Messungen der Ionisation hatten übereinstimmend zum Ergebnis geführt, daß bei Bestrahlung dünner Metallfolien die Elektronenintensität in dem in der Strahlrichtung gelegenen Halbraum größer war als in dem rückwärtigen Halbraum. Das Verhältnis war von der Größenordnung 2. Daß es sich dabei um eine Unsymmetrie der Zahl, nicht der Geschwindigkeit handelte, ging aus Aufladungsmessungen und neuerdings Aufnahme magnetischer Spektren (SEITZ [386, 470]) hervor. Die Unsymmetrie schien mit abnehmender Wellenlänge und abnehmender Ordnungszahl des bestrahlten Elementes zu wachsen und überdies für Elektronen der L-Schale größer zu sein als für die der K-Schale. Bei den benutzten Wellenlängen können Rückstoßelektronen nicht merklich mitgewirkt haben.

Wenn auch derartige Versuche sehr wahrscheinlich machten, daß die Elektronen bei ihrer lichtelektrischen Auslösung bestimmte Vorzugsrichtungen zeigen, so fand diese Fragestellung doch erst durch die von 1923 an einsetzenden Beobachtungen der Einzelereignisse in der Nebelspurkammer bzw. im Spitzenzähler ihre Beantwortung.

Etwa gleichzeitig kamen C. T. R. WILSON [331], W. BOTHE [276, 277] und P. AUGER [400] übereinstimmend zum Ergebnis, daß für Wellenlängen von 0,1 bis 0,7 Å die Absorptionselektronen bevorzugt unter einem Winkel kleiner als 90° zur Strahlrichtung ausgesandt werden (vgl. Abb. 114). Auf den vorwärtigen Halbraum entfallen 2- bis 3mal mehr Elektronen als auf den rückwärtigen, in Bestätigung der Ionisationsmessungen an Folien. Auch die vermutete Zunahme der Unsymmetrie mit abnehmender Wellenlänge bestätigte sich. W. BOTHE ergänzte 1924 die Nebelspurzählungen durch Massenzählungen mit dem Spitzenzähler. Da in seiner Anordnung

Abb. 114. Nebelspuren von C. T. R. WILSON (331). Röntgenstrahlenbündel mit zylindr. Querschnitt von nur 0,5 mm Durchmesser, Strahlrichtung von links nach rechts; sichtbar sind die langen Bahnen von vier Absorptionselektronen, deren Anfangsrichtungen ungefähr einen Winkel von 45° gegen die Strahlrichtung bilden; ferner die kugeligen Spuren von drei Rückstoßelektronen.

mit wesentlich niedrigerem Gasdruck — er ging bis auf 1 mm Hg-Säule herab — gearbeitet werden konnte als in der Nebelspurkammer, werden die Elektronenbahnen nahezu geradlinig und anfängliche Bahnkrümmungen scheiden als Fehlerquellen bei Bestimmung der Anfangsrichtung aus [340].

Das Ergebnis der BOTHEschen Zählungen ist durch die folgenden Polardiagramme veranschaulicht (Abb. 115). Eindeutig geht aus ihnen hervor, daß die Absorptionselektronen zwar unter allen möglichen Winkeln zur Strahlrichtung ausgesandt werden, jedoch mit ausgesprochener Bevorzugung von Winkeln von 40 bis 140°. Ob die Andeutungen von mehreren Vorzugswinkeln richtig sind, läßt

BOTHE offen; auch C. T. R. WILSON glaubte Vorzugsrichtungen bei 45, 90 und 135° feststellen zu können. Der mittlere Emissionswinkel nimmt nach BOTHES Zählungen sowohl mit abnehmender Wellenlänge wie abnehmender Ordnungszahl etwas ab und ist

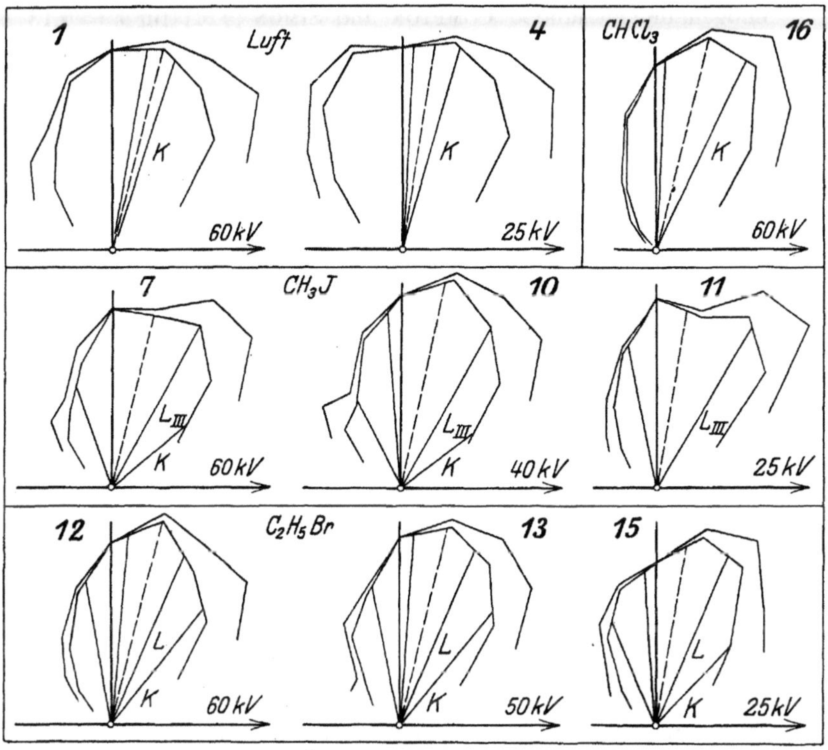

Abb. 115. Richtungsverteilung der Absorptionselektronen in verschiedenen Gasen für verschiedene Wellenlängen der Röntgenstrahlen auf Grund von Zählungen mit dem Spitzenzähler (nach BOTHE). Als Maß der Wellenlänge dienen die angegebenen Röhrenspannungen in Kilovolt. Die äußeren Kurven geben die Dichte des Elektronenstromes unter dem Winkel ϑ gegen die Richtung des Röntgenstrahles (von links nach rechts), die inneren die Häufigkeit des Winkels ϑ. Winkel in der Strahlrichtung und ihr entgegengesetzt fehlen so gut wie ganz.

für Elektronen der L-Schale größer als solche der K-Schale. Dies ist in Übereinstimmung mit den obenerwähnten Messungen der Unsymmetrie. Über die Verhältnisse bei sehr kurzwelliger und sehr langwelliger Strahlung ist bisher nichts Sicheres bekannt. Für sehr kurze Wellen ist die Unterscheidung von Rückstoßelektronen schwierig.

Für die Rückstoßelektronen haben Nebelspurbeobachtungen mit aller Sicherheit gezeigt, daß alle Bahnen auf den Halbraum in der Strahlrichtung entfallen. Die Bahn ist dabei für gegebene Frequenz um so länger, je mehr die Anfangsrichtung mit der Strahlrichtung zusammenfällt. Innerhalb der Meßgenauigkeit fanden COMPTON und SIMON [414] für $\lambda = 0{,}13$ bis 0,71 Å Übereinstimmung des Zusammenhanges von Energie

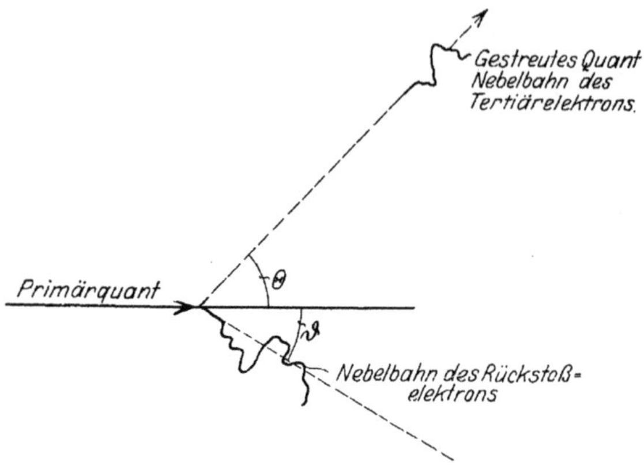

Abb. 116. Schematische Darstellung der Nebelbahnen beim Versuch von COMPTON und SIMON. Ein Lichtquant $h\nu$ wird an einem Elektron gestreut. Das Elektron erfährt einen Rückstoß und fliegt zunächst unter einem Winkel ϑ gegen die Strahlrichtung fort; die Länge der Nebelbahn dieses Rückstoßelektrons und der Winkel ϑ lassen nach der Theorie des Comptoneffektes berechnen, unter welchem Winkel Θ das gestreute Lichtquant zu suchen ist. In der Tat findet sich in vielen Fällen in dieser Richtung der Ausgangspunkt einer weiteren Nebelspur (außerhalb des Querschnittes des Röntgenstrahlbündels!); diese Nebelspur ist die Bahn eines Elektrons, das bei der Absorption des gestreuten Quants ausgelöst ist. (In der Abbildung als Tertiärelektron bezeichnet.)

und Rückstoßrichtung mit der Theorie. Eine schematische Darstellung ihrer schönen Versuche gibt Abb. 116.

SKOBELZYN [388] hatte schon vorher für γ-Strahlen ($\lambda \sim 0{,}02$ Å) in Luft gleichfalls Übereinstimmung gefunden. Die auf den ersten Blick überraschende Möglichkeit mit γ-Strahlung trotz ihres hohen Durchdringungsvermögens in Luft Nebelspuraufnahmen zu erhalten, wird verständlicher, wenn man berücksichtigt, daß der Massenstreukoeffizient für γ-Strahlung mit 0,04 gar nicht so sehr viel kleiner ist als für Röntgenstrahlung ($\sigma/\varrho = 0{,}2$); nur der wahre Absorptionskoeffizient ist verschwindend klein ($\tau/\varrho \sim 0{,}0002$).

Von Wichtigkeit ist noch die Häufigkeitsverteilung der verschiedenen Geschwindigkeiten von Rückstoßelektronen. Messungen darüber sind von COMPTON und SIMON angestellt; sie sind innerhalb der allerdings beträchtlichen Fehlergrenzen ebenfalls im Einklang mit der von der Theorie des Comptoneffektes geforderten [414]. Die theoretische Verteilungskurve ist in Abb. 117 gegeben. Als Abszisse ist dabei der Bruchteil der Höchstreichweite (Energie) gegeben, da die Verteilungskurve unabhängig von der Frequenz gelten soll. Man beachte das starke Überwiegen kleiner Reichweiten! Gerade die Tatsache, daß stets sämtliche Elektronengeschwindigkeiten bis zu einer Höchstgrenze auftreten, erschwert es, aus der beobachteten Ionisation Schlüsse zu ziehen. Immerhin ist die Ionisation durch Rückstoßelektronen beispielsweise von FRICKE und GLASSER [350] untersucht worden.

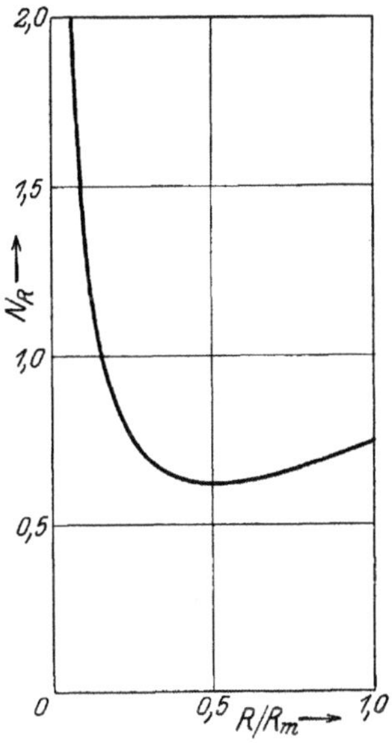

Abb. 117. Verteilung der Elektronenzahlen auf die Reichweite. (BOTHE, Handb. d. Phys. XXIII, S. 413.)

N_R ist die Anzahl der Streuelektronen in willkürlichem Maße, deren Energie ein bestimmter Bruchteil R/R_m der vorkommenden Höchstenergie R_m beträgt.

Für das theoretische Verständnis des lichtelektrischen Auslösungsvorganges von besonderer Wichtigkeit sind schließlich die Untersuchungen über die Anfangsrichtung der Elektronen, bezogen auf die Lage des elektrischen Vektors in linear polarisiertem Röntgenlicht. Vermutungen in der Hinsicht, daß die Elektronenaussendung in Richtung des elektrischen Vektors erfolge, sind frühzeitig und mehrfach ausgesprochen worden, man vgl. etwa POHL und PRINGSHEIM, Lichtelektrische Erscheinungen, S. 34. 1914. Trotzdem sind erst 1924 planmäßige Untersuchungen zu dieser Frage begonnen worden, als die Technik der Nebelspuraufnahmen entsprechend vervollkommnet war.

Schon C. T. R. WILSON hatte 1923 bemerkt, daß die Absorptionselektronen bevorzugt in einer Richtung ausgesandt werden, die der Bewegungsrichtung der Kathodenstrahlen in der Röntgenröhre parallel liegt, und hatte auf die teilweise Polarisation der Bremsstrahlung als mutmaßliche Ursache hingewiesen [331]. 1924 machte dann zuerst BUBB mit möglichst vollständig polarisierter und leidlich einheitlicher Röntgenstrahlung Versuche. Seine an allerdings nur 156 Nebelspuren von Absorptionselektronen gewonnenen Ergebnisse sind in Abb. 118 veranschaulicht. Benutzt wurde Wolfram-K-Strahlung ($\lambda \sim 0{,}2$ Å) und Paraffin diente als Streustrahler [343]. Derartige Versuche sind in der Folge noch von mehreren anderen Forschern durchgeführt, vor allem mit besonderer Sorgfalt von KIRCHNER [512—515, 579].

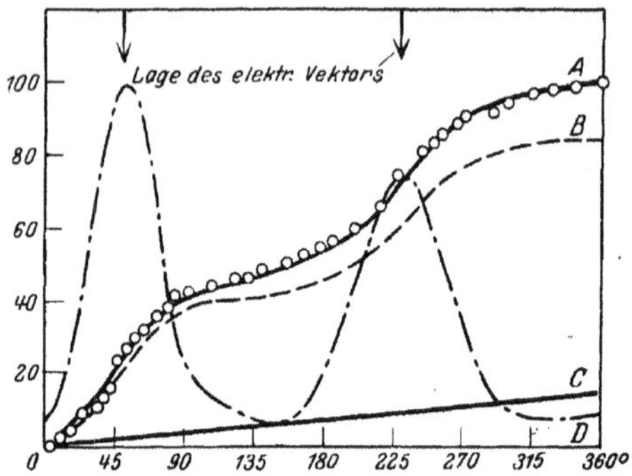

Abb. 118. Anfangsrichtung der Absorptionselektronen bei Benutzung linear polarisierten Röntgenlichtes (nach BUBB).

Kurve *A* gibt die Zahl der Nebelspuren an, deren Anfangsrichtung innerhalb des durch die Abszisse angegebenen Winkels zu einer festen Ausgangsrichtung liegt. Unter Berücksichtigung eines unpolarisierten Anteils an der Strahlung von 10% (*C*) ergibt sich die gestrichelte Kurve *B*. Durch Differentiation folgt die strichpunktierte Kurve *D* für die Häufigkeit bestimmter Anfangsrichtungen. Ihre Maxima fallen mit der Lage des elektrischen Lichtvektors zusammen.

Während diese Seite von KIRCHNERS Untersuchungen nur eine Bestätigung und Verfeinerung der BUBBschen Ergebnisse darstellt, bringen seine Beobachtungen an Rückstoßelektronen wesentlich neue Tatsachen. Benutzt wird eine Strahlung von 0,2 bis 0,1 Å Wellenlänge, für die das Verhältnis σ/τ in Luft schon über 10 beträgt. Verwechslungen von Rückstoßelektronen mit den viel selteneren Absorptionselektronen kommen schon darum nicht in Betracht, weil die Bahnen der letzteren in Luft bei dieser Wellenlänge über 10 cm Länge besitzen, während die schnellsten Rückstoßelektronen bei 0,1 Å nur etwa 1,5 cm weit fliegen. Messungen wurden in Luft und in Argon ausgeführt. In der Abbildung 119 ist nach Vorgang von AUGER und BUBB als Abszisse der Winkel gegenüber einer festen Richtung aufgetragen (90° bedeutet die Richtung des elektrischen Vektors), die Ordinate gibt an, wieviel Spuren mit ihrer Anfangsrichtung zwischen die betreffende Richtung und die gewählte Ausgangsrichtung hineinfallen. Diese Art der Darstellung hat den Vorteil, weniger durch die immerhin sehr beschränkte Anzahl von beobachteten Spuren (etwa 100 für Argon, 150 für Luft) verfälscht werden zu können, als die an sich anschaulichere mit Eintragung der auf bestimmte Winkelbereiche entfallenden Spuren. Man erhält diese Darstellung zuverlässiger durch Differentiation der graphisch ausgeglichenen Kurven der Abb. 119. In der zweifellos berechtigten Annahme, daß die Anfangsrichtungen symmetrisch zum elektrischen Vektor verteilt sind, sind in der Abbildung je vier Quadranten vereinigt worden. Auch diese Maßnahme wirkt im Sinne des Ausgleichs zufälliger Fehler. Die gezählten Spuren sind mit Kreuzen angegeben. Zum Teil rühren sie jedoch von der unvermeidlichen Beimengung unpolarisierten Lichtes her. KIRCHNER nimmt 20% an und trägt dem durch Abzug Rechnung (Gerade 0—D). Dann bleiben die mit Kreisen bezeichneten Zählungen als Ergebnis rein linear polarisierter Strahlung. Die Abbildung läßt erkennen, daß der stärkste Zuwachs in Richtungen senkrecht zu der des elektrischen Vektors erfolgt. Anschaulicher ist, wie erwähnt, die Verteilungskurve für die einzelnen Winkelbereiche. Die Zuverlässigkeit seiner Ergebnisse prüfte KIRCHNER dadurch, daß er in gleicher Anordnung — nur wurde der Streukörper Paraffin durch Silberblech bedeckt, das so gut wie ausschließlich unpolarisierte „charakteristische“ Strahlung aussendet — Richtungszählungen mit unpolarisierter Strahlung vornahm. Abb. 120 zeigt, daß hier in der Tat alle Richtungen gleichmäßig vertreten sind. Danach kann als gesichert gelten, daß die Komponenten der Anfangsrichtungen in einer Ebene senkrecht zur Strahlrichtung für die Rückstoßelektronen bevorzugt senkrecht zur Richtung des elektrischen Vektors liegen. Die Abhängigkeit von der Vektor-

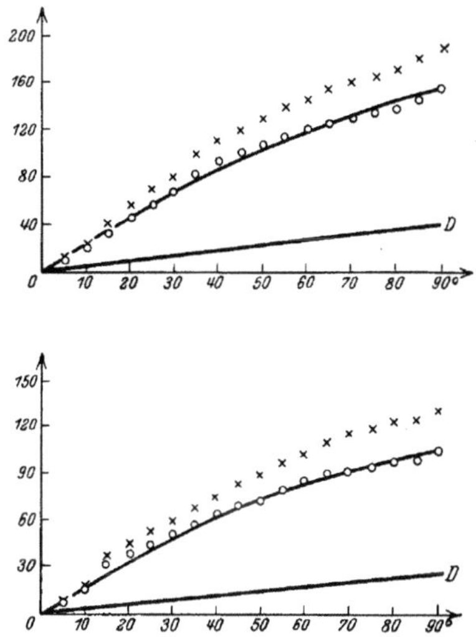

Abb. 119. Verteilung der Anfangsrichtungen von Streuelektronen zur Lage des elektrischen Vektors, bezogen auf eine Ebene senkrecht zur Röntgenstrahlrichtung (nach KIRCHNER). Ordinate: Anzahl der Nebelspuren, deren Anfangsrichtung innerhalb des auf der Abszisse angegebenen Winkels liegen, 90° ist Lage des elektrischen Vektors. Oben Streuung in Luft, unten in Argon.

stellung ist jedoch wesentlich geringer als bei den Absorptionselektronen.

Zusammenfassend ist festzustellen, daß es keine bestimmte Emissionsrichtung bezüglich der Vektorrichtung gibt, weder für Absorptions- noch für Rückstoßelektronen, so wenig wie für die Absorptionselektronen zur Strahlrichtung, sondern in allen Fällen eine Verteilung um eine Vorzugsrichtung. Daß es sich bei dieser Verteilung nicht um eine Verfälschung der Messungen durch anfängliche Richtungsänderungen der Elektronen handelt, die der Beobachtung entgehen, wie beispelsweise von WATSON und von LOUGHRIDGE angenommen wird, hat vor allem KIRCHNER [579] dargelegt. Wäre die Verteilung um die Vorzugsrichtung nur durch zufällige Ablenkung der Elektronen nach ihrer Auslösung bedingt, so müßten die Verteilungskurven für verschiedene Gase erhebliche Verschiedenheiten aufweisen, während die Beobachtungen dafür keinen Anhalt geben; vgl. Abb. 121, in der KIRCHNER die Beobachtungen von LOUGHRIDGE darstellt.

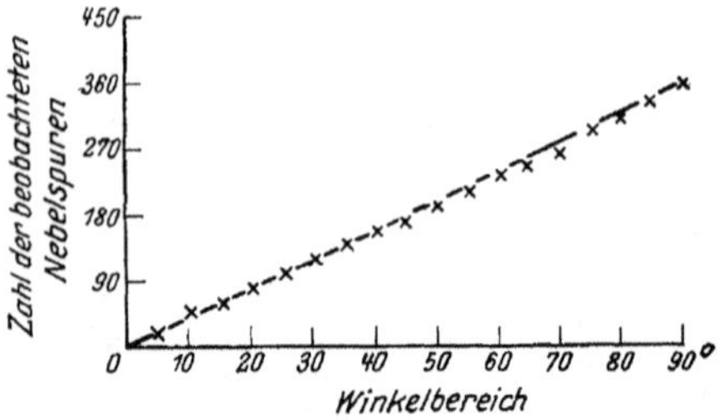

Abb. 120. Verteilung der Anfangsrichtungen von Streuelektronen bei Verwendung unpolarisierter Röntgenstrahlung, bezogen auf eine Ebene senkrecht zur Strahlrichtung (nach KIRCHNER). Alle Winkelbereiche sind gleichmäßig vertreten.

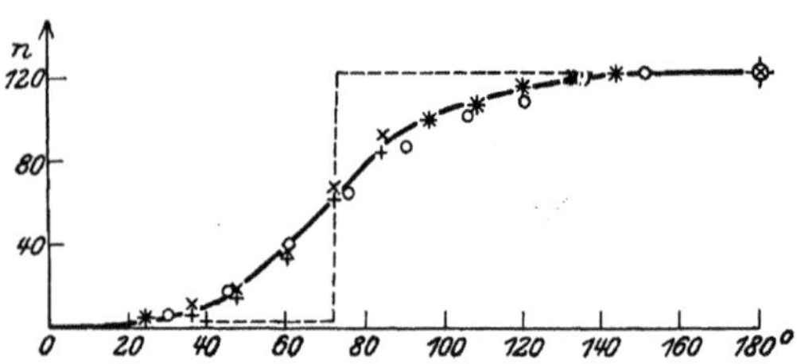

Abb. 121. Richtungsverteilung der Absorptionselektronen bezogen auf die Strahlrichtung, nach Messungen von LOUGHRIDGE in einer Darstellung von KIRCHNER.
× in Wasserstoff, ○ in Luft, + in Argon. Gestrichelt ist angegeben, wie der Verlauf in Wasserstoff sein müßte im Vergleich zur ausgezogenen Kurve für Argon, wenn die Verteilung um den Vorzugswinkel 70° nur durch nachträgliche Streuung der Elektronen zustande käme.

Mit der theoretischen Behandlung der Richtungsverteilung befassen sich viele Untersuchungen der letzten Zeit; bezüglich der Rückstoßelektronen können die Ergebnisse im allgemeinen befriedigen. Die Richtungsverteilung zur Strahlrichtung wird, wie es scheint, von der COMPTON-DEBYEschen Theorie völlig zutreffend gegeben; aber auch bezüglich des elektrischen Vektors liefert die Auffassung der Streuung als Stoßvorgang eine Verteilung $n_\Theta = n_0(1 + 2\cos^2\Theta)$, wo $\Theta = 90°$ die Lage des elektrischen Vektors bedeuten soll. Für die von KIRCHNER benutzte integrale Darstellung ergibt sich als Anzahl der Richtungen, die zwischen die Winkel und Θ entfallen

$$n_0(2\,\Theta + \tfrac{1}{2}\sin 2\,\Theta).$$

Diese Funktion ist in Abb. 119 durch die ausgezogene Kurve dargestellt und gibt die Beobachtungen innerhalb der Beobachtungsgenauigkeit gut wieder. Weniger befriedigend steht es mit der theoretischen Behandlung der Richtungsverteilung der Absorptionselektronen [341, 547, 623].

6. Lichtelektrische Vielfachwirkung (L'effet photoélectrique composé). Schon auf C. T. R. WILSONS berühmten Nebelspurbildern durch Röntgenlicht ausgelöster Elektronen [331] war aufgefallen, daß merkwürdig häufig zwei oder gar mehr Bahnen den gleichen oder wenigstens nahezu den gleichen Ausgangspunkt hatten, so, als ob sie ursächlich miteinander verknüpft seien. AUGER konnte mit dem Nebelspurverfahren die bemerkenswerte Erscheinung weitgehend aufklären [403].

Zunächst machte er in hohem Maße wahrscheinlich, daß die verschiedenen Bahnen wirklich von einem einzigen Atom ausgehen, indem er seine Nebelspurkammer mit feuchtem Wasserstoff, dem einige Prozent eines schwereren Atoms, beispielsweise Argon, zugesetzt waren, füllte. Lichtelektrische Wirkung findet dann ausschließlich an den seltenen Argonatomen statt, während Nebelspuren in der Wasserstoffüllung gegenüber reinem Argon zehnfache Länge erhalten. Auch bei beliebiger Verdünnung des Argons durch den lichtelektrisch unbeteiligten Wasserstoff bleibt der Ausgangspunkt dem Augenschein nach gemeinsam. Daraus zu schließen, daß die Bahnen nicht nur sehr benachbart, sondern sogar im gleichen Atom entspringen, wird vor allem durch Berücksichtigung der Absorptionskoeffizienten von Röntgenlicht nahegelegt (vgl. unten). Während eine dieser von einem Punkt ausgehenden Elektronenbahnen entsprechend der EINSTEINschen Beziehung mit steigender Frequenz der auslösenden Strahlung länger und länger wird, sind die Längen der übrigen von der Frequenz unabhängig, dagegen abhängig von der Ordnungszahl des Elementes (Argon usw.). Die frequenzabhängige Bahn kann dabei kürzer oder länger als die längste der frequenzunabhängigen sein. Berechnet man nach WHIDDINGTONS Gesetz aus der Länge der Nebelspur die Anfangsenergie der frequenzunabhängigen Bahnen, so entsprechen diesen den $h\nu$-Energien der verschiedenen Röntgenemissionslinien der in der Nebelkammer enthaltenen schwereren Atome.

AUGER deutet seine Befunde einleuchtend folgendermaßen: In einem schwereren Atom wird lichtelektrisch ein Elektron ausgelöst durch die Frequenz und ihm die kinetische Energie $\frac{1}{2}mv^2 = h\nu - h\nu_K$ erteilt, wo ν_K die Frequenz der K-Absorptionskante ist. Das zurückbleibende Ion wird eine Umordnung erfahren, zuerst, indem ein Elektron der L-Schale in die K-Schale eintritt, dabei wird die Energie $h(\nu_K - \nu_L)$ frei; diese kann als K_α-Linie abgegeben werden, und man könnte zunächst daran denken, daß diese Strahlung, in der L-Schale eines anderen gleichartigen Atomes absorbiert, die Ursache einer der beobachteten frequenzunabhängigen Bahnen sei. Dem widerspricht aber, daß die Absorptionswahrscheinlichkeit entsprechend den bekannten Absorptionskoeffizienten viel zu klein ist, um die enge räumliche Kopplung beider Elektronenbahnen zu erklären. Man müßte dann annehmen, daß die Absorption der Strahlung schon im Ursprungsatom erfolgt, da für eine derartige Absorption andere Absorptionskoeffizienten gelten könnten. Mit Recht weist aber AUGER auf die Überflüssigkeit einer solchen Einschaltung „charakteristischer" Atomstrahlung hin und nimmt statt dessen an, daß die bei der Umgruppierung der Atomschalen freiwerdende Energie u n m i t t e l b a r auf ein lockerer gebundenes Elektron übertragen werden kann. Es werde demgemäß beim Ersatz eines K-Elektrons aus der L-Schale ein anderes L-Elektron mit der Energie

$$\tfrac{1}{2}mv_1^2 = h(\nu_K - \nu_L) - h\nu_L = h(\nu_K - 2\nu_L)$$

ausgesandt. („Photoeffekt 2. Art.")

Damit ist der Vorgang noch nicht abgeschlossen: bei der Umordnung des nun doppelt ionisierten Atomes können M-Elektronen ausgesandt werden. Über die Wahrscheinlichkeit der Energieabgabe durch Strahlung einerseits, durch Elektronenaussendung andererseits läßt sich zunächst nichts aussagen; weitere Versuche bleiben abzuwarten. Grundsätzlich sind die beiden Grenzfälle ausschließlicher Wellen- und ausschließlicher

Korpuskularstrahlung und ihre sämtlichen Verbindungen denkbar. Die beiden Grenzfälle werden durch folgende Aufstellung erläutert:

Durch Absorption der Frequenz ν in der K-Schale wird ein Elektron lichtelektrisch ausgesandt mit der kinetischen Energie $h(\nu - \nu_K)$.

Folgeerscheinungen:

reine Wellenstrahlung	reine Korpuskularstrahlung
$\nu_1 = \nu_K - \nu_L$	$\frac{1}{2} m v_1^2 = h(\nu_K - 2\nu_L)$
$\nu_2 = \nu_L - \nu_M$	zweimal $\frac{1}{2} m v_2^2 = h(\nu_L - 2\nu_M)$
$\nu_3 = \nu_M - \nu_N$	viermal $\frac{1}{2} m v_3^2 = h(\nu_M - 2\nu_N)$
usw.	usw.

oder jede Verbindung zwischen diesen Möglichkeiten.

Diese Grundvorstellungen konnte Auger weitgehend durch Beobachtungen stützen. Er führte Versuche mit N_2, O_2, Cl_2, A, Br_2, Kr, J_2, Xe als Beimengung zu H_2 aus. Die frequenzunabhängigen Bahnen wachsen an Länge regelmäßig mit der Atomnummer; 3 Bahnen von einem Punkt aus werden erstmals bei Br beobachtet, beim Xe sind sie bereits 2,5 mm lang, entsprechend $h(\nu_L - 2\nu_M)$. Beim Xe ist auch schon die 4. Bahn durch eine Verdickung der Nebelspur am Ausgangspunkt erkennbar. (Da die Elektronen am Anfangspunkt ihre größte Geschwindigkeit haben und damit die kleinste Ionisierungswirkung pro Wegeinheit beweist eine verstärkte Ionisierung eindeutig das Vorhandensein eines weiteren langsameren Elektrons.)

Auch der Fall von zwei Elektronenbahnen gleicher Energie, wie er theoretisch erwartet wird, ist beispielsweise am Xenon beobachtet.

Auch quantitativ stimmen die Beobachtungen mit den Berechnungen gut überein. Rückwärts ermöglichen Augers Arbeiten das Verständnis vieler auf den Aufnahmen C. T. R. Wilsons ungedeutet gebliebener Erscheinungen. Es besteht danach kein Zweifel, daß im Röntgengebiet lichtelektrische Wirkung primär zur Aussendung von mehreren Elektronen führen kann.

Auger deutet an, daß möglicherweise auch bei der Entstehung der β-Strahlspektra radioaktiver Stoffe eine solche Vielfachwirkung angenommen werden kann, ja daß vielleicht in gewissen Fällen gar keine lichtelektrische Wirkung von γ-Strahlen vorliegt, sondern ein bei Kernumwandlung anfallender Energieüberschuß in gleicher Weise nach außen abgegeben wird wie im vorliegenden Fall nach der ersten lichtelektrischen Entsendung eines Elektrons. Eine Unterscheidung dieser Möglichkeit von der eines außergewöhnlich hohen Absorptionskoeffizienten für Strahlung aus dem gleichen Atom wird schwierig sein und erscheint nicht wesentlich.

Kirchner [580] ist es gelungen, entsprechende Beobachtungen auch bei der Streuung zu machen. Unter Verwendung einer Wellenlänge von 0,123 Å werden anscheinend auch K-Elektronen des Argon noch als Rückstoßelektronen freigemacht und an Stelle der Aussendung „charakteristischer" Strahlung tritt der sogenannte „Photoeffekt 2. Art".

7. Die Ausbeute an Absorptions- und Rückstoßelektronen. Absolute Ausbeutemessungen im Gebiet hoher Frequenzen können sich nur auf die Frage beziehen, welcher Energiebruchteil der absorbierten Strahlung in kinetische Elektronenenergie umgesetzt wird. In dieser Beziehung besteht kein experimenteller Grund, daran zu zweifeln, daß diese Ausbeute 1 ist.

Im Gebiet niederer Frequenzen steht die Frage im Vordergrund, welches Verhältnis zwischen der Zahl ausgelöster Elektronen und derjenigen absorbierter Quanten $h\nu$ besteht; diese Frage hat für hohe Frequenzen wenig Sinn, weil für ein absorbiertes $h\nu$ eine ganze Anzahl von verschiedenen Elektronen abgegeben werden können (von Ionisation durch Elektronen selbst ist dabei natürlich abgesehen) und überdies wegen des Vorganges der Quantenstreuung die Größe $h\nu$ gar nicht eindeutig bestimmt ist.

Einer befriedigenden experimentellen Bestätigung der eingangs geäußerten Vermutung einer Ausbeute 1 stehen mannigfache Schwierigkeiten im Wege.

Einmal ist die absolute Energiemessung von Röntgen- und γ-Strahlung noch nicht befriedigend durchführbar und die Bestimmung der kinetischen Energie einer Summe von Elektronen verschiedener Geschwindigkeit nur aus Ionisationsmessungen mit beträchtlicher Unsicherheit möglich. In der absoluten Energiemessung sind allerdings durch Arbeiten von Kulenkampff und von Rump neuerdings erhebliche Fortschritte zu verzeichnen; ferner befestigt sich die Ansicht, daß der Energieaufwand für die Bildung eines Ionenpaares unabhängig von der Geschwindigkeit der Elektronen ist. Die zahlenmäßige Übereinstimmung der von verschiedenen Forschern angegebenen Werte läßt zwar noch zu wünschen übrig — beispielsweise 21—35 Volt für ein Ionenpaar in Luft —, aber es besteht doch begründete Hoffnung in absehbarer Zeit, absolute Energiemessungen von Röntgenstrahlung auf dem Umweg über die in Gasen hervorgebrachte Ionisation auszuführen.

Die gesamte Schwächung eines Röntgenstrahlbündels von einheitlicher Wellenlänge (gemessen durch den Schwächungskoeffizienten μ) setzt sich aus Absorption (Absorptionskoeffizient τ) und Streuung (Streuungskoeffizient σ) zusammen. Die absorbierte Energie geht teils in „charakteristische" Strahlung (auch Fluoreszenzstrahlung genannt) über (Fluoreszenzkoeffizient k'), teils in kinetische Energie der Elektronen (Photoemissionskoeffizient k). Von der gestreuten Energie bleibt ein Teil Strahlungsenergie (Streustrahlungskoeffizient σ_S), ein Teil geht ebenfalls in kinetische Energie der Elektronen über (Rückstoßkoeffizient σ_R). Für ein differentielles Wegstück gilt also

$$\mu = \tau + \sigma = k' + k + \sigma_S + \sigma_R .$$

Die Verwicklung liegt nun darin, daß jede Wellenstrahlung erneut entsprechenden Schicksalen unterliegt, wie die ursprüngliche einheitliche Strahlung und überdies kinetische Elektronenenergie wieder teilweise in Wellenstrahlungsenergie überführt werden kann. Infolgedessen sind die einzelnen Koeffizienten experimentell nur sehr unsicher zu ermitteln. Insbesondere ist es zweckmäßig, sich auf einfache Grenzfälle: Fehlen von Streuelektronen oder Fehlen von Absorptionselektronen, zu beschränken. Eine weitere Verwicklung bedeutet das Nebeneinander von Streuung mit und ohne Frequenzänderung. Beide Arten werden durch den Streukoeffizienten σ gemessen, aber nur die erstgenannte liefert Rückstoßelektronen.

Viel untersucht ist die Abhängigkeit der Ausbeute an Elektronenenergie, d. h. k/τ beim Durchgang durch eine Absorptionskante. Das Ergebnis ist, wie leicht begreiflich, daß auf der langwelligen Seite ein wesentlich größerer Bruchteil der absorbierten Energie als kinetische Elektronenenergie auftritt, als auf der kurzwelligen, wo die charakteristische Strahlung hinzukommt. Je weiter man sich von der Absorptionskante nach kürzeren Wellen entfernt, desto weniger fällt die gleichbleibende Fluoreszenzstrahlung gegenüber der wachsenden kinetischen Energie ins Gewicht.

Die nur statistische Geltung der Absorptions- und Streukoeffizienten kommt sehr anschaulich, räumlich in Nebelspuraufnahmen oder zeitlich bei Anwendung des Spitzenzählers, zur Geltung. Bei genügend schwacher Absorption und Intensität treten die einzelnen Absorptions- oder Streuvorgänge ganz unregelmäßig verteilt auf. Abstände von Millimeter-Bruchteilen bis zu vielen Zentimetern oder zeitlich Sekundebruchteilen bis zu vielen Sekunden werden beobachtet. Die großen Lücken beruhen nicht (jedenfalls nicht nur) in Schwankungen der Intensität, wie der Ersatz des schwach absorbierenden durch ein stärker absorbierendes Gas zeigt, sondern auf wechselnden Absorptionswahrscheinlichkeiten. Die Koeffizienten σ und τ verlieren ihren Sinn, wenn sie nicht auf große Zahlen von Einzelvorgängen angewandt werden.

C. T. R. Wilson hatte aus seinen Aufnahmen die Vermutung entnommen, daß die einzelnen Absorptionsvorgänge voneinander abhängig seien, da auffallend häufig Bahnenspuren paarweise auftraten. Abgesehen davon, daß dann eine Abhängigkeit des Absorptionskoeffizienten von der Strahlungsdichte anzunehmen wäre, die experimentell nirgends gestützt ist, konnte Kirchner zeigen, daß die Verteilung genau derjenigen entspricht, die bei völliger Unabhängigkeit der Einzelereignisse zu erwarten ist [578].

8. Lichtelektrische Wirkung hoher Frequenzen im Innern fester Körper. Wirkungen von Röntgenlicht im Innern fester Körper gehen zwar letzten Endes auf lichtelektrische Elektronenabspaltung (Absorptions- und Rückstoßelektronen) zurück, doch unmittelbar beruhen alle Erscheinungen auf weiterer Elektronenabspaltung durch jene schnellen lichtelektrischen Elektronen; insofern wären derartige Erscheinungen zweckmäßig gemeinsam mit der Wirkung von Kathodenstrahlen zu behandeln. Aus diesem Grunde tritt auch die Wichtigkeit monochromatischer Belichtung sehr zurück; nur bei Überschreitung von Absorptionskanten sind größere Unterschiede zu erwarten.

Im wesentlichen handelt es sich um Beeinflussung der elektrischen Leitfähigkeit, um Lumineszenz und Verfärbungserscheinungen.

Mehrfach ist untersucht worden, ob sich die elektrische Leitfähigkeit von Metallen bei Bestrahlung mit Röntgenlicht ändert.

Um sicher die ganze Masse zu beeinflussen, sind dünne Folien verwendet worden.

Zuletzt stellte noch ROGERS [384] an Zerstäubungs- und Verdampfungsschichten von Bi, Cu, Pd und Ni sowie Folien von Au und Al fest, daß bei der Bestrahlung keine Widerstandsänderung vom Bruchteil eines Milliontel des Widerstandswertes eintrat. Es ist eigentlich merkwürdig, daß die meisten Untersucher eine Leitfähigkeitssteigerung erwarteten, während mindestens ebenso wahrscheinlich infolge einer eintretenden Strukturstörung durch die Bestrahlung eine Leitfähigkeitsabnahme wäre.

Wesentlich sinnvoller erscheinen die Untersuchungen über Leitfähigkeitsänderungen von Stoffen wie Selen und von Isolatoren. Hier dürften die Verhältnisse ähnlich liegen wie bei der in Abschn. X bis XII besprochenen lichtelektrischen Leitung in Kristallen, nur mit dem Unterschied, daß für ein absorbiertes (oder gestreutes) $h\nu$ eine große Anzahl von Elektronen freigemacht wird und unter Umständen einem äußeren angelegten elektrischen Felde folgen kann, und dem ferneren, daß nicht wie für längere Wellen bestimmte Vorbedingungen für das Vorliegen lichtelektrischer Wirkung erfüllt sein müssen; hohe Frequenzen lösen eben aus allen Atomen unabhängig von ihrer chemischen Bindung Elektronen aus.

Mehrfach untersucht ist die Leitfähigkeitserhöhung von Selen durch Belichtung mit Röntgenlicht; in jüngster Zeit, beispielsweise von MCMAHON [178] an Selenkristallen und von KÜSTNER [368] an technischen Selenzellen; klare und einfache Zusammenhänge zwischen Intensität und Leitfähigkeitsänderung haben sich dabei nicht ergeben, wie bei der verwickelten Natur der Leitung im Selen auch nicht zu erwarten ist.

In Erweiterung älterer Messungen von KRÖNIG und FRIEDRICH (1918) verglich KÜSTNER (1924) die Wirkung verschiedener Röntgenwellenlängen auf eine technische Selenzelle (Fürstenau-Intensimeter) mit derjenigen derselben Strahlung auf Luftionisationskammern. Wegen der unzureichenden Empfindlichkeit des Intensimeters konnte nicht monochromatisch gearbeitet werden, sondern die gewünschten Spektralbezirke wurden durch Veränderung der Röhrenspannung und durch Filter erhalten. Das bemerkenswerte Ergebnis ist in Abb. 122 wiedergegeben: ein ausgesprochener Höchstwert der Wirkung im Selen gegenüber Luft bei 0,23 Å. Dieser Wert hat nichts mit Absorptionskanten des Selens zu tun, da die kürzestwellige, die K-Kante, schon bei 0,979 Å liegt. KÜSTNER hat versucht, eine Deutung durch Berücksichtigung der im Selen ausgelösten Rückstoßelektronen zu geben. Als geklärt können die Verhältnisse aber noch kaum angesehen werden.

In seiner letzten Arbeit 1920 berichtet W. C. RÖNTGEN u. a. auch über den Einfluß einer X-Bestrahlung auf die Leitfähigkeit einheitlicher Steinsalzkristalle. Bei der Beurteilung dieser Versuche ist zu beachten, daß die Wirkung des Röntgenlichtes auch in Verfärbung des Kristalles besteht, und daß diese Absorptionszentren unter Wirkung sichtbaren Lichtes (vgl. Kap. X) Elektronen abgeben. Da so gut wie alle Steinsalzkristalle unter der Bestrahlung fluoreszieren, ist ein zusätzlicher Anteil niedriger Frequenzen an der lichtelektrischen Leitung anzunehmen. Im großen und ganzen genügt es, auf Abschn. X zu verweisen [219].

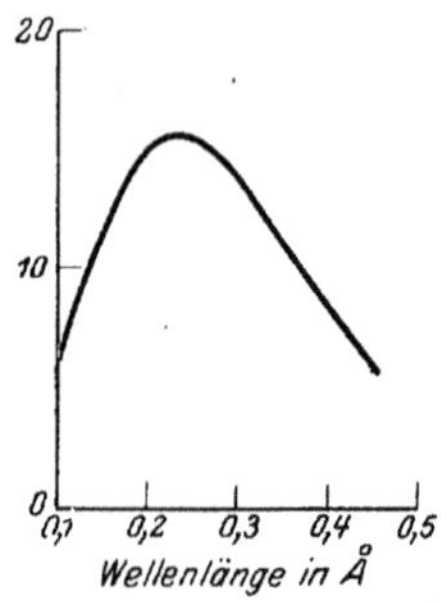

Abb. 122. Verhältnis der Widerstandsänderung einer Selenzelle (Fürstenau-intensimeter) zur Luftionisation bei Einwirkung von Röntgenlicht verschiedener Wellenlänge (nach KÜSTNER).

Von GREBE [290] ist, angeregt durch die Arbeiten über lichtelektrische Leitung in Kristallen, die Beeinflussung der Elektrizitätsleitung durch Röntgenlicht in Schwefel untersucht worden. Er fand eine erhebliche Zunahme der Leitfähigkeit bei Bestrahlung, beispielsweise auf rund das Hundertfache in 50 cm Entfernung von einer mit 50 KVolt und 8 mA betriebenen Röhre. Dabei setzte die Änderung praktisch trägheitslos mit der Bestrahlung ein und aus, solange die Intensität klein und die Bestrahlungszeit kurzgehalten wurde. Die Stromstärke war der Bestrahlungsintensität genau proportional. Die Abhängigkeit von der Spannung war zwischen 70 und 200 Volt gut linear (Schichtdicke des Schwefels etwa 0,5 cm). Unterhalb 70 Volt war die Stromzunahme viel geringer (vgl. folgende Tab.):

Abhängigkeit des Stromes von der Spannung bei Bestrahlung rhombischen, kristallinen Schwefels mit Röntgenlicht.

Spannung . .	204	182	158	136	113	91	69	Volt
Stromstärke .	10,7	9,1	7,5	6,0	4,4	3,0	1,7	$\cdot 10^{-12}$ Ampere

Ohne Röntgenlicht ist der Strom 100 mal kleiner.

Der benutzte Schwefel war kein einheitlicher Kristall, sondern eine erstarrte Schmelze; dieser Umstand könnte nach den Ausführungen des Abschn. X vielleicht die Ursache der merkwürdigen Spannungsabhängigkeit sein.

In Abhängigkeit von der Wellenlänge (durch Veränderung der Röhrenspannung von 90 auf 50 KVolt) änderte sich der Strom im Schwefel genau wie der Ionisationsstrom in Luft, im Gegensatz zum Befund Küstners an Selen. Schließlich untersuchte Grebe die oberhalb 95,4° C stabile monokline Schwefelart und fand neben merklicher Dunkelleitung bei der Röntgenbestrahlung 2- bis 3mal größeren Stromzuwachs als beim rhombischen Schwefel; bei der Unbestimmtheit der Leitungsvorgänge in mehr oder weniger isolierenden Kristalliten kann aus diesem Befund wenig geschlossen werden.

Neumann [599] stellt mehr nebenbei in anderem Zusammenhang ebenfalls Messungen der Leitfähigkeitserhöhung von Schwefel durch Röntgen- und γ-Strahlen an, findet wie Grebe starke Abweichung vom Ohmschen Gesetz und stellt ebenso ein Fehlen merklicher Nachwirkung fest. Der Unterschied gegenüber Steinsalz mag darauf beruhen, daß in diesem instabile Teilchen (etwa freie Metallatome) entstehen, die sich langsam zurückbilden, während sich im elementaren Schwefel die abgespaltenen Elektronen sofort wieder, die positiven Ladungen neutralisierend, anlagern.

Chemische Wirkungen von Röntgen- und γ-Strahlung sind im großen und ganzen gleichartig mit denjenigen, die durch Kathodenstrahlen oder auch photochemisch erzielt werden. Sie beruhen auf der Energiezufuhr an die einzelnen von den ausgelösten Elektronen getroffenen Atome und Moleküle; dadurch erklärt sich das Auftreten von Umsätzen oder Veränderungen, die durch Temperatursteigerung schwer erzielt werden können.

Gegenüber photochemischen Wirkungen sichtbaren und ultravioletten Lichtes ist Röntgenlicht wesentlich weniger auswählend und abgegrenzt, da die hier übertragenen Energiebeträge viel größer sind und nicht wie bei niedrigen Frequenzen genau abgestimmt werden können. Andererseits hat man die Wirkung des Röntgenlichtes wieder besser in der Hand als diejenige von schnellen Kathodenstrahlen. In Stoffen, die aus verschiedenen Atomarten bestehen, lassen sich infolge der sehr verschiedenen

Absorptionskoeffizienten Energiebeträge bevorzugt an bestimmte Atome übertragen, während Kathodenstrahlen wahllos angreifen. Mit Kathodenstrahlen lassen sich ferner zwar stärkere, aber dafür stets nur auf oberflächliche Schichten beschränkte Wirkungen mit starkem Intensitätsabfall in der Strahlrichtung erzielen; mit Röntgenlicht und γ-Strahlen wird eine viel gleichmäßigere, wenn auch schwächere Einwirkung erreicht.

Biologisch scheint gerade die selektive Absorption einzelner Atome für Röntgenlicht von Bedeutung zu sein. Vor allem enthalten die Zellkerne Atome höherer Ordnungszahl und werden daher von Röntgenbestrahlung eher geschädigt. Es wäre wohl erwünscht, diesen Fragen unter Benutzung von monochromatischem Röntgenlicht weiter nachzugehen. Bezüglich der Natur der bei Röntgenbestrahlung auftretenden optischen Absorptionen im Sichtbaren und Ultravioletten (Verfärbung) sei auf Abschn. XIII verwiesen. Sie treten vor allem in heteropolaren anorganischen Verbindungen in Erscheinung (Alkalihagonide, Flußspat, Kalkspat, Silikate).

9. Anwendungen. Grundsätzlich stellt jede Intensitätsmessung von Röntgenlicht usw. letzten Endes eine Benutzung der lichtelektrischen Vorgänge dar, einerlei ob photographische Platte, Lumineszenz, Ionisation oder sogar Erwärmung zur Messung benutzt wird. Im Rahmen unserer Darstellung kann aber auf diese Fragen nicht eingegangen werden.

Intensitätsmessungen, die auf die lichtelektrische Elektronenauslösung verhältnismäßig unmittelbar zurückgehen, sind mit dem Spitzenzähler ausgeführt.

Herweg und Mie zeigten [248] die Möglichkeit der Intensitätsmessung schwacher Röntgenstrahlen auf diese Weise. Mittels Saitengalvanometer wurden die stoßweisen Ladungsübergänge zwischen einer Auffangeplatte und Gegenelektrode unter Einwirkung von Röntgenstrahlen beobachtet. Die Zahl der Stromstöße pro Minute war von der angelegten Spannung und dem herrschenden Gasdruck (im Mittel 10 mm Hg-Säule) in gewissen Grenzen unabhängig und der Intensität proportional. Diese Intensitätsabhängigkeit wurde dabei durch Veränderung der Entfernung Röntgenröhre-Auffänger im Verhältnis 1:400 geprüft.

Die gute Eignung und hohe Empfindlichkeit des normalen Geigerschen Spitzenzählers zur Intensitätsmessung und dem

Nachweis schwächster Röntgenstrahlen ist dann von Behncken, Jaeckel und Kutzner untersucht worden [275]. Sie fanden gute Proportionalität zwischen der Zahl der Spitzenentladungen und der Stärke des Elektronenstromes in der Röntgenröhre. Eine Röntgenstrahlintensität von $0{,}24 \cdot 10^{-11}$ cal/sec war noch meßbar, entsprechend einem Strahlenbündel von 1 mm ⌀ in 10 m Abstand von der Röhre. Auch der Streueffekt eines aus 1 m Abstand bestrahlten Paraffinstückes in 8 cm Abstand von der Zählkammer war gut nachweisbar.

Über die Abhängigkeit dieser Zählerangaben von der Wellenlänge sind bisher keine Messungen bekanntgeworden.

Von besonderer Bedeutung ist der Spitzenzähler in den berühmten Versuchen von Bothe und Geiger geworden, die die strenge Gültigkeit der Erhaltungssätze von Energie und Impuls auch für die Einzelvorgänge bei der Wechselwirkung von Strahlung und Materie erwiesen, während man geglaubt hatte, ihnen nur statistische Gültigkeit zuschreiben zu sollen (1925, 1926).

Frequenzbestimmungen von Röntgenlicht können mit befriedigender Genauigkeit lichtelektrisch durchgeführt werden, indem aus Geschwindigkeitsbestimmungen der lichtelektrisch ausgelösten Elektronen nach der Einsteinschen Beziehung die wirksame Wellenlänge berechnet wird. Gegenüber den bequemen spektroskopischen Verfahren kommt jedoch die Anwendung der Wilsonschen Nebelkammer oder magnetische Zerlegung nur in Frage, wenn infolge sehr kurzer oder sehr langer Wellen Schwierigkeiten in der Beschaffung geeigneter Kristallgitter bestehen.

Schon 1919 versuchte Dadourian auf diese Weise langwellige charakteristische Strahlungen zu ermitteln [140]. Er ließ Elektronen unter Spannungen von 20 bis 1000 Volt auf eine Platinantikathode auffallen und maß den Elektronenstrom, der an Messing durch die vom Platin ausgehende Strahlung ausgelöst wurde, in Abhängigkeit von der Energie der auffallenden Elektronen. Er beobachtete drei Maxima bei 400, 580 und 800 Volt und sprach die beiden ersten der Erregung von N-Strahlung des Pt, die letzte von L-Strahlung des Cu zu. Die Beweiskraft seiner Messungen ist allerdings von Laird und Barton [175, 176] angefochten worden. Nach grundsätzlich gleichem, wenn auch experimentell in verschiedener Hinsicht wesentlich verbessertem Verfahren, ist in den folgenden Jahren von Richardson, Kurth,

HUGHES, HOLTSMARK, FOOTE und MOHLER, HORTON, LUKIRSKY, THOMAS u. a. „lichtelektrische Spektroskopie" im Bereich von 10 bis 150 Å getrieben worden. Dabei ist entweder nach unstetiger Zunahme des lichtelektrischen Stromes bei Überschreitung bestimmter Beschleunigungsspannungen für die auffallenden Elektronen gesucht, oder es ist mit Gegenfeld die Geschwindigkeit der lichtelektrisch ausgelösten Elektronen gemessen worden.

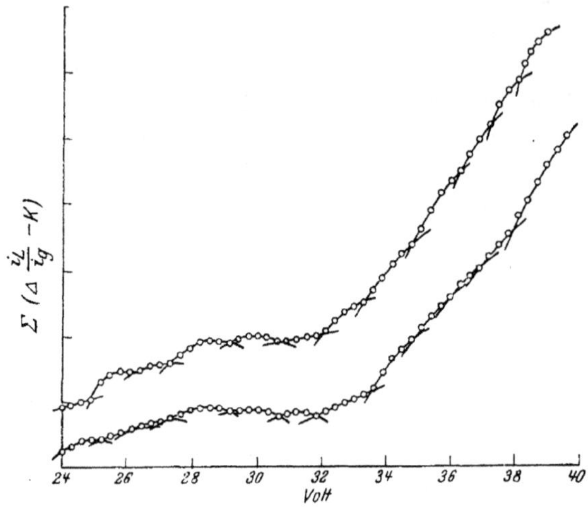

Abb. 123. Lichtelektrische Ermittlung von Anregungsspannungen des Kohlenstoffes (nach COMPTON und THOMAS). Die Kurven stellen die Abweichung der lichtelektrischen Ausbeute von einem linearen Anstieg mit wachsender Spannung dar; die Knicke machen die Anregungsspannungen ersichtlich. Zwei Meßreihen unter sonst gleichen Bedingungen. Es ist i_L der lichtelektrische Strom, der von langwelliger Röntgenstrahlung der Antikathode ausgelöst wird. i_g ist der Glühelektronenstrom, der die Antikathode trifft und dort Röntgenstrahlung erzeugt; als Abszisse ist die Spannung zwischen Glühkathode und Antikathode angegeben. K ist eine beliebige, passend gewählte Konstante. $\triangle$ bedeutet den Zuwachs von $\frac{i_L}{i_g}$ für einen bestimmten kleinen Zuwachs der Spannung.

In Abb. 123 ist eine Messung der Anregungsspannungen in der L-Serie des Kohlenstoffs von COMPTON und THOMAS mitgeteilt. Sie benutzen dabei ein besonderes Darstellungsverfahren, um die Anregungsspannungen besser erkennen zu lassen. Der lichtelektrische Strom wächst im allgemeinen ziemlich linear mit der Spannung, also der Energie der auf die Antikathode aufprallenden Elektronen; das Auftreten „charakteristischer" Strahlung der Antikathode deutet sich nur durch kleine Schwankungen in dem allgemeinen Anstieg an. COMPTON und THOMAS geben daher eine Kurve, die den Betrag der Abweichung der gemessenen Ströme gegenüber dem linearen Zuwachs zeigt. Zeichnerisch reicht die Genauigkeit nicht aus, daher wird ein rechnerisches Verfahren benutzt [490].

Auch im Gebiete besonders kurzer Wellen hat lichtelektrische Spektroskopie große Erfolge gehabt. Gleichzeitig und unabhängig mit DE BROGLIE haben, wie in Ziff. 3 erwähnt, ELLIS und MEITNER die β-Strahlspektren zu entwirren begonnen. Dabei konnten sie nach der Quantengleichung die Wellenlängen einer großen Zahl von γ-Strahlen bestimmen und diese dadurch wesentlich genauer kennzeichnen, als dies nach den früheren Messungen der Schwächungskoeffizienten möglich war. Man darf hoffen, daß die so gewonnenen Kenntnisse von Kernfrequenzen tiefere Einblicke in den Kernaufbau ermöglichen werden. Die kürzeste lichtelektrisch sicher bestimmte γ-Wellenlänge ist 0,0204 Å und wird vom RaC ausgesandt. Noch kürzere werden von AUGER angenommen, jedoch erscheint die Energiebestimmung der betreffenden, überdies sehr unsicher festzustellenden β-Gruppen noch nicht einwandfrei.

XVI. Sonstige Erscheinungen mit vermutlich lichtelektrischer Grundlage.

1. Becquereleffekt. Auf E. BECQUEREL (1839) geht die Beobachtung zurück, daß bei Belichtung einer von zwei gleichen in einen Elektrolyten tauchenden Elektroden unter Umständen Potentialdifferenzen auftreten.

In etwa 20 Untersuchungen war schon vor der HALLWACHSschen Entdeckung festgestellt worden, unter welchen Umständen die Erscheinung auftritt und welche Eigenschaften sie besitzt. Danach tritt Potentialänderung schon ein, wenn zwei reine Metallplatten beispielsweise Cu, Ag, Au, Pt, Zn in Lösungen ihrer Salze stehen. Es handelt sich jedoch nur um Änderungen von Millivolt. Wesentlich stärkere Wirkungen werden erzielt mit chlorierten, bromierten, jodierten, oxydierten oder sulfidierten Elektroden, ferner mit Selenelektroden; ebenso mit Farbstoffzusätzen zum Elektrolyten, einerlei, ob anorganische (Eisensalze, Uransalze) oder organische (Anilinfarbstoffe). Hier erreichen die Potentialänderungen einige zehn, ja einige hundert Millivolt. Die Potentialänderung stellt sich träge ein, Einstellgeschwindigkeit wie Endwert wächst mit der Lichtintensität. Wirksam ist kurzwelliges sichtbares und ultraviolettes Licht. Das Vorzeichen der Potentialänderung kann merkwürdigerweise bei weitgehend gleichen Anordnungen verschieden sein und sich auch im Lauf der Belichtung umkehren. Ebenso wie die Lichtempfindlichkeit des Selens hat der Becquereleffekt schon früh meßtechnische Anwendung gefunden.

Grundsätzlich Neues ist bis zur Gegenwart trotz einer Fülle von Untersuchungen außer einer Verfeinerung der Beobachtungen wenig hinzugekommen. Die Deutungsversuche waren anfangs rein chemischer Art. Eine lichtelektrische Erklärung der sehr verwickelten Erscheinungen ist wohl zuerst von GOLDMANN versucht worden, ohne daß sie allerdings der Mannigfaltigkeit des Vorganges voll gerecht werden könnte. Trotzdem hat sich die Ansicht befestigt, daß ein ursprünglich lichtelektrischer Vorgang mit zahlreichen ungeklärten Begleit- und Folgeerscheinungen vorliegt. Das kommt u. a. in der üblichen Besprechung einschlägiger Arbeiten unter „Lichtelektrischen Erscheinungen" statt unter „Photochemie" zum Ausdruck.

GOLDMANN [13, 14] stützt seine lichtelektrische Auffassung auf gemeinsam mit BRODSKY ausgeführte Messungen an oxydiertem Kupfer[1] in verschiedenen Salzlösungen. Im Gegensatz zu früheren Untersuchern, die stets die Potentialänderung — in der GOLDMANNschen Auffassung einen stationären Gleichgewichtswert zwischen Aufladungsgeschwindigkeit und einem Depolarisationsvorgang — gemessen hatten, maß GOLDMANN die Aufladungsgeschwindigkeit unter Aufrechterhaltung des Ursprungspotentials. Maß der Aufladungsgeschwindigkeit war die Stärke des zur Konstanterhaltung des Potentials erforderlichen Stromes.

Die Ergebnisse GOLDMANNS sind bemerkenswert einfach:

1. Die Aufladungsgeschwindigkeit in Abhängigkeit vom Potential der belichteten Elektrode wächst mit abnehmendem positiven Potential zunächst etwa linear und erreicht einen Sättigungswert (vgl. Abb. 124). Der Kurvenverlauf gleicht den mit Gegenspannungsverfahren gewonnenen Kurven der Energieverteilung bei äußerer lichtelektrischer Wirkung und wird von GOLDMANN entsprechend gedeutet (vgl. etwa Abb. 13, S. 35).

---

[1] Mit dieser Bezeichnung soll ausgedrückt werden, daß eine nicht näher bestimmte Mischung von CuO und Cu_2O vorliegt.

2. Die Aufladungsgeschwindigkeit ist näherungsweise proportional der Lichtintensität zumal, wenn durch Bewegung der Elektrode in der Lösung Konzentrationsänderungen verhindert werden, und unabhängig von der Dicke der oxydierten Schicht, unabhängig von der Konzentration und Zusammensetzung der Salzlösung, insbesondere auch unabhängig vom Lösungsmittel und seiner Dielektrizitätskonstante (NaCl in Wasser und in Methylalkohol).

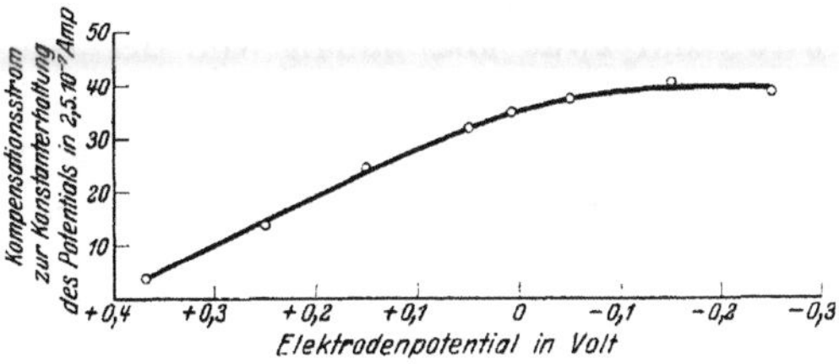

Abb. 124. Becquereleffektmessungen von GOLDMANN an oxydiertem Kupfer in Salzlösung. Die zur Konstanthaltung des Potentials der Elektrode bei Belichtung erforderlichen Stromstärken in Abhängigkeit vom Elektrodenpotential.

3. Die „lichtelektrischen" Ströme waren bei Belichtung mit unzerlegtem Licht einer 100-Kerzen-Lampe aus 75 cm Abstand von der Größenordnung 10^{-5} Amp./cm², also zwar um Zehnerpotenzen größer als die im Vakuum beobachtbaren Elektronenströme, keineswegs aber schon im Widerspruch mit dem Quantenäquivalent.

Daneben sei erwähnt, daß mit steigender Temperatur der „Strom" sich vergrößerte, um 20% für 10°. Ob das auch für die „Sättigungswerte" zutrifft, ist nicht untersucht. Ferner ist der „Strom" zeitlich nicht konstant, sondern es tritt eine als „Solarisation" bezeichnete Erscheinung auf (vgl. Abb. 125). Da Rühren der Flüssigkeit den zeitlichen Abfall des Stromes und die Stromumkehr bei Verdunklung wesentlich verringert, kann dieser Vorgang keine grundsätzliche Bedeutung haben.

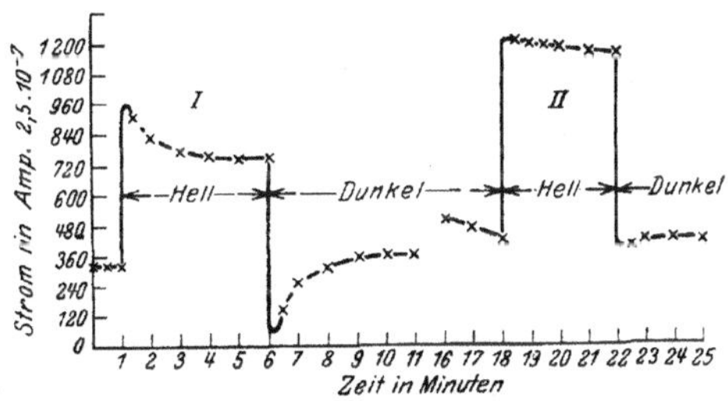

Abb. 125. Ermüdungs-(„Solarisations"-) Erscheinungen beim Becquereleffekt an oxydiertem Kupfer (nach GOLDMANN). *I* ohne, *II* mit Rühren des Elektrolyten.

GOLDMANN zieht aus seinen und anderen vorliegenden Untersuchungen folgende Schlüsse: Die Quelle des Stromes ist die Oxydschicht selbst und nicht eine Wechselwirkung zwischen Schicht und Lösung. Wirksam ist nur die Oberfläche; der Vorgang besteht in einer mit konstanter Geschwindigkeit erfolgenden Abgabe negativer Ladungen aus der Oxydoberfläche. Dieser Strom hängt vom Potentialsprung Elektrode-Lösung in der Weise ab, daß bei Erniedrigung des Elektrodenpotentials ein Grenzwert erreicht wird, und zwar unabhängig von der Art der Lösung. Er mißt die Zahl der in der Zeiteinheit durch das Licht von der Elektrode abgetrennten Ladungen. Bei Steigerung des Elektrodenpotentials nimmt der Strom ab, vermutlich infolge Rückstromes negativer Ladungen zur Elektrode.

GOLDMANN entwickelt auf Grund dieser Vorstellungen folgende Grundzüge einer lichtelektrischen Theorie:

Der Vorgang beim Becquereleffekt unterscheidet sich von der gewöhnlichen äußeren lichtelektrischen Wirkung dadurch, daß die vom Licht abgespaltenen Elektronen durch das starke Feld einer elektrischen Doppelschicht an der Grenze Elektrode-Elektrolyt hindurch in ein leitendes Medium austreten. Nur diejenigen Elektronen verlassen die Elektrode endgültig, deren Energie zur Überwindung der Doppelschicht ausreicht. Sättigungsstrom sollte auftreten, wenn das Potential der Elektrode gegenüber der Flüssigkeit Null ist, in Übereinstimmung mit GOLDMANNS Messungen.

GOLDMANN gibt weiterhin qualitative Deutungen der verschiedenen Nebenerscheinungen (Solarisation oder Ermüdung, Abhängigkeit von $H^{\cdot}$-Konzentration usw.).

Eine ungeteilte Anerkennung hat die lichtelektrische Theorie in der Folgezeit nicht gefunden, und zwar deshalb, weil sie eben doch ohne viele für den Sonderfall gemachte Zusatzannahmen der Vielgestaltigkeit der Erscheinungen nicht gerecht wird.

Bestechend erscheint zunächst die Ähnlichkeit der GOLDMANNschen Kurven (Abb. 124) mit den Energieverteilungskurven bei der äußeren lichtelektrischen Wirkung; leider sind trotz der schon von GOLDMANN betonten Wichtigkeit von Messungen dieser Art in monochromatischem Licht derartige Versuche erst in allerletzter Zeit ausgeführt worden (vgl. unten). Sehr für die lichtelektrische Deutung spricht ferner der Umstand, daß heute für ziemlich alle für diese Form von Becquereleffekt in Frage kommenden Elektrodenoberflächen zum mindesten durch lichtelektrische Leitung Elektronenabspaltung im sichtbaren oder langwelligen ultravioletten Teil des Spektrums sichergestellt ist. Dies gilt auch für organische Farbstoffe. Dort dagegen, wo keine Oberflächenschicht bekannt ist wie etwa bei Platin in Salzlösungen, müßte man schon annehmen, daß eine einatomige oder molekulare Haut von Halogenid oder Oxyd wirksam ist. Grundsätzlich könnte freilich auch an Elektronenabgabe des Metalles selbst gedacht werden, da Lichtabsorption vorliegt und über die etwaige Austrittsarbeit in einem Elektrolyten von vornherein nichts gesagt werden kann.

Schwierigkeiten machen die Beobachtungstatsachen, daß die belichtete Elektrode vielfach (z. B. gerade auch bei oxydiertem Kupfer) *negativ* werden kann. Es erscheint bedauerlich, daß in den meisten zum Teil sehr eingehenden Untersuchungen der Folgezeit der uns grundsätzlich richtig erscheinende Weg, nicht die *Änderung des Potentials*, sondern die *Änderungsgeschwindigkeit* zu messen, nicht wieder begangen ist. Man gewinnt den Eindruck, daß durch Bestimmungen einer „Empfindlichkeit“ oder des stationären Einstellungswertes des Potentials im Licht der Kern der Frage nicht angegriffen wird.

Wir erwähnen von neueren Ergebnissen und Anschauungen folgendes: Eine rein photochemische Auffassung, gerade im besonderen der an oxydiertem Kupfer auftretenden Erscheinungen, vertritt beispielsweise Garrison [287, 351]. Er denkt an ein photochemisches Gleichgewicht zwischen $\underset{\text{(fest)}}{Cu_2O}$, $\underset{\text{(gelöst)}}{Cu_2O}$ und $\underset{\text{(in Lösung)}}{2\,Cu^+ + O^{--}}$.

Bemerkenswert ist seine Angabe, daß kurzwelliges Licht eine Cu_2O-Elektrode positiv, langwelliges dagegen negativ werden läßt. Ebenso behandelt Tucker [619] die Erscheinungen an Cu_2O und Silberhalogeniden rein photochemisch. Er faßt seine Ergebnisse mehr beschreibend etwa so zusammen: Die Elektrode wird Kathode, wenn sie in einer *oxydierenden* Lösung steht und die lichtempfindliche Substanz photochemisch oxydierbar ist, sie wird Anode, wenn sie in einer reduzierenden Lösung steht und die lichtempfindliche Substanz photochemisch reduzierbar ist. Umkehrerscheinungen führt er auf Polarisation von Lokalelementen zurück. Falls diese Lokalelemente, bestehend aus metallischer Unterlage, lichtempfindlicher Substanz und Elektrolyt, reversibel, also unpolarisierbar sind, soll grundsätzlich in oxydierender oder neutraler Lösung die belichtete Elektrode

Kathode, in reduzierender Anode werden. Befriedigend erscheint diese Darstellung nicht, ganz abgesehen davon, daß sie selbst im Falle des Zutreffens mehr Beschreibung als Erklärung ist.

Lichtelektrische Deutung bevorzugt AUDUBERT. Je nach dem Betrage der Polarisation bzw. der Art der elektrischen Doppelschicht sollen entweder die abgespaltenen Elektronen oder die positiven Ionen in die Lösung eintreten. Das ist freilich eine lediglich zur Deutung des Potentialwechsels gemachte Annahme. AUDUBERT glaubt übrigens, daß die Lichtwirkung auf die Metalle selbst stattfindet [272, 335, 398, 544].

Im Gegensatz dazu vertritt ATHANASIU ebenfalls in lichtelektrischer Auffassung mehr den Standpunkt, daß auch bei anscheinend reinen Metallen eine lichtempfindliche Oberflächenschicht verantwortlich ist [333/4, 396/7].

Mehrfach ist auch die spektrale Verteilung der Lichtwirkung, so an Cu_2O und AgJ, untersucht. Die Schwierigkeit besteht darin, daß die Potentialänderung nur genähert der Intensität proportional ist.

Für Cu_2O beginnt die Wirkung nach BARTON [337] etwa bei 600 mμ, erreicht einen Höchstwert bei 350 mμ und nimmt wieder ab. ATHANASIU findet den Höchstwert bei 405 mμ und ein Minimum bei 310 mμ; diese Verteilung ist unabhängig vom Elektrolyt. ATHANASIU mißt eine „Empfindlichkeit" und versteht darunter das Potential, das sich im Licht nach 30 Sekunden eingestellt hat dividiert durch die auffallende Lichtintensität; das ist naturgemäß eine willkürliche Begriffsbestimmung. BARTON maß den durch die Potentialänderung bedingten, im Licht fließenden Strom (nicht zu verwechseln mit GOLDMANNS „lichtelektrischen Strom"). Diese Verschiedenheit des Meßverfahrens mag die Verschiedenheiten der angegebenen spektralen Verteilungen erklären. Bemerkt werden kann jedenfalls, daß die Wirksamkeit des Lichtes bei wesentlich längeren Wellen beginnt als die äußere lichtelektrische Wirkung (λ_0 für Cu_2O nach BARTON 257 mμ, nach MILLIKAN 253 mμ), dagegen bei nur wenig kürzeren als die innere lichtelektrische Wirkung (lichtelektrische Leitung). Letztere läßt sich an Cu_2O bis ins Rot verfolgen (vgl. S. 187).

Für Selen gilt ähnliches: λ_0 nach BARTON bei 226 mμ, Becquereleffekt und lichtelektrische Leitung bis etwa 900 mμ. Ebenso für AgJ: $\lambda_0 \backsim 230$ mμ, Becquereleffekt und lichtelektrische Leitung bis etwa 500 mμ.

In all diesen Fällen liegt also dem Becquereleffekt wohl mit Sicherheit lichtelektrische Wirkung zugrunde. Die Frage ist nur, ob mit oder ohne Zwischenschaltung eines chemischen Vorganges.

Schwieriger ist die Entscheidung bei Anordnungen wie Pt in $NaNO_3$ oder $K_2Cr_2O_7$-Lösung, in denen eine Bildung von Platinoxydhäuten zum mindesten fraglich ist. SCHLIVITCH untersuchte in jüngster Zeit derartige Zellen und fand bei Belichtung negatives (!) Potential der Elektroden [532]. Bei Verdunklung kehrte sich das Vorzeichen allmählich um. Die folgende Tabelle bringt einige seiner Ergebnisse. Bemerkenswert ist die beträchtliche Trägheit; doch darf bei allen derartigen Messungen im unzerlegten Licht nicht vergessen werden, daß der zeitliche Anstieg der Wirkung zum Teil durch allmähliche Ausdehnung der Absorption zu längeren Wellen infolge der inneren lichtelektrischen Wirkung („Erregung") bedingt sein kann.

Becquerel-Effekt an Platinelektroden in wäßriger Lösung im unzerlegten Licht des Quecksilberbogens durch Glas nach SCHLIVITCH.

Elektrolyt: $K_2Cr_2O_7$ 1,6 g/Liter		$(NH_4)_2Cr_2O_7$ 60 g/Liter		$NaNO_3$ 200 g/Liter	
Zeit	Potential in 10^{-4} Volt	Zeit	Potential in 10^{-4} Volt	Zeit	Potential in 10^{-4} Volt
0	0	0	0	0	0
48″	− 19	1′	− 4	1,5′	− 7
105″	− 59	2′	− 7	2,5′	−16
180″	− 75	Verdunkelung		4,5′	−25
240″	− 95	3′	− 9	8,5	−39
300″	−120	12′	− 7	10′	−48
Verdunkelung		23′	0	Verdunkelung	
		30′	+ 9		
420″	−105	41′	+16	11,5′	−43
1200″	− 72	52′	+27	24′	−27
2400″	− 40	80′	+27	48′	0
4800″	− 15			59′	+ 9
6000″	0			65′	+16

Noch zweifelhafter erscheint die Frage nach einem zugrunde liegenden lichtelektrischem Vorgang bei der Wirkung des Lichtes auf den Elektrolyten selbst. Lange bestritten scheint doch durch Untersuchungen von GRUMBACH [292, 354, 430, 500, 564] und von MURDOCK [217, 524, 597] erwiesen, daß bei unsymmetrischer Belichtung von Elektrolyten mit Zusatz fluoreszierender Farbstoffe, aber wohl auch bei Gegenwart geeigneter lichtabsorbierender Moleküle oder Ionen ohne Fluoreszenzfähigkeit, Potentialdifferenzen entstehen, so daß derartige Zellen wie eine Art Konzentrationselement wirken. Trifft Streu- oder Fluoreszenzlicht die Elektroden, so kann sich ein gewöhnlicher Becquereleffekt überlagern. Daß hier eine photochemische Veränderung der vom Licht getroffenen Moleküle das wesentliche ist, geht wohl aus erfolgreichen Versuchen hervor, bei denen die Lösung an den Elektroden vorbeigeführt und in meßbarem Abstand vorher belichtet wurde.

Goldmann hatte auch für den Becquereleffekt in Farbstofflösungen eine lichtelektrische Theorie aufgestellt; sie wird aber noch weniger allgemein anerkannt. So kann Russel letzthin nicht einmal wichtige experimentelle Stützen von Goldmann wiederfinden [606]. Er verfolgt in Zellen mit Pt-Elektroden und alkoholischer Rhodamin-B-Lösung die Potentialänderung mit Saitenelektrometer und kann die Goldmannsche Angabe nicht bestätigen, daß der Höchstwert der Potentialänderung von der Lichtintensität unabhängig sei. Ebensowenig findet er eine Abhängigkeit der Potentialänderung von der Wellenlänge. So entwickelt er eine rein photochemische Auffassung unter Annahme einer dauernden chemischen Veränderung der Lösung. Die Verwendung des trägheitslosen Elektrometers sehr kleiner Kapazität scheint gegenüber Galvanometer oder Kapillarelektrometer ein grundsätzlicher experimenteller Fortschritt.

Im Sinne lichtelektrischer Wirkung in derartigen Zellen könnte man dagegen die Erscheinung deuten, daß in weiten Grenzen (Murdock) die Stromstärke unabhängig von einem äußeren Reihenwiderstand ist, doch würde ein stationäres photochemisches Gleichgewicht natürlich die gleiche Folge bedingen können [597].

Im ganzen müssen wir leider feststellen, daß auch heute, fast 90 Jahre nach der ersten Entdeckung, der Mechanismus des Becquereleffektes keine befriedigende Aufklärung gefunden hat. Die lichtelektrische Auffassung ist mehr gefühlsmäßig und durch Analogiebetrachtungen, als durch zwingende Meßergebnisse begründet. Wir glauben vielmehr, daß mindestens drei ziemlich verschiedene Erscheinungen mit dem einen Sammelnamen Becquereleffekt umfaßt werden. Die erste ist die Lichtwirkung auf Elektroden der „reinen" Metalle in ihren Salzlösungen; die zweite die Lichtwirkung auf Elektroden aus Halogeniden, Oxyden, Sulfiden, aus Selen usw., in denen innere lichtelektrische Wirkung bekannt ist; drittens die Wirkung des Lichtes auf den Elektrolyten selbst (Farbstofflösungen, Komplexionen usw.). Im letzten Fall nehmen wir ausschließlich photochemische Veränderungen als das Wahrscheinlichste an. Im ersten Fall scheint der Gedanke nahe zu liegen, daß das Licht an einer Ionenhaut auf der Metallfläche angreift, auch hier vielleicht ohne eigentliche lichtelektrische Wirkung. Nur beim zweiten Fall glauben wir sicher, daß sich die Beobachtungen einmal eindeutig auf lichtelektrische Elektronenabspaltung zurückführen lassen werden. Damit das gelingt, wird aber Beschränkung auf einfachste Anordnungen und vermutlich auch Einschlagen neuer Versuchswege erforderlich sein.

2. Auftreten elektromotorischer Kräfte bei Belichtung von Kristallen. Lichtelektrisch leitende Kristalle mit merklicher Dunkelleitfähigkeit zeigen bei Belichtung, die zu den Elektroden unsymmetrisch ist, eine Spannungsdifferenz, die im geschlossenen Stromkreis zu dauernden Strömen führt. Eine thermoelektrische Auffassung scheint nicht ohne weiteres angängig, obwohl die betreffenden Stoffe durch ungewöhnlich hohe Thermospannungen ausgezeichnet sind. Am Selen ist eine derartige Beobachtung schon 1876 von ADAMS und DAY gemacht. Schmilzt man eine dünne Selenschicht zwischen zwei durchsichtige Platinelektroden und „formiert"[1] dann die Schicht, so entsteht bei Belichtung durch eine Elektrode hindurch eine Spannung zwischen den beiden Elektroden bis etwa $^1/_{10}$ Volt. Für kleine Lichtintensitäten ist die Spannung der Intensität proportional. Das Vorzeichen der Spannung entspricht einer Elektronenabgabe vom belichteten Selen in die Elektrode. Die Erscheinung ist später mehrfach untersucht. MERRITT beschreibt Selenschichten mit aufgesetztem Stahl oder Messing als Gleichrichter und erwähnt dabei, daß derartige Anordnungen bei Belichtung einen Strom liefern, der einem Thermostrom bei Erwärmung des Kontaktes entgegengerichtet ist [374]. Daraus geht aber wohl kaum sicher hervor, daß die Erscheinung nicht auf Thermospannung beruht, da die Temperaturverhältnisse bei der Belichtung ungeklärt sind (Kühlung durch den Kontaktstab?).

[1] Bedeutung vgl. S. 204 und 205.

In jüngster Zeit verneint jedoch HANSON [568] auf Grund eigener Untersuchungen mit Bestimmtheit die thermoelektrische Auffassung. Abweichend von früheren Forschern gibt er an, daß die elektromotorische Kraft der Intensität des Lichtes direkt proportional ist und (dies in leidlicher Übereinstimmung mit der weiter unten erwähnten Angabe von KENNARD und MOON) einen Höchstwert bei 490 mμ hat; überdies soll sie unabhängig von der Stärke des fließenden Stromes sein.

1922 beschreibt COBLENTZ am MoS_2 eine ähnliche Erscheinung. Nur bei Belichtung bestimmter örtlich begrenzter Stellen seiner Blättchen mineralischen Molybdänits tritt eine Spannung an den Kristallenden auf. Diese wirksamen Stellen sollen jedoch nicht mit denen zusammenfallen, die vornehmlich für die lichtelektrische Leitung in Betracht kommen! Das Vorzeichen der Spannung wechselt von Ort zu Ort, ja sogar mit der Wellenlänge. Letzteres wird mit der verschiedenen Eindringungstiefe zusammenhängen können. Wirksam sind die Wellenlängen von 0,6 bis 1,2 μ, die auch lichtelektrische Leitung hervorrufen [234].

COBLENTZ und HUGHES empfehlen trotz der Ungeklärtheit der Erscheinung und mangelnden Intensitätsproportionalität derartige ausgewählte MoS_2-Kristallschuppen als selektive Strahlungsempfänger für Wellenlängen um 1 μ. Bei 0,1 Meterkerze (Tageslicht) war die auftretende Spannung $3 \cdot 10^{-6}$ Volt, bei Sonnenlicht von 800 Meterkerzen $4 \cdot 10^{-4}$ Volt [554].

Vermutlich im Zusammenhang mit den erwähnten Erscheinungen steht die von KENNARD und MOON verfolgte Änderung des Kontaktpotentials des Selens unter der Lichtwirkung. Untersuchung in energetisch ausgewertetem spektral zerlegtem Licht führt sie zu der Angabe, daß ein wenig ausgeprägtes Maximum der Lichtwirkung im Violetten liegt, und die Wirkung im Ultraviolett und grüngelben Spektralgebiet nur wenig geringer ist. Die Änderung des Kontaktpotentials (Sinn der Änderung ist in der kurzen Mitteilung nicht angegeben!) soll der dritten Wurzel der Lichtintensität in einem Bereich von 1:200 proportional sein [306].

Schon früher hatten KENNARD und DIETERICH [115] außer an Selen auch an Cu_2O eine derartige Änderung des Kontaktpotentials beschrieben.

Auch die Thermokraft des graukristallinen[1] Selens soll bei Belichtung geändert werden, wie HOLMES [445] angibt. Ob sein beobachteter Effekt von — 5% nicht durch eine entgegengesetzte elektromotorische Kraft im Sinne der vorstehenden Angaben vorgetäuscht werden könnte, ist schwer zu sagen. HOLMES theoretische Schlußfolgerungen dürften als überholt gelten.

An Ag_2S wurde das Auftreten einer elektromotorischen Kraft von SHELDON und GEIGER [259, 288] entdeckt. Eine eingehende Untersuchung an verschiedenen Proben zeitigte folgende Er-

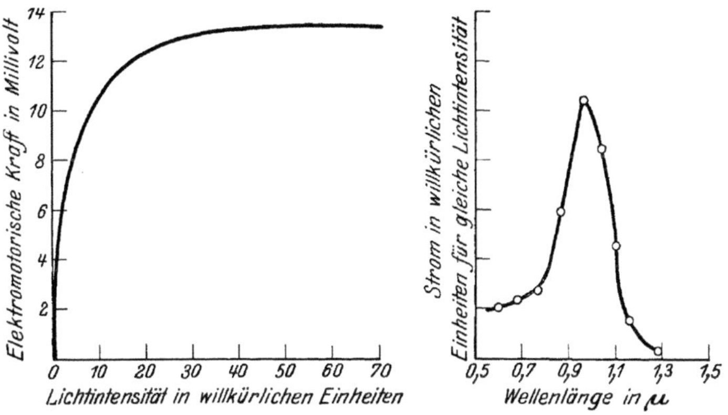

Abb. 126. Elektromotorische Kräfte bei Belichtung von mineralischem Schwefelsilber (nach GEIGER und SHELDON). a = Abhängigkeit der elektromotor. Kraft von der Lichtintensität. b = Spektrale Verteilung der Wirkung in einem Spektrum gleicher auffallender Lichtintensität.

gebnisse. Ein natürlicher Ag_2S (Argentit-) Kristall bzw. Kristallit wird ohne Spannungsquelle mit einem empfindlichen Galvanometer in Reihe geschaltet; wird der Kristall einseitig belichtet, so fließt ein Strom. Wärmewirkung kommt nicht in Betracht, wie bei Ersatz der Lichtquelle durch eine Heizspirale festgestellt wurde. Bei Belichtung eines Kontaktes wurde dieses Ende des Kristalles negativ gegenüber dem anderen. Symmetrische Belichtung der Kristallmitte war ohne Einfluß.

Um die Intensitätsabhängigkeit zu bestimmen, wurde die auftretende Spannung kompensiert. Abb. 126 zeigt das Ergebnis der Messung. Die Spannung erreicht einen Grenzwert der Größenordnung 10^{-2} Volt. Der vom Licht hervorgerufene Strom nimmt innerhalb einiger Minuten fast bis zum Verschwinden ab und

[1] Wegen der verschiedenen Selenformen vgl. XII, 1. S. 196.

hinterher ist der Kristall noch einige Minuten „ermüdet", d. h. erneute Belichtung liefert nun einen viel kleineren Anfangsstrom.

Die spektrale Verteilung des Effektes (allerdings mit der durch die mangelnde Intensitätsproportionalität bedingten Unsicherheit) entspricht keineswegs der der lichtelektrischen Leitung (vgl. Abbildung 126 und zum Vergleich Abb. 76, S. 178). Das Elektrodenmaterial war ohne Einfluß. Nur Wasserelektroden zeigten Besonderheiten, vermutlich Becquereleffektüberlagerung. GEIGER machte an einer Reihe anderer mineralischer Sulfide ähnliche Beobachtungen.

Neuerdings ist die Erscheinung an Ag_2S von SCHNEIDER nochmals untersucht; genau wie COBLENTZ an MoS_2 fand, soll das Licht sowohl an den Kontakten wie an einzelnen Stellen im Kristall wirksam sein. Zerstörung der Kristallstruktur unterdrückt sie ebenso wie die lichtelektrische Leitung. Das spricht jedenfalls für elektronische Grundlage [608].

Lichtelektrisch wird der Grundvorgang bei all diesen Erscheinungen sein wegen gewisser Ähnlichkeit der spektralen Verteilung mit derjenigen der lichtelektrischen Leitung. Mehr aber läßt sich vorerst wohl kaum sagen.

3. Phototropie. Unter Phototropie versteht man die Farbänderung einer Reihe kristallisierter organischer Verbindungen bei Belichtung, eine Änderung, die im Dunkeln langsam, rascher beim Erwärmen oder bei Belichtung mit bestimmten Spektralgebieten wieder zurückgeht. Da entsprechende Erscheinungen zweifellos auch im ultravioletten Spektralgebiet vorkommen, wo das Auftreten neuer Absorptionsbanden von keiner sichtbaren Verfärbung begleitet ist, wird man die Begriffsbestimmung allgemeiner so fassen dürfen, daß unter Phototropie umkehrbare Änderungen der optischen Absorption in kristallisierten organischen Verbindungen verstanden sein soll.

Entdeckt ist die Erscheinung von MARCKWALD (1899) am Hydrochlorid des Chinochinolins und am Tetrachlorketonnaphthalin. Es gibt aber eine große Fülle aromatischer Verbindungen mit gleicher Eigenschaft; die einzige bisher bekannte aliphatische, phototropische Verbindung ist das Dinitroäthankalium $CH_3C\begin{smallmatrix}\nearrow NO\cdot OK\\ \searrow NO_2\end{smallmatrix}$, das von gelber in rote Farbe umschlägt.

In Lösung erfolgt keine Beeinflussung der Absorption durch Belichtung, sie ist durchaus an den kristallisierten Zustand gebunden.

Die Absorption von Licht in den meist im langwelligen Ultraviolett oder im blauen und violetten Spektralgebiet gelegenen Absorptionsstreifen bringt neue Absorptionsbänder im längerwelligen Spektralgebiet hervor. Das in diesen absorbierte Licht beschleunigt die Rückverwandlung. Da mit steigender Temperatur die Rückverwandlung immer rascher erfolgt, verschwindet die Lichtwirkung auf die phototropen Stoffe bei 100 bis 200° C. Bei der Temperatur der flüssigen Luft treten die neuen Absorptionsbänder dagegen schon bei schwächsten Lichtintensitäten bei genügend langer Belichtungszeit auf.

WEIGERT zeigte in einer wichtigen Untersuchung an Tetrachlor-Ketonnaphthalin die Abhängigkeit der Erscheinung von der Lage des elektr. Lichtvektors zu den Kristallachsen des rhombischen Kristalls [130].

Über die Grundlage der Erscheinungen ist nichts bekannt. Für eine rein photochemische Auffassung spräche, daß die Gase der Umgebung mitwirken sollen. Für die von WEIGERT untersuchten millimetergroßen Kristalle ist das jedoch wenig wahrscheinlich. Untersuchungen über das Auftreten lichtelektrischer Leitung scheinen noch nicht gemacht zu sein. Vieles spricht für nahe Verwandtschaft mit der Anthrazen-Dianthrazenumwandlung und mit den in XIII, 2 besprochenen Vorgängen in anorganischen Kristallen und damit für lichtelektrische Erscheinung.

4. Der Weigerteffekt. Im Jahre 1919 beobachtete F. WEIGERT [152a] eine neue Wirkung der Strahlung, die möglicherweise ebenfalls lichtelektrische Grundlage hat und besonders deswegen bemerkenswert ist, weil der seltene Fall einer besonderen Wirkung linear polarisierten Lichtes vorliegt. Belichtet man beispielsweise eine blaurote Schicht (sogenanntes „Photochlorid", d. h. eine Adsorptionsverbindung von Chlorsilber mit metallischem Silber), wie sie entsteht, wenn Chlorsilbergelatine einige Zeit am Licht liegt — mit linear polarisiertem intensiven Licht —, so werden die blauroten Schichten unter Aufhellung dichroitisch und die ausgezeichnete Richtung in der Schicht fällt mit der Schwingungsrichtung des elektrischen Vektors zusammen. Es ist also derart möglich, die Polarisationsebene des Lichtes photographisch festzulegen. Abb. 127 zeigt, wie ausgeprägt die Erscheinungen sind. Die Abbildung bringt drei Reihen mit je vier Feldern von Photochlorid. Die oberste ist in natürlichem, die zweite in senkrecht, die dritte in wagrecht linear polarisiertem Licht photographiert worden. Die Felder der ersten Vertikalreihe waren vorher links mit wagrecht, rechts mit senkrecht linear polarisiertem Licht bestrahlt worden, die der zweiten nur mit senkrecht, die der dritten nur mit wagrecht polarisiertem, die der vierten mit senkrecht polarisiertem nach Durchgang durch einen unter 45° angebrachten Quarzkeil. Die Felder erscheinen also hell, wenn elektrischer Vektor bei Erregung und Aufnahme die gleiche Lage hat.

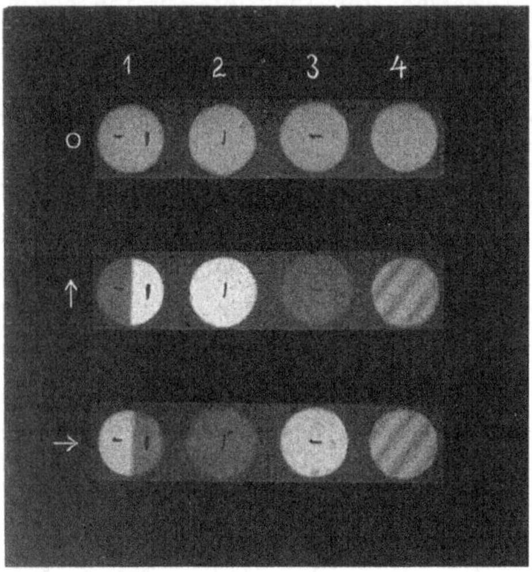

Abb. 127. Versuch zur Erläuterung des „Weigerteffektes": Erzeugung von Dichroismus in sogenanntem Photochlorid durch Einwirkung linear polarisierten Lichtes (nach WEIGERT).

Es entstehen unter Wirkung des linear polarisierten Lichtes in der Schicht anisotrope Gebilde, deren optische Achse in der Richtung des elektrischen Vektors liegt.

Erfolgt die Belichtung der ausgesprochen kolloidalen Systeme mit monochromatischem Licht, so tritt eine Farbenanpassung an die Bestrahlungsfarbe an, indem, wie schon WIENER gezeigt hat, diejenigen Teile des Systems ausbleichen, die die Bestrahlungsfarbe bevorzugt absorbieren.

WEIGERT hat den Verlauf der Erscheinungen in monochromatischem Licht eingehend untersucht, betont auch eine mögliche Beziehung zur selektiven lichtelektrischen Wirkung, doch führt ein näheres Eingehen auf die bemerkenswerte Erscheinung zu weit. Unseres Erachtens liegt kein zwingender Grund vor, Elektronenauslösung in Richtung des elektrischen Vektors anzunehmen, sondern wir denken eher daran, daß diejenigen Teilchen photochemisch (lichtelektrisch) verändert werden, die infolge Anisotropie und geeigneter Lage Licht bestimmter Schwingungsrichtung bevorzugt absorbieren [183a, b, 225a].

Arbeitenverzeichnis.

Vorbemerkung:

Ein nach Jahreszahlen geordnetes Verzeichnis der einschlägigen Arbeiten bis zum Jahre 1913 einschließlich befindet sich in: W. Hallwachs, Die Lichtelektrizität. (Handbuch der Radiologie, Bd. IIIb). Die durchlaufenden Zahlen vorn dienen der Verweisung auf das Arbeitenverzeichnis; hinter denjenigen Arbeiten, auf die in der Darstellung eingegangen ist, findet sich die betreffende Seite in Klammern angegeben. Arbeiten, die nicht im Wortlaut vorlagen, sind durch einen Stern (*) gekennzeichnet.

Zur Entlastung des Verzeichnisses ist in vielen Fällen bei Doppelveröffentlichungen nur die ausführlichere, bzw. bei doppelsprachiger nur die in deutscher Sprache erschienene aufgenommen.

Arbeiten über die Anwendung lichtelektrischer Zellen sind nur dann angeführt, wenn neue Anwendungsgebiete erschlossen oder neue Meßverfahren eingeführt sind.

Bezüglich der Arbeiten über das Selen, die Beziehungen zur Photochemie, einschließlich Becquereleffekt, Phototropie usw. ist keine Vollständigkeit angestrebt worden. Ebenso ist von Arbeiten im Röntgengebiet nur eine lichtelektrisch wichtig erscheinende Auswahl getroffen worden.

1914.

1. Allen, H.: The photoelectric behaviour of iron and the theory of passivity. Chem. News Bd. 109, S. 25—26. * (55)
2. Behnken, H.: Die Verwendung der lichtelektr. Zelle als Empfangsinstrument für drahtlose Telegraphie. Verh. d. D. Phys. Ges. Bd. 16, S. 668 bis 678.
3. Brown, F. C.: The crystalforms of metallic selenium and some of their physical properties. Phys. Rev. (2) Bd. 4, S. 85—98. (196, 201)
4. — und L. P. Sieg: Wave length sensibility curves for light sensitive selenium and their significance. Phys. Rev. (2) Bd. 4, S. 48—61. (201)
5. — und L. P. Sieg: The seat of light action in certain crystals of metallic Selenium and some new properties in matter. Phil. Mag. (6) Bd. 28, S. 497—508. (201)
6. Carvallo, J.: Sur la conductibilité de l'anhydride sulfureux liquide et un nouveau phénomène photoélectrique. Journ. de phys. (5) Bd. 4, S. 387 bis 398.
7. Dima, G. A.: Sur les vitesses initiales des electrons photoélectriques. C. R. Bd. 158, S. 1573—1575.
8. Elster, J. und H. Geitel: Über die Verwendung lichtelektr. Kadmium- und Zinkzellen zur Photometrie des ultravioletten Sonnenlichtes. Phys. ZS. Bd. 15, S. 1—8.

9. Elster, J. und H. Geitel: Über eine notwendige Vorsichtsmaßregel bei der Photometrie sehr großer Lichtstärken vermittels hochempfindlicher Alkalimetallzellen. Phys. ZS. Bd. 15, S. 610–611. (127)
10. Fredenhagen, K.: Das Ausbleiben des lichtelektr. Effektes frisch geschabter Metalloberflächen bei völligem Ausschluß reaktionsfähiger Gase. Phys. ZS. Bd. 15, S. 65–68.
11. – Thermische Elektronenemission und lichtelektr. Effekt des Kaliums. Verh. d. D. Phys. Ges. Bd. 16, S. 201–219.
12. Gehrcke, E.: Bemerkung zum Geschwindigkeitsverteilungsgesetz. II. Verh. d. D. Phys. Ges. Bd. 16, S. 910–912.
13. Goldmann, A. und J. Brodsky: Zur Theorie des Becquereleffektes. I. Lichtelektr. Untersuchungen an oxydierten Kupferelektroden. Ann. d. Phys. (4) Bd. 44, S. 849–900. (268)
14. – Zur Theorie des Becquereleffektes. II. Grundzüge einer lichtelektr. Theorie des Becquereleffektes. Ann. d. Phys. (4) Bd. 44, S. 901–915. (268)
15. Guthnick, P.: Die Anwendungen der lichtelektr. Methode in der Astrophotometrie. Verh. d. D. Phys. Ges. Bd. 16, S. 1021–1032. (131)
16. Hallermann, A.: Über den Einfluß der Temperatur und der Okklusion von Gasen auf das lichtelektr. Verhalten von Metallen, Metallsulfiden und Metalloxyden. ZS. f. wiss. Photogr. Bd. 13, S. 186–207.
17. Hennings, A. E.: A study of contact potentials and photoelectric properties of metals in vacuo and the mutual relation between these, phenomena. Phys. Rev. (2) Bd. 4, S. 228–246. (42)
18. Herrmann, K.: Über die Strom-Spannungskurve beim lichtelektr. Effekt. Verh. d. D. Phys. Ges. Bd. 16, S. 683–687. (12)
19. Hughes, A. Ll.: On the long wave limits of the normal photoelectric effect. Phil. Mag. (6) Bd. 27, S. 473–475.
20. Ives, H. E.: Sensibility curves of photoelectric effect. Astrophys. Journ. Bd. 40, S. 182–186.
21. – The illumination-current relationship in potassium photoelectric cells. Astrophys. Journ. Bd. 39, S. 428–458. (12, 125, 127)
22. – Additional Data on the illumination-photoelectric current relationship. Phys. Rev. (2) Bd. 3, S. 396. (12, 125, 127)
23. Kadesch, W. H.: The energy of photoelectrons from sodium and potassium as a function of the frequency of the incident light. Phys. Rev. (2) Bd. 3, S. 367–374.
24. – The positive potential in the photoelectric effect. Phys. Rev (2) Bd. 3, S. 63–64.
25. Meyer, E. und W. Gerlach: Über den photoelektr. Effekt an ultramikroskopischen Metallteilen. Ann. d. Phys. (4) Bd. 45, S. 177–236. (16)
26. – – Sur l'effet photoélectrique des particules ultramicroscopiques aux basses pressions. Arch. sc. phys. et nat. (4) Bd. 37, S. 253–256. (16)
27. Millikan, R. A. und W. H. Souder: Effect of residual gases on contact e. m. f. s. and photocurrents. Phys. Rev. (2) Bd. 4, S. 73.
28. – Direct determination of "h". Phys. Rev. (2) Bd. 4, S. 73–75.
29. Nicholson, P. J.: The physical properties of selenium. Phys. Rev. (2) Bd. 3, S. 1–24.

30. Paech, G.: Über die Abhängigkeit der Lichtelektrizität der Metalle vom Gas. Ann. d. Phys. (4) Bd. 43, S. 135–164. (58)
31. Partzsch, A.: Über den lichtelektr. Strom in Gasen für Feldstärken und Drucke, bei denen keine Stoßjonisation stattfindet. Ann. d. Phys. (4) Bd. 44, S. 556–584. (12)
32. Pohl, R. und P. Pringsheim: Der Einfluß okkludierter Gase auf den selektiven Photoeffekt. Verh. d. D. Phys. Ges. Bd. 16, S. 336–344. (102)
33. Pospielow, A.: Zur lichtelektr. Photometrie der Phosphoreszenzerscheinungen. Ann. d. Phys. (4) Bd. 45, S. 1039–1062. (132)
34. Ramsauer, C.: Über die lichtelektr. Geschwindigkeitsverteilung und ihre Abhängigkeit von der Wellenlänge. Ann. d. Phys. (4) Bd. 45, S. 1121 bis 1159. (14, 34, 36, 48)
35. — Über eine direkte magnet. Methode zur Bestimmung der lichtelektr. Geschwindigkeitsverteilung. Ann. d. Phys. (4) Bd. 45, S. 961–1002. (14, 34, 36)
36. Reboul, G.: Sur l'action sélective des metaux dans l'effet photoélectrique C. R. Bd. 158, S. 477–479.
37. Richardson, O. W.: The theory of photoelectric and photochemical action. Phil. Mag. (6) Bd. 27, S. 476–488.
38. Schmidt, F.: Über die aktino-dielektr. Wirkung. Ann. d. Phys. (4) Bd. 44, S. 477–496.
39. Sieg, L. P. und F. C. Brown: Wave length sensibility curves of certain crystals of metallic selenium and a partial explanation of the complexity of light action in selenium cells. Phys. Rev. (2) Bd. 4, S. 507–516. (201, 204)
40. Stramp, L.: Contribution à l'étude du phénomène photoélectrique présenté par les diélectriques liquides. Bull. de Belg. 1914, S. 45–62. *
41. Stuhlmann jr., O.: On the asymmetric emission of photoelectrons from thin films of platinum. Phys. Rev. (2) Bd. 4, S. 195–207. (84)
42. — und R. Piersol: The photoelectric effect of carbon as influenced by its absorbed gases. Nature Bd. 93, S. 454. *
43. Stumpf, F.: Die Beeinflussung des lichtelektr. Effektes durch Wasserstoffbeladung beim Palladium. Verh. d. D. Phys. Ges. Bd. 16, S. 989–994. (63)
44. Werner, S.: Lichtelektr. Beobachtungen an Zerstäubungsschichten. Upsala Univ. Arsskr. 67 S. (25, 27, 28, 30, 40, 50, 60)
45. Wiedmann, G. und W. Hallwachs: Über die Abhängigkeit der Lichtelektrizität der Metalle vom Gas, insbesondere den Grund der starken Lichtelektrizität des Kaliums. Verh. d. D. Phys. Ges. Bd. 16, S. 107 bis 120.

1915.

46. Brown, F. C.: The electrical, the photoelectrical and the electromechanical properties of certain crystals of metallic Selenium, with certain applications to crystal structure. Phys. Rev. (2) Bd. 5, S. 167–175. (196, 201)
47. — The nature of electric conduction as required to explain the recovery of resistance of metallic selenium following illumination. Phys. Rev. (2) Bd. 5, S. 395–403. (201)

48. Brown, F. C.: Some experiments on the nature of transmitted light action in crystals of metallic selenium. Phys. Rev. (2) Bd. 5, S. 404—411. (203)
49. Campbell-Swinton, A. A.: Galvanic cell, which reverses its polarity when illuminated. Proc. Phys. Soc. Bd. 27, S. 186—188. *
50. Corbino, O. M. und G. C. Trabacchi: Persistenca delle correnti fotoelettrichi nelle cellule di Elster e Geitel dopo la soppressione della luce eccitatrice. Cim. (6) Bd. 10, S. 47—67. *
51. Dima, G. A.: Sur les vitesses initiales des électrons photoélectriques. Bull. Bucarest Bd. 4, S. 64—70. *
52. Elliott, D. S.: A comparative study of the light-sensibility of selenium and stibnite at 20° C and —190° C. Phys. Rev. (2) Bd. 5, S. 53—64. (178)
53. Elster, J. und H. Geitel: Verbesserungen am Kadmiumphotometer für ultraviolettes Licht. Phys. ZS. Bd. 16, S. 405—408. (125)
54. Gehrcke, E. und L. Janicki: Die Abhängigkeit des photoelektr. Auflade-potentials vom Material. Ann. d. Phys. (4) Bd. 47, S. 679—693.
55. Hallwachs, W.: Mitteilungen aus dem Phys. Institut der techn. Hochschule Dresden. Phys. ZS. Bd. 16, S. 93—96.
56. Hulburt, E. O.: Construction of sensitive photoelectric cell. Astrophys. Journ. Bd. 41, S. 400—401. (126)
57. Konstantinowsky, D.: Über das Elementarquantum der Elektrizität und den photoelektr. Effekt. (Bemerkung zu den Abhandlungen der Herren E. Meyer und W. Gerlach.) Ann. d. Phys. (4) Bd. 48, S. 57—83.
58. Krüger, F. und E. Taege: Über den Einfluß von Katalysatorgiften auf die lichtelektr. Empfindlichkeit des Platins. ZS. f. Elektrochem. Bd. 21, S. 562—569.
59. Küstner, H.: Die Rolle von Gasen bei dem lichtelektr. Verhalten des Zinks. Ann. d. Phys. (4) Bd. 46, S. 893—930. (62)
59a. Lenard, Ph.: Über die druckzerstörten Erdalkaliphosphore Elster-Geitel-festschrift S. 669—688.
60. Meyer, E. und W. Gerlach: Über die Abhängigkeit der photoelektr. Verzögerungszeit vom Gasdruck bei Metallteilen ultramikroskopischer Größenordnung. Ann. d. Phys. (4) Bd. 47, S. 227—244.
61. — — Über das Elementarquantum der Elektrizität und den photoelektr. Effekt. Antwort auf die gleichnamige Abhandlung von Herrn Konstantinowsky. Ann. d. Phys. (4) Bd. 48, S. 718—724.
62. Pohl, R.: Über den selektiven Photoeffekt des Bariums. Elster- u. Geitel-Festschr. S. 192—195.
63. Richardson, O. W. und F. J. Rogers: The photoelectric effect. III. Phil. Mag. (6) Bd. 29, S. 618—623.
64. Richtmyer, F. K.: A nullmethod with photoelectric cells. Phys. Rev. (2) Bd. 6, S. 66—68. (130)
65. Sieg, L. P.: An attempt to detect a change in the heat conductivity of a selenium crystal with a change in illumination. Phys. Rev. (2) Bd. 6, S. 213—218. (201)
66. — und F. C. Brown: An extension toward the ultraviolet of the wave-length sensibility curves for certain crystals of metallic selenium. Phys. Rev. (2) Bd. 5, S. 65—67. (201, 204)

67. Sutton, T. C.: Photoelectric constant and atomic heat. Phil. Mag. Bd. 29, S. 734–736.

68. Thompson, G. E.: Photoactive cells with fluorescent electrolytes. Phys. Rev. (2) Bd. 5, S. 43–52.

69. Volmer, M.: Photochemische Empfindlichkeit und lichtelektr. Leitfähigkeit. ZS. f. Elektrochem. Bd. 21, S. 113–117. (147, 188, 216)

70. Wertheimer, E.: Untersuchung des lichtelektr. Effektes der Metalle bei Anwendung von Glimmentladungen. Verh. d. D. Phys. Ges. Bd. 15, S. 296–305.

71. Wiedmann, G.: Über die selektive und normale Lichtelektrizität des Kaliums. Verh. d. D. Phys. Ges. Bd. 17, S. 343–349. (62)

1916.

72. Dember, H.: Über die Bestimmung der Loschmidtschen Zahl aus Extinktionskoeffizienten des kurzwelligen Sonnenlichtes mit Hilfe eines lichtelektr. Spektralphotometers. Ann. d. Phys. (4) Bd. 49, S. 599–610. (131)

73. Dieterich, E. O.: The effect of temperature on the light sensibility curves of different types of selenium cells. Phys. Rev. Bd. 8, S. 191–194. (207)

74. Dieterich, K. J.: The effect of temperature on the resistance, the light sensitiveness and the rate of recovery of certain crystals of metallic selenium. Phys. Rev. (2) Bd. 7, S. 551–560.

75. Dima, G. A.: Despre energiile initiale ale electronilor fotoelectrici. Dissert. Bukarest. 110 S. *

76. Eichler, H.: Der Einfluß der Gase auf den lichtelektr. Effekt. ZS. f. wiss. Photogr. Bd. 16, S. 10–32, 60–68. (63)

77. Elster, J. und H. Geitel: Über Stromschwankungen in Vakuumröhren bei Gegenwart von Alkalimetallen, ihre Bedeutung für den Entladungsvorgang und für die Messung äußerst kleiner Lichtintensitäten. Phys. ZS. Bd. 17, S. 268–276. (24, 128)

78. Epstein, P.: Versuch einer Anwendung der Quantenlehre auf die Theorie des lichtelektr. Effektes und der β-Strahlung radioaktiver Substanzen. Ann. d. Phys. (4) Bd. 50, S. 815–840.

79. Gardner, W.: The photoelectric current as a function of the angle of emission and the thicknes of the emitting film. Phys. Rev. (2) Bd. 8, S. 70–78. (37)

80. Hennings, A. E. und W. H. Kadesch: The relations of the photopotentials assumed by different metals when stimulated by light of a given frequency. Phys. Rev. (2) Bd. 8, S. 209–220. (38)

81. Hughes, A. Ll.: On the velocities of the electrons emitted in the normal and selective photoelectric effects. Phil. Mag. (6) Bd. 31, S. 100 bis 107.

82. Ives, H. E., S. Dushman und E. Karrer: Factors affecting the relation between photoelectric current and illumination. Astrophys. Journ. Bd. 43, S. 9–35. (12, 127)

83. Kadesch, W. H. und A. E. Hennings: The value of "h" determined photoelectrically from the ordinary metals. Phys. Rev. (2) Bd. 8, S. 221–226. (38, 46)

84. Konstantinowsky, D.: Kriterien zur Existenz einer Atomistik der Elektrizität: zur Erscheinung des photoelektr. Effektes. Erwiderung auf die Antwort E. Meyers und W. Gerlachs. Ann. d. Phys. (4) Bd. 49, S. 881—906.

85. Krüger, F.: Über den Parallelismus von lichtelektr. Empfindlichkeit und Voltaeffekt. ZS. f. Elektrochem. Bd. 22, S. 365—377.

86. Kunz, J. and J. Stebbins: On the construction of sensitive photoelectric cells. Phys. Rev. (2) Bd. 7, S. 62—65. (126)

87. Mc Clelland, J. A. und R. Fitzgerald: Photoelectric discharge from leaves. Proc. Irish. Roy. Acad. Bd. 33, S. 1—8. *

88. Millikan, R. A.: Einsteins photoelectric equation and contact electromotive forces. Phys. Rev. (2) Bd. 7, S. 18—32.

89. — A direct photoelectric determination of Plancks "h". Phys. Rev. (2) Bd. 7, S. 355—388. (35, 38, 40, 46)

90. — Quantenbeziehungen beim photoelektr. Effekt. Phys. ZS. Bd. 17, S. 217—221. (35, 38, 46)

91. — und W. H. Souder: Experimental evidence for the essential identity of the selective and normal photoelectric effect. Proc. Nat. Acad. Amer. Bd. 2, S. 19—24. (101)

92. Pfund, A. H.: The light sensitiveness of copper oxide. Phys. Rev. (2) Bd. 7, S. 289—301. (147, 187)

93. Piersol, R. J.: The influence of occluded gases on the photoelectric effect. Phys. Rev. (2) Bd. 8, S. 238—247.

94. Richardson, O. W.: The complete photoelectric emission. Phil. Mag. (6) Bd. 31, S. 149—155. (51)

95. Robinson, J.: The photoelectric effect of thin films of platinum. Phil. Mag. (6) Bd. 32, S. 421—425. (80, 84)

96. Souder, W. H.: The normal photoelectric effect of lithium, sodium and potassium as a function of wave length and incident energy. Phys. Rev. (2) Bd. 8, S. 310—319.

97. Stuhlmann jr., O.: On the influences contributing to the variation of contact electromotive force with time. Phys. Rev. (2) Bd. 8, S. 294 bis 309.

98. Volmer, M.: Die Abhängigkeit des lichtelektr. Leitvermögens von der Wellenlänge (HgJ_2 rot; J). ZS. f. wiss. Photogr. Bd. 16, S. 152—154. (147, 188, 191)

99. Wiedmann, G.: Der Einfluß verschiedener Gase auf die Lichtelektrizität des Kaliums. Verh. d. D. Phys. Ges. Bd. 18, S. 333—338.

1917.

100. Barkow, E.: Erfahrungen mit photoelektr. Zellen. Phys. ZS. Bd. 18, S. 214—225.

102. Case, T. W.: Notes on the change of resistance of certain substances in light. Phys. Rev. (2) Bd. 9, S. 305—310. (148)

103. — Cuprous oxyde photochemical cells. Amer. Electrochem. Soc. Trans. Bd. 31, S. 351—364. *

104. Coblentz, W. W. und W. B. Emerson: Photoelectric sensitivity of various substances. Wash. Acad. Soc. Journ. Bd. 7, S. 525—532.

105. COBLENTZ, W. W.: Application of the photoelectric cell as a Pyrheliometer. Phys. Rev. (2) Bd. 9, S. 572.
106. — The use of a Thomson galvanometer with a photoelectric cell. Phys. Rev. (2) Bd. 10, S. 97.
107. COMPTON, K. T. und L. W. ROSS: The passage of photoelectrons through metals. Phys. Rev. (2) Bd. 9, S. 558—559.
108. DORNO, C.: Erfahrungen mit photoelektr. Zellen. Phys. ZS. Bd. 18, S. 381 bis 388. (131)
109. ERNST, M.: Neue Untersuchungen über den Einfluß von Gasen auf den lichtelektr. Effekt der Metalle. ZS. f. wiss. Photogr. Bd. 17, S. 35—48, 68—79. (63)
110. GILBREATH, J. A.: Ionization of potassium vapor by ordinary light. Phys. Rev. (2) Bd. 10, S. 166—170. (222)
111. HENNINGS, A. E.: The energy of emission of photoelectrons from filmcoated and non-homogeneous surfaces: A theoretical study. Phys. Rev. (2) Bd. 10, S. 78.
112. HUGHES, A. LL.: The emission of electrons in the selective and normal photoelectric effects. Phys. Rev. (2) Bd. 10, S. 490—494.
113. IVES, H. E.: The variation with time of the characteristics of a potassium photoelectric cell as to sensibility according to wave length. Astrophys. Journ. Bd. 46, S. 241—248.
114. KARRER, S.: Tolmans transformations equations, the photoelectric effect and radiation pressure. Phys. Rev. (2) Bd. 9, S. 290—291.
115. KENNARD, E. H. and E. O. DIETERICH: An effect of light upon the contact potential of selenium und cuprous oxide. Phys. Rev. (2) Bd. 9, S. 58—63. (276)
116. KUNZ, J.: Amplification of the photoelectric current by the audion. Phys. Rev. (2) Bd. 10, S. 205—206.
117. — On photoelectric photometry. Astrophys. Journ. Bd. 45, S. 69—88. (130)
118. RAMSAUER, C.: Erwiderung auf Herrn Millikans Kritik meiner lichtelektr. Arbeiten. Ann. d. Phys. (4) Bd. 52, S. 483—490.
119. SABINE, P. E.: Photoelectric potentials for extremely short wavelengths. Phys. Rev. (2) Bd. 9, S. 210—219. (47)
120. VOLMER, M.: Die lichtelektr. Ionisierung von Lösungen. ZS. f. wiss. Photogr. Bd. 16, S. 186—189. (218, 220)
121. WILSON, W.: The complete photoelectric emission from the alloy of Sodium and Potassium. Proc. Roy. Soc. London (A) Bd. 93, S. 359—372. (51)

1918.

122. COBLENTZ, W. W.: Instruments and methods used in radiometry. III. The photoelectric cell and other selective radiometers. Scient. Pap. Bureau of Stand. Nr. 319, 28 S.
123. DERIEUX, J. B.: Photoelectric effects on mercury droplets. Phys. Rev. (2) Bd. 11, S. 276—284. (19)
124. HU, KANG-FUH: Some preliminary results in a determination of the maximum emission velocity of the photoelectrons from metals at X-ray frequencies. Phys. Rev. (2) Bd. 11, S. 505—507. (240)

125. Jimori, S.: Photoelectric cell with complex cyanides. Tokyo Chem. Soc. Journ. Bd. 39, S. 1—13. *

125a. Ramsauer, C. (nach A. Martin): Über die Wirkung des Schumannviolett auf die Hauptgase der Luft. Heid. Akad. (A) 1918, 10. Abh., 22 S. (229)

126. Richardson, O. W.: The photoelectric action of X-rays. Proc. Roy. Soc. London (A) Bd. 94, S. 269—280.

127. Samsonow, A. v.: Über die Depolarisatoren des Becquereleffektes. ZS. f. wiss. Photogr. Bd. 18, S. 141—176.

129. Tisdale, W. E.: The effects of gases and metallic vapors on the electrical properties exhibited by selenium crystals of the hexagonal system. Phys. Rev. (2) Bd. 12, S. 325—335.

130. Weigert, F.: Lichteffekte in Kristallen: Phototropie. ZS. f. Elektrochem. Bd. 24, S. 222—237. (279)

131. Welo, L. A.: On the variation of the photoelectric current due to heating and the occlusion of gases. Phys. Rev. (2) Bd. 12, S. 251—276. (60)

1919.

132. Becker, A.: Über die Bestimmung von Elektronen-Austrittsgeschwindigkeiten. Ann. d. Phys. Bd. 58, S. 393—473. (35, 36)

133. — Vergleich der lichtelektr. und thermischen Elektronenemission. Ann. d. Phys. Bd. 60, S. 30—54. (35, 36, 51)

134. Coblentz, W. W. und L. S. McDowell: Photoelectric sensitivity vs. current rectification in Molybdenite. Phys. Rev. (2) Bd. 13, S. 154—155. (185)

135. — Photoelectric sensitivity of Bismuthinite and various other substances. Scient. Pap. Bureau of Stand. Nr. 322, 14 S.

136. — und H. Kahler: Some optical and photoelectric properties of molybdenite. Scient. Pap. Bureau of Stand. Nr. 338, 40 S. (185)

137. — — Spectral photoelectric sensitivity of silver sulphide and several other substances. Scient. Pap. Bureau of Stand. Nr. 344, 18 S.

138. Compton, K. T.: A possible relation between the resonance potential an specific inductive capacity of a metallic vapor and its properties in the solid state. Phys. Rev. (2) Bd. 13, S. 295.

139. — und L. W. Ross: The passage of photo electrons through metals. Phys. Rev. (2) Bd. 13, S. 374—391. (80, 81)

140. Dadourian, H. M.: Soft X-rays. Phys. Rev. (2) Bd. 14, S. 234—246. (265)

141. Gibson, K. S.: Photoelectric spectrophotometry by the null method. Scient. Pap. Bureau of Stand. Nr. 349.

142. Hagenow, C. F.: Thermionic and photoelectric phenomena at the lowest attainable pressure. Phys. Rev. (2) Bd. 13, S. 415—433. (40, 60)

143. Joly, J.: A photoelectric theory of colour vision. Nature Bd. 104, S. 74. (217)

144. Kunz, J.: Some photoelectric lecture experiments. Phys. Rev. (2) Bd. 13, S. 310—311.

145. Lewis, E. P. und A. C. Hardy: The reflective power of metals and dielectrics in the ultra-violet. Phys. Rev. (2) Bd. 14, S. 272—274. (127)

146. LUCHSINGER, F.: Sur une anomalie photo-electrique de la paraffine. Arch. sc. phys. et nat. (5) Bd. 1, S. 544–546. (138)
147. MATTHAEI, JOHANNA: Beobachtungen an Alkalizellen im Hinblick auf ihre praktische Verwendbarkeit in der Photometrie. Dissert. Frankfurt. *
148. PIKE, CARL ELI: Amplifikation of the photoelectric current by means of the audion. Phys. Rev. (2) Bd. 13, S. 102–108.
149. PRINGSHEIM, P.: Bemerkung über den Zusammenhang zwischen lichtelektr. Effekt und Kontaktpotential. Verh. d. D. Phys. Ges. Bd. 21, S. 606 bis 614.
150. RABEL, GABRIELE: Farbenantagonismus oder die chemische und elektrische Polarität des Spektrums. ZS. f. wiss. Photogr. Bd. 19, S. 69 bis 128.
151. STUHLMANN JR., O.: The emission and absorption of photoelectrons by platinum and silver. Phys. Rev. (2) Bd. 13, S. 109–133. (80)
152. SWENSSON, TORSTEN: Lichtelektr. Untersuchungen an Salzlösungen. Ark. f. Kemi, Min. och Geol. Bd. 7, Nr. 19, 142 S. *
152a. WEIGERT, F.: Über einen neuen Effekt der Strahlung. 1.—3. Mittlg. Verh. D. Phys. Ges. Bd. 21, S. 479—491, 615—622, 623—631. (279)
153. ZWAARDEMAKER, H. und F. HOGEWIND: On the photoelectricity of gels. Proc. Amsterdam Bd. 21, S. 1146–1151. (121)

1920.

154. CASE, T. W.: "Thalofide Cell" a new photoelectric substance. Phys. Rev. (2) Bd. 15, S. 289–292.
155. COBLENTZ, W. W. und H. KAHLER: The spectral photoelectric sensitivity of molybdenite as a function of the applied voltage. Phys. Rev. (2) Bd. 14, S. 534–536. (Gehört in das Jahr 1919.)
156. — Positive and negative photoelectrical properties of MoS_2 and several other substances. Scient. Pap. Bureau of Stand. Nr. 398, 42 S. (182)
157. — Spectrophotoelectric sensitivity of thalofide. Scient. Pap. Bureau of Standard Nr. 380, 6 S. (186)
158. — Infra-red signaling. Phys. Rev. (2) Bd. 15, S. 340–343.
159. — Some general characteristics of spectro-photo electrical conduction in solids. Journ. Opt. Soc. Amer. Bd. 4, S. 249–254.
160. DEMBER, H.: Über die Beeinflussung der Lichtelektrizität durch ein Magnetfeld. Phys. ZS. Bd. 21, S. 568–570. (73)
161. DIXON, H. H. and H. H. POOLE: Photosynthesis and the electronic theory. Scient. Proc. Roy. Dublin Soc. Bd. 16, S. 63–77. *
162. EHLERS, W. und P. P. KOCH: Über die Einwirkung des Lichtes auf Bromsilber. ZS. f. Phys. Bd. 3, S. 169—174. (114)
163. ELSTER, J. und H. GEITEL: Über eine scheinbare photoelektr. Nachwirkung an Kalium und über den Einfluß der Entgasung auf den Photoeffekt an Metallen. Phys. ZS. Bd. 21, S. 361–367.
164. GUDDEN, B. und R. POHL: Zur Kenntnis des Sidotblendenphosphors. ZS. f. Phys. Bd. 1, S. 365–375. (211)
165. — — Lichtelektr. Beobachtungen an Zinksulfiden. ZS. f. Phys. Bd. 2, S. 181–191.

166. Gudden, B. und R. Pohl: Über Ausleuchtung der Phosphoreszenz durch elektr. Felder. ZS. f. Phys. Bd. 2, S. 192–196.
167. — — Lichtelektr. Beobachtungen an isolierenden Metallsulfiden. ZS. f. Phys. Bd. 2, S. 361–372.
168. — — Lichtelektr. Leitfähigkeit und Phosphoreszenz. ZS. f. Phys. Bd. 3, S. 98–103.
169. — — Über lichtelektr. Leitfähigkeit von Diamanten. ZS. f. Phys. Bd. 3, S. 123–129.
170. Halban, H. v. und H. Geigel: Über die Verwendung von photoelektr. Zellen zur Messung der Lichtabsorption in Lösungen. ZS. f. phys. Chem. Bd. 96, S. 214–232. (130)
171. Hallwachs, W.: Bemerkung zu einem Demonstrationsversuch des Herrn H. Greinacher. Phys. ZS. Bd. 21, S. 102. (10)
172. — Lichtelektrizität als Funktion des Gasgehaltes. Phys. ZS. Bd. 21, S. 561–566. (59)
173. Kelly, M. J.: The valency of photoelectrons and the photoelectric properties of some insulators. Phys. Rev. (2) Bd. 16, S. 260–273. (113, 121)
174. Kühl, W.: Erfahrungen und Versuche mit den Photozellen des Potsdamer Observatoriums. Ber. d. Preuß. Meteorol. Inst. f. d. Jahr 1917, 1918, 1919. S. 101–111. *
175. Laird, E. R.: Note on article by Dadourian on „Soft X-rays“. Phys. Rev. (2) Bd. 15, S. 293–296. (265)
176. — and V. P. Barton: Soft X-rays produced by cathode rays of from 200 to 600 volts velocities. Phys. Rev. (2) Bd. 15, S. 297–308. (265)
177. Loeb, L. B.: On the nature of the negative carriers produced in pure hydrogen and nitrogen by photoelectrons. Proc. Nat. Acad. Amer. Bd. 6, S. 435–441. *
178. McMahon, A. M.: The action of Roentgen and gamma rays upon the electrical conductivity of selenium crystals. Phys. Rev. (2) Bd. 16, S. 558–564. (261)
179. Meyer, E., H. Rosenberg and F. Tank: Sur la mesure de courants photoélectriques à l'aide de tubes renforceurs. Arch. sc. phys. et nat. (5) Bd. 2, S. 260–262. (131)
180. Seiler, E.: Color sensitiveness of photoelectric cells. Astrophys. Journ. Bd. 52, S. 129–153. (126)
181. Stuhlmann jr., O.: On the photoelectric long wave-length limit of platinum and silver. Phys. Rev. (2) Bd. 15, S. 549–550. (40)
182. Swensson, T.: Lichtelektr. Untersuchungen an Salzlösungen. II. Ark. f. Kemi, Min. och Geiol. Bd. 7, Nr. 25, 7 S. *
183. Williams, E. H. and Jacob Kunz: Photoelectric effect of alkali vapors and a new determination of h. Phys. Rev. (2) Bd. 15, S. 550.
183a. Weigert, F.: Über einen neuen Effekt der Strahlung. 4. u. 5. Mittlg. ZS. f. Phys. Bd. 2, S. 1–12 u. Bd. 3, S. 437—459. (280)
183b. — Über die spezifische Wirkung der polarisierten Strahlung. Ann. d. Phys. (4) Bd. 63, S. 681—725. (280)

1921.

184. Angerer, E. v.: Lichtelektr. Photometrie des Nachleuchtens von aktivem Stickstoff. Phys. ZS. Bd. 22, S. 97–102. (133)
185. Arnold, H. D. and H. E. Ives: The growth and decay of photo-thermionic currents from oxide coated filaments. Proc. Nat. Acad. Amer. Bd. 7, S. 323–325.
186. Bär, R. und F. Luchsinger: Über die Bestimmung der Dichte und Ladung von Selenpartikeln. Phys. ZS. Bd. 22, S. 225. (138)
187. Broglie, M. de: Sur les spectres corpusculaires. Lois de l'émission photoélectrique pour les hautes frequencies. C. R. Bd. 172, S. 806–807.
188. — Les phénomènes photoélectriques pour les rayons X et les spectres corpusculaires des éléments. Journ. de phys. et le Radium (6) Bd. 2, S. 265–287. (240)
189. — Sur les spectres corpusculaires et leur utilisation pour l'étude des spectres des rayons X. C. R. Bd. 173, S. 1157–1160. (240)
190. Case, T. W.: Temperature effect in barium and strontium photoelectric cells. Phys. Rev. Bd. 18, S. 413–414. (53)
191. — New Strontium and Barium photoelectric cells. Phys. Rev. (2) Bd. 17, S. 398–399. (54)
192. — A photoelectric effect in audion bulbs of the oxide coated filament type. Trans, Amer. Electrochem. Soc. Bd. 39, S. 423–428.
193. Coblentz, W. W.: Spectrophotoelectrical sensitivity of proustite. Scient. Pap. Bureau of Stand. Nr. 412, 10. S.
194. Dershem, E.: Secret photoelectric signalling. Phys. Rev. (2) Bd. 18, S. 324 bis 325.
195. Dima, G. A.: Beitrag zum Studium der photoelektr. Wirkung an Metallverbindungen. Bulet. Soc. de Stiinte diu Cluj Bd. 1, S. 63–64. *
196. Ellis, C. D.: The magnetic spectrum of the β-rays excited by γ-rays. Proc. Roy. Soc. London (A) Bd. 99, S. 261–271.
197. Frese, W.: Über Passivität und Lichtelektrizität. ZS. f. wiss. Photogr. Bd. 21, S. 37–44. (55)
198. Gallagher, P. H.: Phototropie und photoelektr. Effekt. Bull. soc. chim. de France (4) Bd. 29, S. 961–976. *
199. Gross, Fr.: Über den selektiven Photoeffekt an Metallschichten, die durch Kathod.-Zerstäubung hergestellt sind. ZS. f. Phys. Bd. 6, S. 376–399. (25, 96)
200. — Über die Berechnung der Resonanzwellenlängen des selektiven Photoeffektes. ZS. f. Phys. Bd. 7, S. 316–322.
201. Gudden, B. und R. Pohl: Über lichtelektr. Leitfähigkeit von Zinksulfidphosphoren. ZS. f. Phys. Bd. 4, S. 206–210. (210)
202. — — Über lichtelektr. Leitfähigkeit von Zinkblende. ZS. f. Phys. Bd. 5, S. 176–181.
203. — — Ein Vorlesungsversuch über lichtelektr. Leitfähigkeit von Isolatoren. ZS. f. Phys. Bd. 5, S. 387–388.
204. — — Über den zeitlichen Anstieg der lichtelektr. Leitfähigkeit. ZS. f. Phys. Bd. 6, S. 248–256. (144)
205. — — Über den Mechanismus der lichtelektr. Leitfähigkeit. ZS. f. Phys. Bd. 7, S. 65–72. (144, 155)

206. Horton, Fr.: The effect of an electric current on the photoelectric effect. Phil. Mag. (6) Bd. 42, S. 279—280.
207. Jenkins, R. Y.: The effect of the age and the concentration of a solution of rhodamine—b funktion for platinum upon the photoelectric current developed. Phys. Rev. Bd. 18, S. 402—412.
208. Joly, J.: Light and Electrons Nature Bd. 107, S. 203.
209. Kämpf, F.: Beitrag zur Kenntnis der Elektrizitätsleitung in festen, elektronisch schlecht leitenden Körpern. Versuche am Quecksilberjodid. Ann. d. Phys. (4) Bd. 66, S. 463—496. (188, 191)
210. Koch, P. P. und F. Schrader: Über die Einwirkung des Lichtes auf Chlorsilber, Bromsilber, Jodsilber. ZS. f. Phys. Bd. 6, S. 127—131. (114)
211. Koppius, O.: A comparison of the thermionic and photoelectric work function for platinum. Phys. Rev. (2) Bd. 18, S. 443—455. (40, 68)
212. Kunz, J.: On the photoelectric effect of Alkali vapors. Phys. Rev. (2) Bd. 18, S. 130—131.
213. Mackay, C. A.: The effect of thermoluminescence on electrical conductivity. Proc. Trans. Roy. Soc. Canada (3) Bd. 15, Sect. III, S. 95—100. (211, 213)
214. Matthies-Straub: Sur la théorie des courants photoélectriques dans les gaz denses. Arch. sc. phys. et nat. (5) Bd. 3, S. 319—320. *
215. Millikan, R. A.: The distinction between intrinsic and spurions contact e. m. forces and the question of the absorption of radiation by metals in quanta. Phys. Rev. (2) Bd. 18, S. 236—244.
216. Molthan, W.: Über die Erhöhung der Dielektrizitätskonstante eines ZnS-Phosphors durch Licht. ZS. f. Phys. Bd. 4, S. 262—266. (212)
217. Murdock, C. C.: A study of the pactive electrolytic cell. platinum-rhodamine-b-platinum. Phys. Rev. (2) Bd. 17, S. 626—647. (273)
218. Ramsauer, C.: Die lichtelektr. Wirkung unterteilter Lichtquanten. Ann. d. Phys. (4) Bd. 64, S. 750—758.
219. Röntgen, W. C.: Über die Elektrizitätsleitung in einigen Kristallen und über den Einfluß einer Bestrahlung darauf. II. (I. 1913.) Ann. d. Phys. (4) Bd. 64, S. 1—195. (149)
220. Rose, H.: Über die lichtelektr. Leitfähigkeit des Zinnobers. ZS. f. Phys. Bd. 6, S. 174—184. (162)
221. Rosenberg, H.: Sternphotometrie mit Photozelle und Verstärkerröhre. Naturwissensch. Bd. 9, S. 359—365 u. 389—394. (131)
222. — Ermüdungserscheinungen an Alkalimetallzellen in der Nähe des Entladungspotentials und ihr Einfluß auf die Ergebnisse photometrischer Messungen. ZS. f. Phys. Bd. 7, S. 18—64. (67, 127)
223. Sende, M. und H. Simon: Lichtelektrizität als Funktion des Gasgehaltes. Ann. d. Phys. (4) Bd. 65, S. 697—719.
224. Shenstone, A. S.: The effect of an electric current on the photoelectric effect. Phil. Mag. (6) Bd. 41, S. 916—921. (76)
225. Swensson, T.: Lichtelektr. Untersuchungen von Salzlösungen. (Zusammenfassung von 1919.) ZS. f. wiss. Photogr. Bd. 20, S. 139—167.
225a. Weigert, F.: Über einen neuen Effekt der Strahlung. ZS. f. Phys. Bd. 5, S. 410—427. (280)

1922.

226. Bär, R. und Yu Chen Yang: Sur l'effet photoélectrique des particules ultramicroscopiques. Arch. sc. phys. et nat. (5) Bd. 4, S. 249—252.
227. Berg, O. und P. Ellinger: Über die Emission von Elektronen bei Bestrahlung verschiedener Substanzen mit Röntgenstrahlen. Wiss. Veröff. a. d. Siemens-Konzern.
228. Bergwitz, K.: Abhängigkeit des Photostromes von der Temperatur der Lichtquelle. Verh. d. D. Phys. Ges. (3) Bd. 3, S. 25—26. (51)
229. Broglie, M. et L. de: Remarques sur les spectres corpusculäires et l'effet photoélectrique. C. R. Bd. 175, S. 1139—1141. (240)
230. Case, T. W.: The effect of a photoelectric material on the thermoelectric current in high vacuum audion bulbs. Journ. Opt. Soc. Amer. Bd. 6, S. 639—640.
231. Clark, J. H.: A photoelectric theory of color vision. Journ. Opt. Soc. Amer. Bd. 6, S. 813—826.
232. Coblentz, W. W.: Spectrophotoelectrical sensitivity of argentite. Scient. Pap. Bureau of Stand. Nr. 446, 16 S.
233. — Various photoelectrical investigations. Scient. Pap. Bureau of Stand. Nr. 452, 23 S. (182, 183, 185)
234. — Some observations on the transformation of thermal radiant energy into electric current in molybdenite. Journ. Washington Acad. Sci. Bd. 12, S. 411—412. (276)
235. — and J. F. Eckford: Spectrophotoelectrical sensitivity of bournonite and of pyrargyrite. Scient. Pap. Bureau of Stand. Nr. 451, 20 S.
236. — — Spectrophotoelectrical sensitivity of some halide salts of Tl, Pb, Ag. Scient. Pap. Bureau of Stand. Nr. 456, 10 S. (216)
237. Curie, M.: Action des rayons rouges et infrarouges sur les sulfures phosphorescents. C. R. Bd. 174, S. 550—553.
238. Dieckmann, M. und A. Gebbert: Verstärkung der Ströme lichtelektr. Zellen. Jahrb. d. drahtl. Telegr. Bd. 19, S. 55—58. * (127)
239. Dima, G. A.: Beitrag zum Studium der photoelektr. Wirkung an Metallverbindungen. Bulet. Soc. de Stiinte dîu Cluj Bd. 1, S. 321—324. *
240. Dorno, C.: Fortschritte in Strahlungsmessungen. Meteorol. ZS. Bd. 39, S. 303—323. * (131)
241. Franck, J.: Einige aus der Theorie von Klein und Rosseland zu ziehende Folgerungen über Fluoreszenz, photochem. Prozesse und die Elektronenemission glühender Körper. ZS. f. Phys. Bd. 9, S. 259—266.
242. Geitel, H.: Die Proportionalität von Photostrom und Beleuchtung an sehr dünnen Kaliumschichten. Ann. d. Phys. (4) Bd. 67, S. 420—427. (86, 97)
243. Gibbs, R. C. and E. L. Meacham: Photoelectric phenomena in coated filament audion bulbs. Phys. Rev. (2) Bd. 19, S. 415—416.
244. Göggel, K.: Über die lichtelektr. Wirkung bei den Erdalkalischwefelphosphoren. Ann. d. Phys. (4) Bd. 67, S. 301—319. (118, 214)
245. Gudden, B. und R. Pohl: Lichtelektr. Leitfähigkeit in weiterem Zusammenhang. Phys. ZS. Bd. 23, S. 417—420. (144)
246. — — Zur lichtelektr. Leitfähigkeit des Diamanten. ZS. f. techn. Phys. Bd. 3, S. 199—201.

247. Halban, H. v. und K. Siedentopf: Über die Verwendung von photoelektr. Zellen zur Messung der Lichtabsorption in Lösungen. ZS. f. phys. Chem. Bd. 100, S. 208—230. (130)
248. Herweg, J. und G. Mie: Die Zahl der von sehr schwachen Röntgenstrahlen ausgelösten Elektronen. Ann. d. Phys. (4) Bd. 68, S. 120 bis 126. (264)
249. Ives, H. E. und Th. C. Fry: The voltage current relation in centralanode photoelectric cell. Astrophys. Journ. Bd. 56, S. 1—15. (125)
250. Kämpf, F.: Über den Mechanismus der lichtelektr. Leitfähigkeit. Phys. ZS. Bd. 23, S. 420—423. (188, 191)
251. Levi, M.: On photoelectric conductivity of diamond and other fluorescent crystals. Proc. Trans. Roy. Soc. Canada Bd. 16, Sect. III, S. 241 bis 256. (155)
252. Müller, C.: Über die Lichteinheit. ZS. f. Beleuchtungswesen Bd. 28, S. 76—81 u. 89—94, 130. *
253. Polvani, G.: Se l'effetto fotoelettrico nel ferro sia influenzato dalla magnetizzazione. Cim. (6) Bd. 24, S. 65—93. (76)
254. Pomeroy, J. C.: The transmitted effect of selenium crystals. Phys. Rev. (2) Bd. 19, S. 414.
255. Popesco, J. G.: Sur la relation entre les phénomènes photoélectriques et la tension superficielle du mercure. C. R. Bd. 175, S. 259—261.
256. Richardson, O. W.: The emission of electrons under the influence of chemical action. Phil. Trans. Bd. 22, S. 1—44.
257. Schanz, Fr.: Eine neue Theorie des Sehens. ZS. f. Phys. Bd. 12, S. 28—37. (217)
258. Shearer, G.: The emission of electrons by X-rays. Phil. Mag. (6) Bd. 44, S. 793—808.
259. Sheldon, H. H. and P. H. Geiger: The production of an E. M. F. on closed circuit by light effect on argentite. Proc. Nat. Acad. Amer. Bd. 8, S. 161—163. (277)
260. Späth, W.: Zur Kenntnis des Selens. ZS. f. Phys. Bd. 8, S. 165—183.
261. Steinke, E.: Über eine lichtelektr. Methode zur Prüfung des Wien-Planckschen Strahlungsgesetzes im Bereich ultravioletter Strahlung. ZS. f. Phys. Bd. 11, S. 215—238. (133)
262. Störmer, R.: Über photoelektr. Ströme. Auszug Dissert. Münster. 3 S.
263. Stuhlman jr., O.: The variation of the photoelectric current with thickness of metal. Phys. Rev. (2) Bd. 20, S. 65—74 u. 89—90. (80)
264. Suhrmann, R.: Rote Grenze und spektrale Verteilung der Lichtelektrizität des Platins in ihrer Abhängigkeit vom Gasgehalt. Ann. d. Phys. (4) Bd. 67, S. 43—68. (38, 40, 55)
265. Timpanaro, S.: La conducibilità fotoelectrica dei liquidi cattivi conduttori. Cim. (6) Bd. 24, S. 203—219.
266. Tugmann, O.: The electrical conductivity of metallic films when exposed to ultraviolet light. Phys. Rev. (2) Bd. 20, S. 195.
267. Wendt, A.: Charakteristiken belichteter Selenzellen. Verh. d. D. Phys. Ges. (3) Bd. 3, S. 26.
268. Whiddington, R.: X-ray electrons. Phil. Mag. (6) Bd. 43, S. 1116—1126. (242)

269. WIEDMANN, G.: Über die Entwicklung der normalen und selektiven Lichtelektrizität seit 1914. Jahrbuch f. Rad. u. Elektr. Bd. 19, S. 112 bis 141.
270. ZAHN, H.: Über Gleichrichtereffekt an belichteten Zinkblendekristallen. ZS. f. Phys. Bd. 8, S. 382–389.

1923.

271. ARETZ, CHR.: Über die maximale Anfangsgeschwindigkeit von lichtelektr. emittierten Elektronen, die von mit H und O gesättigten Metallen ausgehen. Auszug aus Dissert. Münster.
272. AUDUBERT, R.: Action de la lumière sur les électrodes de métaux à faible tension de dissolution. C. R. Bd. 177, S. 818–821. (272)
273. AULENKAMP, B.: Über den normalen Kathodenfall und die lichtelektr. Empfindlichkeit einiger Metallsulfide und Metalloxyde. ZS. f. Phys. Bd. 18, S. 70–74. (53)
274. BECKER, I. A.: Magnetic beta ray analysis of soft X-rays. Phys. Rev. Bd. 22, S. 524.
275. BEHNKEN, H., G. JAECKEL und W. KUTZNER: Der Geigersche Spitzenzähler als hochempfindliches Reagens auf Röntgenstrahlen. ZS. f. Phys. Bd. 20, S. 188–190. (265)
276. BOTHE, W.: Über eine neue Sekundärstrahlung der Röntgenstrahlen. ZS. f. Phys. Bd. 16, S. 319–320. (245, 247)
277. — Zur Quantentheorie des normalen Photoeffektes. ZS. f. Phys. Bd. 17, S. 137–151. (247)
278. BROGLIE, M. DE und J. CABRERA: Sur les rayons gamma de la famille du radium et du thorium étudiés par leur effet photoélectrique. C. R. Bd. 176, S. 295–296.
279. CARDANI, P.: Fenomeni foto-elettrici sui coibenti elettrizzati per strofinamento. Lincei Rend. (5) Bd. 32, S. 202–208. *
280. CARSE, G. A. and D. JACK: On the X-ray corpuscular emission from iron in a magnetised and unmagnetised state. Proc. Edinburgh Bd. 43, S. 226–229. *
281. CSÁSZÁR, E.: Die experimentelle Prüfung der Planckschen Strahlungsformel auf lichtelektrischem Wege. ZS. f. Phys. Bd. 14, S. 220–225. (133)
282. DÄLLENBACH, W. und G. JAHN: Lichtelektr. Ströme von 100 Ampere? Phys. ZS. Bd. 24, S. 265–269.
283. DEY, M. L.: Phototropic compounds of mercury. Nature Bd. 112, S. 240.
284. DOBSON, G. M. B.: A flicker type of photoelectric photometer giving high precision. Proc. Roy. Soc. London (A) Bd. 104, S. 248–251.
285. EGGERT, J. und W. NODDACK: Zur Prüfung des photochemischen Äquivalentgesetzes an Trockenplatten. ZS. f. Phys. Bd. 20, S. 299—314 und Bd. 21, S. 264. (216)
286. FERRIÉ, G., R. JOUAUST et R. MESNY: L'amplification du courant des cellules photoélectriques et ses applications. C. R. Bd. 177, S. 847–849. (127)
287. GARRISON, A.: The behavior of cuprous oxide photovoltaic cells. Journ. phys. chem. Bd. 27, S. 601–622. (271)

288. GEIGER, P. H.: Spectro electrical effects in argentite: the production of an electromotive force by illumination. Phys. Rev. (2) Bd. 22, S. 461 bis 469. (277)

289. GIBSON, K. S.: Direct reading photoelectric measurement of spectral transmission. Journ. Opt. Soc. Amer. Bd. 7, S. 693—704. (130)

290. GREBE, L.: Über die elektrische Leitfähigkeit fester Dielektrika bei Bestrahlung mit Röntgenstrahlen. ZS. f. Phys. Bd. 17, S. 295—300. (262)

291. GROSS, FR.: Über einige merkwürdige Eigenschaften von Goldschichten, die durch Kathodenzerstäubung hergestellt sind. ZS. f. Phys. Bd. 15, S. 40—45. (96)

292. GRUMBACH, A.: Sur les piles à liquide fluorescent. C. R. Bd. 176, S. 88—90 u. Bd. 177, S. 395. (273)

293. GUDDEN, B. und R. POHL: Über lichtelektr. Wirkung und Leitung in Kristallen. ZS. f. Phys. Bd. 16, S. 170—182. (144, 155)

293a. — — Lichtelektrische Leitung und chemische Bindung. ZS. f. Phys. Bd. 16, S. 42—45. (149)

294. — — Neuere Beobachtungen über den Zusammenhang elektrischer und optischer Erscheinungen. Naturwissensch. Bd. 11, S. 348—354.

295. — — Das Quantenäquivalent bei der lichtelektr. Leitung. ZS. f. Phys. Bd. 17, S. 331—346. (144, 150)

296. — — Zur lichtelektr. Leitfähigkeit des Zinnobers. ZS. f. Phys. Bd. 18, S. 199—206. (150)

297. HAKE, M.: Über den normalen und inversen photoelektr. Effekt an submikroskopischen Teilchen. ZS. f. Phys. Bd. 15, S. 110—129. (21, 138)

298. HALBAN, H. v. und L. EBERT: Zur Frage nach der Proportionalität zwischen Lichtstärke und Photostrom bei edelgasgefüllten Alkalimetallzellen. ZS. f. Phys. Bd. 14, S. 182—190. (127)

299. HEINTZE, W.: Über lichtelektr. Leitfähigkeit von Cerussit und Senarmontit. ZS. f. Phys. Bd. 15, S. 339—349. (156)

300. HERWEG, J.: Über die Temperaturabhängigkeit der am ZnSCu-Phosphor bei Belichtung auftretenden Änderung der Dielektrizitätskonstanten. ZS. f. Phys. Bd. 16, S. 23—28.

301. — Über den Einfluß eines elektr. Feldes auf die durch Belichtung vergrößerte Dielektrizitätskonstante des ZnSCu-Phosphors. ZS. f. Phys. Bd. 16, S. 29—33.

302. IVES, H. E.: The velocities of emission of photoelectrons in the normal and selective photoelectric effect. Phys. Rev. (2) Bd. 21, S. 713—714. (106)

303. — The variation of contact potential difference with temperature in potassium, measured photo-electrically. Phys. Rev. (2) Bd. 21, S. 478. (70)

304. KAHLER, H.: The photoelectrical properties of heated oxides. Phys. Rev. (2) Bd. 21, S. 213—214.

305. — The photoelectrical properties of the phosphors. Phys. Rev. (2) Bd. 21, S. 214—215.

306. KENNARD, E. H. and C. MOON: The photoelectromotive effect in selenium. Phys. Rev. (2) Bd. 21, S. 374—375. (276)

307. Klemperer, O.: Über die lichtelektr. Geschwindigkeitsverteilung. ZS. f. Phys. Bd. 16, S. 280–299. (15, 32, 34 f)
308. Krüger, F. und A. Ehmer: Über die lichtelektr. Empfindlichkeit von wasserstoffbeladenen Palladium-Silberlegierungen. ZS. f. Phys. Bd. 14, S. 1–5. (63)
309. Kunz, J. und E. H. Williams: The photoelectric effect of caesium vapor. Phys. Rev. (2) Bd. 22, S. 456–460.
310. Langmuir, J.: A new photo-electric effect: reflection of electrons induced by light. Science (N. S.) Bd. 58, S. 398–400. (140)
311. Lindemann, F. A.; Lodge, O. J.: Gravitation and Light-Pressure in Spiral nebulae. Nature Bd. 111, S. 806; 702.
312. Peter, F.: Über Brechungsindices und Absorptionskonstanten usw. des Diamanten. ZS. f. Phys. Bd. 15, S. 358—368. (131, 151)
313. Poole, J. H. J.: The variation of the photoelectric activity of a potassium ferrocyanide solution with the concentration of the solution. Phil. Mag. (6) Bd. 45, S. 895–906.
314. Prel, G. du: Über Verstärkung von photoelektr. und Ionisationsströmen mittels der Elektronenröhre. Ann. d. Phys. (4) Bd. 70, S. 199–224. (127)
314a. Rupp, E.: Über Leitfähigkeitserregung bei Hitzeaustreiben der Phosphore. Ann. d. Phys. (4) Bd. 70, S. 391—404. (210)
315. Schleede, A. und H. Gantzkow: Röntgenographische Untersuchung lumineszenzfähiger Systeme. ZS. f. phys. Chem. Bd. 106, S. 37–48. (210)
316. Schoen, A. L.: An adaptation of the thalofide cell to the measurement of photographic densities. Journ. Opt. Soc. Amer. Bd. 7, S. 483–490. (186)
317. Schottky, W.: Lichtelektr. Ströme von 100 Ampere? Erwiderung. Phys. ZS. Bd. 24, S. 350–352.
318. Shenstone, A. G.: The effect of currents on the photoelectric sensitivity of metals. Phil. Mag. (6) Bd. 45, S. 918–926. (76)
319. Suhrmann, R.: Die Abhängigkeit der Elektronenemission von der Gasbeladung der Metalle. ZS. f. techn. Phys. Bd. 4, S. 304–313.
320. – Der Einfluß der Gasbeladung auf die thermische und lichtelektr. Elektronenemission des Pt und Ta. ZS. f. Phys. Bd. 13, S. 17–34. (38, 43, 65)
321. Timpanaro, Seb.: Esperienze di fotoelettricità. Lincei Rend. (5) Bd. 32, S. 225–227.
322. Tucker, F. G.: Effect of heat treatment on the photoelectric emission from platinum. Phys. Rev. (2) Bd. 22, S. 574–581. (40, 55)
323. Tykocinski-Tykociner, J. and J. Kunz: Photoelectric cells with hot filaments. Phys. Rev. (2) Bd. 21, S. 210–211. (100)
324. Vegard, L.: Das Nordlichtspektrum und die Konstitution der oberen Atmosphärenschichten. ZS. f. Phys. Bd. 16, S. 367–370.
325. Volmer, Fr.: Lichtelektr. Untersuchungen an Salzlösungen. Auszug aus Dissert. Münster.
326. Webb, H. W.: Duration of the 4,9 volt resonance radiation in mercury vapour. Phys. Rev. (2) Bd. 21, S. 719.

327. Weigert, F.: Zur Begründung des Einsteinschen Äquivalentgesetzes und über seine Bedeutung für photochemische und chemische Vorgänge. ZS. f. Phys. Bd. 14, S. 383–409. (216)
328. Welo, L. A.: Some photoelectric experiments on Pt relating to the influence of gases. Phil. Mag. (6) Bd. 45, S. 593–609. (65)
329. Wilde, R.: Einfluß der Belichtung auf die Dielektrizitätskonstante eines ZnSCu-α-Phosphors. ZS. f. Phys. Bd. 15, S. 350–358. (212)
330. Williamson, R. C.: The jonization of potassium vapor by light. (Vorl. Ber. 1922.) Phys. Rev. (2) Bd. 21, S. 107–121. (222)
331. Wilson, C. T. R.: Investigations on X-rays and β-rays by the cloud methode. Proc. Roy. Soc. London (A) Bd. 104, 1—24, S. 192–212. (40, 245—255)
332. Young, A. F. A.: The thermionic and photoelectric properties of the electropositive metals. Proc. Roy. Soc. London (A) Bd. 104, S. 611–639.

1924.

333. Athanasiu, G.: Action calorifique du rayonement sur les metaux plongés dans des solutions de leurs sels. C. R. Bd. 178, S. 561–563. (272)
334. — Forces électromotrices produites par la lumière sur les métaux plongés dans des solutions de leur sels. C. R. Bd. 178, S. 386–388. (272)
335. Audubert, R.: Action de la lumière visible sur les électrodes. Journ. de phys. et le Radium (6) Bd. 5, S. 19–22. (272)
336. Baeyer, O. v. und W. Kutzner: Versuche mit der Glimmlampe als Zählkammer. ZS. f. Phys. Bd. 21, S. 46–49.
337. Barton, V. P.: Light sensitivity of cuprous oxide and of selenium. Phys. Rev. (2) Bd. 23, S. 337–344. (272)
338. Becker, J. A.: Soft X-rays and secondary electrons. Phys. Rev. (2) Bd. 24, S. 478–485.
339. Bingel, J.: Über lichtelektr. Wirkung in Steinsalzkristallen. ZS. f. Phys. Bd. 21, S. 229–241. (166)
340. Bothe, W.: Die Emissionsrichtung durch Röntgenstrahlen ausgelöster Photoelektronen. ZS. f. Phys. Bd. 26, S. 59–73. (248)
341. — Theoretische Betrachtungen über den Photoeffekt. ZS. f. Phys. Bd. 26, S. 74–84. (255)
342. Broglie, M. et L. de: Sur la vérification expérimentale des projections d'électrons prévues, lors de la diffusion des rayons X, par les considérations de Compton et Debye. C. R. Bd. 178, S. 383–384.
343. Bubb, F. W.: Direction of ejection of photoelectrons by polarized X-rays. Phys. Rev. (2) Bd. 23, S. 137–143. (252)
344. Coblentz, W. W.: Some new thermoelectrical and actinoelectrical properties of molybdenite. Scient. Pap. Bureau of Stand. Nr. 486, 44 S (185)
345. Curie, M.: Effet photoélectrique et phosphorogène. C. R. Bd. 178, S. 2244 bis 2246.
346. — Effet photoélectrique et température. C. R. Bd. 179, S. 105–108.
347. Dümpelmann, R. und W. Hein: Beiträge zur Kenntnis des lichtelektr. Effektes. ZS. f. Phys. Bd. 22, S. 368–383. (63, 76)

348. Farwig, K.: Zur Frage des normalen und selektiven Photoeffektes der Alkalimetalle. ZS. f. Phys. Bd. 21, S. 38–45. (28, 92, 94, 96)

349. Ferrié, G., R. Jouaust et R. Mesny: L'amplification du courant des cellules photoélectriques ou moyen des lampes à plusieurs électrodes. C. R. Bd. 178, S. 1117–1120. (127)

350. Fricke, H. und O. Glasser: Über die durch Röntgenstrahlen in Elementen niederen Atomgewichtes ausgelösten sekundären Elektronen. ZS. f. Phys. Bd. 29, S. 374–382. (251)

351. Garrison, A.: The behavior of silver jodide in the photovoltaic cell. Journ. phys. Chem. Bd. 28, S. 333—345. (271)

352. Greinacher, H.: Über die akustische Beobachtung und galvanometrische Registrierung von Elementarstrahlen und Einzelionen. ZS. f. Phys. Bd. 23, S. 361–378.

353. Grube, G. und L. Baumeister: Über den Einfluß von Licht und Röntgenstrahlen auf anodisch polarisierte Platinelektroden. ZS. f. Elektrochem. Bd. 30, S. 322–332.

354. Grumbach, A.: Sur le rôle de l'ionisation dans les piles à liquide-fluorescent. C. R. Bd. 179, S. 623–625. (273)

355. Gudden, B. und R. Pohl: Zum Mechanismus des lichtelektr. Primärstromes in Kristallen. ZS. f. Phys. Bd. 30, S. 14–23.

356. – – Über elektr. Leitfähigkeit bei Anregung und Lichtemission von Phosphoren. ZS. f. Phys. Bd. 21, S. 1–8. (154, 210)

357. Guthnick, P.: Ein neues lichtelektr. Sternphotometer. ZS. f. Instrkde. Bd. 44, S. 303–310. * (131)

358. Hamer, R.: Photoelectric tresholds of elements under ordinary conditions. Journ. Opt. Soc. Amer. Bd. 9, S. 251–257. (40)

359. Hornbeck, J. W.: The photoelectric response of potassium at low temperature. Phys. Rev. (2) Bd. 24, S. 631–638. (69)

360. Hyatt, J. M.: The modification of the thermionic current in vacuum tubes when potassium deposited on the inside walls or grid of the tube is illuminated. Phys. Rev. (2) Bd. 23, S. 501–506.

361. Jauncey, G. E. M.: Photoelectrons and a corpuscular quantum theory of the scattering of X-rays. Nature Bd. 113, S. 196.

362. – On the chance of an electron being ejected photoelectric ally from an atom by X-rays. Phil. Mag. (6) Bd. 48, S. 81–88.

363. Ives, H. E.: Photoelectric properties of thin films of alkali metals. Astrophys. Journ. Bd. 60, S. 209–230. (86, 99)

364. – The variation with temperature of the photoelectric effect in potassium photoelectric cells. Journ. Opt. Soc. Amer. Bd. 8, S. 551–580. (102)

365. – and A. J. Johnsrud: The normal and selective photoelectric effect in the alkali metals and their alloys. Astrophys. Journ. Bd. 60, S. 231–242. (29, 92, 103)

366. Kasarnowsky, J.: Zur Frage der Lichtempfindlichkeit des Selens. Journ. d. russ. phys.-chem. Ges., phys. Teil Bd. 56, S. 551–554 (russ.). *

367. Kirchner, F.: Zur Theorie des lichtelektr. Effektes. Phys. ZS. Bd. 25, S. 303–306.

368. Küstner, H.: Die Empfindlichkeit der Selenzelle auf Röntgenstrahlen verschiedener Wellenlänge. ZS. f. Phys. Bd. 27, S. 124–137. (261)

369. Lambert, P. et D. Chalonge: Microphotometre enregistreur a cellule photoelectrique. Rev. d'Opt. Bd. 5, S. 404—420. (129)
370. Lenz, H.: Über den Halleffekt des lichtelektrischen Primärstromes bei isolierenden Kristallen. Phys. ZS. Bd. 25, S. 435—439. (154)
371. Leontiew, K.: Spektralverteilung der Empfindlichkeit eines photogalvanischen Elementes. Mitt. üb. wiss.-techn. Arbeiten i. d. Republ. (russ.) Bd. 13, S. 8—9. *
372. Lukirrky, P.: Über weiche Röntgenstrahlen. ZS. f. Phys. Bd. 22, S. 351 bis 367. (266)
373. Martin, S. L.: The change of resistance of molybdenite due to light. Journ. Proc. Roy. Soc., New South Wales Bd. 58, S. 150—156.
374. Merritt, E.: The effect of light on the behavior of selenium contact rectifiers. Phys. Rev. (2) Bd. 23, S. 555. (275)
375. Milne, E. A.: Statistical equilibrium in relation to the photoelectric effect and its application to the determination of absorption coefficients. Phil. Mag. (6) Bd. 47, S. 209—241.
376. Moss, F. K.: The measurement of candle-power by means of the photoelectric cell. Gen. Electr. Rev. Bd. 27, S. 592—601. *
377. Oschwald, U. A. und A. G. Tarrant: A new photoelectric and jonisation effect. Proc. Phys. Soc. Bd. 36, S. 241—252. *
378. Osgood, Th. H.: The variation in photoelectric activity with wave-length for certain metals in air. Proc. Edinburgh Bd. 44, S. 8—13.
379. Piersol, R. J.: Symmetry of incident and emergent photoelectronic velocities. Phys. Rev. (2) Bd. 23, S. 144—152. (84)
380. Predwoditelew, A. und N. Netchaewa: Über die Wirkung der Schichtdicke auf den photoelektr. Effekt in Farbstoffen. ZS. f. Phys. Bd. 29, S. 332—342. (111)
381. Regno, W. del: Sull' emissione fotoelettrica del Selenio. Lincei Rend. (5) Bd. 33, S. 163—167. *
382. Richardson, O. W.: Photoelectric and photochemical activity. Phil. Mag. (6) Bd. 47, S. 975—976.
383. Ritzmann, O. F. and W. R. Ham: Preliminary report on the variation of the photoelectric effect with temperature. Phys. Rev. (2) Bd. 23, S. 773.
384. Rogers, R. A.: On the resistance of thin metallic films and foils when exposed to X-rays. Phys. Rev. (2) Bd. 23, S. 114. (261)
385. Samuel, R.: Über Ionisation von Kaliumdampf durch Licht. ZS. f. Phys. Bd. 29, S. 209—213. (222)
386. Seitz, W.: Über die Asymmetrie der Entladung von Röntgenelektronen. Phys. ZS. Bd. 25, S. 546—550. (247)
387. Simons, L.: The X-ray emission of electrons from metal films, with special reference to the region of the absorption limit. Proc. Phys. Soc. London Bd. 37, S. 58—71. *
388. Skobelzyn, D.: Über eine Art der Sekundärstrahlung der γ-Strahlen. ZS. f. Phys. Bd. 24, S. 393—399. (250)
389. Steinberg, D. S.: Photoelektr. Effekt in Molybdenitkristallen. Journ. d. russ. phys. u. chem. Ges., phys. Teil Bd. 56, S. 572—580 (russ.). *

390. Terenin, A.: Über eine photographische Methode im Ultrarot. ZS. f. Phys. Bd. 23, S. 294—297. (217)

391. Tycokinski-Tykociner, J. and J. Kunz: A new photoelectric cell. Science Bd. 59, S. 320—321. (100)

392. Wasser, E.: Der photoelektr. Effekt an submikroskopischen Quecksilberkugeln. ZS. f. Phys. Bd. 27, S. 203—225. (138)

1925.

393. Albers, V. M.: A new photoelectric valve. Phys. Rev. (2) Bd. 25, S. 248. (100)

394. — Investigation of photoelectric valve coated with potassium. Phys. Rev. (2) Bd. 26, S. 671—677. (100)

395. Arnulf, A.: Sur l'ionisation de la vapeur de potassium sous l'influence de la lumière visible. C. R. Bd. 180, S. 1259—1262.

396. Athanasiu, G.: Sur la sensibilité des actinomètres à électrodes de mercure. C. R. Bd. 180, S. 587—589. Berichtigung Bd. 181, S. 1974. (272)

397. — Sur la sensibilité des actinomètres à électrodes recouvertes d'jodure d'argent et d'oxyde de cuivre. C. R. Bd. 181, S. 101—103. (272)

398. Audubert, R.: Action de la lumière visible sur les électrodes. Journ. de phys. et le Radium Bd. 6, S. 313—322. (272)

399. Auger, P.: Sur les rayons β secondaires produits dans un gaz par des rayons X. C. R. Bd. 180, S. 65—68.

400. — Sur l'étude expérimentale des directions d'émission des photoélectrons. C. R. Bd. 180, S. 1939—1943. (247)

401. — et F. Perrin: Considérations théoriques sur les directions d'émission des photoélectrons. C. R. Bd. 180, S. 1742—1744.

402. — Recherches sur les émissions corpusculaires provoquées dans les gaz par les rayons X. Journ. chim. phys. Bd. 22, S. 384—385.

403. — Sur l'effet photoélectrique composé. Journ. de phys. et le Radium Bd. 6, S. 205—208. (255)

404. Bartlett, R. S.: Photoelectric sensitivity of metals at low temperatures. Phys. Rev. (2) Bd. 25, S. 247.

405. — Photo resistance effect for metals at low temperatures. Phys. Rev. (2) Bd. 26, S. 247—255.

406. Basilewitsch, B. B.: Theorie des Photoeffektes in dünnen Schichten. Journ. d. russ. phys.-chem. Ges., phys. Teil Bd. 56, S. 421—426 (russ.). *

407. Becker, A.: Die lichtelektr. Wirkung der Gesamtstrahlung fester Körper. Ann. d. Phys. (4) Bd. 78, S. 83—111. (30, 52)

408. Bergmann, L.: Eine Bemerkung zur Demonstration des Photoeffektes mit der Glimmlampe. Phys. ZS. Bd. 26, S. 469. (134)

409. Bridge, L. A. du: Positive rays produced by ultraviolet light. Phys. Rev. (2) Bd. 25, S. 201—207. (138)

410. Broglie, M. de: Les rayons γ de haute énergie et leur effet photoélectrique. Nature Bd. 115, S. 461.

411. Bubb, F. W.: A quantum theory on the asymmetries in the direction of ejection of photoelectrons. Phil. Mag. (6) Bd. 49, S. 824—838.

412. Burt, R. C.: Constancy of total photo-current from Sodium with temperature change 20° C to −190° C. Phil. Mag. (6) Bd. 49, S. 1168—1176. (69)
413. Chien Cha: On the incident and emergent velocities of photo-electrons emitted from thin Platinum films. Phil. Mag. (6) Bd. 49, S. 262—272. (40, 47, 60, 84)
414. Compton, A. H. and A. W. Simon: Directed quanta of scattered X-rays. Phys. Rev. (6) Bd. 26, S. 289—299. (246—251)
415. — Measurements of β-rays associated with scattered X-rays. Phys. Rev. Bd. 25, S. 306—313.
416. Curie, M.: Effet photoélectrique et phosphorogène. Journ. chim. phys. Bd. 22, S. 45—47. (Vgl. 1924.)
417. De Foe, O. K.: Longitudinal asymmetry in the direction of ejection of photoelectrons. Phil. Mag. (6) Bd. 49, S. 817—824. (247)
418. Dember, H.: Über eine Beeinflussung der lichtelektr. Elektronenemission durch Bestrahlung mit Kathodenstrahlen. ZS. f. Phys. Bd. 33, S. 529 bis 532. (72)
419. Döpel, R.: Über den selektiven Photoeffekt an Strontium. ZS. f. Phys. Bd. 33, S. 237—245. (40, 100)
420. Dunn, H. K.: The effect of minute surface impurities upon the photoelectric long wave-length limit of mercury. Phys. Rev. (2) Bd. 25, S. 717—718.
421. Dunbar, R. T.: The J-phenomena and the quantum-theory of scattering of X-radiation. Phil. Mag. (6) Bd. 49, S. 210—236.
422. Ferrié, G. et R. Jouaust: L'emploi des cellules photoélectriques à l'observation et à l'entretien des pendules astronomiques. C. R. Bd. 180, S. 1145—1148.
423. Flechsig, W.: Zur Kenntnis des lichtelektr. Primärstromes in Kristallen. ZS. f. Phys. Bd. 33, S. 372—390. (146, 165)
424. Foote, P. D. and F. L. Mohler: Photoelectric ionization of Caesium vapor. Phys. Rev. (2) Bd. 26, S. 195—207. (223)
425. Fricke, H.: Comptons Theory of X-ray scattering. Nature Bd. 116, S. 430 bis 431.
426. — O. Glaser and K. Rothstein: An experimental determination of the true absorption of hard X-rays in water. Phys. Rev. (2) Bd. 25, S. 581.
426a. Frum, A.: Zur lichtelektrischen Leitung und Phosphorescenz von NaCl-Kristallen. Dissert. Göttingen 26 S. (210)
427. Garrison, A.: The photomagnetic properties of the silver halides. Journ. Amer. Chem. Soc. Bd. 47, S. 622—626.
428. Greinacher, H.: Die Demonstration des Photoeffektes mit der Glimmlampe. Phys. ZS. Bd. 26, S. 376—379.
429. Gross, Fr.: Über den selektiven lichtelektr. Effekt an Metallschichten verschiedener Herstellungsart. ZS. f. Phys. Bd. 31, S. 637—646. (25, 96)
430. Grumbach, A.: Les phénomènes de surface dans les éléments photovoltaiques à liquide fluorescent. C. R. Bd. 180, S. 1102—1105. (273)
431. Gudden, B. und R. Pohl: Über lichtelektr. Leitung im Selen. ZS. f. Phys. Bd. 35, S. 243—259. (197)

432. Gudden, B. und R. Pohl: Über den lichtelektr. Primärstrom in NaCl-Kristallen. ZS. f. Phys. Bd. 31, S. 651–665. (104, 170, 213)

433. — — Zum Nachweis des selektiven Photoeffektes. ZS. f. Phys. Bd. 34, S. 245–248.

434. — — Zur lichtelektr. Leitung bei tiefen Temperaturen. ZS. f. Phys. Bd. 34, S. 249–254. (152)

435. Gyulay, Z.: Zum Absorptionsvorgang in lichtelektr. leitenden NaCl-Kristallen. ZS. f. Phys. Bd. 33, S. 251–260. (168)

436. — Zur lichtelektr. Leitung von NaCl-Kristallen. ZS. f. Phys. Bd. 31, S. 296–304.

437. — Zum Quantenäquivalent bei der lichtelektr. Leitung von NaCl-Kristallen. ZS. f. Phys. Bd. 32, S. 103–110. (166, 170)

438. Hamer, R.: Photoelectric tresholds and the quantum theory. Phys. Rev. (2) Bd. 25, S. 584.

439. — Comparison of the thermionic work functions and the photoelectric tresholds. Phys. Rev. (2) Bd. 25, S. 894.

440. — A relation between the absorption coefficient, the refractive indexes and the photoelectric tresholds. Phys. Rev. (2) Bd. 25, S. 894.

441. — „Raies ultimes“ an photoelectric tresholds. Phys. Rev. (2) Bd. 26, S. 286.

442. — The reflecting powers of elements in the ultraviolet and the photoelectric tresholds. Phys. Rev. (2) Bd. 26, S. 285.

443. — Photoelectric tresholds of the second group an the quantum theory. Journ. Opt. Soc. Amer. Bd. 11, S. 129.

444. Herrmann, K.: Über den Einfluß der Gasbeladung auf die lichtelektr. Elektronenemission und die elektr. Leitfähigkeit des Platins. Ann. d. Phys. (4) Bd. 77, S. 503–536. (65)

445. Holmes, R. M.: The effect of light on the thermoelectric power of selenium. Phys. Rev. (2) Bd. 25, S. 826–834. (277)

446. Janitzky, A.: Über die Bedeutung des Gasgehaltes von Metallen für einige elektr. Erscheinungen. ZS. f. Phys. Bd. 31, S. 277–295.

447. Jauncey, G. E. M.: Quantum theory of the unmodified spectrum line in the Compton effect. Phys. Rev. (2) Bd. 25, S. 314–321. (247)

448. Ives, H. E. and A. L. Johnsrud: The influence of temperature on the photoelectric effect of the alkali metals. Journ. Opt. Soc. Amer. Bd. 11, S. 565–579. (69, 102)

449. — — Electrical and photoelectrical properties of thin films of Rubidium on glass. Astrophys. Journ. Bd. 62, S. 309—319.

450. Kazda, C. B.: The photoelectric treshold for mercury. Phys. Rev. (2) Bd. 26, S. 643–654. (40)

451. Koch, P. P. und H. Vogler: Über die Ausscheidung von Silber aus Silberhalogeniden durch intensive Belichtung. Ann. d. Phys. (4) Bd. 77. S. 495—502. (114, 216)

451a. — und B. Kreiss: Über die Massenänderung von Silberhalogeniden bei intensiver Belichtung. ZS. f. Phys. Bd. 32, S. 384—396.

452. Lambertz, A.: Die Demonstration des Photoeffektes mit der Glimmlampe. Phys. ZS. Bd. 26, S. 254. (134)

453. Lawrence, E.: The photoelectric effect in potassium vapor as a function of the frequency of light. Phil. Mag. (6) Bd. 50, S. 345—359. (222)
454. Lenz, H.: Über den Durchgang von Elektronen durch lichtelektr. empfindl. Kristalle. Ann. d. Phys. (4) Bd. 77, S. 449—476. (153, 164)
455. Loughridge, D. H.: The direction of ejection of photoelectrons produced by X-rays. Phys. Rev. (2) Bd. 26, S. 697—700.
456. Merritt, E.: The effect of light on the behaviour of selenim contact rectifiers. Proc. Nat. Acad. Amer. Bd. 11, S. 572—580.
457. Milne, E. A.: Note on Sahas ionization formula, and on the theoretical value of the photoelectric absorption coefficient. Phil. Mag. (6) Bd. 50, S. 547—550.
458. Morison, C. G. T.: The effect of light on the settling of suspensions. Proc. Roy. Soc. London (A) Bd. 108, S. 280—284. *
459. Müller, C.: Registrierapparat zur direkten Aufnahme von Durchlässigkeitskurven absorbierender Substanzen und spektraler Effekte. ZS. f. Phys. Bd. 34, S. 824—832. (130)
460. Nielsen, J. R.: On the influence of temperature upon the photoelectric effect. Phys. Rev. (2) Bd. 25, S. 30—40.
461. Piccard, A.: Le spectre continu et le spectrographe à rayons gamma de M. Thibaud. Journ. de phys. et le Radium (6) Bd. 6, S. 334.
462. Popesco, J. G.: Les propriétés capillaires et photoélectriques du mercure. Ann. de phys. (10) Bd. 3, S. 402—465.
463. Research Staff of the General Electric Co., London: Photoelectric Colour matching. Journ. scient. instr. Bd. 2, S. 177—187.
464. Richardson, O. W. and A. F. A. Young: The thermionic work functions and photoelectric tresholds of the Alkali metals. Proc. Roy. Soc. London (A) Bd. 107, S. 377—410. (40)
465. Rössiger, M.: Die Photozelle im Hochfrequenzschwingungskreis, ein Vorlesungsversuch. Festschrift Clausthal S. 342—344.
466. Rouse, G. F. and G. W. Giddings: Ionization of mercury vapour by ultraviolet light. Proc. Nat. Acad. Amer. Bd. 11, S. 514—517. (226)
467. Satyendra Ray: Über den Mechanismus der lichtelektr. Wirkung. ZS. f. Phys. Bd. 33, S. 231—236.
468. Sbrana, F.: Di'mi equazione integrale, che si presenta nella teoria statistica dell' effetto fotoelettrico. Lincei Rend. (6) Bd. 1, S. 157—162. *
469. Schaum, K. und W. Schleussner: Über photochemische Potentialänderungen. ZS. f. wiss. Photogr. Bd. 23, S. 319—324.
470. Seitz, W.: Über die Asymmetrie der Entladung von Röntgenelektronen. Phys. ZS. Bd. 26, S. 610—615. (247)
471. Suhrmann, R.: Rote Grenze und Austrittsarbeit lichtelektr. Elektronen. ZS. f. Phys. Bd. 33, S. 63—84. (28, 31. 38 ff, 46, 60, 69)
472. Taubes, S.: Über die Bestimmung der langwelligen Grenze des lichtelektr. Effektes an Quecksilber. Ann. d. Phys. (4) Bd. 76, S. 629—672. (20, 140)
473. Thibaud, J.: Les spectres secondaires des rayons gamma: Sur l'origine du fond continu et la variation d'intensité relative des raies. Journ. de phys. et le Radium (6) Bd. 6, S. 334—336.
474. Thomas, Ch. H.: Soft X-rays from iron. Phys. Rev. (2) Bd. 25, S. 322 bis 332.

475. Tykocinski-Tykociner, J. and J. Kunz: The production and control of successive ionization by collision in a photoelectric cell. Phys. Rev. (2) Bd. 25, S. 245—246.
476. Valentiner, S. und M. Rössiger: Bemerkungen zur lichtelektr. Photometrie. Festschrift Clausthal S. 429—444. (130)
477. Weigel, O.: Der photochemische Zerfall des Realgars. Tscherm. Mitt. Bd. 38, S. 288—308. (163, 216)
478. Weigle, J. J.: Photoelectric treshold and light absorption. Phys. Rev. (2) Bd. 25, S. 893—894.
479. West, W. and E. B. Ludlam: The ionization of jodine vapour by ultraviolet light. Proc. Edinburgh Bd. 45, S. 34—41.
480. Woodruff, A. E.: The variation in the photoelectric emission from platinum. Phys. Rev. (2) Bd. 26, S. 655—670. (40, 59)
481. Yü Chen Yang: Über Messungen im Millikankondensator. Ann. d. Phys. (4) Bd. 76, S. 333—368. (16, 19)
482. Zworykin, V. K.: The thermionic photocell. Phys. Rev. (2) Bd. 25, S. 247.

1926.

483. Auger, P. et F. Perrin: Sur la répartition dans l'espace des directions d'émission des photoélectons. C. R. Bd. 183, S. 277—280.
484. Auger, P.: Sur les rayons électroniques produits dans les gaz par les rayons X. Journ. de phys. et le Radium (6) Bd. 7, S. 12—13.
485. Arsenjewa, A.: Über die lichtelektr. Leitfähigkeit im Steinsalz. SZ. f. Phys. Bd. 37, S. 701—704. (154, 167)
486. Baker, T. Th.: The sensitivity of selenium cells. Nature Bd. 117, S. 858 bis 859.
487. Bothe, W.: Die Absorption der Röntgenstrahlen vom klassischen Standpunkt. ZS. f. Phys. Bd. 40, S. 653—660.
488. Bouty, E.: Photomètre photoélectrique stellaire. Rev. d'opt. Bd. 5, S. 31 bis 36. *
489. Bridge, L. A. du: Variations in the photoelectric sensitivity of platinum. Proc. Nat. Acad. Amer. Bd. 12, S. 162—168. (40)
490. Compton, K. T. and C. H. Thomas: Soft X-rays: Improvements in technique and new results for C, Cu and W. Phys. Rev. (2) Bd. 28, S. 601—612. (267)
491. Crew, W. H.: An effect of light on the electron emission from hot filaments. Phys. Rev. (2) Bd. 28, S. 1265—1274.
492. Dijck, W. J. D. van: Der Becquereleffekt an Kupferoxydelektroden. ZS. f. phys. Chem. Bd. 120, S. 282—290.
493. Flechsig, W.: Zur Lichtabsorption in verfärbten Alkalihalogeniden. ZS. f. Phys. Bd. 36, S. 605—614.
494. Fleischer, R. und H. Dember: Über die lichtelektr. Elektronenemission und das optische Reflexionsvermögen des Kaliums in Abhängigkeit vom Gasgehalt. ZS. f. techn. Phys. Bd. 7, S. 133—137. (100, 106)
495. Giddings, G. W. and G. F. Rouse: Ionization of mercury vapor as a function of the intensity of exciting light. Proc. Nat. Acad. Amer. Bd. 12, S. 447—448. (226)

496. Glass, M. S.: Variation with temperature of the work function of oxyd coated platinum. Phys. Rev. (2) Bd. 28, S. 521—523.
497. Goldschmidt, H. und H. Dember: Der Absorptionskoeffizient des Lichtes und der Photoelektronen für kathodisch zerstäubtes Platin. ZS. f. techn. Phys. Bd. 7, S. 137—146. (80, 82)
498. Goos, F. und P. P. Koch: Photozelle und Thermoelement. Phys. ZS. Bd. 27, S. 41—42. (129)
499. Greinacher, H.: Zur Demonstration des Photoeffektes mit der Glimmlampe. II. Phys. ZS. Bd. 27, S. 402—404. (134)
500. Grumbach, A.: On the origin of the E. M. F. of a photoelectric cell containing a fluorescent electrolyte. Phil. Mag. (7) Bd. 2, S. 313. (218, 243)
501. Gudden, B. und R. Pohl: Über den scheinbaren Antagonismus kurzer und langer Wellen bei der lichtelektr. Wirkung. ZS. f. Phys. Bd. 37, S. 881—888. (149)
502. Gyulai, Z.: Lichtelektr. und optische Messungen an blauen und gelben Steinsalzkristallen. ZS. f. Phys. Bd. 35, S. 411—420. (166)
503. — Über die Vorgänge der Erregung der Lichtabsorption in Kristallen. ZS. f. Phys. Bd. 39, S. 636—643.
504. Hales, W. B.: Long wave length limit of mercury. Phys. Rev. (2) Bd. 27, S. 809.
505. Hall, E. H.: Note on the temperature relation of photoelectric emission and thermionic emission of electrons. Proc. Nat. Acad. Amer. Bd. 12, S. 486—488.
506. Harrison, T. H.: A study of the concurrent variations in the thermionic and photoelectric emission from platinum and tungsten with the state of the surfaces of these metals. Proc. Phys. Soc. London Bd. 38, S. 214—233. * (40)
507. Hilsch, R. und R. Ottmer: Zur lichtelektrischen Wirkung in natürlichem blauen Steinsalz. ZS. f. Phys. Bd. 39, S. 644—647.
508. Hlučka, Fr.: Die periodischen Effekte dünner Schichten vom Standpunkt des Grenzproblems der elektromagnetischen Theorie. ZS. f. Phys. Bd. 38, S. 589—599. (83, 111)
509. Ives, H. E.: The alkali metal photoelectrical cell. Bell Syst. Techn. Journ. Bd. 5, S. 320—335. (123)
510. — Photoelectric properties of thin films of alcali metal. II. Phenomena at high temperatures. Astrophys. Journ. Bd. 64, S. 128—135. (86f, 140)
511. Kaempf, F.: Über einen neuen Leitfähigkeitseffekt beim Zusammenwirken von blauem und rotem Licht und über einen Fall von mehr als proportionalem Anstieg der Leitfähigkeit mit der Lichtstärke bei tiefen Temperaturen. ZS. f. Phys. Bd. 38, S. 104—115. (188, 191, 194)
512. Kirchner, F.: Experimentelles über Streu- und Absorptionsprozeß bei polarisierten Röntgenstrahlen. Verh. d. D. Phys. Ges. (3) Bd. 7, S. 22. (252)
513. — Experimentelle Untersuchungen über die Richtungsverteilung der von Röntgenstrahlen ausgelösten Elektronen. Phys. ZS. Bd. 27, S. 799—801. (252)
514. — Über den Comptoneffekt und lichtelektrischen Effekt an polarisierten Röntgenstrahlen. Phys. ZS. Bd. 27, S. 385—388. (252)

515. KIRCHNER, F.: Über die Richtungsverteilung der von polarisierten Röntgenstrahlen ausgelösten Elektronen. (1. Mitteilung). Ann. d. Phys. (4) Bd. 81, S. 1113—1128. (252)
516. KURRELMEYER, B.: The use of arcs and other fluctuating sources in photoelectric photometry. Nature Bd. 117, S. 657.
517. LAWRENCE, E. O.: Transition probabilities. Their relation to thermionic emission and the photoelectric effect. Phys. Rev. (2) Bd. 27, S. 555 bis 561.
518. LORENZ, E. J.: The so-called positive photo-electric emission (inverse effect) and the reality of the sub-electron. Phil. Mag. (7) Bd. 1, S. 499—509. (140)
519. LUKIRSKY, P., N. GUDRIS und L. KULIKOWA: Photoeffekt an Kristallen. ZS. f. Phys. Bd. 37, S. 308—318. (21, 114)
520. MENDENHALL, C. E.: Electronic phenomena at the surface of metals. Journ. Franklin Inst. Bd. 201, S. 269—278.
521. MOHLER, F. L.: Photojonization of a gas by a discharge in the same gas. Phys. Rev. (2) Bd. 28, S. 46—56. (230)
522. — A photo-jonization experiment with hydrogen. Proc. Nat. Acad. Amer. Bd. 12, S. 494—496. (230)
523. — P. D. FOOTE and R. L. CHENAULT: Photojonization and relative absorption probabilities of caesium vapor. Phys. Rev. (2) Bd. 27, S. 37—50. (225)
524. MURDOCK, C. C.: The location of the electromotive force in a photo-active cell containing a fluorescent electrolyte. Proc. Nat. Acad. Amer. Bd. 12, S. 504—508. (273)
525. POLVANI, G.: Probabilità di liberazione posseduta dagli elettroni nell' effetto fotoelettrico. Cim. (N. S.) Bd. 3, S. 319—333.
526. PREDWODITELEW, A. und A. WITT: Zur Frage nach der photoelektr. Ermüdung. ZS. f. Phys. Bd. 35, S. 783—791. (67)
527. — und G. JOFFE: Der Einfluß des adsorbierten Gases auf die Größe des photoelektr. Effektes. ZS. f. Phys. Bd. 38, S. 280—288.
528. RIETSCHEL, O.: Über den lichtelektr. Effekt im extremen Vakuum und in Abhängigkeit vom Druck. Ann. d. Phys. (4) Bd. 80, S. 71—108.
529. ROSING, B. L.: Ungedämpfte Schwingungen in Photozellen und ihre Anwendungen. Trans. Leningrad Electr. Res. Lab. 1926, S. 13—30 (russ.) *.
530. ROY, S. C.: On the total photo-electric emission of electrons from metals as a function of temperature of the exciting radiation. Proc. Roy. Soc. London (A) Bd. 112, S. 599—630. (29, 40, 51)
531. RUMPF, E.: Über die lichtelektr. Empfindlichkeitsverteilung und die rote Grenze. ZS. f. Phys. Bd. 37, S. 165—171.
532. SCHLIVITCH, S.: Sur les piles photovoltaiques à électrodes inaltérables. C. R. Bd. 182, S. 891—893. (273)
533. SLACK, F. G.: The duration of radiation excited in hydrogen by 10,2 volt electron impacts. Phys. Rev. (2) Bd. 28, S. 1—12.
534. SMEKAL, A.: Zur Molekulartheorie der Festigkeit und der Verfestigung. ZS. f. techn. Phys. Bd. 7, S. 535—544.
534a. — Zum optischen Nachweis von Lockerstellen im Molekularbau der Realkristalle. Wiener Anz. 1926, S. 195—197. (150, 216)

535. Steinberg, D. S.: Lichtelektr. Erscheinungen und unipolares Leitvermögen in Molybdänitkristallen. Ukrain. Phys. Abh. Bd. 1, S. 44—50 (russ.). *
536. Steinke, E.: Natürliche Schwankung schwächster Photoströme. ZS. f. Phys. Bd. 38, S. 378—403. (24)
537. Thirring, H.: Demonstration of selenium cells. Proc. Phys. Soc. Bd. 39, S. 97. *
538. Uspensky, A. W.: Über die Abhängigkeit der Zahl der Lichtelektronen von der Wellenlänge und der Intensität des Lichtes. ZS. f. Phys. Bd. 40, S. 456—473. (30)
539. Welo, L. A.: The photoelectric emission from platinum as influenced by heating. Phil. Mag. (7) Bd. 2, S. 463—473. (65)
540. Wentzel, G.: Zur Theorie des photoelektr. Effektes. ZS. f. Phys. Bd. 40, S. 574—589. (255)
541. Wise, W. H.: The effect of recombination on the primary photoelectric current from a crystal. Phys. Rev. (2) Bd. 28, S. 57—73. (149)
542. Zimmermann, W.: Über lichtelektr. Untersuchungen an der Flüssigkeitsoberfläche. Ann. d. Phys. (4) Bd. 80, S. 329—348.

1927.

543. Akulov, N.: Über den Einfluß der stehenden Wellen in dünnen Schichten auf die Photostromstärke. ZS. f. Phys. Bd. 41, S. 920—926. (83, 111)
544. Audubert, R.: Radiochimie et photoélectricité. Journ. chim. phys. Bd. 24, S. 357—369. (272)
545. Auger, P.: Etude expérimentale des directions d'émission des photoélectrons. Journ. de phys. et le Radium (6) Bd. 8, S. 85—92.
546. — et F. Perrin: La répartition dans l'espace des directions d'emission des photoélectrons. Journ. de phys. et le Radium (6) Bd. 8, S. 93—112.
547. Beck, G.: Zur Theorie des Photoeffektes. ZS. f. Phys. Bd. 41, S. 443—452. (255)
548. Bennet, R. D.: Some properties of Geiger counters. Phys. Rev. (2) Bd. 29, S. 363.
549. Bennewitz, W.: Die Variation der Geschwindigkeitsverteilung lichtelektr. Elektronen beim Entgasungs- und Gasbeladungsprozeß an Palladium und Platin. Ann. d. Phys. (4) Bd. 83, S. 913—940. (57, 58)
550. Bhatnagar, S. S.: The selective effect of polarized radiations on certain photo-chemical reactions. Science (N. S.) Bd. 66, S. 359—360.
551. Bothe, W.: Ein Versuch zur magnetischen Beeinflussung des Comptoneffektes. ZS. f. Phys. Bd. 41, S. 872.
552. Bredig, M. A.: Über anomale Dispersion in Alkalihalogenidphosphoren. ZS. f. Phys. Bd. 46, S. 73—79.
553. Bridge, L. A. du: The photoelectric properties of thorougly outgassed platinum. Phys. Rev. (2) Bd. 29, S. 451—465. (59, 68)
554. Coblentz, W. W. and C. W. Hughes: A new selective radiometer of molybdenite. Phys. Rev. (2) Bd. 29, S. 365. (276)
555. Crew, W. H.: An effect of light on the electron emission from hot filaments. Phys. Rev. (2) Bd. 28, S. 1265—1274.
556. Dorno, C.: Zum Gebrauch der Cadmiumzelle für Messungen der ultravioletten Strahlung. Strahlentherapie Bd. 25, S. 351—352. *

557. Dijck, W. J. D. van: Der Becquereleffekt an Kupferoxydelektroden. ZS. f. phys. Chem. Bd. 127, S. 249—301.
558. Ferrié, G. et R. Jouaust: Sur un pendule libre entretenue par un courant photoélectrique et sur son application au problème de l'heure. C. R. Bd. 184, S. 56—58. (132)
559. Fleischer, R.: Über die lichtelektr. Elektronenemission und das optische Absorptionsvermögen des Kaliums in Abhängigkeit vom Gasgehalt des Metalles. Ann. d. Phys. (4) Bd. 82, S. 75—86.
560. — Der Einfluß des Sauerstoffes auf das optische Absorptionsvermögen und auf die lichtelektr. Elektronenemission des Kaliums. Ann. d. Phys. (4) Bd. 82, S. 243—253.
561. Foote, P. D.: Jonization of mercury vapor with λ 2537. Phys. Rev. (2) Bd. 29, S. 609. (227)
562. Fox, I. E., P. Rood and W. Marburger: A laboratory clock with photoelectric signal control, with an application to timing a pendulum by the method of coincidences. Journ. Opt. Soc. Amer. Bd. 15, S. 364—369. (132)
563. Gapon, N. A.: Der Durchmesser der Atome und der photoelektr. Effekt. ZS. f. Phys. Bd. 44, S. 535—536.
564. Grumbach, A.: Sur les éléments photo-voltaiques à glycérine. C. R. Bd. 184, S. 1169—1171. (273)
565. Gudris, N. und L. Kulikowa: Der Photoeffekt an belichteten Salzen. ZS. f. Phys. Bd. 45, S. 801—807. (115)
566. Halban, H. v. und J. Eisenbrand: On the measurement of light absorption. Proc. Roy. Soc. (A) Bd. 116, S. 153—162. (8, 131)
566a. — Photoelectric polarimetry. Nature Bd. 119, S. 85. (131)
567. Hanle, W.: Die Anregungsfunktion von Spektrallinien. Naturwissensch. Bd. 15, S. 832. (132)
567a. Hansen, G.: Lichtelektr. Registrierphotometer, ZS. f. Instr. K. Bd. 38, S. 71—74. (129)
568. Hanson, R. L.: The photo-electromotive force in selenium. Phys. Rev. (2) Bd. 29, S. 924. (276)
569. Heaps, C. W.: The photomagnetic effect in silverchloride and in selenium. Journ. Opt. Soc. Amer. Bd. 15, S. 190—193.
570. Hilsch, R.: Über die ultraviolette Absorption einfach gebauter Kristalle. ZS. f. Phys. Bd. 44, S. 421—430. (114)
571. — Die Absorptionsspektra einiger Alkalihalogenidphosphore mit Tl- und Pb-Zusatz. ZS. f. Phys. Bd. 44, S. 860—870.
572. Hoffmann, G.: Das Verhalten von Stoffen verschiedener Ordnungszahlen gegenüber der Hessschen Ultra-γ-Strahlung und die Eigenart der Elemente. Schriften d. Königsb. Gel. Ges., naturw. Kl. Bd. 4, S. 1—28.
573. Houtermans, F. G.: Zur Frage der lichtelektrischen Jonisierung des Quecksilberdampfes. ZS. f. Physik Bd. 41, S. 619—635. (227)
574. Hulburt, E. O.: Ionisation in the upper atmosphere. Nature Bd. 120, S. 187. (231)
575. Huxley, L. G. H.: Jonisation by collision. Phil. Mag. (7) B. 3, S. 1056. (135)
576. Ives, H. E. and G. R. Stilwell: Photoelectric emission as a function of composition in K-Na- alloys. Phys. Rev. (2) Bd. 29, S. 252—261. (92, 106)

577. KAPLAN, J.: The case "thalofide cell", its use in spectroscopy. Journ. Opt. Soc. Amer. Bd. 14, S. 251—256. (186)
578. KIRCHNER, F.: Über die Schwankungen bei der Absorption und quantenhaften Streuung der Röntgenstrahlen. Ann. d. Phys. (4) Bd. 84, S. 201 bis 210. (260)
579. — Über die Richtungsverteilung der von polarisierten Röntgenstrahlen ausgelösten Elekronen. (2. u. 3. Mitteil.). Ann. d. Phys. (4) Bd. 83, S. 521—534 und Bd. 84, S. 899—906. (252, 254)
580. — Über den Comptoneffekt an gebundenen Elektronen und einige andere Beobachtungen an Nebelkammeraufnahmen harter Röntgenstrahlen in Argongas. Ann. d. Phys. (4) Bd. 83, S. 969—976. (258)
582. KLUGE, JOH.: Einfluß des Gasgehaltes auf die Geschwindigkeitsverteilung lichtelektr. Elektronen bei Platin, Aluminium und Palladium. Ann. d. Phys. (4) Bd. 82, S. 432—448.
583. KOLLER, L. R.: Effect of oxygen on photoelectric emission from potassium. Phys. Rev. (2) Bd. 29, S. 902—903. (62, 102)
584. KÜHLEWEIN, H.: Der ZnSCuα-Phosphor als unvollkommenes Dielektrikum. Erlanger Ber. Bd. 58/59, S. 387—433. (212)
585. KURRELMEYER, B.: Optical absorption and photoelectric conductivity of sulphur crystals. Phys. Rev. (2) Bd. 29, S. 615.
586. LAWRENCE, E. O. and J. W. BEAMS: The instantaneity of the photoelectric effect. Phys. Rev. (2) Bd. 29, S. 903—904. (24)
586a. — — The length of radiation quanta. Phys. Rev. (2) Bd. 29, S. 361 bis 362.
587. LENZ, H.: Elektronenleitung in Kristallen mit besonderer Berücksichtigung der Verhältnisse bei tiefen Temperaturen. Ann. d. Phys. (4) Bd. 82, S. 775—792. (153f, 170)
588. — Die Temperaturabhängigkeit des lichtelektr. Primärstromes im Diamanten. Ann. d. Phys. (4) Bd. 83, S. 941—955. (153, 170)
589. LEUPOLD, H.: Lichtelektr. Untersuchungen an ammoniakbeladenem Platin. Ann. d. Phys. (4) Bd. 82, S. 841—872. (56)
590. LIFSCHITZ, J. und S. B. HOOGHOUDT: Untersuchungen über den Becquereleffekt. I. ZS. f. phys. Chem. Bd. 128, S. 87—109.
591. LITTLE, E. M.: Ionization efficiency of ultraviolet light in caesium vapor. Phys. Rev. (2) Bd. 30, S. 109—118. Berichtig. S. 963—964. (226)
592. LORING, F. H.: Strahlung und der photoelektr. Effekt. Chem. News Bd. 134, S. 129—130. *
593. LUKIRSKY, P.: Elektronengeschwindigkeiten beim Comptoneffekt. ZS. f. Phys. Bd. 42, S. 516—531.
594. MC MAHON, A. M.: New measurements upon the light-sensitiveness of crystalline selenium. Phys. Rev. (2) Bd. 29, S. 219.
595. — The significance of photoelectric conduction in crystals. Phys. Rev. (2) Bd. 29, S. 902.
596. MALLET, L. et R. CLIQUET: Cellule photoélectrique pour la mesure du rayonnement ultraviolet moyen. C. R. Bd. 185, S. 1031—1033. (125)
597. MURDOCK, C. C. and D. W. MURDOCK: The effect of series resistance on the current from a photoactive cell containing a fluorescent electrolyte. Trans. Faraday Soc. Bd. 23, S. 593—600. (273f)

598. Nasledow, D.: Zur Quantentheorie des normalen photoelektr. Effektes. Phys. ZS. Bd. 28, S. 149—151.

599. Neumann, H.: Leitfähigkeit und dielektr. Hysteresis einiger Isolatoren und ihre Beeinflussung durch Röntgen- und γ-Strahlen. ZS. f. Phys. Bd. 45, S. 717—748. (263)

600. Parmley, T. J.: Photoelectric treshold of bismuth crystals. Phys. Rev. (2) Bd. 29, S. 902.

601. Piersol, R. J.: Influence of temperature on selenium photo-sensitivity. Phys. Rev. (2) Bd. 29, S. 362.

602. — Relation between light intensity and photo-current in selenium. Phys. Rev. (2) Bd. 29, S. 902.

603. Predwoditelew, A. und W. Blinow: Über den Einfluß des Kristallwassers auf den photoelektr. Effekt in den Kristallhydraten. ZS. f. Phys. Bd. 42, S. 60—76; Bd. 44, S. 207—215. (117)

604. Przibram, K.: Weitere Versuche über die Verfärbung gepreßter Salze. Mitt. a. d. Inst. f. Radiumforsch. Nr. 206. (214)

605. Raschevsky, N. v.: Zur Theorie des photoelektr. Effektes. ZS. f. Phys. Bd. 42, S. 627—630.

606. Russel, H. W.: The potential of photoactive cells containing fluorescent electrolytes. Phys. Rev. (2) Bd. 29, S. 615. (274)

607. Salzwedel, E.: Der Einfluß einer Bestrahlung der Kathode mit ultraviolettem Licht auf die selbständige Glimmentladung. Ann. d. Phys. (4) Bd. 82, S. 305—343. (134)

608. Schneider, W. A.: Actino-electric effects in argentite. Phys. Rev. (2) Bd. 29, S. 363. (278)

608a. Schuler, M.: Ein neues Pendel mit unveränderlicher Schwingungszeit. ZS. f. Phys. Bd. 42, S. 547—554. (132)

609. Smakula, A.: Einige Absorptionsspektra von Alkalihalogenidphosphoren mit Silber und Kupfer als wirksamen Metallen. ZS. f. Phys. Bd. 45, S. 1—12.

610. Smekal, A.: Über Verfärbung gebogener Steinsalzkristalle durch Radiumstrahlen. Wiener Anz. 1927, S. 22—24.

611. — Weitere Untersuchungen an verformten Steinsalzkristallen. Wiener Anz. 1927, S. 46—48.

612. — Über den Aufbau der wirklichen Kristalle. Verh. d. D. Phys. Ges. Bd. 8, S. 13—15. (216)

613. Sommerfeld, A.: Zur Elektronentheorie der Metalle. Naturwissensch. Bd. 15, S. 825—832.

614. Swirles, B.: The internal conversion of γ - rays. Proc. Roy. Soc. London (A) Bd. 116, S. 491—500.

615. — On the sparking potentials of discharge tubes containing carefully purified electrodes. Proc. Roy. Soc. London Bd. 114, S. 73. *

616. Taylor, J.: Ionization by collision and a "Photoelectric Theory" of the sparking potentials. A reply to Mr. Huxley. Phil. Mag. Bd. 4, S. 505—511. (135)

617. — Über eine neue photoelektr. Theorie der Funkenspannung. ZS. f. Phys. Bd. 45, S. 620—624. (135)

618. Toy, F. C., H. A. Edgerton and J. O. C. Vick: The photoelectric activity of the silverhalides and silver sulphide. Phil. Mag. Bd. 3, S. 482—495. (114)
619. Tucker, C. W.: A study of photovoltaic cells. Journ. phys. chem. Bd. 31, S. 1357—1380. (271)
620. Warner, A. H.: A comparison of the thermionic and photoelectric work functions for clean tungsten. Proc. Nat. Acad. Amer. Bd. 13, S. 56—60. (40, 43, 60)
621. Watson, E. C. and J. A. van den Akker: The direction of ejection of X-ray electrons. Proc. Nat. Acad. Amer. Bd. 13, S. 659—661. *
622. Welch, G. B.: The periodicity of photoelectric tresholds. Proc. Nat. Acad. Amer. Bd. 13, S. 111—113. (40f.)
623. Wentzel, G.: Über die Richtungsverteilung der Photoelektronen. ZS. f. Phys. Bd. 41, S. 828—832. (255)
624. Wiegel, E.: Farbe und Lichtempfindlichkeit von Silbersolen. ZS. f. wiss. Photogr. Bd. 24, S. 316—325. (137)
625. Wolf, F.: Über die Elektronengeschwindigkeit beim normalen und selektiven lichtelektr. Effekt. Ann. d. Phys. (4) Bd. 83, S. 1001—1053. (34, 48, 106)

Einige Arbeiten aus dem Jahre 1928.

626. Flechsig, W.: Über die Sättigung des lichtelektrischen Primärstromes in Kristallen. ZS. f. Phys. Bd. 46, S. 788—797. (171)
627. Hilsch, R. und R. W. Pohl: Über die ersten ultravioletten Eigenfrequenzen einiger einfacher Kristalle. ZS. f. Phys. Bd. 48. S. 384—396.
628. Klumb, H.: Über den Einfluß der Gasbeladung auf die lichtelektrische Empfindlichkeit der Metalle. ZS. f. Phys. Bd. 49, S. 652—670.
629. Lukirsky, P. und S. Prilezaev: Über den normalen Photoeffekt. ZS. f. Phys. Bd. 49, S. 236—258. (14, 35, 40, 47f, 85, 88)
630. Ottmer, R.: Zur Kenntnis der Absorptionsspektren lichtelektrisch leitender Alkalihalogenide. ZS. f. Phys. Bd. 46, S. 798—813.
631. Sander und Nitsche: Die langwellige Empfindlichkeitsgrenze des Ammoniumamalgams. ZS. f. Elektroch. Bd. 34, S. 244—246. (43)
632. Toy, F. C.: The mechanism of formation of the latent photographic image. Nature 2. 6. 28. (216)
633. Welch, G. B.: Photoelectric tresholds and fatigue for iron. Phys. Rev. (2) Bd. 31, S. 709. (40)

Namenverzeichnis.

Seiten, auf denen Arbeiten ohne Namennennung erwähnt sind, sind in runden Klammern angeführt.

Sachverzeichnis.

Einschlägige Seiten sind angegeben, auch wenn das Stichwort dort nicht ausdrücklich angeführt ist.

Bestimmte Stoffe.

Wichtige Zahlen und Umrechnungen.

Gaskonstante für ein Mol $R = 1{,}986\,\text{cal grad}^{-1} = 0{,}831 \cdot 10^{8}\,\text{erg grad}^{-1} \cdot \text{mol}^{-1}$
LOSCHMIDTsche Zahl $N = 6{,}06 \cdot 10^{23}\,\text{mol}^{-1}$
BOLTZMANNsche Konstante $k = 1{,}37 \cdot 10^{-16}\,\text{erg grad}^{-1}$
Elektronenladung $e = 1{,}59 \cdot 10^{-19}$ amp. sec (coul)
Spez. Elektronenladung $e/m_0 = 1{,}765 \cdot 10^{8}$ amp. sec. g^{-1} (coul. g^{-1})
Rydbergkonstante 109737,1 cm^{-1}
Lichtgeschwindigkeit $c = 3{,}00 \cdot 10^{10}\,\text{cm sec}^{-1}$
PLANCKsche Konstante $h = 6{,}55 \cdot 10^{-27}$ erg sec
Durch ein Voltelektron angeregte Wellenlänge: $1{,}233 \cdot 10^{-4}$ cm
Geschwindigkeit von 1 Voltelektron: $5{,}94 \cdot 10^{7}\,\text{cm sec}^{-1}$
Mittlere Translationsenergie bei 0° C: $5{,}62 \cdot 10^{-14}$ erg
1 Erg $= 6{,}29 \cdot 10^{11}$ Voltelektron („Volt")
1 Voltelektron („Volt") $= 1{,}59 \cdot 10^{-12}$ Erg
Einem Frequenzzuwachs $\Delta \nu = 10^{14}\,\text{sec}^{-1}$ entspricht ein Energiezuwachs $\Delta V = 0{,}411$ Voltelektron (Volt)
Massenveränderlichkeit mit der Geschwindigkeit $m = \left(\frac{m_0}{\sqrt{1 - \left(\frac{v}{c}\right)^2}}\right)$

Beziehungen zwischen Frequenz, Energie und Quantenausbeute für verschiedene viel benutzte Wellenlängen.

Frequenz $\times 10^{15}$	Wellenlänge in mμ	$h\nu$ Energie im Voltmaß	$h\nu$ Energie in Erg $\times 10^{12}$	$h\nu$ Energie in kg cal/Mol	Quanten-ausbeute im Coul./cal
0,15	2000	$0{,}61_5$	0,98	14,2	6,8
0,20	1500	0,82	1,31	18,9	5,1
0,30	1000	1,23	1,96	28,4	3,4
$0{,}37_5$	800	1,54	2,45	35,5	2,7
0,50	600	$2{,}05_7$	3,27	47,3	2,04
0,52	577/9 Hg	2,14	3,41	49,5	1,96
0,55	546 Hg	2,26	3,60	52	1,86
0,60	500	2,46	3,92	56,7	1,7
$0{,}68_6$	436 Hg	2,82	4,50	65	1,48
$0{,}73_8$	405/7 Hg	3,03	4,83	70	1,38
0,75	400	3,08	4,90	71	1,36
0,82	366 Hg	3,37	5,37	78	1,24
0,96	313 Hg	3,94	6,28	91	1,06
1,00	300	$4{,}11_4$	6,54	94,7	1,02
1,18	254 Hg	4,85	7,73	112	$0{,}86_4$
1,30	231 Cd	5,35	8,53	123	$0{,}78_5$
1,43	210 Zn	5,87	9,35	136	$0{,}71_4$
1,50	200	6,16	9,82	142	0,68
1,62	185/6 Hg, Al	6,65	10,6	154	0,63
2,00	150	8,23	13,1	190	0,51

Anm.: Bezüglich der Einheitenwahl in diesem Buch vgl. R. W. POHL, Einführung in die Elektrizitätslehre. Berlin: Julius Springer 1927.

Periodisches System der Elemente.

[Aus Hdb. d. Phys. XXII, S. 525]

Periode	Gruppe 1	2	3	4	5	6	7	8	9	10	11	12	13	14	15	16	17	18
I																	1 H 1,008	2 He 4,00
II	3 Li 6,94	4 Be 9,02											5 B 10,82	6 C 12,00	7 N 14,008	8 O 16,000	9 F 19,00	10 Ne 20,2
III	11 Na 23,00	12 Mg 24,32											13 Al 26,97	14 Si 28,06	15 P 31,04	16 S 32,08	17 Cl 35,46	18 Ar 39,88
IV	19 K 39,10	20 Ca 40,07	21 Sc 45,10	22 Ti 48,1	23 V 51,0	24 Cr 52,0	25 Mn 54,93	26 Fe 55,84	27 Co 58,97	28 Ni 58,68	29 Cu 63,57	30 Zn 65,37	31 Ga 69,72	32 Ge 72,60	33 As 74,96	34 Se 79,2	35 Br 79,92	36 Kr 82,9
V	37 Rb 85,5	38 Sr 87,6	39 Y 89,0	40 Zr 91,2	41 Nb 93,5	42 Mo 96,0	43 Ma ?	44 Ru 101,7	45 Rh 102,9	46 Pd 106,7	47 Ag 107,88	48 Cd 112,4	49 Jn 114,8	50 Sn 118,7	51 Sb 121,8	52 Te 127,5	53 J 126,92	54 X 130,2
VI	55 Cs 132,8	56 Ba 137,4	57 bis 71	72 Hf 178,6	73 Ta 181,5	74 W 184,0	75 Re ?	76 Os 190,9	77 Jr 193,1	78 Pt 195,2	79 Au 197,2	80 Hg 200,6	81 Tl 204,4	82 Pb 207,2	83 Bi 209,0	84 Po 210	85 —	86 Em 222
VII	87 —	88 Ra 226	89 Ac ?	90 Th 232,1	91 Pa ?	92 U 238,2												

Seltene Erden:

VI	57 La 139,0	58 Ce 140,2	59 Pr 140,9	60 Nd 144,3	61 —	62 Sm 150,4	63 Eu 152,0	64 Gd 157,3	65 Tb 159,2	66 Dy 162,5	67 Ho 163,5	68 Er 167,7	69 Tu 169,4	70 Yb 173,5	71 Cp 175

Druck der Spamerschen Buchdruckerei in Leipzig.

GPSR Compliance

The European Union's (EU) General Product Safety Regulation (GPSR) is a set of rules that requires consumer products to be safe and our obligations to ensure this.

If you have any concerns about our products, you can contact us on ProductSafety@springernature.com

In case Publisher is established outside the EU, the EU authorized representative is:

Springer Nature Customer Service Center GmbH
Europaplatz 3
69115 Heidelberg, Germany

Batch number: 10682427

Printed by Printforce, the Netherlands